本书作者

王冬梅,女,安徽淮北人。苏州大学设计学硕士,扬州大学美术与设计学院教授、硕士生导师,中国工艺美术家协会会员,江苏省美术家协会会员。长期致力于实践教学与探索,主要研究方向为公共空间室内设计、城市绿地与湿地岛链景观。出版个人专著、教材共5部,获批专利5项,发表学术论文40余篇,设计作品曾获国家级专业赛事铜奖、省级金奖,并获省级教学成果三等奖。

何平,男,江苏镇江人。河海大学工民建专业本科毕业。扬州大学美术与设计学院教师,扬州市室内设计学会会长,江苏省室内设计学会理事。讲授装饰工程材料课程30余年,主要研究方向为环境设计、建筑设计、装饰工程材料和装饰施工。发表和出版学术论文、专著及教材多篇(部),主持室内外装饰工程项目的设计工作100余项,曾获江苏省室内设计大赛特等奖、一等奖等。参与多项教育部和省教育厅的教改研究课题,并获扬州大学"优秀教师"等多项教学类荣誉称号。

"十三五"江苏省高等学校重点教材 ｜ 编号 2019-2-133

装 饰 工 程 材 料

王冬梅　何平　主编

东南大学出版社
SOUTHEAST UNIVERSITY PRESS
南京·2021

内容提要

本书共分 13 个章节,全面介绍了常用装饰工程材料的基本性能、规格尺寸、质量标准和适用范围。第 1 章、第 2 章阐述了装饰工程材料的基本知识;第 3 章至第 11 章介绍了石材、陶瓷、玻璃、无机胶凝、木质、塑料、涂料、黏合剂等非金属装饰工程材料的品种、特性、规格、质量指标和使用范围;第 12 章讲述了金属装饰工程材料的品种、特性、质量指标和适用范围;第 13 章介绍了某些常用装饰工程材料的质量检测方法,以方便学生掌握装饰工程材料的常规检测方法,起到举一反三的作用。各章节后面的思考题能够帮助读者复习和巩固章节中的知识要点。书中列举了常用装饰工程材料的国家、地方和行业的现行质量标准,以方便学生深入学习和研读相关的知识要点。

全书内容丰富、图表全面,系统地介绍了传统和现行的装饰工程材料,具有较强的实用性,可作为高等院校环境设计、土木工程、建筑学、园林设计等专业的本科教材,也可作为建筑、装饰和园林行业工程人员的技术参考用书。

图书在版编目(CIP)数据

装饰工程材料 / 王冬梅,何平主编. —南京:东南大学出版社,2021.11
 ISBN 978-7-5641-9868-8

Ⅰ.①装… Ⅱ.①王…②何… Ⅲ.①装饰材料
Ⅳ.①TU56

中国版本图书馆 CIP 数据核字(2021)第 254262 号

责任编辑:孙惠玉 徐步政　　　　责任校对:子雪莲
封面设计:顾晓阳　　　　　　　　责任印制:周荣虎

装饰工程材料

Zhuangshi Gongcheng Cailiao

主　　编:王冬梅　何　平
出版发行:东南大学出版社
社　　址:南京四牌楼 2 号　邮编:210096　电话:025-83793330
网　　址:http://www.seupress.com
经　　销:全国各地新华书店
排　　版:南京布克文化发展有限公司
印　　刷:南京玉河印刷厂
开　　本:787 mm×1092 mm　1/16
印　　张:25.5
字　　数:559 千
版　　次:2021 年 11 月第 1 版
印　　次:2021 年 11 月第 1 次印刷
书　　号:ISBN 978-7-5641-9868-8
定　　价:79.00 元

编写名单

主　编　王冬梅　何　平

参　编　边　军　宗广功

序言

我最早知道何平老师是二十多年前的事,那时我认识了一位室内设计师,这位设计师在南京室内设计界小有名气,特别是在绘制室内设计施工图方面更为突出。熟悉这位设计师后我问他毕业于何校,师从哪位老师,他告诉我他毕业于扬州大学,教他的老师有哪些人,其间特别提到了何平老师。

前几年南京市室内设计学会开年会,邀请苏州、扬州、无锡、镇江等地区的室内设计学会的代表参加,何平老师作为扬州市室内设计学会的会长出席了会议。

近几年扬州市的室内设计活动搞得很出色,不断涌现出各种优秀作品。这无疑与何老师的努力工作有关。最近我又看到何老师在江苏省室内设计大奖赛中获得了特等奖,这是江苏省室内设计界的最高奖。

这几年我比较关注环境设计专业中的装饰工程材料课程的教材建设状况,于是我开始留心对装饰工程材料知识较为擅长的专家、教师,通过收集论文、专著、图集等,我感到至少在江苏这一地区,扬州大学的何平老师在装饰工程材料上是有所研究和建树的。

近几年因为南京市与扬州市的室内设计活动交流得比较频繁,所以我与何老师的来往也增加了。在与何老师的交流中,深感何老师治学严谨,为人谦虚,学识广博,在装饰装修工程上有着丰富的经验。在交流中我了解到何老师曾主持设计过百余项室内设计工程。在这些实践活动中,他积累了大量工程经验,自然也包括对装饰工程材料知识的掌握和运用。

现在有关装饰装修材料的书籍时有出版,但大多数都似曾相识。而何老师的《装饰工程材料》一书与其他书籍相比却有其明显的特色,具体体现在以下几点:一、先进性与合法性。本教材中的装饰装修材料已不再采用国家现行的相关规定中所禁止使用的装饰装修材料,确保了材料的安全性、环保性和工程设计的合法性。二、实用性与便捷性。本教材强调介绍材料的内容,标明材料的工艺特性、尺寸规格和应用方法,方便了学生和设计人员在设计施工图时应用。三、系统性与可读性。本教材强调了学习时的可读性和系统性,在介绍材料时采用了举一反三的方法,方便了学生或设计人员的学习。四、艺术性。本教材将装饰工程材料的外观与空间环境的美学做了一定的关联,体现了此门课程作为复合型课程的特点。

因此,本教材既可作为高等院校环境设计、土木工程、建筑学、园林设计等专业的本科教材,也可作为从事建筑装饰设计和施工人员的技术参考书。

衷心地祝愿由扬州大学美术与设计学院王冬梅老师和何平老师主编、边军老师和宗广功老师参编的《装饰工程材料》付梓出版。

高祥生

2020 年 9 月 8 日

随着国家全面建成小康社会目标的基本实现,百姓的生活水平与改革开放初期相比发生了翻天覆地的变化。人们对生活和工作空间的环境要求越来越高,家居的装修档次由低中档标准向中高档标准的转变愈发明显。装饰工程材料是建筑空间美化的物质基础,环境的装饰效果以及建筑的部分使用功能都要依靠装饰工程材料的外观和性能来实现。因此,从事建筑装饰工程的设计和施工人员必须熟悉各类装饰工程材料的品种、性能特点和技术质量指标,才能正确而合理地选择和运用装饰工程材料,从而达到艺术性地使用装饰工程材料的最终目的。

中国高校的环境设计专业经过三十多年的发展,已经形成了科学合理的课程制度、全面规整的教学大纲目录和目标明确的人才培养教学体系。装饰工程材料课程在环境设计学科的所有课程中属专业基础课,是一门交叉型的复合学科,既有理工科的严谨风格,又有艺术类的美学形态。编写组通过市场调研,查阅了近二十年来很多专家学者编著的装饰工程材料方面的专著,发现贴合环境设计专业培养目标要求的装饰工程材料教材不多见,具有自身特色的装饰工程材料教材更是凤毛麟角。

作者三十多年来一直从事于装饰工程材料课程的教学工作,先后编写和出版了三部有关装饰工程材料的专著,深知编著一本贴合环境设计专业的装饰工程材料教材,对于学生深入学习后继专业课程有着怎样的意义。本书在归纳编写组成员多年来从事装饰工程材料教学和装饰工程设计的基础上,梳理了装饰工程材料课程的体系结构,构建了该课程的知识体系框架和各章节内容的知识节点,对学生实际运用装饰工程材料的能力提出了现实的要求。本书适当地安排了绝大部分高校都能开展的实验活动,打破了艺术类专业与工科类专业的界线分割,培养了学生的实验动手操作能力,让艺术类学生也能感受到工科类课程的科学魅力。

本书在着力培养学生对材料的认知能力、掌握能力和运用能力方面做了一定的尝试,让艺术类学生在明白科学道理的基础上,不纠缠于深奥的学术理论研究,而是在合理而艺术性地运用装饰工程材料上下功夫。针对不同学习能力的学生,本书在检索装饰工程材料的质量标准、深入探索学术理论方面预留了一定的空间,可以让更有探索精神的学生汲取更多的知识营养。

本书全面介绍了在工程中使用较多、较新的各类装饰工程材料的品种、性能、规格、质量标准和适用范围,可作为高等院校环境设计、土木工程、建筑学、园林设计等专业的教材,也可作为从事建筑装饰设计和施工人员的技术参考书。书中涉及大量常用装饰工程材料构造和性能方面的图表,具有较强的实用性。

全书包括13个章节。第1章、第2章主要介绍了装饰工程材料的作用、分类方法、发展趋势、选用原则和基本性质;第3章至第11章全面系统地介绍了石材类、陶瓷类、玻璃类、无机胶凝类、木质类、塑料类、涂料类和黏合剂等非金属装饰工程材料的特点、质量指标标准和使用要点;第12章讲述了钢材和铝合金的基本特性和相关产品的特点、质量标准等;第13章阐述了一些常用装饰工程材料的质量检验方法。各高校可根据自身实际情况选择开展有关的材料试验内容。

本书知识内容丰富、材料品种齐全、图文并茂,材料体系的教学架构内容完整。但由于不同专业对装饰工程材料的教学要求存在差异,教师在讲授时可结合不同专业的要求,选择性地讲授相关内容。

本书由扬州大学美术与设计学院王冬梅老师和何平老师主编、边军老师和宗广功老师参编。第1~3章、第5~9章由何平老师编写,第11~12章由王冬梅老师编写,第4章、第10章由边军老师编写,第13章由宗广功老师编写。经过编写组成员的共同努力,本书被江苏省教育厅作为2019年江苏省高等学校重点教材。

本书在编写过程中查阅和收录了有关学者、专家、科研院所和生产单位的相关成果,得到了东南大学出版社领导和编辑的悉心指导,特别是东南大学建筑学院高祥生老师在百忙之中抽空对本书的编写提出了宝贵的建议,并为本书作了序,在此表示感谢!

由于对某些材料质量的认知标准不同,书中某些内容与其他资料之间,甚至是与行业的标准之间有一定的差异,而建筑装饰工程材料的发展更新又异常迅速,因而恳请广大读者对书中不足之处予以斧正。

何平

2020 年 10 月

目录

5 玻璃类装饰工程材料 084

6 无机胶凝材料 127

1 绪论

随着人类文明的不断进步,现代装饰设计和施工等方面的发展达到了一个较高的水平,装饰工程材料的变化更是日新月异。装饰工程材料又称饰面材料或者装饰材料,是建筑材料学科的一个分支体系,主要用作建筑内外空间的美化。

装饰工程材料是指附着于建筑物或构筑物的相关部位,起着装饰美化作用并满足装饰部位某些特定功能要求的材料。装饰工程材料的种类不仅包括有明显装饰作用的材料品种,而且涵盖了装饰工程材料的某些辅助材料或者附属产品,如黏合剂、保温隔热材料、门窗和卫生洁具的五金配件等。

装饰工程材料是建筑装饰行业的物质基础,建筑空间主要通过装饰工程材料及其配套产品的外观形状、色彩、尺寸和质感等因素体现室内的装饰效果。由于装饰工程材料及其配套产品的价格占装饰工程项目总造价的 60%～70%,所以从事建筑装饰设计或者施工的工程技术人员应当熟练掌握各类常用装饰工程材料及其配套产品的外观特征、规格、型号、性能特点和适用范围,了解材料的价格和相关的质量检测方法,掌握装饰工程材料的质量标准和构造方式,保证装饰工程材料的质量,并能合理而艺术性地运用各类装饰工程材料。

1.1 装饰工程材料的作用和发展趋势

1.1.1 装饰工程材料的作用

1) 装饰美化作用

随着社会物质和精神文明水平的不断提高,人们对建筑室内空间的美学要求也越来越高,对室内空间美学效果的追求比以往任何时候都更加明显。建筑装饰的主要目的就是美化室内外空间,而装饰工程材料的装饰性对室内外空间的装饰效果有着决定性的影响。建筑的设计美观效果除了与建筑的造型、空间尺度和建筑的设计风格等因素有关外,还与建筑表面所选用的装饰工程材料有很大的关联。质感是人的感觉器官对材料表面的一种综合体验感,如材料的粗糙度、光泽度等,在光线的作用下会产生不同的光影效果。不同材质的装饰工程材料具有不同的质感;相同材质的装饰工程材料如果材料表面的处理工艺不同,也会有不一样的质感,如抛光面的花岗岩与机刨面的花岗岩。建筑表面的装饰效果主要是通过装饰工程材料的色调、透明性和形状尺寸等因素体现的,所以装饰工程材料的主要功能就是装饰美化。艺术性地使用装饰工程材料,能够使装饰工程材料的美观性能在空间中得到最大化的体现。

2) 保护作用

任何建筑物的使用寿命都是有限的。建筑物的表面直接与大气、水或者土壤等物质相接触,上述介质中含有对建筑物产生腐蚀破坏作用的各种要素,如各种酸性或者碱性化学物质会产生侵蚀作用。对于建筑的墙体、楼板等基体而言,腐蚀性物质的直接作用会大大缩短房屋的使用寿命。由于装饰工程材料附着在建筑基体的表面,日晒雨淋或者酸碱物质等诸多影响建筑使用寿命的因素会直接作用在装饰工程材料上,所以最先受到影响的是装饰工程材料,对建筑主体结构的安全影响有限,能够确保建筑的正常使用,甚至能够延长建筑的使用年限。保护建筑是装饰工程材料的另一种特性。

3) 相应的功能性

装饰工程材料的功能性是指材料的基本属性。建筑的各个场所或者使用部位对材料的性能有一定的要求。例如,音乐厅的顶面和墙面所使用的材料应具有一定的吸收或者反射声波的能力;休闲洗浴场所的洗浴区楼地面所使用的材料应满足防滑、防渗的要求,吊顶材料应满足防潮湿的要求;娱乐歌舞厅的墙面材料应具备防火和隔音的功能;建筑物的外墙表面材料应有良好的保温隔热性能等。综上所述,建筑空间场所使用的装饰工程材料的特性及其构造方式应满足相应的功能要求。如果只强调装饰工程材料的美观性能,忽略了装饰工程材料的功能性,其结果是除了材料不能满足建筑空间的某些性能要求外,也会给使用者带来不便,甚至有时还会影响到室内人员的人身安全。例如,当家庭卫生间楼地面材料的防滑性能较差时,使用者在洗浴时极易滑倒,造成摔伤或者骨折。从一定意义上来看,材料功能特性的重要程度要高于材料的美观和保护特性。

1.1.2 装饰工程材料的发展趋势

1) 材料生产方式的转变

从人类史前到早期的文明时代,当人类开始有意识地构筑房屋时,已逐渐不满足于建筑只能遮风避雨的作用。人们把对美好生活的追求、对自然的崇拜和敬畏,用一些简单的天然材料或者人工材料表现在建筑的室内空间里,如室内墙面和顶面的各类彩绘图案,以及彩陶制品的使用等。公元前 8 世纪的古希腊人在建造房屋过程中所使用的石灰、欧洲的拉斯科洞窟壁画上所用的颜料等都是古人早期使用装饰工程材料的佐证。中国古代建筑中大量使用木质材料、砖瓦材料和建筑琉璃制品等,其中精美的木雕、砖雕、石雕、瓦当构件和建筑琉璃构件等都体现了那个时代劳动人民高超的材料制作工艺水平和对建筑的审美标准。西方最具代表性的古建筑是古希腊和古罗马的建筑,他们主要以各种天然的大理石和花岗岩为建造材料,有时还利用天然的火山灰建造房屋。著名的建筑遗址有帕提农神庙、角斗场、罗马万神庙等。各种精美的古希腊建筑柱式是那个时代的欧洲人在人类建筑宝库中留下的不可比拟的财富。装饰工程材料的使用在人类文明的发展中已有几千年的历史。

由于受古代社会生产力水平低下的影响和森严的社会等级制度的限制,装饰工程材料的发展速度非常缓慢,材料的品种少、功能单一,高档装饰工程材料的使用范围仅局限于皇家贵族的建筑。随着社会文明的进步和社会生产力水平的提高,当代各种新型装饰工程材料的品种层出不穷。现代装饰工程材料的品种不仅繁多,而且在功能性方面也得到了极大的提高。人们选择装饰工程材料的范围非常广泛,普通住宅所能使用的装饰工程材料品种往往就达到上百种之多。

中国古代劳动人民在装饰工程材料的制造和使用方面的成就举世瞩目。由于各种原因,我国的装饰工程材料在近现代时期的发展速度非常缓慢,远远落后于世界发达国家。从 20 世纪 80 年代开始,国内相关部门已经深刻认识到了这个问题,从国外引进了多条现代化的装饰工程材料的生产设备流水线和相关生产技术,经过近 30 年的技术引进、消化和吸收,国内现代装饰工程材料的生产、使用和研发达到了一个空前的高度,形成了品种和档次齐全的装饰工程材料的研发和制造体系,完全满足了国内各类装饰空间的需求,部分产品还打入了国际销售市场。国内生产的装饰工程材料无论从品种上还是质量上都能满足大型建筑工程项目的要求,如北京大兴国际机场、北京冬奥会场馆、上海世博会和中国国际进口博览会场馆等超大型建设项目。

回顾人类使用装饰工程材料的历史,装饰工程材料的更新换代高潮出现在工业革命以后。当人类的科学技术水平达到了一个崭新高度时,装饰工程材料的变化也在突飞猛进。过去由于受技术条件的约束,人们只能以自然界中的天然材料为主要装饰工程材料,如天然石材、木材、棉麻纤维、矿物颜料、天然树脂和动物皮毛等,但天然装饰材料的自身性能已经不能满足现代建筑发展的需要,自然界中天然材料的储量也远远不能满足人类发展的需求。为了保护有限的自然资源,人类利用各种科技手段,研制了许多装饰性能相当或者超过天然装饰材料的人造材料,如人造石材、现代陶瓷制品、玻璃、各类建筑涂料、人造竹木板材等,这些人造装饰工程材料已经在各类建筑装饰工程中得到了广泛的运用。无论是天然装饰材料,还是人造装饰材料,它们都具有各自的特性:天然装饰材料的装饰性较为自然丰富,制作生产时对环境的污染程度低,但是受储量少和生产运输条件的限制,它们的生产成本较高;人造装饰材料的装饰性能较好,价格低廉,功能性强,但人造合成材料中所含有的某些化学物质会对人体健康和使用环境造成一定的伤害。因此,在选择装饰工程材料时,应充分考虑天然或人造装饰材料各自的特性,尽可能选择装饰效果好、性能优异、对环境污染小的材料,使装饰工程材料更好地满足建筑装饰工程的需要。

2) 材料的多功能性

很多人在使用装饰工程材料时,较多考虑的是材料的外观,容易忽略装饰工程材料的功能特性。实际上,室内装饰空间对材料的要求不仅仅体现在外观方面,而且对装饰工程材料的特性提出了更高的要求,如材料的耐污性、抗冻性、保温隔热性和隔音性等。

传统装饰工程材料的功能特性较为单一,或者性能不佳。现代建筑智能化的发展以及建筑节能的要求,对装饰工程材料的性能提出了更高的要求。建筑围护结构外墙门窗上所使用的玻璃就不宜采用普通的单层玻璃,而应该使用高性能的钢化中空玻璃。因为钢化中空玻璃不仅具有普通玻璃的基本特点,而且具有比普通玻璃更好的防冲击、防霜露、隔音和保温隔热等方面的性能。现代楼地面的装饰材料应满足防水、防污、防滑、耐磨等诸多要求,因而现代装饰工程材料对功能性要求越来越多,具有多种性能相结合的特征。

3) 材料施工方式的转变

传统装饰工程材料的施工方式一般需要水的参与,如抹灰作业、墙面砖的铺贴、砖墙的砌筑等。湿作业的劳动强度高、施工周期长、工效低、对环境的污染程度大,已不能适应现代建筑装饰施工的发展要求了。装配式轻钢龙骨的各类构件、铝合金型材、人造木质装饰板材以及各种紧固件的出现,极大地改变了装饰施工的作业方式,降低了劳动者的施工强度,缩短了施工项目的作业时间。石材的干挂、铝合金吊顶板的卡嵌构造、轻钢龙骨构件的装配等工艺都体现了这方面的变化。

此外,将装饰材料预先固定在各种预制复合构件表面的生产工艺发展也较为迅速,有些生产厂家在工厂里将外墙面砖粘贴在已经做好保温隔热层的混凝土预制墙板上,制成复合外墙板,运到施工现场后能够迅速固定就位。甚至还有生产厂家将浴缸、坐便器、洗面盆、墙地砖和吊顶材料在工厂里组合形成卫生间单元,到施工现场直接安装。这些装配式施工方式的出现,大大加快了装饰工程的施工速度。装饰工程材料的干法作业是装饰工程材料的又一发展趋势。

4) 材料使用档次的转变

随着国民经济的迅猛发展,人们的生活水平不断提高,普通百姓对室内居住和工作环境的美化要求也在不断提升。民用住宅等建筑空间已经不再仅仅用普通装饰工程材料进行简单的装饰了,大量性能优异的中高档装饰工程材料,如高档木材、石材、陶瓷、玻璃、定制金属饰面板等被广泛地运用到此类装饰场所中。普通百姓家庭装饰造价在 20 万元以上的情况比比皆是。

装饰工程材料的装饰档次与装饰材料的价格有着不可分割的联系。装饰效果好、性能指标优异的装饰工程材料的价格一般比较高。设计师虽然能够用普通的低中档装饰材料做出一些美感佳的室内空间,如在极简主义风格的室内空间里使用高档装饰工程材料的情况比较少见,但是这一现象不具有普遍性。室内设计师用中高端的装饰工程材料做出更多更好的设计作品已是无可争议的事实。

现代装饰材料的使用档次从低中档向中高档的方向发展,与一个国家的整体经济水平和普通劳动者的经济收入有着必然的联系。

5) 向生态环保的绿色材料转变

为了提高材料某一方面的性能,一般需要在材料的制作原材料里添加某些外加剂,这些外加剂对人们的身体健康可能会产生一定的危害,如油性多彩内墙涂料中所含有的二甲苯,107 黏合剂和人造木质装饰板材中所含有的甲醛等等,这些挥发性的物质经过医学鉴定确定是致癌物质。在现代装饰发展的早期,人们选择材料时主要关心材料的装饰性,忽视了装饰工程材料中有害物质对人体健康的危害,导致身体受到有害物质的侵蚀,身心健康受到了严重的影响。自然界中的某些天然装饰工程材料也可能含有危害人类身体健康的有害物质,如某些天然花岗岩中的放射性物质等。

现阶段,人们已经认识到了装饰工程材料中有害物质对身心健康的危害。国家有关部委在 2002 年出台了装饰工程材料中各种有害物质的限量规定,将装饰工程材料中的有害物质含量限定在了安全的范围内,保护了人们的身心健康。作为设计师,在图纸的设计阶段应该充分考虑这个问题,必须在装饰工程中使用环保性能符合国家标准的装饰工程材料,严禁以次充好,应将假冒伪劣的不合格材料拒之门外,保障人们的健康安全。

另外,装饰工程材料的防火性能在室内设计时也是应该要考虑的重要因素。现代火灾事故的调查发现,防火性能差的装饰工程材料不仅容易造成火灾事故,而且在火灾发生时会产生大量的有毒烟气,这是火灾现场人员伤亡的主要因素。以往在公共场所中使用的很多装饰工程材料不符合防火设计规范的规定。国家在《建筑内部装修设计防火规范》(GB 50222—2017)中明确了各类公共场所使用的装饰工程材料的耐火等级。

综上所说,现代装饰工程材料应具有装饰效果好、能耗低、可持续发展、施工快捷方便、综合功能性强、绿色环保和防火性能优异的特点,这也是现代装饰工程材料发展的必然趋势。

1.2 装饰工程材料的分类和选择

1.2.1 装饰工程材料的分类

装饰市场上的材料品种非常繁多,令人应接不暇、眼花缭乱,材料品种的分类似乎无章可循,同时装饰工程材料的发展十分迅速,材料品种的更新周期短,不同时期还存在不同的流行材料。装饰工程材料可以按照以下方法进行分类:

1) 按照材料的材质不同分类

材料按照材质不同分为无机材料、有机材料和复合材料。

无机材料指由无机物单独或混合其他物质制成的材料。无机材料通常是由硅酸盐、铝酸盐、磷酸盐等原料或氧化物、氮化物、碳化物、硅化物、卤化物等原料经一定的工艺制备而成,如石材、陶瓷、玻璃、水泥、石膏、钢材等。

有机材料是指由有机物组成的材料。有机材料主要由碳、氢、氧、氮等元素组成,如木材、塑料、橡胶、棉麻、有机涂料等。

复合材料是指由两种或两种以上不同性质的材料,通过一定的物理或化学的方法,形成具有新性能的材料。根据复合原料的材质不同又分无机复合材料、有机复合材料和无机—有机复合材料,如合金钢、铝合金、麻草墙纸、塑铝贴面板、彩色涂层钢板和树脂型人造石等。

此外,装饰材料按材质不同又可分为金属材料、非金属材料和复合材料。

2) 按照材料在建筑物中的装饰部位不同分类

按照材料在建筑物中的装饰部位进行分类的方法不是绝对的,具有一定的相对性,如某些外墙装饰材料同样也可用于内墙表面的装饰,楼地面材料也可用于内外墙面的装饰。设计师应根据工程的具体情况进行选用。

（1）外墙装饰材料，如花岗岩、外墙面砖、玻璃、水泥、装饰混凝土、外墙涂料、铝合金板、陶板、陶管、防腐木等；

（2）内墙装饰材料，如人造石材、内墙涂料、内墙面砖、墙纸、墙布、木质装饰制品等；

（3）地面装饰材料，如陶瓷地面砖、花岗岩、水泥砖、塑料地板、地毯、木地板等；

（4）顶面装饰材料，如石膏板、纸面石膏板、玻璃、塑料装饰板、铝合金板、硅酸钙板和各类吊顶龙骨材料等；

（5）屋面装饰材料，如建筑琉璃制品、玻璃、聚氨酯防水屋面材料、彩色涂层钢板、聚碳酸酯阳光板等。

3）按照材料的燃烧性能不同分类

根据《建筑材料及制品燃烧性能分级》(GB 8624—2012)中的相关规定，装饰工程材料的燃烧性能分级如下：

（1）A 级装饰材料，又称不燃材料，如混凝土、钢材、石材、陶瓷等；

（2）B_1 级装饰材料，又称难燃材料，如普通纸面石膏板、阻燃处理过的木材、矿棉板等；

（3）B_2 级装饰材料，又称可燃材料，如木材、墙纸等；

（4）B_3 级装饰材料，又称易燃材料，如油漆、酒精、香蕉水、镁粉、铝粉等。

1.2.2　装饰工程材料的选择

设计师从室内空间的造型尺寸、色调、光感等因素加以综合考虑，使空间的装饰效果从整体上达到较好的协调性。这种空间上的整体协调性在很大程度上取决于室内所使用的装饰工程材料的质感、纹理、色彩和尺寸等。优秀的设计师要能够在熟悉各种装饰饰面构造和相关美学理论的基础上，充分考虑各种装饰工程材料的适用范围和使用特性，合理搭配各类装饰工程材料，不能简单地将各种高档装饰工程材料堆砌在一起。设计人员在构思室内空间时，必须充分考虑到材料的"可塑性"，即同一品种的装饰工程材料可以在不同的装饰场所取得不同的装饰效果。

一般来讲，装饰工程材料的选择可从以下几个方面来考虑：

1）材料的装饰性

装饰工程材料的装饰性包含材料的外观形状、质感、纹理和色彩等方面。块状材料有稳重厚实的感觉，板状材料则有轻盈飘逸的视觉效果。不同的材料质感给人的尺度感和冷暖感是不同的：毛面石材有粗犷大方的造型效果，镜面石材具有细腻光亮的装饰气息，不锈钢材料显得现代新颖，玻璃则显得通透敞亮。色彩对人的心理作用就更为明显了：红色有刺激兴奋的作用，绿色有消除紧张和视觉疲劳的功能，紫罗兰色有宁静安详的效果，白色能渲染纯洁高雅的氛围。合理而艺术性地使用装饰工程材料能使室内外的环境装饰显得层次分明、富有个性。比如西藏的布达拉宫在修缮的过程中，大量地使用了金箔、琥珀和朱砂等贵重材料进行装饰，完工后的布达拉宫显得高贵华丽、流光溢彩，增加了人们对宗教神秘崇敬的心理和视觉效果。上海世博园的中国馆外立面使用了中国红色调进行处理,具有鲜明的中国建筑特色。国家体育场(鸟巢)外立面银灰色的钢结构构架使建筑具有刚毅坚固的力量美。北京大兴国际机场航站楼金黄色的屋面铝合金复合板让建筑变得大气高贵。以上这些都是材料的外观给人的视觉和心理所带来的直接感受。

设计师应该运用设计原理的各种手法,充分表现装饰工程材料的外观给人的视觉和心理等方面所带来的美学感受。

2）材料的功能性

各类装饰工程材料所具有的特性应该与使用场所的功能要求结合起来考虑。人流密集的公共场所楼地面,应采用耐磨性好、易清洁的楼地面装饰工程材料;影剧院的地面材料需要考虑一定的吸音性能;家庭厨房和卫生间的墙面和顶面宜采用耐污性和耐水性好的装饰工程材料,地面则用防水和防滑性能优异的地面砖;保养条件较差的宴会厅地面不宜使用地毯装饰,因为地毯表面容易受到食物的污染且不易清洗,受食物污染后的地毯表面极易滋生细菌,从而降低环境的卫生质量,影响人的身体健康;医院门诊大厅的空间在装饰设计时,吊顶宜采用浅色调的穿孔铝合金板,这种饰面材料能够使室内空间显得宽敞明亮,同时也能降低人群在建筑空间内所产生的嘈杂声,提高患者就医时的舒适度。

综上所述,材料的功能性实际上就是装饰空间对材料的性能提出的要求。装饰工程材料的功能性与空间的要求是否匹配会影响室内空间的实际使用效果。

3）材料的经济性

装饰工程的项目成本一般占整个建设项目投资的1/2甚至2/3以上,其中主要的原因是装饰工程材料和相应设备的采购价格较高。装饰设计时应综合考虑工程的设计效果与装饰投资额,尽可能不超出装饰项目的投资预算。装饰工程在预算时应从实用性、长远性和经济性的角度来考虑,充分利用有限的资金取得最佳的使用和装饰效果,做到既能满足装饰场所当前的相关需要,又能为今后场所的更新改造预留一定的基础条件。例如,家庭居室在装饰时,各种管线的敷设一定要考虑今后室内家具陈设的变化情况,否则在进行家具位置调整时会遇到各种困难和矛盾。

现代都市的高层和超高层建筑的外墙围护结构根据建筑节能的要求,采用了各类保温隔热性能优越的低辐射玻璃幕墙或中空玻璃幕墙。尽管这类幕墙的一次性投资较大,但由于采用幕墙的围护结构可以降低室内采暖或制冷所产生的能源消耗,在大楼投入使用后的若干年内,初期增加的幕墙投资费用要低于使用普通围护结构而带来的能耗费用。从长期的建筑运行来看,使用一次性投资较大的此类幕墙是经济合理的。因此,装饰工程的投资在保证建筑整体装饰效果的基础上,应充分考虑装饰工程材料的性价比,使投资变得合理、经济。

4）材料的环保性

装饰工程材料的环保性能优劣指的是材料中是否含有某些对人体健康可能造成伤害的物质,或者所含有害物质是否超出国家限定的标准。以往人们对这个问题的认知严重不足,大量劣质材料充斥在人们的工作和生活空间中,对人们的身体健康造成了极大的伤害。随着人们对环境保护意识的加强,材料的环保性是当今人们在选择装饰材料时必然考虑的主要因素之一。

装饰工程材料中的人造合成材料在生产制造的过程中,为了满足使用需求一般需要加入各种人工添加剂。有些人工添加剂会对室内空间环境造成一定的污染,甚至会影响人的身心安全。例如,各种黏合剂和木器涂料中游离的甲醛,内墙涂料中的苯、二甲苯等,长期接触此类物质容易引发人体细胞的变异,从而危害身体健康。天然材料也不是绝对的安全环保,某些天然材料中也含有对人体有害的物质,这一点需要引起工程技术人员的注意。

装饰工程材料在室内空间中使用时不得产生对人体健康有害的毒副作用,要求材料中所含的成分应该是无毒或者是低毒的。国家相关部委颁发了《建筑材料放射性核素限量》(GB 6566—2010)、《室内装饰装修材料人造板及其制品中甲醛释放限量》(GB 18580—2017)等装饰工程材料中有害物质限量的标准,从技术层面上确保了广大用户使用装饰工程材料的安全性。

装饰工程材料及其配套产品的选择和使用应与总体空间环境相协调,在功能内容与建筑物艺术形式的统一中寻找变化,考虑环境的气氛、空间的功能划分,特别是在运用装饰材料时,必须从材料的外观效果、材料的功能性、装饰投资费用和环保性等方面综合考虑,使室内空间达到舒适、美观、环保、安全的要求。

第 1 章思考题

1. 什么是装饰工程材料?它的作用有哪些?
2. 装饰工程材料的发展趋势是什么?
3. 什么是复合材料?
4. 装饰工程材料按其燃烧性能不同分为哪些品种?
5. 室内设计师选择装饰工程材料应考虑哪些因素?

2 装饰工程材料的基本性质

装饰工程材料在实际运用时,其外观形态除了应满足空间设计的美学需要外,材料的特性还应该符合不同使用部位的功能要求,如建筑内墙的保温与隔音、楼地面的防滑及耐磨、外墙的耐久性等要求。不同材料之间的性能差异较大,材料的组成构造也各不相同。为了在装饰工程项目的设计和施工过程中,合理而科学地使用装饰工程材料,工程技术人员必须熟悉和掌握装饰工程材料的各种基本性质。

2.1 材料的装饰性

2.1.1 颜色、光泽、透明性

材料发出或反射的光线通过人眼感受,再经过大脑的信息处理后产生的视觉感知被称为材料的颜色。颜色是材料显著的外观特征之一,反映了材料的色彩效果。材料表面的颜色与光线之间有着直接的联系,色彩只有在光线的作用下才会被人眼所感知。材料对不同波长光谱的吸收程度以及人眼对不同波长光谱的敏感程度等因素都会影响一个人对色彩的判定准确度。人的眼睛对色彩的敏感程度是不同的,色弱和色盲的人群对色彩的敏感度更低。

物体的色彩能够通过眼睛感官给人一定的心理感受:红色代表热烈、奔放,紫色寓意神秘、高贵,橙色象征青春、时尚,绿色显示健康、清凉。色彩是装饰工程材料表面最显著的特征。设计师应具备对色彩的敏感度和熟练运用色彩的职业素质。

当光线照射到物体表面时,一部分光线被物体反射,另一部分光线则被物体吸收。当反射光线具有一定的方向性时,能够在材料的表面形成较强的亮光,这就是光泽。光泽是材料表面反射定向光线的现象。材料表面越光滑,定向反射的光线数量越多,材料的光泽度就越高。光泽与材料表面反射影像的清晰程度之间有着直接的关联。材料表面光泽度的变化能够使光线产生一定的明暗变化效果,同时能够调节室内空间的明暗程度。光泽度较高的镜面材料有提示、强调的作用,而光泽度较低的亚光材料则显得平和、宁静。装饰工程材料的光泽度可用光电光泽计进行测定。

材料的透明性是材料的另一光学特征。透明性指的是光线透过材料时所表现出的光学特性。根据光线穿过材料时的透过量和人眼能够透过材料看见材料另一侧图像清晰度的不同,材料可分为透明材料、半透明材料和不透明材料。既透光又透视的材料被称为透明材料,如普通建筑玻璃等;只透光不透视的材料为半透明材料,如毛玻璃等;既不透光又不透视的材料则为不透明材料,如砌块砖墙等。不同装饰部位对材料透明性的要求是不一样的,教室外窗的玻璃往往采用透光及透视效果俱佳的普通玻璃;卫生间的外窗玻璃有私密性的要求,一般采用只透光不透视的毛玻璃;普通建筑墙体的主要功能是围合、隔音和保温隔热,既不需要透光也不需要透视,可采用不透明的轻质加气混凝土砌块或砖块等。

2.1.2 图案、纹理、形状和尺寸

材料表面的图案和纹理是材料装饰性另一方面的体现。

材料表面可用某种装饰图案来提高其装饰性,如植物、河流、山川的图案等,有时图案还可设计成某种主题系列,如石榴花、海棠花、梨花等花卉主题。图案可以是照片、手绘稿、电脑稿等,图案题材的形式和内容丰富多彩。人工合成装饰工程材料的表面通常是人为绘制的图案,如家庭厨房内墙釉面砖表面的水果或者餐具图案,幼儿园墙面上由玻璃马赛克构成的卡通图案等。

材料的纹理指的是材料表面的花纹。与材料的图案相反,材料的纹理是自然形成的,如木材表面的木纹、大理石表面的脉络纹等。材料的纹理有着自然美的装饰效果,没有人工雕琢的痕迹,如云灰大理石的表面似飞云流水,木纹石外观上几乎可以以假乱真的木质纹路等。

材料的形状和尺寸对空间美化效果的影响较为显著。形状规则的材料有着鲜明的几何图案,有序、稳定的装饰特征比较明显,而曲线形的材料富有流动感,具备柔美、多变的装饰效果。材料的尺寸大小也会影响场所的装饰效果。规格尺寸较大的装饰工程材料的整体感较强,如大规格的墙地砖;尺寸较小的装饰工程材料则显得小巧精致,如马赛克单粒。一般来讲,大尺度空间使用规格尺寸较大的材料进行铺设,可使空间的整体感显得宽敞,小规格的装饰工程材料易使空间显得凌乱急促。

设计人员在选用装饰工程材料时,应考虑人体工学的各种尺寸要求,对装饰工程材料的形状和尺寸加以合理设计,以取得不同的装饰效果,满足不同装饰部位的实际需要,最大限度地发挥材料的装饰性。

2.1.3 材料的质感

质感是材料外观给人的感觉器官的综合特征,包括视觉和触觉两个方面。质感与材料表面的花纹图案、颜色、光泽、透明性以及组织结构等因素有关。不同质地的材料给人的软硬、冷暖、轻重、粗细等感觉是不一样的,即使是同一种材料,如果表面的装饰处理方法不同,也能够给人带来不同的质感效果,如普通平板玻璃和压花玻璃、火烧板石材与镜面板石材等。表面粗糙的材料有粗犷奔放的感觉,而光滑材料则显得细腻柔美;透明材料有明亮、宽敞的装饰效果,不透明材料则有沉稳、厚实的视觉效果。

2.2 材料的组成、结构和构造

装饰工程材料的基本特性与材料的组成、结构和构造有着最直接的关系。

2.2.1 材料的组成

材料的组成包括材料的化学组成、矿物组成和相组成。材料的组成是决定其基本化学和物理性质的主要因素。

1）化学组成

化学组成是指构成材料的化学元素及化合物的种类和含量。当材料与外界环境中的各类物质相互接触时，它们之间必然要按照化学变化的规律发生作用。如材料受到酸、碱、盐类物质的侵蚀作用，材料的燃烧现象，以及钢材和其他金属材料的锈蚀等都属于化学作用。

在使用装饰工程材料时，应考虑材料化学组成中的成分与周边环境中的物质接触时是否会产生化学反应，如果这种反应对材料的正常使用产生影响，则应采取措施避免化学反应的发生。

2）矿物组成

矿物是指在地质作用下所形成的具有一定化学成分和结构特征的天然化合物或单体。它具有相对固定的化学组成和有序的原子排列。绝大多数的矿物是固态的无机物，具有确定的内部结构，在一定的物理化学条件下性能稳定，是组成岩石和矿石的基本单元。矿物组成是指构成材料的矿物种类和含量，也是决定材料性质的另一个主要因素。天然石材、无机胶凝材料中都含有一定数量和品种的矿物。大理石图案变化多端是因为其含有不同颜色的各类矿物品种，即使是同品种的大理石，其外观效果也会随着矿物分布的位置和矿物含量的不同而有色彩和图案上的差异。

3）相组成

材料中物理和化学性质均匀的部分被称为相。相又称物态，可以由纯物质组成，也可由混合物和液体组成。相的形态有气相、液相、固相和离子相等。当同种物质的温度、压力等条件发生变化时，相的形态会发生变化，如由气相转变为液相或固相，或由液相转变为固相。由两相或两相以上物质组成的材料又被称为复合材料。

复合材料的性质与材料相的组成和相之间的界面特性有着密切的关系。所谓界面是指多相材料中各相之间的分界面。在实际材料中，界面是一个薄区，它的成分和结构与相内是不一样的，它们之间是不均匀的，可将其作为"界面相"来处理。通过改变和控制材料相的组成，来改善材料的性能。

2.2.2 材料的结构

材料的结构是决定材料性质的又一重要因素。材料的结构主要指材料内部物质之间相互连接的方式。材料的结构可分为宏观结构、细观结构和微观结构。

1）宏观结构

材料的宏观结构是指用肉眼或放大镜能够分辨的粗大物质,尺寸在 10^{-3} m 以上,按其孔隙特征分为以下三类:

（1）致密结构

致密结构是指宏观层面上没有孔隙存在的结构,如钢铁、有色金属、致密的天然石材等。

（2）多孔结构

多孔结构是指宏观层面上具有粗大孔隙存在的结构,如泡沫塑料、轻质多孔材料。

（3）微孔结构

微孔结构是指宏观层面上具有微细孔隙存在的结构,如石膏制品、烧结黏土制品。

2）细观结构

细观结构(又称亚微观结构)是指用光学显微镜所能观察到的材料结构,其尺寸范围为 $10^{-6} \sim 10^{-3}$ m。细观结构可针对某种材料的具体情况进行分类研究,对于天然岩石,可将其分为矿物、晶体颗粒、非晶体;对于钢铁,可将其分为铁素体、渗碳体、珠光体;对于木材,可将其分为木纤维、导管、髓线、树脂道等。

3）微观结构

微观结构是指材料在原子或者分子层面的结构,可用电子显微镜或 X 射线等微观分析仪器来分析研究该层次上的结构特征。微观结构的尺寸范围为 $10^{-10} \sim 10^{-6}$ m。材料的许多物理力学性质如强度、硬度、熔点、导热、导电等特性都是由其微观结构所决定的。

在微观结构层次上,材料可分为晶体结构、玻璃体结构和胶体结构。

（1）晶体结构

质点(离子、原子、分子)在空间上按特定的规则呈周期性排列时所形成的结构被称为晶体结构,如图 2-1(a)所示。晶体具有特定的几何外形、各向异性、固定的熔点和化学稳定性等基本特性。结晶接触点和晶面是晶体被破坏或变形的薄弱部分。

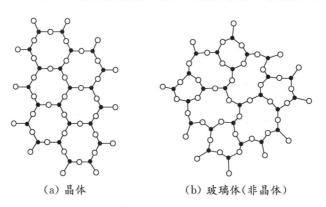

（a）晶体　　　　　　　　　（b）玻璃体(非晶体)

图 2-1　晶体与非晶体原子排列示意图

（2）玻璃体结构

玻璃体也称无定形体或非晶体,如玻璃材料。玻璃体的结合键为共价键与离子键。玻璃体的结构特征为构成玻璃体的质点在空间上呈非周期性排列,如图 2-1(b)所示。具有一定化学成分的熔融物质经急冷后,质点来不及按一定的规则排列,便凝固成固体,形成玻璃体结构。玻璃体是化学不稳定的结构,容易与其他物质发生化学作用。

(3) 胶体结构

粒子尺寸为 $10^{-9} \sim 10^{-7}$ m 的固体颗粒作为分散相,又被称为胶粒。分散在连续相介质中所形成的分散体系被称为胶体。在胶体结构中,若胶粒较少,液体性质对胶体结构的强度及变形性影响较大,这种胶体结构被称为溶胶结构。若胶粒数量较多,胶粒在表面能的作用下发生凝聚作用,或由于物理化学作用而使胶粒彼此相连,形成空间网络结构,从而使胶体结构的强度增大,变形性减小,形成固态或半固体状态,被称为凝胶结构。与晶体及玻璃体结构相比,胶体结构的强度较低、变形较大。

2.2.3 材料的构造

材料的构造是指具有特定性能的材料之间相互组合的情况。构造与结构相比,更强调相同材料或不同材料间的组合关系。如木材的宏观构造和微观构造,就是指相同的材料结构单元——木纤维管状细胞按不同的形态和方式在宏观和微观层次上的组合和搭配情况。又如具有特定构造的强化木地板,就是具有不同性质的材料经特定方式组合而成的一种复合材料,这种构造使得强化木地板具有良好的保温、耐磨、阻燃等特性。

2.3 材料的基本物理性质

2.3.1 材料的密度、表观密度与孔隙率

1) 密度

密度是指材料在绝对密实状态下单位体积所具有的质量,按下式计算:

$$\rho = \frac{M}{V} \tag{2-1}$$

式中:ρ——材料的密度(kg/m³);M——材料的质量(kg);V——材料在绝对密实状态下的体积(m³)。

材料在绝对密实状态下的体积,是指不包含任何孔隙在内的体积。自然界中除了某些密度接近绝对密实的材料外,绝大多数材料都含有一定的孔隙。测定含有孔隙的材料密度时,先将材料磨成细粉以排除其内部孔隙,再用密度瓶(李氏瓶)测定其实际体积,该体积即可视为材料在绝对密实状态下的体积。

在测量某些密实度较高的材料(如石材等)密度时,直接以块状材料为试样,用阿基米德定律测量其体积。材料中部分与外部不连通的封闭孔隙无法排除,这时所求得的密度被称为近似密度。

2）表观密度

表观密度是指材料在自然状态下单位体积所具有的质量，按下式计算：

$$\rho_0 = \frac{M_0}{V_0} \qquad (2-2)$$

式中：ρ_0——材料的表观密度（kg/m^3）；M_0——材料在自然状态下的质量（kg）；V_0——材料在自然状态下的体积，或称表观体积（m^3）。

表观体积不仅包含材料自身的体积，而且包含材料内部孔隙的体积。当材料孔隙内含有水分时，材料的质量和体积会随孔隙内水分的增减而发生变化，故测定表观密度时，必须注明材料的含水情况。在烘干状态下的表观密度被称为干燥表观密度。各种材料的密度和表观密度数值如表 2-1 所示。

表 2-1　常用材料的密度和表观密度

材料名称	密度/($kg \cdot m^{-3}$)	表观密度/($kg \cdot m^{-3}$)
石灰岩	2 600	1 800～2 600
花岗岩	2 900	2 500～2 900
大理石	2 650	2 500～2 600
石膏	750～900	650～800
松木	1 550	380～700
不锈钢	7 980	7 890
铝合金	2 800	2 800
泡沫塑料	—	20～50

3）孔隙率

材料内部的孔隙体积与总体积之比被称为孔隙率，可用下式计算：

$$P = \frac{V_0 - V}{V_0} \times 100\% \qquad (2-3)$$

式中：P——材料的孔隙率（%）；V_0——材料在自然状态下的体积，或称表观体积（m^3）；V——材料在绝对密实状态下的体积（m^3）。

材料孔隙率的大小直接反映了材料的致密程度。材料内部的孔隙按其特征不同分为连通型孔穴和封闭型孔穴：连通型孔穴的孔洞互相贯通且与外部相通；封闭型孔穴的孔洞互不连通且与外界阻隔。孔隙率的大小及孔穴的特征与装饰工程材料的许多性能有关。如吸声材料一般都具有较大的孔隙率，且有一定数量的贯通孔穴；保温隔热材料不仅要求有较低的导热系数和较高的孔隙率，而且孔穴的特征以封闭孔穴为主；楼地面、楼梯踏步等部位的材料要求孔隙率低、强度高、耐磨性好、质地致密。孔隙率低且贯通孔穴较少的材料，其吸水性能低、吸声性差，但强度和耐磨性较高，抗渗性、抗冻性和耐腐蚀性较好。

2.3.2 材料与水有关的性质

1）亲水性与憎水性

材料在空气中与水接触时，在材料、水和空气的交点处，沿水滴表面的切线与水和固体接触面所成的夹角被称为润湿角，用 θ 表示，如图 2-2 所示。根据 θ 的大小，材料分为亲水性材料和憎水性材料。

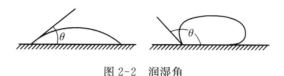

图 2-2　润湿角

当润湿角 $\theta \leqslant 90°$ 时，水分子之间的内聚力小于水分子与材料分子间的吸引力，材料表面易被水浸润，材料为亲水性材料。当 $\theta > 90°$ 时，水分子之间的内聚力大于水分子与材料分子间的吸引力，材料表面不易被水浸润，材料为憎水性材料。

亲水性材料不仅容易被水浸润，而且水可以通过毛细管的作用被吸入材料内部。憎水性材料的表面不易被水浸润，能阻止水分子渗入材料的毛细管中，从而降低材料的吸水性能。憎水性材料常被用于制作防水材料，或用于亲水性材料的面层，以提高其防水、防潮性能。某些装饰工程材料是亲水性材料，如建筑石膏、石灰、装饰砂浆、木材等；SBS（苯乙烯—丁二烯—苯乙烯嵌段共聚物）防水涂料、有机硅憎水剂、玻璃、塑料等则为憎水性材料。

2）吸水性

材料在浸水状态下吸入水分的能力被称为吸水性。材料吸水性能的高低用吸水率表示。吸水率可采用质量吸水率或者体积吸水率表示。

（1）质量吸水率，指材料吸收水的质量与材料干燥质量之间的百分比，可按下式计算：

$$W_{质} = \frac{M_{湿} - M_{干}}{M_{干}} \times 100\%\tag{2-4}$$

式中：$W_{质}$——材料的质量吸水率（%）；$M_{湿}$——材料吸水饱和后的质量（kg）；$M_{干}$——材料烘干至恒重的质量（kg）。

（2）体积吸水率，指材料内部的体积被水充实的程度，即材料吸收水的体积与材料干燥时自然体积的百分比，可按下式计算：

$$W_{体} = \frac{V_{湿}}{V_{干}} \times 100\%\tag{2-5}$$

式中：$W_{体}$——材料的体积吸水率（%）；$V_{湿}$——材料在吸水饱和时吸收水的体积（m³）；$V_{干}$——干燥材料在自然状态下的体积（m³）。

材料吸水性能的高低不仅取决于材料本身是亲水性材料或者是憎水性材料，而且与材料的孔隙率大小及孔隙特征有关。一般来讲，材料的孔隙率愈大，且孔隙又相连通，则吸水性也愈强。封闭的孔隙，水分不易进入，粗大开口的孔隙，水分又不易存留，因而材料的体积吸水率常小于孔隙率。材料的吸水率指标可直接或间接反映出材料的部分性能和内部孔隙的状态。

存在于材料中的水分对材料的性质将产生一系列的影响,易使材料的表观密度和导热性增大、强度降低、体积膨胀、保温性能和吸声性能下降、抗冻性变差等。因此,吸水率大的装饰工程材料的综合性能较差。

3) 吸湿性

材料在潮湿空气中吸收水分的性质被称为吸湿性。吸湿性的大小用含水率表示。含水率可按下式计算:

$$W_{含} = \frac{M_{湿} - M_{干}}{M_{干}} \times 100\%$$ (2-6)

式中:$W_{含}$——材料的含水率(%);$M_{湿}$——材料吸水饱和后的质量(kg);$M_{干}$——材料在干燥状态时的质量(kg)。

材料的含水率大小,除了与材料自身特性有关外,还受到周围环境的温度、湿度等因素的影响。气温越低,空气中的相对湿度越大,则材料的含水率越大。

随着空气中湿度的变化,材料既能在空气中吸收水分,又能向空气中呼出水分。材料中的水分与周围空气的湿度达到平衡时的含水率被称为平衡含水率。材料的平衡含水率是一个动态指标,会随着环境温度和湿度的变化而变化。

4) 耐水性

材料长期在饱和水作用下不被破坏,其强度也不显著降低的性质被称为耐水性。材料的耐水性用软化系数表示,可按下式计算:

$$K_{软} = \frac{F_{饱}}{F_{干}}$$ (2-7)

式中:$K_{软}$——材料的软化系数;$F_{饱}$——材料在吸水饱和状态下的抗压强度(MPa);$F_{干}$——材料在干燥状态下的抗压强度(MPa)。

软化系数表明材料浸水后强度降低的程度。软化系数越小,说明材料吸水饱和后的强度降低越多,所以其耐水性越差。在水中或易严重受潮的建筑部位宜采用软化系数不小于0.85的装饰工程材料。软化系数大于0.80的材料,一般属于耐水材料。

5) 抗渗性

材料抵抗压力水渗透的性质被称为抗渗性,用抗渗等级P或者抗渗系数表示。

抗渗等级以规定尺寸的试件在标准试验方法下所能承受的最大水压力来确定。如P4、P6、P8、P10和P12等分别表示材料能承受0.4 MPa、0.6 MPa、0.8 MPa、1.0 MPa和1.2 MPa的水压而不产生渗水现象。抗渗等级≥P6的混凝土被称为抗渗混凝土。

材料的抗渗性与孔隙率和孔隙特征有关,孔隙率小且孔隙封闭的材料抗渗性好。地下建筑物及水工构筑物因长期受到压力水的作用,要求其建造材料具有较高的抗渗性。地下防水材料则要求具有更高的抗渗性。

6) 抗冻性

材料在吸水饱和状态下,经受多次冻结和融化作用(冻融循环)而不被破坏,同时强度也不显著降低的性质被称为抗冻性。

材料的抗冻性常用抗冻等级 D 表示。材料在－15℃的温度冻结后,再在＋20℃的水中融化,这一过程被称为一个冻融循环。D25、D50、D100 分别表示材料能经受25 次、50 次、100 次的冻融循环作用而不被破坏(质量损失不超过 5％),材料强度不显著降低(强度损失不超过 20％)的情况。

材料经多次冻融循环作用后,表面将出现剥落、裂纹,产生质量损失,强度也会降低。由于材料孔隙内的水结成冰时体积膨胀,对孔隙内壁产生较大的挤压力后可能引起材料的破坏,所以材料的抗冻性除了与材料的构造、结构有关,还取决于材料的孔隙率、孔隙特征及吸水饱和的程度。材料的抗冻性指标对于我国广大地区有着重要的意义。寒冷地区的室外装饰工程或低温场所一定要选用抗冻性能优异的材料。

2.4 材料与力有关的性质

2.4.1 材料的强度

材料在外力(荷载)作用下抵抗破坏的能力被称为强度。强度以材料受外力被破坏时,单位面积上所承受的力表示。装饰工程材料在实际使用过程中,其受力状态分为受拉、受压、受弯曲、受剪切和受扭曲等。材料抵抗这些外力破坏时所呈现的强度分别称为抗拉强度、抗压强度、抗弯强度、抗剪强度和抗扭强度等。

材料的抗拉、抗压及抗剪强度可按下式计算:

$$\sigma = \frac{F}{A} \qquad (2-8)$$

式中:σ——材料的极限强度(N/m^2);F——材料被破坏时所承受的外荷载(N);A——试件的横截面积(m^2)。

将矩形截面的条状试件放在两个支点上,试件中间作用一个集中荷载,则材料的抗弯强度可按下式计算:

$$\sigma = \frac{3FL}{2bh^2} \qquad (2-9)$$

式中:σ——材料的抗弯强度(N/m^2);F——材料被破坏时的集中荷载(N);L——两个支点间的距离(m);b、h——矩形截面试件的宽度和高度(m)。

有强度指标要求的材料一般按强度值的高低划分成若干等级,又称强度等级或标号。材料的强度与材料的成分、结构及构造等有关。构造紧密、孔隙率较小的材料,由于其质点间的结合力较强,材料的有效受力面积较高,所以其强度也较高,如硬质木材的强度就要高于软质木材的强度。具有层次或纤维状构造的材料在不同的方向受力时所表现出的强度性能不同,如木材的强度就有横纹强度和顺纹强度之分。

在装饰工程设计与施工时,了解材料的强度特性,对于保证装饰部位和使用者的安全有着积极的意义。重要部位的材料强度必须经过结构工程师的验算才能正式使用,禁止将单凭工程经验拼凑而成的结构用于工程中,以避免人员伤亡和经济损失。

2.4.2 材料的硬度

硬度是材料表面抵抗其他较硬物体压入或刻划的能力。材料的硬度测定方法有刻划法和压入法等。刻划法是将天然矿物按硬度高低不同分为 10 级(莫氏硬度),其硬度递增的顺序为:1——滑石,2——石膏,3——方解石,4——萤石,5——磷灰石,6——正长石,7——石英,8——黄玉,9——刚玉,10——金刚石。以上述各种材料在被测物的表面能否留下划痕作为依据来判定被测物的硬度等级。此方法只能大概描述材料的硬度范围,不能精确给出硬度的数值。

木材、混凝土、钢材等材料的硬度常用钢球压入法测定(洛氏硬度)。钢球压入法的测定方法是用规定形状和尺寸的钢球在规定的荷载作用下测定材料表面凹陷的深度值,再通过公式换算后得出的数值。

硬度大的材料耐磨性较强,但不易加工。

2.4.3 材料的耐磨性

耐磨性是材料表面抵抗外界磨损的能力,用磨损率表示。

$$B = \frac{M_1 - M_2}{A} \tag{2-10}$$

式中:B——材料的磨损率(kg/m^2);M_1、M_2——材料在研磨前与研磨后的质量(kg);A——材料研磨的面积(m^2)。

材料的耐磨性与材料的内部结构、强度和硬度等因素有关。一般来说,强度高且密实度较好的材料,其硬度就大,耐磨性就好。楼地面、楼梯踏步及墙面阳角等易受磨损的建筑部位,在使用装饰材料时均应考虑材料的硬度和耐磨性能。

材料的磨耗指标也可用磨耗仪的旋转转数表示,即磨耗仪达到材料规定的最大磨耗标准时的旋转次数。

2.4.4 材料的耐摩擦性

材料的耐摩擦性是材料表面抵抗摩擦而不易滑动的能力,用摩擦系数或摩擦倾斜角表示。

两个相互接触而又相对静止的物体之间如果要产生滑动,则施加在某一物体上的力量要大于两个接触物体之间的摩擦力。物体之间的摩擦力与施加于材料上的垂直力大小、两个物体接触表面的粗糙度和洁净度有关。垂直力大、表面洁净且有一定粗糙度的材料不易产生滑动。

材料的耐摩擦性测试一般测定摩擦角:将所要测定的材料放置在一个处于水平状态的平台上,逐渐提升平台的倾斜角度,当平台的倾斜角度达到某一数值时,材料从平台上滑下,此时平台的倾斜角就是摩擦角。

在室外地面和卫生间楼地面处使用装饰工程材料时一定要考虑其耐摩擦性,避免人们在材料表面行走时滑倒,防止意外发生。

2.5 材料的其他性质

2.5.1 材料与热有关的性质

在现代社会中,能源与人们的工作和生活息息相关,是国民经济发展的重要基础。我国目前是世界第一能源消耗大国,未来能源短缺的问题必将影响我国经济的进一步发展。节约能源是降低能耗的主要措施之一,也是保持全球大气环境稳定的重要举措。

建筑能耗占人类社会总能耗的 1/3 以上,建筑节能对降低人类社会整体能耗有着重要的意义。材料的热工性能直接影响建筑的节能效率。

1) 材料的导热性

当材料的表面存在温度差时,在存在温差的介质之间就会产生热量的传递,即热量从温度高的一面向温度低的一面转移。材料传递热量的能力被称为导热性。热量的传递方式有对流、传导和辐射等。

建筑保温材料和隔热材料对温度的作用原理是不同的。保温材料有较好的温度维持能力,也就是蓄热系数较高;隔热材料对热流具有显著的阻止能力。保温和隔热材料都能有效减缓温度的传递速度,在建筑节能方面能够发挥良好的作用。

材料传导热量的能力用导热系数 λ 表示。导热系数是指单位截面和长度的材料在单位温差和单位时间里传导的热量,用下式表示:

$$\lambda = \frac{Qd}{At(T_2 - T_1)} \tag{2-11}$$

式中:λ——材料的导热系数[W/(m·K)];Q——传导的热量(J);d——材料的长度(m);A——热传导的面积(m²);t——热传导的时间(s);$(T_2 - T_1)$——材料相对面的温差(K),$T_2 > T_1$。

材料的导热系数越小,其保温隔热性能越好。各种材料的导热系数差别很大,非金属材料的导热系数一般为 0.030~3.500 W/(m·K),建筑保温隔热材料的导热系数一般不大于 0.175 W/(m·K)。表 2-2 是常见材料的导热系数。

表 2-2　常见材料的导热系数

材料名称	钢材	混凝土	松木	普通砖	花岗岩	密闭空气	水	冰
导热系数/[W·(m·K)⁻¹]	58	1.51	0.35~1.17	0.80	3.49	0.023	0.58	2.20

材料导热系数的大小不仅与材料自身的化学组成有关,而且与材料的结构、构造、

孔隙率、孔隙特征、表观密度、含水率、传递热量时相对面温差值的高低和热流方向等因素有关。

无机材料的导热性一般优于有机材料。化学组成相同而显微结构不同的材料,导热系数也有差异,比如晶体结构材料的导热系数大于无定形结构材料的导热系数。纤维状材料的导热系数与纤维的分布方向有关,如木材的顺纹导热系数比横纹导热系数高,因为热流在平行纤维方向的传递速度高于垂直纤维方向的传递速度。当材料的孔隙率相同时,材料的孔隙尺寸越大,导热系数越高;微小、封闭孔隙组成的材料,其导热系数小;由粗大、连通孔隙组成的材料,其导热系数大,这是因为粗大、连通的孔隙中的空气可能产生热对流,传递的热量增加。水和冰的导热系数比空气的导热系数大,材料在受潮或受冻后,其导热效果会大大增加,保温隔热性能降低。材料在使用过程中应保持干燥状态,以维持其较好的保温隔热性能。

建筑保温隔热材料按材质不同分为无机保温隔热材料和有机保温隔热材料两类。无机保温隔热材料的品种有玻璃棉、岩棉、矿棉、加气混凝土砌块、膨胀蛭石、膨胀珍珠岩、硅藻土、陶瓷纤维、玻璃纤维和泡沫玻璃。有机保温隔热材料的品种有软木、木质纤维板、聚苯乙烯泡沫板、聚氨酯泡沫板、聚氯乙烯泡沫板和橡胶等。

保温隔热材料的结构外形一般为多孔状、层状、颗粒状和纤维状。

在建筑节能方面,保温隔热材料主要用于内外墙体和屋面的保温隔热以及热工设备、热力管道的保温,在安装地暖的室内空间中还需考虑钢筋混凝土楼板部位的隔热要求。

2) 材料的燃烧和防火

燃烧是可燃物与氧化剂作用后产生的一种发热发光的化学反应。建筑火灾主要是可燃或者易燃的装饰工程材料等与空气中的氧气或其他氧化剂进行的化学反应。燃烧产生的高温、有毒烟气等会对建筑和人员的安全造成巨大的危害。建筑防火是装饰工程项目设计时不可或缺的内容。确定燃烧性能符合规范要求的装饰工程材料是建筑防火设计的主要措施之一。设计师必须能够正确选择满足防火规范的装饰工程材料。

《建筑材料及制品燃烧性能分级》(GB 8624—2012)中将装饰工程材料及制品的燃料性能分为四个等级:A级、B_1级、B_2级和B_3级。A级为不燃材料,是指在空气中受到火烧或高温作用时不起火、不碳化、不微燃的材料,如钢铁、砖、石等;B_1级为难燃材料,是指在空气中受到火烧或高温高热作用时难起火、难碳化、难微燃,而当火源移走后,燃烧或微燃立即停止的材料,如经过防火处理的木材和刨花板等;B_2级为可燃材料,是指在空气中受到火烧或高温高热作用时立即起火或微燃,且火源移走后仍继续燃烧的材料,如木材、普通塑料等;B_3级为易燃材料,是指在空气中受到火烧或高温作用时立即起火并迅速燃烧,离开火源后仍继续迅速燃烧的材料,如部分品种的涂料、溶剂、纤维织物等。

某些装饰工程材料在燃烧时还会产生大量有毒烟气,其危害程度远超高温辐射对人的伤害。建筑内部选用装饰工程材料时,首先应满足《建筑内部装修设计防火规范》(GB 50222—2017)的要求,其次应避免使用燃烧时可能会产生大量浓烟和有毒气体的材料。表2-3是常用建筑装饰工程材料的燃烧性能等级。

表 2-3　常用建筑装饰工程材料的燃烧性能等级

材料类别	燃烧性能	材料举例
各部位材料	A 级	花岗岩、大理石、水泥制品、混凝土制品、石膏板、石灰制品、黏土制品、玻璃、陶瓷、钢铁、铝合金、铜合金等
顶棚材料	B₁ 级	纸面石膏板、纤维石膏板、水泥刨花板、矿棉装饰吸音板、玻璃棉装饰吸音板、珍珠岩装饰吸音板、难燃胶合板、难燃中密度纤维板、岩棉装饰板、难燃木材、铝箔复合材料、难燃酚醛胶合板、铝箔玻璃钢复合材料等
墙面材料	B₁ 级	纸面石膏板、纤维石膏板、水泥刨花板、矿棉板、玻璃棉板、珍珠岩板、难燃胶合板、难燃中密度纤维板、防火塑料装饰板、难燃双面刨花板、多彩涂料、难燃墙纸、难燃墙布、难燃仿花岗岩装饰板、氯氧镁水泥装配式墙板、难燃玻璃钢平板、PVC 塑料护墙板、阻燃模压木质复合板、彩色阻燃人造板、难燃玻璃钢等
	B₂ 级	各类天然木材、木质人造板、竹材、纸质装饰板、装饰单板贴面人造板、印刷木纹人造板、塑料贴面装饰板、聚酯装饰板、胶合板、塑料墙纸、复合墙纸、无纺墙布、天然植物墙纸、人造革等
地面材料	B₁ 级	硬质 PVC 塑料地板、水泥刨花板、水泥木丝板、氯丁橡胶地板等
	B₂ 级	半硬质 PVC 塑料地板、PVC 卷材地板、木地板、氯纶地毯等
装饰织物	B₁ 级	经过阻燃处理的各类难燃织物等
	B₂ 级	纯毛装饰布、纯麻装饰布、阻燃处理过的其他织物等
其他装饰材料	B₁ 级	聚氯乙烯塑料、酚醛塑料、聚碳酸酯塑料、聚四氟乙烯塑料、三聚氰胺甲醛塑料、脲醛塑料、硅树脂塑料装饰板、经阻燃处理的各类织物等
	B₂ 级	经阻燃处理的聚乙烯、聚丙烯、聚氨酯、聚苯乙烯、玻璃钢、化纤织物、木制品等

注:PVC 即聚氯乙烯。

材料的氧指数是测定材料燃烧性能强弱的重要指标,又称 OI。氧指数是指在规定的条件下,材料试样在氧、氮混合气流中维持平稳燃烧所需的最低氧气浓度,以氧所占气体总体积的百分数表示。氧指数高表示材料需要较多量的氧气才能维持燃烧,因而不易发生或者维持燃烧;反之,氧指数低则表示材料容易燃烧。装饰工程材料的氧指数<22 属易燃材料,氧指数为 22～27 属可燃材料,氧指数>27 属难燃材料。

耐火极限是测定装饰工程材料或者构件耐燃性能高低的另一项重要指标。耐火极限的定义是将任意一种材料或构件按时间—温度标准曲线进行耐火实验时,材料或构件从受到火的作用开始至丧失支持能力或完整性或失去隔火作用时为止的这段时间,以小时(h)表示。

木质防火门按照耐火极限的时间长短不同分为甲级防火门(耐火极限不低于 1.5 h)、乙级防火门(耐火极限不低于 1.0 h)和丙级防火门(耐火极限不低于 0.5 h)。

建筑的耐火等级共分为一级、二级、三级和四级,不同耐火等级的建筑对材料和构件的耐火极限有不同的要求,应严格按照《建筑设计防火规范》(GB 50016—2014)的要求选用相应耐火极限等级的装饰工程材料或者构件。

工程中通常采用阻燃处理的方法，使原来燃烧等级不达标的装饰工程材料能够达到设计规定的燃烧等级。阻燃处理的方法一般是在材料表面涂阻燃剂，也可在材料的制作原料中加入阻燃物质。阻燃的目的是将可燃物与氧化剂隔离开来，阻止热量的传递，或者减少中间产物——易燃气体和焦油的生成量等，或者在燃烧温度下分解出不燃气体，使易燃的混合气体变为不易燃烧甚至不能燃烧的气体，最终达到减缓燃烧甚至窒息燃烧的目的。

2.5.2　材料与声有关的性质

大自然的环境中存在着各种声音，如打雷声、下雨声、流水声、喧闹声、音乐声、汽车鸣笛声等。同一种声音在不同环境里的感受也不一样，激昂的音乐声在迪厅里能够激发人的情绪，但在阅览室里播放时则就成了噪声。语音室、音乐厅、剧场、体育馆等专业室内空间对声学有较高的要求。为满足室内声场的音质效果，减少杂音的干扰，需要对空间内所使用的装饰工程材料进行专业的吸声、扩声和隔声处理。不同空间环境的噪声控制标准见《声环境质量标准》(GB 3096—2008)。

1) 基本概念

声功率是声源在单位时间内向外发射的声能。垂直于声波传播方向单位面积的声功率被称为声强。人听声音时的声强既不能太大，也不能太小。声强过大时，人的耳膜承受不了；声强过小时，耳膜感受不到声音。

声源停止发声后室内所产生的声音延续现象被称为混响。混响时间是指室内的声场达到稳定状态后，突然关闭声源，当声能逐渐减小到原来声能(稳态时的声能)的百万分之一时所经历的时间。室内空间的容积大，则声波的衰减慢；反之，则衰减快。混响时间是室内声学音质是否合理的重要评价指标。在室内空间中，运用装饰工程材料和音响设备等，通过对声波进行合理的吸收、反射，可打造出满足规范要求的声学环境。

2) 材料的吸声性能

声音是由振动产生的，并通过传播介质的波动向周边散开。材料的吸声就是对声波能量衰减的结果。

声源在传播时，迫使邻近空气随着振动而形成声波，当声波接触到材料表面时，一部分被反射，一部分则穿透材料，而其余部分在材料内部的孔隙中使空气分子与孔穴内壁之间产生摩擦和黏滞阻力，并将部分声能转化为热能被材料和空气吸收，从而达到对声波的衰减。被吸收的声能(含穿透材料的声能)与原先传递给材料的全部声能之比被称为吸声系数，它是评价某一材料吸声性能高低的主要指标，用下式表示：

$$\alpha = \frac{E}{E_0} \tag{2-12}$$

式中:α——材料的吸声系数;E_0——传递给材料的全部声能(J);E——被材料吸收(包括透过)的声能(J)。

若全部入射声能的 60% 被材料吸收和穿透,剩余 40% 的声能被材料反射,则该材料的吸声系数 α 就等于 0.6。当入射声能 100% 被吸收而无反射时,吸声系数等于 1。材料的吸声系数一般为 0~1。

材料的吸声性能除了与材料的表观密度、孔隙特征、厚度及表面的构造条件(有无空气层及空气层的厚度)有关外,还与声波的入射角及频率有关。材料内具有与外部连通且自身也相互连通的细小孔隙越多,则吸声性能越好;增加多孔材料的厚度,可提高对低频声音的吸收效果。

同一材料对于高频、中频和低频声波的吸收程度是不同的。为了全面反映某一装饰工程材料的吸声性能,将在 125 Hz、250 Hz、500 Hz、1 000 Hz、2 000 Hz、4 000 Hz 六个声波频率下测出的某一材料的六个吸声系数值进行加权平均,当上述六个声波频率的平均吸声系数 α≥0.20 时则被称为吸声材料。

吸声材料能衰减和消除多余的声波能量。为了改善声波在室内传播的质量,保持室内良好的音响效果,并减少噪声的作用,音乐厅、电影院、大会堂、播音室及体育馆等场所的墙面、地面和顶棚等部位均设置适量的吸声材料。表 2-4 是某些多孔材料的吸声系数(驻波管值)。

表 2-4　某些多孔材料的吸声系数(驻波管值)

材料名称	密度/ (kg·m⁻³)	厚度/ mm	各种频率下的吸声系数					
			125 Hz	250 Hz	500 Hz	1 000 Hz	2 000 Hz	4 000 Hz
玻璃纤维	100	50	0.15	0.38	0.81	0.87	0.91	0.86
超细玻璃棉	30	50	0.15	0.37	0.82	0.81	0.70	0.75
矿渣棉	240	60	0.25	0.55	0.79	0.80	0.88	0.85
木丝板	520	30	0.05	0.15	0.25	0.56	0.90	—
加气混凝土	500	150	0.08	0.14	0.19	0.28	0.34	0.45
微孔聚酯	30	40	0.10	0.14	0.26	0.50	0.82	0.77

吸声材料及吸声构造分为三类:多孔性吸声材料有纤维吸声材料、颗粒吸声材料和泡沫吸声材料;共振吸声构造有单个共振器、穿孔板共振吸声构造、薄膜共振吸声构造和薄板共振吸声构造;特殊吸声构造,如空间吸声体和吸声尖劈等。多孔性吸声材料中的纤维吸声材料有玻璃棉、矿棉、岩棉、木丝板、聚酯纤维吸声板,颗粒吸声材料有膨胀珍珠岩吸声板、高温陶瓷吸声板等,泡沫吸声材料有聚氨酯泡沫塑料吸声板、三聚氰胺泡沫塑料吸声板、泡沫玻璃、泡沫陶瓷等。表 2-5 是常见吸声材料及其吸声构造的吸声特征。

表 2-5　常见吸声材料及其吸声构造的吸声特征

类型	基本构造	吸声特征
多孔材料		吸声系数 α — 频率 f
单个共振器		吸声系数 α — 频率 f
穿孔板共振吸声构造	穿孔板	吸声系数 α — 频率 f
薄膜共振吸声构造	薄膜	吸声系数 α — 频率 f
薄板共振吸声构造	薄板	吸声系数 α — 频率 f
特殊吸声构造		吸声系数 α — 频率 f

3）材料的隔声性能

室外的嘈杂声、上层楼板传递的撞击声、隔壁房间墙体传来的敲击声等都是室内噪声的来源。因为室内声波主要通过空气和建筑墙体、楼板、门窗等固体构件进行传播,所以室内建筑隔声的方式分为空气声隔声和固体声隔声两种。空气声隔声就是利用门窗、墙体等将通过空气传播的噪声隔离。固体声隔声是采用弹性阻尼材料对建筑构件中传播的噪声进行隔振或减振。

隔声材料一般采用较为密实的材料。当入射的声波遇到此类材料时，绝大多数的声波被反射回去，透射过材料的声波较少，因而起到隔绝声波的作用。墙体、楼板、门窗等构件及其组成材料被统称为建筑隔声材料。

加强户外门窗的密闭性、采用中空玻璃、增加墙体的密实度、在墙体表面采用吸音材料等均是保证室内具备优异隔声性能的重要措施。提高楼板撞击声隔声的方法有以下几种：① 在楼板表面铺设弹性面层，如铺设地毯、塑料地板或橡胶地板等。② 采用浮筑楼板，就是在楼板基层与面层之间设置弹性夹层，减缓面层所产生的撞击振动。③ 增加隔声吊顶，在上层楼板的下方设置吊顶，吊顶对上层楼板所产生的噪声有一定的阻隔作用。

2.5.3 材料的环保性能

装饰工程材料的环保性能指的是材料中所含的物质对人体健康和环境不会产生危害或影响的性能。

材料的环保性能在我国现代装饰行业的发展初期没能得到人们的足够重视。由于当时装饰工程材料品种极度匮乏，人们选材时主要考虑的是如何能够选到装饰性能好的材料品种，而对于材料是否会危害人体健康和环境的问题则没有多加思考。人们普遍认为任何装饰工程材料都应该是无害的，对人的身体健康和环境不会造成太大的影响。

人工合成的装饰工程材料在生产制造的过程中，在原材料中通常添加各种添加剂，以满足材料的某些使用性能要求。很多添加剂对室内环境可能造成污染，甚至危害人的身体健康安全。例如，各类木质制品中的甲醛、某些墙面涂料中的苯或者二甲苯等，此类物质容易诱发人体组织产生癌变。某些装饰工程材料在生产时产生的废水、废气等物质对自然环境造成了严重的污染。

装饰工程材料中所含的成分应该是无毒或者是低毒的，不产生影响人体健康的毒副作用。为此，国家质量监督检验检疫总局根据国际标准，参照我国的实际情况，在21世纪初颁发了装饰工程材料有害物质限量的规定，从根本上确保了广大消费者使用装饰工程材料的安全性。这类规范有《建筑材料放射性核素限量》(GB 6566—2010)、《室内装饰装修材料人造板及其制品中甲醛释放限量》(GB 18580—2017)、《室内装饰装修材料溶剂型木器涂料中有害物质限量》(GB 18581—2001)、《室内装饰装修材料内墙涂料中有害物质限量》(GB 18582—2008)、《室内装饰装修材料胶粘剂中有害物质限量》(GB 18583—2001)、《室内装饰装修材料木家具中有害物质限量》(GB 18584—2001)、《室内装饰装修材料壁纸中有害物质限量》(GB 18585—2001)、《室内装饰装修材料聚氯乙烯卷材地板中有害物质限量》(GB18586—2001)、《室内装饰装修材料地毯、地毯衬垫及地毯胶粘剂中有害物质释放限量》(GB 18587—2001)、《混凝土外加剂中释放氨的限量》(GB 18588—2001)。在以上规范中，有害物质含量低于相关标准的材料都属绿色环保材料。

材料环保性指标主要指苯、甲苯、二甲苯、游离甲醛、氨、氡、游离甲苯二异氰酸酯(TDI)和挥发性有机化合物(VOC)的含量,以及放射性指标中的内照射指数和外照射指数。装修完成后的室内环境是否符合环保要求,不能只检测所使用的各种材料的环保指标是否符合规定,还应按照《民用建筑工程室内环境污染控制标准》(GB 50325—2020)的要求进行综合验收,确保室内环境的使用安全。

第 2 章思考题

1. 装饰工程材料的装饰性能包括哪些方面的内容?
2. 什么是材料的结构和构造?
3. 什么是材料的孔隙? 材料的孔隙对装饰工程材料的性能有何影响?
4. 材料的吸水性和吸湿性有什么区别? 材料的吸水性和吸湿性用什么指标表示?
5. 什么是冻融循环? 材料的抗冻性能用什么指标表示?
6. 什么是材料的强度? 材料的常见强度有哪些?
7. 了解材料的导热系数有何物理意义? 影响材料导热性能的因素有哪些?
8. 装饰工程材料按其耐燃性不同分为几类? 装饰工程材料为什么有耐燃性要求?
9. 常见的吸声和隔声措施有哪些?
10. 控制装饰工程材料有害物质限量的标准有哪些?
11. 如何确保室内空间的有害物质限量符合国家的标准要求?

3 石材类装饰工程材料

　　天然石材是以自然界中的岩石为原料,经加工制作后用于建筑、装饰、碑石、工艺品或路面铺设等用途的材料。通常所称的天然石材是指从天然岩体中开采出来,经加工后所形成的块状或板状的材料。天然石材是人类早期建造房屋的主要材料,用于基础、墙体、柱子和地面等部位。受当时技术条件的限制,天然石材的开采、加工和运输非常不便,天然石材的使用范围受到了极大的限制和约束。随着石材加工技术水平的提高,石材的锯切、研磨、抛光等生产工序基本上实现了机械化。石材从贵族消费品变为平民消费品。

　　石材按来源不同分为天然石材和人造石材两大类。天然石材按用途不同分为建筑石材、装饰石材和工艺品石材。建筑石材常用于河边驳岸墙、陡坡挡土墙和混凝土的配料等;装饰石材以大理石、花岗岩和板石为主,用于室内外楼地面、墙面的装饰和石雕的制作;工艺品石材则为宝石级材料,用于珠宝或装饰工艺品的加工。天然石材具有丰富多彩、装饰性好、耐久性强、密实度和强度较高等特点,得到了广大消费者的青睐。天然石材表面的颜色和纹路是许多人造材料无法比拟的,有自然清新、高雅大方的观感,很多高档公共场所和私家别墅基本上将天然石材作为首选的装饰工程材料。人造石材有实体面材、水磨石、石英石和微晶石等,具有质量轻、耐腐蚀、施工便捷、造价低、表面花纹图案可随意变化等优点,是较理想的现代装饰工程材料。

3.1 概述

3.1.1 天然石材的形成及分类

　　自然界中石材的蕴藏量丰富,分布极为广泛,岩石种类按地质学的划分方法有岩浆岩、沉积岩和变质岩三种。岩石由造岩矿物组成,它的构造特性以及所处的地质生成条件决定了岩石的许多重要特性,也决定着各种天然石材在装饰工程中的适用范围。

　　1）造岩矿物

　　组成岩石的矿物被称为造岩矿物。形成天然石材的造岩矿物主要由石英、长石、云母、深色矿物、高岭土、碳酸盐、方解石或白云石等组成,各种矿物的颜色和特性见表3-1。作为矿物集合体的岩石并无确定的化学成分和物理性质,即使同一称呼的石材,由于产地不同,其矿物组成和结构也会有一定的差异,所以岩石的颜色、强度等性能也不尽相同。

表 3-1　主要造岩矿物的颜色和特性

造岩矿物	颜色	特性
石英	无色透明	性能稳定
长石	白、浅灰、桃红、红、青、暗灰	风化慢
云母	无色透明至黑色	易裂成薄片
角闪石、辉绿石、橄榄石	深绿、棕、黑(暗色矿物)	开光性好、耐久性好
方解石	白色、灰色	开光性好、易溶于含二氧化碳的水中
白云石	白色、灰色	开光性好、易溶于含二氧化碳的水中
黄铁矿	金黄色(二氧化硫)	二氧化硫为有害物质,遇水及氧气后生成硫酸,污染并破坏岩石

2) 岩石的形成及分类

在不同的地质条件作用下,各种造岩矿物能够形成不同的岩石种类。表 3-2 是石材地质分类表。

表 3-2　石材地质分类表

分类	常见岩石名称
岩浆岩	花岗岩、正长岩、辉长岩、斑岩、玢岩、辉绿岩、玄武岩、安山岩
沉积岩	石膏岩、石灰岩、白云岩、砂岩、砾岩、硅藻土、菱镁矿、凝灰岩、粘板岩
变质岩	大理岩、片麻岩、石英岩、板岩

（1）岩浆岩

岩浆岩又称火成岩,是组成地壳的主要岩体,约占地壳总质量的89%。因地壳运动,熔融的岩浆体由地壳内部上升并经冷却形成岩浆岩。根据岩浆岩在形成过程中所处环境的压力变化、冷却速度快慢的不同,又可分为侵入岩和喷出岩。

（2）沉积岩

沉积岩又称水成岩,由母岩经过漫长的岁月风化、流水侵蚀、自然搬运,再经地壳的压力作用,最终形成于地表的浅层处。沉积岩为层状构造,由于是沉积物固结而成,所以沉积岩的各层成分、结构、颜色、厚度等均不相同。与岩浆岩相比,沉积岩的容重小、强度低、密实性差、孔隙率及吸水率较大、耐久性差。

沉积岩仅占地壳总质量的 5%,但在地球上分布极广,约占地壳表面积的 75%。沉积岩的用途广泛,且易于开采,其中最重要的是石灰岩(俗称青石)。石灰岩是烧制石灰和水泥的主要原料,是配置混凝土的重要组成原料。石灰岩还可用作铺筑道路、修堤筑坝的建筑材料。

（3）变质岩

在地壳运动的作用下,岩浆岩或沉积岩经过高温、高压的作用后可以变为变质岩。岩浆岩经变质后的性能减弱,耐久性变差,如花岗岩变为片麻岩。沉积岩变质后的性能得到加强,内部结构更为致密,坚实耐久,如石灰岩变为大埋岩。大理岩是指碳酸盐矿物质量所占比例大于 50％的变质岩。岩浆岩、变质岩和沉积岩三者之间可以在不同的地质条件下互相转化。

3.1.2 天然石材的开采与加工

我国的石材储藏资源丰富,几乎包括了世界上所有的石材品种。石材在我国的开采和使用历史悠久,唐朝泉州开元寺的石雕就是用花岗岩精雕后制成的;北京故宫的汉白玉雕花栏杆为房山特产;云南大理城更是古今闻名的大理石之乡,以盛产大理石而名扬中外。据有关资料统计,我国已探明的大理石储量近 40 亿 m^3,花岗岩储量约 200 亿 m^3,石材的储量和消耗量均列世界首位。

通过国外引进和科研人员的不断攻关,我国的石材开采和加工技术水平与世界发达国家之间的差距不断缩小。石材专用加工设备的使用日趋完善和精密,石材的生产加工质量水平达到了很高的水准。针对以往产品质量中所出现的问题,国家相关职能部门制定了一系列产品质量控制标准,保证了石材产品的质量。

1) 装饰石材的开采

石材的价格主要取决于它的用途,工艺品级的石材价格最高,其次是装饰石材,建筑用石材的价格最低。为了提高矿山的经济价值,开采出符合规格尺寸要求的块石(荒料),必须对矿体的节理、层理和裂隙等因素进行研究分析,作为安全开采的技术依据。石材的开采属采矿学范畴,在此只做装饰石材开采的简要介绍。

矿山的开采主要包括矿床的剥离和开拓运输。饰面石材矿床的剥离方法一般有人工剥离、机械剥离和水力剥离。剥离过程中主要考虑的是保护矿体不受震动的影响,剥离量不宜过大,不适宜采用大型机械设备。石材的回采以锯切为主,不一定要求形成平整的剥离平台,只要运输、起重设备可进入采场安装,就可以进行回采。

装饰石材的回采工序包括矿体分离、分离块解体、荒料块整形、荒料装运。开拓运输的目的就是掘进各类沟堑,建立回采工作面与地面之间的运输通道,向采场运送开采设备,并将采场的剥离物、荒料及废石运出。

装饰石材的开采设备主要有钢绳锯、链锯、火焰喷射切岩机等,运输设备有起重机、装载机、推土机、慢速绞车、挖掘机、运输车等。

2) 装饰石材的加工

石材的荒料被运至工厂后,按照加工要求制成各类板材或其他特殊形状的产品。大理石荒料一般被堆放在室内或简易棚内以防表面酸化,花岗岩可放置在露天堆场。

石材加工的目的是获得设计所需的板材形状、规格和装饰质感。按加工设备的特性,石材加工分为磨切加工和凿切加工。这两种工艺又分为两大过程:形状加工阶段和石材表面加工阶段。岩石中的裂缝被称为节理,石材的节理有垂直节理和水平节理。与裂缝大体平行且易切割的面被称为石眼。在机械切锯过程中应充分利用节理和石眼,将岩料加工成所需的形状和规格。

机械的切锯设备主要有框架锯(排锯)、盘式锯和钢丝锯等。荒料被锯切成板材后再进行表面加工,如研磨、抛光、烧毛和凿毛等。

石材研磨分为粗磨、半细磨、细磨、精磨和抛光等工序。粗磨是为了校准板材的厚度和平度;半细磨则是把板材初步磨细,使板材达到产品要求的厚度与平度;细磨是将板面进一步磨细,使得石材的颜色和花纹凸显清楚;精磨是为抛光做好准备,精磨后的板材表面已具有一定的光泽度;抛光是石材研磨加工的最后一道工序,抛光后的石材表面具有最大的反射光线的能力以及良好的表面光滑度,并能使天然石材固有的花纹和色泽在最大程度上显现出来,浅色石材比深色石材更容易呈现石材本身的图案特征。

石材的研磨设备主要有桥式研磨机、摇臂式手扶研磨机、传送带式多头连续研磨机、磨光抛光机等,以传送带式多头连续研磨机为主要研磨设备。传统的磨料有碳化硅、石英砂和白刚玉加抛光剂(氧化铝、草酸等)。目前采用天然金刚石或人造金刚石制备的抛光磨料较多,其优点是使用寿命长,抛光过程中磨料自身的性能稳定,且无须提供抛光剂即可获得足够高的光泽度。

烧毛工艺多用于花岗岩类板材的表面加工。利用火焰喷射器对锯切后的花岗石板表面进行灼烧,使其恢复天然表面,烧毛后的石板先用钢丝刷刷掉表面的岩石碎片,再用玻璃碴和水的混合液高压喷吹或者用尼龙纤维团的手动研磨机进行研磨,以使石材表面的色彩和触感达到设计要求。

凿毛加工法有传统的手工雕琢法、现代机具与手工操作相结合的方法。当采用传统手工雕琢法时,工人消耗的体力强度大,加工周期长。对于要求表面凹凸层次丰富、明暗关系清晰、观赏性强的石材艺术制品,手工操作无可替代,如山东曲阜孔庙所保存的盘龙石柱,即采用深浮雕的手工雕琢法雕刻而成,具有极高的艺术价值和历史研究价值。

在现代石材生产过程中,各种石材加工设备的主要用途如下:

龙门铣切机——加工石材圆形柱;组合锯——锯切同组板材;花线成型铣磨轮——加工石材花线条;曲线切割机——切割弧形板材;高压水射流切割机——高精度尺寸加工;金刚石串珠绳锯——普通或者特殊要求的切割。

石材规格板连续生产线的工艺流程:选料→整形→锯切→定厚→磨抛→纵、横裁切→排版→棱边加工→修补→石材防护→检验→包装→入库→出厂。

3) 装饰石材的拼花加工

石材拼花是利用石材表面的颜色和纹理,用高压水射流切割机等设备将石材加工成所需的形状和尺寸后,无缝黏结成所需装饰图样的石材产品。

石材拼花制品的工艺流程:选材→制花→拼接及黏结→固化→定厚→磨抛→防护→检验→包装→入库→出厂。

石材的拼花制品由于加工精度高,产品的接缝不明显,显示出很好的整体性,艺术效果特别强,拼花图案丰富,可定制,常用于门厅地面的铺设、压边线的拼花装饰。

为提高石材的综合利用率,市场上还出现了石材马赛克、石材复合板等新型产品。

石材马赛克利用天然石材的颜色、花纹、马赛克单粒的形状和表面效果,使用石材加工时剩余的边角料进行加工生产。首先选择合适的石材品种后,将其表面处理成光面、亚光面等不同的装饰效果,再将石材切割成所需形状和尺寸的马赛克单粒,最后按照图案要求进行拼装。

石材复合板是以石材薄板为面层材料,用结构型黏合剂将其粘贴到基层板上的一种材料。石材复合板能够提高石材的出材率,减轻单位面积的石材重量。石材复合板的面层薄板厚度较薄,一般为 1~5 mm,复合使用的衬底材料有陶瓷、玻璃、塑铝板、铝合金蜂窝板、铝单板、钢板等,适用于有透光、节能和质轻要求的装饰部位。

3.1.3 石材的命名及编号

天然石材的品种繁多,各地对同一种石材的称呼也不尽相同,这样不利于石材的生产、设计和施工。为了统一天然石材的名称,国家颁布了《天然石材统一编号》(GB/T 17670—2008)。

天然石材的中文名称根据石材的产地、色调和花纹等要素确定,常见的命名方式有产地+颜色、人名+颜色、植物名+颜色、矿口编号或者纹理特征。如山西黑、安吉红、莎安娜米黄、贵妃白、樱花红、紫罗红、603 石材、654 石材、海浪花、黑珍珠等。石材的英文名称常采用外贸名称,以译音为主。

天然石材的统一编号由一个英文字母、两位数字和两位数字或英文字母等部分组成。第一部分的英文字母是石材种类的代码,花岗岩为 G,大理石为 M,石灰石为 L,砂岩为 Q,板石为 S。第二部分的两位数字是石材产地的代码,也是我国行政区域的代码。第三部分为产地石材的品种代码,由两位数字 0~9 和大写英文字母 A~F 组成。

3.1.4 石材的选用原则与发展方向

天然石材是古老的建筑材料之一。古埃及的金字塔群、卡纳克阿蒙神庙、方尖碑等都是最具代表性的石材古建筑。中国河北的赵州石拱桥(即赵州桥)、福建泉州的洛阳桥等名闻天下,其中最大的石块重达 20 t 左右。天然石材可作为表现艺术灵魂的物质手段。上海大剧院建筑堪称现代音乐殿堂的经典之作。作为奏响音乐序曲篇章的门厅大堂,其地面与柱面选用了来自希腊的水晶白石材。质地细腻、洁白无瑕的水晶白石材,提升了音乐殿堂的纯洁雅致。大剧院门厅正面的弧形盾牌墙选用了来自美国明尼苏达州南部石矿几近绝迹的亚光金黄色的黄沙石(类似于大理石形成前的石灰岩),表现了空间朴实无华、沉稳凝重的文化氛围。

设计和使用单位在选用石材时,应该考虑以下因素:

(1) 经济性。尽量就近取材、选材,减少运输环节以降低成本。选用复合板材,减轻建筑重量,满足节能减排要求,降低工程造价。

(2) 性能指标。该指标主要包括石材的强度、吸水率、规格允许偏差、表面缺陷、色差和放射性核素限量等。应根据建筑和室内外环境的要求,选用符合技术性能标准的石材,并保证石材的放射性核素限量指标不超过国家标准,保障使用者的身体健康。

(3) 装饰效果。由于天然石材表面具有独特的色调和花纹,装饰效果高贵雅致,是其他材料难以取代的高档装饰工程材料。设计师应根据装饰工程项目的设计效果和综合造价投资等因素,选择合适的石材品种。

天然石材的使用发展有两个趋势。

(1)板材的厚度减薄

天然石材规格板的标准加工厚度为 20 mm,目前市面上以厚度为 10~15 mm 的板材用量居多。随着石材加工技术的进步,也为了适应高层建筑对材料轻质化的要求,厂家也在生产厚度为 8 mm 以下的超薄饰面板。此外,随着锯切石材使用的锯片规格越来越大(锯片直径已达 1 600 mm),成品石材的板材规格尺寸也越来越大、越来越薄。施工单位比较倾向于购买大规格的板材,在施工现场按实际使用尺寸要求进行切割、抛光、铺贴,以达到节约材料、降低施工成本的目的。

(2)复合板的运用

厚度较薄的石材易折断,不方便运输和安装。在石材薄板的底面粘贴一层质地较硬的板材或者具有隔音保温的铝合金蜂窝板,这样不仅能保持天然石材的装饰效果,提高石材的利用率,而且增加了石材的性能特征。如石材薄板背面粘贴铝质蜂窝结构材料,可形成轻质高强、保温隔热的复合材料。

3.2 天然石材

3.2.1 天然石材的特性

天然石材因地质形成条件或加工工艺不同,即便是同一种类的岩石,材料的性能也有可能存在很大的差别。石材内部的节理状况与材料的强度有直接的关联,材料表面的研磨工艺影响材料的耐污性能等。因此,以天然石材为原料制作的产品在使用前必须进行质量检验,以确保工程质量。

天然石材的技术性能包括物理性能、力学性能和加工性能。

1)物理性能

天然石材的物理性能主要指表观密度、吸水性、耐水性、抗冻性和导热性等。

石材的表观密度是指石材在自然状态下单位体积的质量,它与石材的组成成分、孔隙率及含水率有关。通常情况下,石材的表观密度越大,则密实度越高,孔隙越少,石材的抗压强度越高,吸水率越低,耐久性越好。密实度较好的花岗岩和大理石,其表观密度接近于密度,一般为 2 500~3 100 kg/m³。多孔隙的浮石等,其表观密度远小于密度,为 500~1 700 kg/m³。

天然石材根据表观密度的大小可分为重石和轻石两类。表观密度大于 1 800 kg/m³ 的石材被称为重石,用于建筑的基础砌筑、楼地面的装饰、建筑的外墙装饰等;表观密度小于 1 800 kg/m³ 的石材被称为轻石,可用于墙体的保温隔热。

石材的吸水性主要与石材的孔隙率和孔隙特征有关,同时还与其中的矿物成分、湿润性及浸水条件有关。孔隙与外部相连通的石材,随着孔隙率的增大,其吸水率也会增大;浸水时间愈长,石材的吸水饱和程度也愈大。

岩浆岩中的侵入岩以及许多变质岩的孔隙率较小,吸水率也低,如花岗岩的吸水率通常小于0.5%;沉积岩由于形成的条件变化多,其胶结过程和结构构成情况复杂,因而孔隙率与孔隙特征的变动范围大,石材吸水率的差异也大,致密的石灰岩的吸水率小于1%,多孔的贝壳石灰岩的吸水率高达15%。

吸水率低于1.5%的岩石被称为低吸水性岩石,吸水率介于1.5%~3.0%的岩石被称为中吸水性岩石,吸水率高于3%的岩石被称为高吸水性岩石。

石材的吸水性对其强度与耐水性有较大的影响。石材吸水后,内部的结构作用减弱,材料颗粒之间的黏结力降低,强度会下降。有些岩石还容易被水溶蚀,吸水性强和易溶蚀的岩石,其耐水性较差。

当岩石中含有较多的黏土或易溶物质时,石材的软化系数较小,耐水性差。软化系数>0.90的石材为高耐水性石材,软化系数为0.75~0.90的石材为中耐水性石材,软化系数为0.60~0.75的石材为低耐水性石材。软化系数<0.60的石材不允许用于重要建筑物的装饰部位。

石材在规定的冻融循环试验次数内,材料表面无贯穿裂纹、重量损失不超过5%、强度减少不大于20%的石材为抗冻性合格。一般吸水率低于0.5%的石材具有较高的抗冻性,无须进行抗冻性试验。

石材的抗冻性取决于矿物组成成分、吸水性及冻结温度等因素。吸水率愈低,抗冻性愈好。致密的花岗石、石灰岩和砂岩等石材均具有较高的抗冻性。

石材的导热性与石材的致密程度有关。重石的导热系数可达2.91~3.49 W/(m·K),轻石的导热系数则为0.23~0.70 W/(m·K)。孔隙特征为封闭的石材绝热性较好。

2)力学性能

石材的力学性能指标包括抗压强度、硬度和耐磨性等。

石材的抗压强度是以边长为70 mm的立方体试件,用标准试验方法测定的抗压强度值作为评定石材等级的标准。石材共分为九个强度标准:MU100、MU80、MU60、MU50、MU40、MU30、MU20、MU15和MU10。

石材抗压强度的大小取决于岩石的矿物组成、晶体结构特征以及胶结物质的种类及均匀性等。石英是花岗岩的主要组成矿物,石英的含量愈高,花岗岩的强度也就愈高。云母是片状的矿物,易于分裂成柔软的薄片,花岗岩中的云母含量较多时,石材的强度就低。结晶质石材的强度比玻璃质石材的强度高,等粒状结构的石材强度比斑粒状结构的石材强度高,构造致密的石材强度比构造疏松且多孔的石材强度高。具有层状、带状或片状构造的石材,其垂直于层理方向的抗压强度比平行于层理方向的抗压强度高。沉积岩的抗压强度与胶结物的成分有关,硅质材料胶结成的石材抗压强度较大,石灰质材料胶结成的石材抗压强度较低,泥质材料胶结成的石材抗压强度最低。

岩石的硬度是指石材抵抗其他较硬物体(如金属钢球)压入的能力,也可看作材料表面抵抗变形的能力,大小用莫氏硬度或肖氏硬度表示。它取决于矿物的组成成分、矿物的硬度以及组成的构造形式,由致密的、坚硬的矿物组成的石材具有较高的硬度。

石材的耐磨性是指石材在使用条件下抵抗摩擦、剪切、冲击等外力作用的能力。石材的耐磨性与其内部的矿物硬度、结构、构造特征以及石材的抗压强度等性质有关。

矿物愈坚硬、构造愈致密以及抗压强度愈高,则石材的耐磨性愈好。楼地面部位使用的石材饰面板必须具有较好的耐磨性和硬度。

3) 加工性能

石材的加工性能是指石材加工时所表现出的工艺性质,包括加工性和磨光性等。

石材的加工性是指岩石在劈解、破碎以及锯切时的难易程度。凡强度、硬度和耐磨性较高的石材均不易加工。质脆粗糙,含层状、片状构造或已风化的岩石,其保持外观形态的能力较差,难以满足加工工艺的要求。某些大理石、石灰石的产品需在材料的背面增设玻璃纤维网格布,以提高材料在运输和安装时的抗破损能力。大理石的质地致密而硬度不大(肖氏硬度为50左右),易满足锯切、雕琢和磨光等加工要求。

磨光性指石材表面能够磨成光滑表面的性质。均匀、致密和细粒的岩石一般都有良好的磨光性。疏松多孔或有鳞片结构的岩石磨光性不好。

石材由于用途和使用的条件不同,因而对材料的性能及其指标均有不同的要求。用于建筑基础、桥梁、隧道及砌筑工程的石材,一般规定其抗压强度、抗冻性与耐水性都必须达到一定的指标。装饰的饰面石材以外观质量为主要评价指标,同时还要考虑其可加工性。

3.2.2 天然大理石

大理石是石灰岩或白云岩经过地壳的高温、高压作用而形成的变质岩,主要以大理岩为代表,包含结晶的碳酸盐类岩石和质地较软的其他变质岩类的石材,主要矿物成分为方解石(碳酸钙)、白云石(碳酸钙镁)和蛇纹石(硅酸镁水合物)等。

大理石的矿物组成中常含有氧化铁、二氧化硅、云母、石墨等其他成分的矿物,使得大理石材料呈现红、黄、棕、绿、黑等各色纹理。表3-3是大理石的主要化学成分。抛光后的大理石板材表面色彩丰富、花纹多样。大理石中表面无杂质的品种尤为珍贵,如北京房山的汉白玉、希腊的水晶白,表面洁白无瑕,属高档装饰石材。

表3-3 大理石的主要化学成分

化学成分	氧化钙 (CaO)	氧化镁 (MgO)	二氧化硅 (SiO₂)	氧化铝 (Al₂O₃)	氧化铁 (Fe₂O₃)	三氧化硫 (SO₃)	其他
含量/%	28~54	13~22	3~23	0.5~2.5	0~3	0~3	微量

1) 大理石的性能特点

大理石属变质岩,主要矿物成分是碳酸盐,有一定的强度,吸水率较低,质地较软,属中硬性石材,易加工,抛光后的材料表面具有较高的光泽度。大部分大理石品种的表面图案有明显的树枝状纹路或脉络状纹路。大理石的耐磨性、耐污性和抗风化能力较弱。

大理石中的碳酸盐成分与室外环境中的酸性物质接触后,在石材表面生成石膏类的物质,并不断被雨水冲刷后带走,在板材的表面形成孔洞、裂隙,而遗留下来的物质在石材表面形成坚硬的皮层,最终脱落或出现黑层。这种侵蚀作用是不断重复进行的,也就是人们常说的风化现象,因而大理石不宜用于室外。对于少数由单一矿物组成,质纯、杂质含量少且性能稳定的品种,如汉白玉、艾叶青等,可用于室外装饰。大理岩、石灰岩的主要成分是碳酸钙、碳酸镁,具有抗碱作用,可作为耐碱材料。

2)品种和名称

大理石的板材类产品有毛光板(MG)、普型板(PX)、圆弧板(HM)和异型板(YX),其他产品有花线、石材柱、石材壁炉等。大理石板材按表面加工要求的不同可分为镜面板(JM)和粗面板(CM)。

常见大理石的名称、编号及产地见表3-4。

表3-4　常见大理石

中文名称	统一编号或代号	产地
房山汉白玉	M1101	北京房山高庄
青龙玉	M1320	河北青龙
乳脂玉	M1570	内蒙古呼伦贝尔
铁岭红	M2119	辽宁
冷玉石	M2203	吉林白山
荷花玉	M2205	吉林
宜兴咖啡	M3252	江苏宜兴
杭灰	M3301	浙江杭州
云雾白	M4110	河南
爵士白	M	希腊
雅士白	M	希腊
旧米黄	M	意大利
鱼肚白	M	意大利
红线米黄	M	意大利
金花米黄	M	意大利
莎安娜米黄	M	伊朗

3)质量等级标准

大理石的质量等级标准是评判石材加工质量是否符合要求的重要依据。毛光板是指表面分别为粗糙面和光亮面的板材,尺寸可根据实际情况而定,一般用表面经过加工后的大板进行现场裁切;普型板主要指正方形板材,常用尺寸为 600 mm×600 mm×20 mm;圆弧板是外形为弧形曲面的板材;异型板是指外形特殊的一类板材。板材按加工标准和外观质量不同分为 A(优等品)、B(一等品)、C(合格品)三个等级。

毛光板、普型板、圆弧板的质量等级标准包括以下内容:

(1)尺寸允许偏差

尺寸允许偏差是指石材制品的加工尺寸与规定尺寸之间所允许的误差值。平面度是衡量板材表面平整程度是否达标的指标。

大理石毛光板的平面度和厚度要求见表3-5,普型板、圆弧板的规格尺寸允许偏差分别见表 3-6 和表 3-7,普型板的平面度要求见表 3-8,圆弧板的直线度与线轮廓度的允许偏差见表 3-9。异型板的尺寸偏差要求由供需双方商定。

表 3-5　大理石毛光板平面度和厚度要求(单位:mm)

项目		技术指标		
		A	B	C
平面度		0.8	1.0	1.5
厚度	≤12	±0.5	±0.8	±1.0
	>12	±1.0	±1.5	±2.0

表 3-6　大理石普型板规格尺寸允许偏差(单位:mm)

项目		技术指标		
		A	B	C
长度、宽度		−1.0～0.0		−1.5～0.0
厚度	≤12	±0.5	±0.8	±1.0
	>12	±1.0	±1.5	±2.0

表 3-7　大理石圆弧板规格尺寸允许偏差(单位:mm)

项目	技术指标		
	A	B	C
弦长	−1.0～0.0		−1.5～0.0
高度	−1.0～0.0		−1.5～0.0

表 3-8　大理石普型板平面度要求(单位:mm)

板材长度	技术指标					
	镜面板材			粗面板材		
	A	B	C	A	B	C
L≤400	0.2	0.3	0.5	0.5	0.8	1.0
400<L≤800	0.5	0.6	0.8	0.8	1.0	1.4
L>800	0.7	0.8	1.0	1.0	1.5	1.9

表 3-9　大理石圆弧板直线度和线轮廓度允许偏差(单位:mm)

项目		技术指标					
		镜面板材			粗面板材		
		A	B	C	A	B	C
直线度 (按板材高度)	≤800	0.6	0.8	1.0	1.0	1.2	1.5
	>800	0.8	1.0	1.2	1.2	1.5	1.8
线轮廓度		0.8	1.0	1.2	1.2	1.5	1.8

大理石圆弧板的弦长位置如图 3-1 所示。

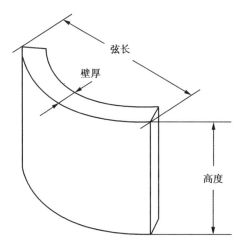

图 3-1　大理石圆弧板的弦长位置示意图

圆弧板的直线度是指板弧面上的平直程度。将钢直尺靠在弧形板上后,尺与板面之间的缝隙即直线度偏差值。线轮廓度被用于评价圆弧板的弧面形状是否符合加工要求,用靠模检测。

大理石普型板的角度允许偏差见表 3-10。圆弧板端面角度允许偏差:A 级为 0.4 mm,B 级为 0.6 mm,C 级为 0.8 mm。普型板拼缝板正面与侧面的夹角不得大于 90°。圆弧板侧面角 α 应不小于 90°,如图 3-2 所示。

表 3-10　大理石普型板角度允许偏差要求(单位:mm)

板材长度	技术指标		
	A	B	C
≤400	0.3	0.4	0.5
>400	0.4	0.5	0.7

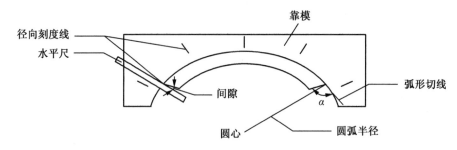

图 3-2　大理石圆弧板侧面角 α 示意图

（2）光泽度

大理石镜面板的光泽度应不低于 70 光泽度单位,用光电光泽计检测。圆弧形板镜面光泽度以及有光泽度特殊要求时,由供需双方商定。

（3）外观质量

同一批板材的色调和花纹应基本一致,与样板之间无明显差异。板材黏结和修补处不得影响板材的装饰效果,不得降低板材的物理性能。板材正面的外观缺陷应符合表 3-11 中的要求。

表 3-11　大理石板材正面外观缺陷要求

缺陷名称	规定内容	技术性能		
		A	B	C
裂纹	长度≥10 mm 的条数/条	0		
缺棱	长度≤8 mm,宽度≤1.5 mm(长度≤4 mm、宽度≤1 mm 不计),每米长允许个数/个	0	1	2
缺角	沿板材边长顺延方向,长度≤3 mm,宽度≤3 mm(长度≤2 mm、宽度≤2 mm 不计),每块板允许个数/个			
色斑	面积≤6 cm² (面积≤2 cm² 不计),每块板允许个数/个			
砂眼	直径<2 mm	不明显	有,但不影响效果	

注:对毛光板不做要求。

（4）物理性能

大理石板材的物理性能应符合表 3-12 中的要求。有特殊要求的可按工程实际需要执行。

表 3-12　大理石板材的物理性能要求

项目	技术指标		
	方解石大理石	白云山大理石	蛇纹大理石
体积密度/(g·cm⁻³)	≥2.60	≥2.80	≥2.56
吸水率/%	≤0.50	≤0.50	≤0.60

项目		技术指标		
		方解石大理石	白云山大理石	蛇纹大理石
抗压强度/MPa	干燥	≥52	≥52	≥70
	水饱和			
抗弯强度/MPa	干燥	≥7.0	≥7.0	≥7.0
	水饱和			
耐磨性/cm⁻³,适用于地面、楼梯踏步、台面等处		≥10	≥10	≥10

4) 大理石的用途及注意点

大理石主要用于装饰标准较高的场所,如宾馆、别墅、高档写字楼、西餐厅、航站楼和博物馆等室内的墙面、柱面、地面、楼梯踏步、栏杆、欧式壁炉、电梯贴脸等部位。大理石板可用于吧台、服务台、厨房操作台、盥洗台等部位的立面和台面。

大理石内部结构的致密度不高,板材表面和内部存在一定的孔隙,污渍颗粒容易渗入材料孔隙中,不易被清除。大理石质地比较柔软,其耐磨性能不强,不宜用于室外或保养条件差的公共空间的楼地面装饰。一般情况下,大理石无须进行放射性指标检测。

大理石用于室内地面装饰时,可在大理石的表面打蜡抛光,以降低大理石面层的磨损程度,同时也起到防污的作用。面层需经常打蜡,以保证大理石的使用效果。大理石用于室外时,可在大理石的面层涂饰一层透明的中性界面剂,将大理石与环境中的酸性物质隔离开来,有效避免板材的风化。

3.2.3 天然花岗岩

花岗岩属岩浆岩中的侵入岩,是岩浆在地壳内的上升过程中,经过一系列的地质变化后,在地壳的某一深度下冷却而成的一种天然石材。花岗岩的品种包括侵入岩和各种硅酸盐类的变质岩。花岗岩的主要矿物成分为长石、石英及少量云母和暗色矿物,其中长石含量为 $40\%\sim60\%$,石英含量为 $20\%\sim40\%$。

黑色侵入岩的矿物组成与普通花岗岩的矿物组成不同,只含有少量或不含石英或长石,主要由辉石、角闪石和黑色云母等矿物组成,铁和镁的含量较高。黑色侵入岩的性能和商业用途与普通花岗岩相差无几,所以在商业上仍然将黑色侵入岩与花岗岩同等对待。表 3-13 是花岗岩的主要化学成分。

表 3-13 花岗岩的主要化学成分

化学成分	SiO_2	Al_2O_3	CaO	MgO	Fe_2O_3
含量/%	67~75	12~17	1~2	1~2	0.5~1.5

1）花岗岩的性能特点

花岗岩为全晶质结构的岩石，按结晶颗粒的大小不同分为细粒、中粒和斑状等。花岗岩的结构致密、质地坚硬、材性较脆，具有强度和硬度高、密度大、吸水率低、耐酸碱性及耐磨性好等特点，化学稳定性好，不易风化，可承受多次冻融循环的作用，抗冻性较强，能切割加工制成薄板或超薄板。

花岗岩镜面板的表面通常呈粒状或斑状的纹理。花岗岩的颜色非常丰富，从粉红色到浅灰或深灰，其颜色主要取决于所含长石、云母及暗色矿物的种类及数量，其中深色花岗岩较为名贵。优质花岗岩的晶粒细而均匀，构造紧密，石英含量多，云母含量少，不含黄铁矿等杂质，长石光泽明亮，无风化迹象。

花岗岩中含有的石英矿物在573~870℃的高温下会发生晶态转变，使得花岗岩发生体积膨胀，从而产生爆裂。某些品种的花岗岩还含有微量的放射性元素，应严格控制花岗岩中的放射性核素，严禁将放射性超标的花岗岩产品用于工程中。

不同品种的花岗岩在性能上存在一定的差异。花岗岩表面颗粒纹理越细腻的品种，密度越大、吸水率越低、强度越高；表面颗粒纹理粗大的品种则相反。

2）花岗岩品种和名称

花岗岩的板材类产品有毛光板（MG）、普型板（PX）、圆弧板（HM）和异型板（YX），其他产品有花线、石材柱、石材壁炉等。花岗岩板材按表面加工工艺的不同分为镜面板（JM）、细面板（YG）和粗面板（CM），按加工质量和外观等级分为A级、B级和C级。

常见花岗岩的名称、编号及产地及见表3-14。

表3-14　常见花岗岩

中文名称	统一编号或代号	产地
白虎涧红	G1151	北京阳坊
樱花红	G1305	河北涿州
燕山兰	G1337	河北
玉钻麻	G1408	山西宁武
蒙古黑	G1509	内蒙古赤峰
绥中白	G2104	辽宁绥中
彩晶黄	G2202	吉林
温州红	G3304	浙江文成
仕阳青	G3316	浙江泰顺
皖西红	G3404	安徽金寨
福鼎黑	G3518	福建福鼎
安溪红	G3535	福建安溪
虎皮白	G3537	福建

中文名称	统一编号或代号	产地
红晶麻	G3541	福建
白晶麻	G3542	福建
冰花绿	G3605	江西
五莲红	G3768	山东
五莲花	G3761	山东
石岛红	G3786	山东荣成
樱桃红	G4130	河南
屈原红	G4258	湖北
隆回大白花	G4387	湖南
巴利红	G4441	广东
金穗灰麻	G4460	广东佛冈
桂林红	G4572	广西桂林
海南黑	G4620	海南
二郎山菊花绿	G5130	四川
天府红	G5152	四川洪雅
罗甸绿	G5271	贵州
绿斑豹	G5360	云南
珍珠米	G6105	陕西
晶玉白麻	G6204	甘肃
天山绿	G6507	新疆
美国白麻	G	美国
沙利士红	G	美国
多瑙蓝	G	巴西
粉红麻	G	西班牙
紫晶麻	G	瑞典
树挂冰花	G	葡萄牙
印度红	G	印度
英国棕	G	印度
黄金钻	G	沙特

3）质量等级标准

花岗岩质量等级标准的检测项目有尺寸允许偏差、光泽度、外观质量、放射性和物理性能。

（1）尺寸允许偏差

花岗岩毛光板的平面度和厚度偏差见表 3-15，普型板的规格尺寸允许偏差见表 3-16，圆弧板的规格尺寸允许偏差见表 3-17，普型板的平面度允许偏差见表 3-18，圆弧板直线度与线轮廓度的允许偏差见表 3-19。异型板的尺寸偏差要求由供需双方商定确定。

表 3-15　花岗岩毛光板平面度和厚度偏差（单位：mm）

项目		技术指标					
		镜面板材和细面板材			粗面板材		
		A	B	C	A	B	C
平面度		0.80	1.00	1.50	1.50	2.00	3.00
厚度	≤12	±0.5	±1.0	−1.5～+1.0	—		
	>12	±1.0	±1.5	±2.0	−2.0～+1.0	±2.0	−3.0～+2.0

表 3-16　花岗岩普型板规格尺寸允许偏差（单位：mm）

项目		技术指标					
		镜面板材和细面板材			粗面板材		
		A	B	C	A	B	C
长度、宽度		−1.0～0.0		−1.5～0.0	−1.0～0.0		−1.5～0.0
厚度	≤12	±0.5	±1.0	−1.5～+1.0	—		
	>12	±1.0	±1.5	±2.0	−2.0～+1.0	±2.0	−3.0～+2.0

表 3-17　花岗岩圆弧板规格尺寸允许偏差（单位：mm）

项目	技术指标					
	镜面板材和细面板材			粗面板材		
	A	B	C	A	B	C
弦长	−1.0～0.0		−1.5～0.0	−1.5～0.0	−2.0～0.0	−2.0～0.0
高度				−1.0～0.0	−1.0～0.0	−1.5～0.0

表 3-18 花岗岩普型板平面度允许偏差(单位:mm)

板材长度	技术指标					
	镜面板材和细面板材			粗面板材		
	A	B	C	A	B	C
$L \leqslant 400$	0.20	0.35	0.50	0.60	0.80	1.00
$400 < L \leqslant 800$	0.50	0.65	0.80	1.20	1.50	1.80
$L > 800$	0.70	0.85	1.00	1.50	1.80	2.00

表 3-19 花岗岩圆弧板直线度和线轮廓度允许偏差(单位:mm)

项目		技术指标					
		镜面板材和细面板材			粗面板材		
		A	B	C	A	B	C
直线度 (按板材高度)	$\leqslant 800$	0.80	1.00	1.20	1.00	1.20	1.50
	> 800	1.00	1.20	1.50	1.50	1.50	2.00
线轮廓度		0.80	1.00	1.20	1.00	1.50	2.00

圆弧板壁厚最小值应不小于 18 mm。圆弧板各部位的尺寸参见图 3-1。

普型板的角度允许偏差见表 3-20。圆弧板端面角度允许偏差:A 级为 0.40 mm,B 级为 0.60 mm,C 级为 0.80 mm。普型板拼缝板正面与侧面的夹角不得大于 90°。弧形板侧面角 α 应不小于 90°,α 位置可参见图 3-2。

表 3-20 花岗岩普型板角度允许偏差(单位:mm)

板材长度	技术指标		
	A	B	C
$L \leqslant 400$	0.30	0.50	0.80
$L > 400$	0.40	0.60	1.00

(2)光泽度

镜面板材的光泽度应不低于 80 光泽度单位,圆弧形板的光泽度以及有光泽度特殊要求时,由供需双方商定确定。

(3)外观质量

同一批板材的色调和花纹应基本一致,与样板的外观无明显差异。板材正面的外观缺陷应符合表 3-21 中的要求。毛光板的外观缺陷不包括缺棱和缺角。

表 3-21　花岗岩板材正面外观缺陷要求

缺陷名称	规定内容	技术性能		
		A	B	C
缺棱	长度≤10 mm,宽度≤1.2 mm(长度≤5 mm、宽度≤1.0 mm 不计),每米长允许个数/个	0	1	2
缺角	沿板材边长,长度≤3 mm,宽度≤3 mm(长度≤2 mm、宽度≤2 mm 不计),每块板允许个数/个			
裂纹	长度不超过两端顺延至板边总长度的 1/10(长度<20 mm 不计),每块板允许条数/条			
色斑	面积≤15 mm×30 mm(面积<10 mm×10 mm 不计),每块板允许个数/个		2	3
色线	长度不超过两端顺延至板边总长度的 1/10(长度<40 mm 不计),每块板允许条数/条		不明显	有,但不影响效果

注:干挂板材不允许有裂纹存在。

（4）放射性

由于天然花岗岩属于侵入岩,其内部往往含有放射性物质,因而花岗岩的放射性物质的限量应符合《建筑材料放射性核素限量》(GB 6566—2010)的规定,以保证花岗岩使用的安全性。

（5）物理性能

花岗岩板材的物理性能应符合表 3-22 中的要求。有特殊要求的可按工程实际需要执行。

表 3-22　花岗岩板材的物理性能要求

项目		技术指标	
		一般用途	功能用途
体积密度/(g·cm⁻³)		≥2.56	≥2.56
吸水率/%		≤0.60	≤0.40
抗压强度/MPa	干燥	≥100	≥131
	水饱和		
抗弯强度/MPa	干燥	≥8.0	≥8.3
	水饱和		
耐磨性/cm⁻³		≥25	≥25

注:使用在地面、楼梯踏步、台面等严重踩踏或磨损部位的花岗岩石材应检验耐磨性。

花岗岩某些质量指标的检验内容和检测方法与大理石的检测内容和检测方法基本一致,可参照前面介绍的大理石检测项目的有关内容。

4）花岗岩的用途及注意点

花岗岩可根据工程的不同要求对板面进行处理。表面不同质感的花岗岩用途如下:

剁斧板材——经剁斧加工,表面粗糙,呈规则的条状斧纹板材。剁斧板材一般用于室外的地面、台阶、柱子、基座和外墙勒脚等处。

机刨板材——用刨石机在石材表面刨切成有平整的条纹,且条纹互相平行的板材。机刨板材一般用于室外盲道、防滑地面、台阶、基座和踏步等处。

粗磨板材——经过粗磨,表面光滑而无光泽的板材。粗磨板材常用于室外墙面、柱面、台阶、基座、纪念碑和建筑铭牌等处。

磨光板材——经磨细加工和抛光,表面呈光亮、晶体裸露的板材。磨光板材有些品种同大理石一样有鲜明的色彩和绚丽的花纹,多用于室内地面、内外墙面、立柱、纪念碑等处。

烧毛板——又称火烧板,属粗面板材。采用氧气与煤气、乙炔气混合燃烧,通过压力喷射出去并烧热石材表面,使得石材表面的矿物成粉状,脱落后形成毛面板材。烧毛板用于室内外墙柱面、楼地面和道路铺装。

蘑菇石——沿较厚板材的边部,用工具将板材表面加工成蘑菇形状的一类花岗岩。蘑菇石主要用于纪念碑的底座、建筑的勒脚、花池外立面等。

凿毛板——用凿子在块状或板状的花岗岩材料表面凿出一定数量的凹点,凹点的大小和数量可根据装饰要求确定,有粗犷朴实的装饰效果。

由于花岗岩质地密实、耐久性好、强度高的特点,因此可用于室内外墙柱面、楼地面、楼梯踏步和各类台面的装饰。镜面花岗岩板材不宜用于室外地面装饰,因为镜面花岗岩板材的表面遇到雨水时非常光滑,人在板面行走时极易滑倒。花岗岩类的产品在使用前必须经过放射性物质限量指标的检测。此外,某些花岗岩的矿物内还含有铁元素,这类板材在使用过程中易产生铁锈,使得板材表面发黄,影响装饰效果,如某些白麻品种,设计时应予以注意。

天然石材的花线主要用于室内外墙面和柱面的收边装饰、石材接缝处的装饰、门窗洞口的边框装饰(门窗套、贴脸)、踢脚线、电梯门套线板、石材栏杆和人行道的路缘石等部位。大理石和花岗岩等天然石材制成的各类花线的截面形状如图3-3所示。

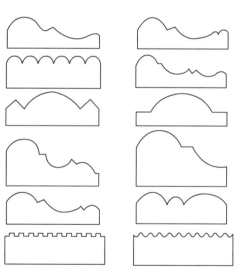

图3-3 天然石材花线常见截面示意图

3.2.4 其他天然石材

1) 石灰石

石灰石通常指由方解石、白云石或两者混合后经化学沉积形成的石灰华类石材。

石灰华是多孔的、局部具有分层结晶的方解石岩石,是依靠化学堆积而形成的石材。石灰石的矿物组成与大理石相似,主要矿物成分为碳酸盐矿物,但是石灰石无变质或变质不完全,结晶程度不高,其物理性能指标低于天然大理石的物理性能指标。商业上将石灰石按大理石归类销售。

石灰石有时也被称为莱姆石,英文名 Lime-stone。工程中所使用的洞石就是变质不完全的石灰华。石灰石按密度不同分为低密度石灰石、中密度石灰石和高密度石灰石。石灰石按矿物组成不同分为灰屑岩、贝壳灰岩、白云岩、微晶石灰岩、鲕状石灰石、再结晶石灰石、石灰华。洞石、木纹石等均是工程中所经常使用的石灰石。

石灰石的强度低、耐磨性差、耐候性弱,石材内部存在泥质线、泥质带、裂纹、孔隙等天然缺陷,材料的均匀性较差,各向异性受到振动时易断裂。石灰石板材的背面可用网格布进行增强处理,以降低板材使用时的破损率。石灰石表面的颜色和纹理丰富,装饰性优异。

石灰石板材的质量指标可依据《天然石灰石建筑板材》(GB/T 23453—2009)。

2)砂岩

砂岩以石英和长石为主,含有岩屑和其他副矿物,经机械沉积后形成。

砂岩的性能与颗粒间的胶结成分和结构形式有关。硅质胶结物的强度一般较高,钙质胶结物的强度较低,变质结构的强度高。砂岩的吸水率很高,表面有一定的孔隙,具有吸声效果。

砂岩分为杂砂岩、石英砂岩和石英岩。砂岩的表面有类似砂纸的外观效果。砂岩的质量要求可参考《天然砂岩建筑板材》(GB/T 23452—2009)的规定。

市面上的砂岩品种有云南砂岩、澳洲砂岩、西班牙砂岩等。

3)板石

板石是指沿着流劈理(变质岩中呈穿透面的岩石构造)所产生的劈理面裂开成薄片的一类变质岩,又称页岩,属于微晶变质岩,主要由云母、亚氯酸岩和石英组成。板石是泥质岩经过沉积后,经过区域变形和变质作用而成。

板石按成分不同分为绢云母板岩、砂质板岩、钙质板岩、硅质板岩和碳质板岩。板石的颜色有灰色、灰绿色、黑色、红色和白色。

板石在工程中可用作饰面板、瓦板(屋面的盖顶)。板石经劈裂加工而成,表面呈自然凹凸的质感,有一定的文化艺术气息的装饰效果。

天然石材的质量检测方法见《天然石材试验方法 第 1 部分:干燥、水饱和、冻融循环后压缩强度试验》(GB/T 9966.1—2020)、《天然石材试验方法 第 2 部分:干燥、水饱和、冻融循环后弯曲强度试验》(GB/T 9966.2—2020)、《天然石材试验方法 第 3 部分:吸水率、体积密度、真密度、真气孔率试验》(GB/T 9966.3—2020)、《天然石材试验方法 第 4 部分:耐磨性试验》(GB/T 9966.4—2020)、《天然石材试验方法 第 5 部分:硬度试验》(GB/T 9966.5—2020)、《天然石材试验方法 第 6 部分:耐酸性试验》(GB/T 9966.6—2020)、《天然石材试验方法 第 7 部分:石材挂件组合单元挂装强度试验》(GB/T 9966.7—2020)、《天然饰面石材试验方法 第 8 部分:用均匀静态压差检测石材挂装系统结构强度试验》(GB/T 9966.8—2008)的有关规定。

3.3 人造石材

3.3.1 人造石材发展简述

人造石材又称合成石材,由粉碎的天然石材或矿物与黏合剂混制而成,有类似于天然石材的外观和性能。黏合剂有水泥、树脂或两者的混合物。人造石材的生产工艺有搅拌混合、真空加压、振动成型、凝结固化等。

由于天然石材受储量有限的制约,矿场的产能受到一定的限制,甚至有些珍贵品种的石材采取了停产的方式来保护稀有资源,因此人们把目光转向了天然石材的人造替代品,人造石材就应运而生了。随着材料生产技术的进步,厂家能够生产许多轻质、高强、美观的人造石才产品。人造石材的色彩、花纹图案可根据要求定做,材料的性能有了极大的提升,具有高强、耐酸碱、抗污染、施工轻便等优点。与天然石材相比,人造石材不仅是一种经济性较高的材料,而且具有天然石材的纹理与质感。

人造石材在国内外已有数十年的使用历史。美国在1958年采用各种树脂作为黏结剂,加入多种填料和颜料,生产出模仿天然大理石纹理的板材。到了20世纪60年代末至70年代初,人造大理石在苏联、意大利、德国、西班牙、英国和日本等国也迅速发展起来,大量的人造石材代替了部分天然大理石、花岗石品种,被广泛应用于商场、宾馆、展览馆、机场等建筑场所的地面、墙柱面及家具台面等。除了生产装饰用人造石材外,各国还生产各种异型的人造石材制品,如卫生洁具等。现阶段,国内住宅空间中的厨房间在装修时基本都采用聚酯型人造石材作为操作台的面层材料。世界上著名的制造人造石材和相关设备的公司有美国的威盛亚(Wilsonart)国际有限公司、德国的阿德姆(ADM)公司和意大利的布莱顿(Breton)公司。

人造石材的生产工艺简单,设备不复杂,原材料购置方便,价格适中,许多发展中国家也开始生产人造石材。我国于20世纪70年代末从国外引进人造石材样品、技术资料及成套设备,20世纪80年代人造石材进入发展时期。目前某些人造石材的产品质量已达国际同类产品的水平,被应用于各类高档场所的装修工程中。

3.3.2 人造石材的特性和类型

人造石材色彩花纹的仿真性好,材料的颜色分布均匀,强度高,无天然石材的某些缺陷,有一定的抗老化和耐磨性能,可多次进行翻新处理。

以天然石材为制作原料的人造石材类型有使用无机材料为黏结剂的,如水磨石;有利用熔融无机矿石的,如微晶石;有使用树脂为黏结材料的,如人造大理石、人造花岗岩和实体面材等。各种不同配方、品种繁多的添加剂的应用,使得人造石材的性能日趋完善。人造石材的黏结剂分为有机材料(如不饱和聚酯树脂、环氧化合物)和无机材料(如水泥、石灰等硅酸盐),集料从使用大理石、方解石、石英砂等天然石材发展到可以利用工业废渣(如高炉废渣、铜渣、镍渣、废玻璃等)等。

按人造石材生产所用原料的不同,人造石材的品种分为以下四类:

1) 树脂型人造石材

树脂型人造石材以不饱和聚酯树脂为黏结剂,与天然大理石粉或天然花岗岩粉、石英砂、方解石粉或其他无机填料按一定的比例配合,再加入催化剂、固化剂、染料或颜料等外加剂,经真空搅拌、固化成型、脱模烘干、表面抛光等工序加工而成。

不饱和树脂制作的产品具有光泽好、颜色鲜艳丰富、可加工性强、装饰效果好等特点,产品易于成型,常温下即可固化。人造石材的成型方法有振动成型、压缩成型和挤压成型。室内装饰工程中所采用的人造石材主要是树脂型的。

树脂型人造石材分为人造大理石、人造花岗岩和实体面材三种。

人造大理石是以天然大理石粉为主要原料,采用不饱和树脂为黏结剂,经真空搅拌制成的人造石材。表 3-23 是聚酯型人造大理石的主要性能。

表 3-23　聚酯型人造大理石的主要性能

项目	抗压强度/MPa	抗折强度/MPa	体积密度/(kg·cm^{-3})	布氏硬度	光泽度/°	吸水率/%	线膨胀系数/℃$^{-1}$
聚酯型人造大理石	80～110	25～40	2 100～2 300	32～40	60～90	<0.1	(2～3)×10^{-5}

人造花岗岩又称岗石,是以天然花岗岩的废料颗粒为主要原料,采用不饱和树脂为黏结剂,经真空搅拌制成的人造石材。

实体面材是以聚甲基丙烯酸甲酯(加入氢氧化铝粉末)或不饱和聚酯树脂(加入碳酸钙石粉)为主要制作材料,加入天然大理石或花岗岩粉料(90%以上),并以少量有色金属、贝壳等为次要制作材料,搅拌后再掺入颜料和其他辅助材料,经浇注成型、真空模塑或模压成型的一种复合材料。产品有一定的柔韧性,但耐磨性较差,遇有碱性物质或光照强烈时易变形和变色,主要用于厨房、吧台、服务台等家具的台面板。

石英石是人造花岗岩材料的深加工产品,是在岗石制作的基础上,以天然石英砂为主要原料,采用不饱和树脂为黏结剂,经真空搅拌制成的人造石材。材料的表面硬度和耐磨性有了很大的提高,外观上与岗石也有较大差异。

透光石是树脂型人造石材的一种深化产品,是在实体面材的基础之上发展而来。透光石采用两层或多层料,经真空混合浇铸而成,由不饱和聚酯树脂与少量的氢氧化铝作为制作原料,常用于灯箱或灯具的面层透光材料。

2) 水泥型人造石材

水泥型人造石材是以各种水泥为胶结材料,砂、天然碎石粒为粗细骨料,经配制、搅拌、加压蒸养、研磨和抛光后制成的人造石材。配制过程中混入色料可制成彩色人造石材。水泥型石材的生产取材方便、价格低廉,但其装饰性较差。水磨石和各类水泥花砖产品属于此类材料。

3) 复合型人造石材

复合型人造石材可由无机材料和有机材料制作而成。复合型人造石材是以无机胶凝材料、碎石和石粉等为原料,经过胶结成型和硬化后,将硬化后的无机物坯体产品浸渍到有机单体中聚合而成的。复合型人造石材的面层一般为有机高分子材料,基层为无机材料。无机胶结材料可采用快硬水泥、白水泥、普通硅酸盐水泥、铝酸盐水泥、粉煤灰水泥、矿渣水泥以及熟石膏等,有机单体可采用苯乙烯、甲基丙烯酸甲酯、醋酸乙烯、丙烯腈、丁二烯等。

复合型人造石材的面层材料与基层材料的材性差异较大,产品质量受生产工艺水平的影响较大。材料在温差的作用下,面层易与基层之间产生剥离,影响此类材料的实际运用效果。综上原因,复合型人造石材在目前的工程项目中的运用范围有限。

4) 烧结型人造石材

烧结型人造石材又称微晶石、微晶玻璃。微晶石是以普通玻璃原料或者废玻璃或者矿尾砂等含硅、铝、钙的矿物尾渣为主要原料,经历配制、熔化、冷却、再熔化和结晶等相关生产工艺后形成的。微晶石的色调基本一致,色彩丰富,图案美观。

烧结型人造石材的生产方法有烧结法、压延法和浇铸法。烧结型人造石材的装饰性好、性能稳定,但产品的能耗大、造价高。

3.3.3 人造石材的质量等级标准

不同品种人造石材的性能存在一定的差异,人造石材具体品种之间的质量标准也不尽相同。此处列举了人造石材的某些主要质量等级标准,其余检测项目的质量要求可按照《人造石》(JC/T 908—2013)的要求执行。石英石板材的质量标准见《建筑装饰用人造石英石板》(JG/T 463—2014)。

1) 外观

板材的整体色调和花纹基本一致,应与样板的外观之间无明显差异,主要通过目测的方法进行检测。人造石英石板材、人造大理石板材、实体面材和人造花岗岩板材的外观质量要求见表3-24至表3-27。

表 3-24 人造石英石板材的外观质量要求

项目		技术指标
棱边缺损	平行于棱边	在板面上的最大投影尺寸≤5 mm
	垂直于棱边	在板面上的最大投影尺寸≤1 mm
角部缺陷		在板面上的最大投影尺寸≤2 mm
杂质	尺寸	单色产品≤1 mm;非单色产品≤2 mm
	数量	≤5 个/m² 且无聚集
划痕		不明显
气孔		不明显
裂纹		不允许
色差		不明显

项目	技术指标
局部修补痕迹	不明显

注:聚集是指 4 个或更多杂质且彼此间的距离不大于 200 mm。局部修补是指对产品上少量的小缺陷的修补。

表 3-25　人造大理石板材外观质量要求

缺陷名称	规定内容	技术性能		
		优等品	一等品	合格品
裂纹	长度≥10 mm 的条数/条	0	0	0
缺棱	长度≤8 mm,宽度≤1.5 m(长度≤4 mm、宽度≤1 mm 不计),每米长允许个数/个	0	1	2
缺角	沿板材边长顺延方向,长度≤3 mm,宽度≤3 m(长度≤2 mm、宽度≤2 mm 不计),每块板允许个数/个	0	1	2
色斑	面积≤6 cm²(面积<2 cm² 不计),每块板允许个数/个	0	1	3
砂眼	直径<2 mm	0	不明显	有,但不影响效果

表 3-26　实体面材外观质量要求

项目	要求
色泽	均匀一致
板边	四边整齐,表面无缺棱掉角现象
花纹图案	图案清晰,花纹明显;对花纹图案有特殊要求的,由供需双方商定
表面	光滑平整,无波纹、方料痕、裂纹、刮痕,无气泡、杂质
拼接	拼接处不得有缝隙

表 3-27　人造花岗岩板材外观质量要求

缺陷名称	规定内容	技术性能		
		优等品	一等品	合格品
裂纹	长度不超过两端顺延至板边总长度的 1/10(长度<20 mm 不计),每块板允许个数/个	0	1	2
缺棱	长度≤10 mm,宽度≤1.2 m(长度≤5 mm、宽度≤1 mm 不计),周边每米长允许个数/个	0	1	2
缺角	沿板材边长,长度≤3 mm,宽度≤3 m(长度≤2 mm、宽度≤2 mm 不计),每块板允许个数/个	0	1	2
色斑	面积≤15 mm×30 mm(面积<10 mm×10 mm 不计),每块板允许个数/个	0	2	3
色线	长度不超过两端顺延至板边总长度的 1/10(长度<40 mm 不计),每块板允许条数/条	0	2	3

2）尺寸偏差

人造石材板的尺寸偏差项目有长度、宽度、厚度、直角度、边直度和平面度等,具体要求可查阅有关行业或国家标准,检测方法可参照天然石材中大理石和花岗岩的检测方法。

3）硬度

可用不同的方法对板材表面的耐刻划性能进行测定。常用布氏硬度、洛氏硬度和莫氏硬度来测定板材的硬度指标。

4）强度

强度是保证板材在使用过程中能够承受常规荷载,保持正常状态的能力。人造石材的强度有抗折强度、抗弯强度、抗压强度等。

5）吸水率

人造石材在吸水后会出现强度下降,且吸入的水分结冰后出现体积膨胀,给人造石材带来破坏作用,影响人造石材的使用寿命和强度。树脂型人造石材的吸水率一般不超过 0.2%。

6）光泽度

不同的人造石材产品的光泽度是不同的,各类板材对光泽度的要求有很大差异,应根据设计和用户的需要来实现相关的光泽度指标。

一般情况下,实体面材的光泽度应不低于 40,人造花岗岩的光泽度应不低于 80,人造大理石的光泽度应不低于 70,微晶玻璃的光泽度应不低于 75。

除此之外,人造石材的性能指标还有体积密度、耐冲击性能、耐化学药品腐蚀性、耐磨性、耐久性、抗冻性、耐香烟灼烧性能、氧指数和放射性指数等。

人造石材中的预制水磨石板材经过生产工艺的改进和提高,产品质量得到有效保障,是目前工程中使用较多的一种传统材料,能展现清新淳朴的民国风情。

随着材料生产工艺水平的变化和发展,市场上涌现了各种天然和人造石材的新型品种,如石材马赛克、天然石材墙地砖、石材复合板等等。各种新型石材辅助材料的使用,如建筑装饰用天然石材防护剂、石材用建筑密封胶、不锈钢石材干挂件、不锈钢石材背接螺栓等等,使得石材的生产、运输和施工变得更加方便、安全、可靠。

第 3 章思考题

1. 天然石材如何分类?
2. 天然大理石和天然花岗岩的各自特性是什么?
3. 如何从外观上区分大理石和花岗岩?
4. 常用大理石和花岗岩板材的品种有哪些?
5. 天然石材的质量标准项目有哪些?
6. 一处走道过厅的尺寸为 6 000 mm(宽度)×8 000 mm(长度),试用各类天然石材对过厅地面进行拼花处理,画出地面的拼花图样及相关尺寸。
7. 什么是人造石材?人造石材有哪些类型?
8. 何为树脂型人造石材?何为实体面材?

4 陶瓷类装饰工程材料

陶瓷制品是以黏土为主要原料,经配料、制坯、干燥和焙烧制得的成品。装饰陶瓷自古以来就是优良的建筑材料之一。中国陶瓷生产有着悠久的历史和光辉的成就:新石器时代晚期出现了陶瓷制品;魏晋南北朝时期,陶瓷的制作工艺已相当成熟;到了明、清两代,素有"陶瓷之乡"美誉的江西景德镇的"唐窑"被定为皇家御用陶瓷的生产地,民间又称之为"官窑"。

随着科学技术生产力的发展和人们物质生活水平的不断提高,建筑装饰陶瓷的应用更加广泛,陶瓷制品的品种、花色越来越丰富,性能更加优良,适用范围更广。现代建筑装饰工程中应用的陶瓷制品,主要有陶瓷墙地砖、卫生陶瓷、园林陶瓷、琉璃陶瓷等制品,其中以陶瓷墙、地砖的用量最大。20 世纪 80 年代以来,我国从意大利、日本、德国等引进先进的现代陶瓷生产技术和装备,运用先进的生产工艺不断进行研发及生产;到 20 世纪 90 年代,我国的建筑陶瓷和生活陶瓷产量已跃居世界第一位;而如今,在未来的 15 年内,我国预计将有 2 亿~3 亿名农民迁入城镇居住,城市化水平将超60%,城市化水平的提高将大大刺激建筑陶瓷和生活陶瓷需求的不断增大。

4.1 概述

4.1.1 陶瓷的分类与原料土

1) 陶瓷制品的分类

陶瓷系陶器与瓷器的总称。凡以陶土、河砂等为主要原料,经低温烧制而成的制品都被称为陶器;以磨细的岩石粉等(如瓷土粉、长石粉、石英粉)为主要原料,经高温烧制而成的制品被称为瓷器。根据不同的结构特点,陶瓷制品可分为陶质、瓷质和炻质三大类(表 4-1)。

(1) 陶质制品

陶质制品通常吸水率较大,强度低,为多孔结构,断面粗糙无光,不透明,敲击声粗哑,按材料表面处理方法的不同分为无釉制品和施釉制品。根据原料土中杂质含量的不同,可分为粗陶和精陶两种。粗陶的坯料由含杂质较多的砂黏土组成,表面不施釉,建筑上常用的泥土砖、瓦、陶管等均属此类。精陶多以塑性黏土、高岭土、长石和石英为原料,一般经素烧和釉烧两次烧成,坯体呈白色或象牙色,吸水率为 9%~12%,高的可达 18%~22%,建筑饰面用的釉面砖、各种卫生陶瓷及彩陶制品等都是精陶。因用途不同,精陶制品可分为建筑精陶、日用精陶和美术精陶。

表 4-1　陶瓷制品分类

名称		特点		主要制品
		颜色	吸水率	
粗陶器		带色	＞10%	日用缸器、砖、瓦
精陶器	石灰质	白色	18%～22%	日用器皿、彩陶
	长石质	白色	9%～12%	日用器皿、卫生陶瓷、装饰釉面砖
炻器	粗炻器	带色	4%～8%	缸器、建筑外墙砖、锦砖、地砖
	细炻器	白色或带色	＜1%	日用器皿、化工及电器工业用品
瓷器	长石瓷	白色	＜0.5%	日用餐茶具、陈设瓷、高低压电瓷
	绢云母瓷	白色	＜0.5%	日用餐茶具、美术用品
	滑石瓷	白色	＜0.5%	日用餐茶具、美术用品
	骨灰瓷	白色	＜0.5%	日用餐茶具、美术用品
特种瓷	高铝质瓷	耐高频、高强度、耐高温		硅线石瓷、刚玉瓷等
	镁质瓷	耐高频、高强度、低介电损失		滑石瓷
	锆质瓷	高强度、高介电损失		锆英石瓷
	钛质瓷	高电容率、铁电性、压电性		钛酸钡瓷、钛酸锶瓷、金红石瓷等
	磁性瓷	高电阻率、高磁致伸缩系数		钛淦氧瓷、镍锌磁性瓷
	电子陶瓷	有导电性、电光性等		电子元器件等
	金属陶瓷	高强度、高熔点、高韧性、抗氧化		铁、镍、钴金属陶瓷,如火箭喷嘴氧化物、碳化物、硅化物等
	其他	—		—

（2）瓷质制品

瓷质制品结构致密,基本不吸水,色洁白,强度高,耐磨,具有一定的半透明性,表面通常施釉。按原料土化学成分与工艺制作的不同,瓷质制品可分为粗瓷和细瓷。日用茶餐具、陈设瓷及工业用电瓷等均属瓷质制品。

（3）炻质制品

炻质制品的特性介于陶质制品与瓷质制品之间,又称半瓷,传统称之为石胎瓷。它的结构比陶质致密,吸水率较小,与瓷质制品相比,坯体多带有颜色,无半透明性。根据坯体的细密程度不同,炻质制品又分为粗炻器和细炻器两类。粗炻器的吸水率一般为 4%～8%,细炻器的吸水率低于 2%。建筑装饰用外墙面砖、地面砖、陶瓷锦砖和各种日用器皿一般介于精陶器至粗炻器范畴,可被列为粗炻器类制品。细炻器类制品有日用器皿、化工及工业用陶瓷等。著名"陶都"宜兴所产紫砂陶为无釉细炻器。炻器制品的机械强度和热稳定性均优于瓷器制品,且生产成本较低,在建筑领域被广泛使用。

2) 陶瓷原料土

陶瓷制品生产过程中所使用的原料品种繁多,有关原料黏土的组成、分类和工艺性能介绍如下:

(1) 黏土的组成及分类

天然黏土是生产陶瓷制品的主要原料,分为软质黏土和硬质黏土。黏土的组成成分比较复杂,是由天然岩石经长期风化而成,是多种矿物的混合体。常见的黏土矿物有高岭土、蒙脱石、水云母等,它们都是具有层状晶体结构的含水硅铝酸盐($xAl_2O_3 \cdot ySiO_2 \cdot zH_2O$)。此外,黏土中还含有石英、长石、金红石、磁铁矿、碳酸盐、碱及有机物等多种杂质。杂质的种类和含量对黏土的可塑性、焙烧温度及制品的性质影响很大:含石英成分多的黏土,其可塑性差,不易成型,制坯的难度大;细分散的铁矿物和碳酸盐会降低黏土的耐火温度,缩小烧结范围,当其含量超过一定值时,会使坯体焙烧时起泡;黏土中铁矿物的含量是影响坯体烧结颜色的主要因素等。

黏土按耐火度、杂质含量及用途的不同可分为高岭土、砂质黏土、陶土和耐火黏土四种。高岭土又称瓷土,其颗粒较粗,纯度高但塑性差,因不含氧化铁等染色杂质,焙烧后呈白色,烧熔温度为 1 730~1 770 ℃,是制造瓷器的主要原料。砂质黏土是易熔黏土,烧熔温度低于 1 350 ℃,它含有大量的细砂、尘土、有机物及铁矿物等杂质,焙烧后呈红色,是生产砖、瓦及各类粗陶制品的原料土。陶土是难熔黏土,较纯净,杂质含量较少,其铁、镁、碱的氧化物及有机物的含量为 10%~15%,焙烧后呈淡灰、淡黄至红色,烧制温度为 1 350~1 580 ℃,主要用于生产陶器。耐火黏土又称火泥,杂质含量少,耐火性强,其耐火温度高于 1 580 ℃,焙烧后多呈淡黄色至黄色,是生产耐火陶瓷、耐酸陶瓷等工业用特种陶瓷材料的主要原料。

(2) 黏土的工艺性能

① 可塑性

黏土加适量水调和,可制成多种形状和尺寸的坯体,外力作用撤销后,坯体可保持所塑制的形状而不发生破裂或产生裂纹,这种性质被称为黏土的可塑性。黏土的组成颗粒很细,通常小于 2 μm,故比表面积很大,当加入适量水后,黏土发生水解,层状结构的硅酸盐结晶结构断裂,生成不饱和键,使黏土颗粒成为带电质点,它与极性的水分子相吸附,呈一定取向分布,从而形成了具有特殊性质的胶体系统,使黏土具有可塑性。

黏土的可塑性与组成的矿物成分及含量、颗粒形状、细度与级配、拌和用水量的多少等因素有关。当黏土中矿物含量多、石英砂含量少、黏土颗粒细且级配好、黏土质点吸附水多时,其可塑性越好。

② 收缩性

塑制成型的黏土坯体在干燥和焙烧的过程中均会发生体积收缩,前者被称为干缩现象,后者被称为烧缩现象。黏土的干缩是由于干燥过程中黏土所含自由水蒸发,黏土颗粒的间距缩小,坯体体积缩小,是物理状态的变化。烧缩变化是因为在焙烧过程中,黏土所含结晶、化合水被分离蒸发,其易熔物质熔化并填充于未熔颗粒空隙,使坯体体积进一步缩小,是物理和化学变化并存的过程。黏土的干缩值通常为 3%~

12%,烧缩值相对较小,为1%~2%。

③ 烧结性

黏土由多种矿物成分组成,因无固定熔点,其坯体软化的温度范围变化较大,在焙烧过程中发生一系列的物理、化学变化,其化学成分变化难以确定和控制。为保证产品的生产质量,必须对坯体的焙烧温度进行严格控制。为便于理解黏土在烧制过程中所表现出的烧结性,可根据对温度的控制,从以下几个阶段来认识黏土坯体在烧制过程中所发生的结构特性变化:当初始加热至110~120℃时,黏土中所含游离水大量蒸发,坯体中留下许多孔隙;当温度升高到425~850℃范围内,高岭土等各黏土矿物结晶水脱出,并逐渐分解,所剩碳素被燃尽,此时黏土的孔隙率最大,成为强度不高的多孔体;当温度继续升高到900~1 100℃时,已分解的黏土矿物重新化合,形成新的结晶硅酸盐矿物,新矿物的形成使焙烧后的黏土具有高强度、耐水性和耐热性,同时,黏土中易熔成分开始熔化,形成液相熔融物,它流入黏土难熔颗粒的间隙中,并将其黏结,坯体孔隙率随之下降,体积收缩而变得密实,强度增大;若温度再不断地升高,产生的熔融物会越来越多,以致无法保持坯体的原来形状而发生软化变形,直至黏土被全部烧熔而呈坍流状。黏土坯体在以上烧制过程中随温度变化而发生的结构特性的改变,被称为黏土的烧结性。

4.1.2 陶瓷制品的表面装饰

采用工艺手段对陶瓷表面进行装饰加工,一方面可提高制品表面的装饰美观效果,另一方面可改善陶瓷制品表面的机械强度、表面耐磨性、抗渗性、耐腐性等性能,起到保护作用。陶瓷制品的表面装饰手段很多,常见方法有以下几种:

1) 釉面装饰

(1) 釉的原料及其分类

釉以长石、石英、高岭土等为主要原料,配以其他化工原料作为熔剂、乳浊剂及着色剂,研制成浆体后喷涂于陶瓷坯体表面,高温焙烧时,釉料与坯体表面之间发生相互反应,在坯体表面形成透明的保护层。

釉的成分较复杂,具有玻璃的特性,没有固定的熔点,各向同性,在一定温度范围内可结晶等。釉料种类繁多,常见种类及分类方法见表4-2。

表4-2 釉的分类

分类方法	种类
按坯体种类	瓷器釉、陶器釉、炻器釉
按化学组成	长石釉、石灰釉、滑石釉、混合釉、铅釉、硼釉、铅硼釉、食盐釉
按烧成温度	易熔釉(1 100℃以下)、中温釉(1 100~1 250℃)、高温釉(1 250℃以上)
按制备方法	生料釉、熔块釉、盐釉(挥发釉)、土釉
按外表特征	透明釉、乳浊釉、有色釉、光亮釉、无光釉、结晶釉、沙金釉、碎纹釉、珠光釉、花釉

（2）釉料的性能

用于烧制陶瓷制品的釉料必须具备的性能如下：

① 釉料能在坯体烧结的温度下成熟。

② 釉料的组成要适当，釉料熔化所形成的釉层能与坯体结合牢固，配制的釉的热膨胀系数应接近或略小于坯体的热膨胀系数，以保证坯体烧成冷却后釉层不发生碎裂或剥离。

③ 釉料经高温熔化后，应具有适当的黏度和表面张力，冷却后可形成平滑、光亮的优质釉面，无流釉、针孔等缺陷。

④ 形成的釉层应质地坚硬，不易磕碰或磨损。

釉的主要性能指标见表 4-3。

表 4-3　釉的主要性能指标

项目	性能指标
初熔温度/℃	不小于 1 150
成熟温度/℃	1 300～1 450
高温流动度(斜槽法)/mm	30～60
平均膨胀系数(20～100℃)/(1×10⁻⁶℃⁻¹)	2.9～5.3
釉面显微硬度/MPa	6 000～9 000
热稳定性/℃	220 不裂
光泽度/%	大于 90
白度/%	大于 80

（3）釉的作用

通常表面未经处理的陶瓷坯体经烧结，其表面均粗糙无光，多孔结构的陶坯更是如此。陶瓷坯体表面施加釉料，经烧制后可在坯体表面形成连续的玻璃质层，犹如玻璃表面，平滑而透明，其表面不吸水、不透气。陶瓷釉经着色、析晶、乳浊等处理，所形成的肌理及色彩不仅可以增强制品的艺术效果，而且可以掩盖坯体的不良颜色和部分缺陷。对于在釉层下、坯体表面绘制彩料图案的日用陶瓷制品，釉层可防止彩料发生有毒渗析，起到保护作用，同时确保了陶瓷制品的艺术装饰性，并提高了制品的物理性能。

2）彩绘装饰

陶瓷彩绘一般分釉上彩、釉中彩和釉下彩。传统陶瓷彩绘是以手工彩绘为主，釉上彩包括古彩、粉彩、新彩；釉下彩包括釉下青花、釉里红和釉下五彩；釉中彩和釉上彩的新彩相仿，不同之处在于焙烧温度较高。斗彩则是釉上彩和釉下彩的配合运用。现代陶瓷彩绘又延伸出了印花、贴花、刷花、喷花等装饰技法。

（1）釉下彩

釉下彩是在陶瓷生坯或已素烧过的坯体上进行彩绘，然后施加透明釉层，再经高温釉烧而成。釉下彩的优点在于陶瓷制品表面的画面图案受到釉层的保护，在使用中不会磨损，且画面清秀光亮。釉下彩的绘制方法有印彩、喷彩、刷彩、移花和釉下堆花等。由于绘制的陶瓷颜料要经高温烧制,因此对它耐高温的稳定性能要求高,彩料可选用的范围小,故釉下彩可表现的画面、色调远不如釉上彩那么丰富。青花瓷、釉里红、釉下五彩等都是我国名贵的釉下彩制品。

（2）釉上彩

釉上彩是在已经釉烧的陶瓷釉面上,采用耐低温彩料进行彩绘,然后再在较低温度（600～900℃）下彩烧而成。由于釉上彩绘的彩烧温度低,可采用的陶瓷颜料多,故其表现的色彩丰富,彩绘的方法有喷彩、刷彩、移花、印刷和釉上堆花等。釉上彩绘是在强度较高的陶瓷坯体上进行的,可采用半机械生产,生产效率高,成本低。但釉上彩绘的画面易磨损,表面光滑性差,另外彩料中的铅易被酸溶出,引起铅中毒。

我国手工釉上彩绘的技艺有古彩、粉彩和新彩。

① 古彩

古彩的技艺特点是运用粗细不同的线条来构成图案,线条刚挺有力,用色较浓,具有强烈的对比效果。釉上古彩因烧制的温度相对较高,所以彩烧后的彩图坚硬耐磨,色彩经久不变,尤其是矾红彩料,使用年代越久,则越红亮可爱。但古彩法适用的彩料品种少,色调变化不够丰富,故艺术表现力存在一定的局限。

② 粉彩

粉彩由古彩发展而来,不同的是粉彩在填色前,必须将图案中要求凸起的部分先涂上一层玻璃白,然后在白粉上渲染各种颜料,显现出深浅与凹凸状的立体感。粉彩法可用的颜色多,图案色彩丰富。

③ 新彩

新彩来自国外,又称"洋彩",一般采用人工合成的颜料。新彩所用彩料易配色,烧成温度范围广,能表现的色彩极为丰富,成本较低,是一般日用陶瓷普遍采用的釉上彩绘方法。目前广泛采用的塑料薄膜贴花、刷花、喷花以及堆金等,即新彩的发展应用。

3）陶瓷贴花纸装饰

陶瓷贴花纸主要用于陶瓷器皿图案和色彩的装饰,取代了过去沿用的手绘和喷彩工艺。人们既然称之为陶瓷贴花纸,说明它最初的承印物是纸。因为大量印刷实践证明,纸的确是廉价、适用的承印物。但是陶瓷贴花纸不仅要承受来自印版的印墨,而且要把印刷图文转贴到瓷坯上,经窑中高温焙烧后,印墨中的颜料转化成彩釉。作为承印物的纸,应完全燃烧变成气体逸出,不留下灰分,不影响彩釉的颜色效果。所以说贴花纸只是一个承受印墨,再把印墨转印到瓷坯上的中转媒介。

4）贵金属装饰

"景泰蓝"等高级陶瓷制品通常采用金、银、铂、钯等贵重金属在陶瓷釉上进行装饰,最常见的是画面描金。

用金装饰陶瓷有亮金、磨光金及腐蚀金等方法,其中亮金在陶瓷装饰应用中最为广泛。使用的饰金材料有液态金和粉末金两种。亮金是采用液态金水作为着色材料,在一定温度下彩烧后直接获得发光金属层的装饰。金水的含金量必须控制在 10％～12％,含金量不足,饰金层耐热性能低且易脱落。磨光金层的含金量较高,比较经久耐用。此外,采用贵金属腐蚀技术,能形成亮金面与无光金面相互衬托的艺术效果。

5）结晶釉与沙金釉装饰

结晶釉是在含氧化铝低的釉料中加入氧化锌（ZnO）、二氧化锰（MnO_2）、二氧化钛（TiO_2）等结晶性物质，并使它们达到饱和状态，在严格控制的焙烧过程中，形成明显粗大结晶的釉层。焙烧过程比较复杂，要对结晶的大小、形状及出现部位进行控制，所形成的装饰釉层效果带有一定的偶然性。

沙金釉是釉内氧化铁微晶呈现金子光泽的一种特殊釉，因其形似自然界中的沙金石而得名。微金的颜色因其粒度大小而异，最细的显黄色，最粗的显红色，结晶愈多，透明性愈差。

6）光泽彩装饰

光泽彩装饰工艺与釉上彩相似，是在经釉烧过的陶瓷釉面上喷涂一薄层金属或金属氧化物彩料，经 $600 \sim 900℃$ 彩烧后形成一层能映现出光亮的彩虹颜色的装饰层。之所以出现光泽彩虹，是入射光与光亮的光泽彩料薄层的反射光产生相互干扰的结果。

7）裂纹釉装饰

选用比其坯体热膨胀系数大的釉，焙烧后使制品迅速冷却，可使陶瓷釉面产生裂纹，获得一种特殊的肌理装饰。裂纹釉按釉面裂纹的形态，可分为鱼子纹、百圾碎、冰裂纹、蟹爪纹、牛毛纹和鳝鱼纹等多种；按裂纹颜色呈现技法的不同，又有夹层裂纹釉与镶嵌裂纹釉之分。

8）无光釉装饰

将陶瓷在釉烧温度下烧成后经缓慢冷却，可获得不强烈反光的釉面，表面无玻璃光泽，但较平滑，显现出丝状或绒状的光泽，具有特殊的艺术美感。

9）流动釉装饰

流动釉装饰是指在陶瓷坯体表面施以易熔的釉料，在达到烧成温度时再有意将其过烧，釉料因过烧而沿坯体表面向下流动，形成一种活泼自然的艺术条纹的釉饰效果。流动釉具有多种色调，可采用浇釉、浸釉、喷釉或筛釉（粉状釉料）等方法实现。

4.1.3 建筑陶瓷的主要技术性质

1）外观质量

陶瓷制品的外观质量包括产品规格尺寸、平整度及表面质量。产品规格尺寸及平整度必须符合相应的技术指标，以保证使用时的装饰效果。表面质量主要检查产品表面是否存在光泽、色调的差异，以及是否有斑点、玻纹、缺釉等问题。色泽检查是将被检材料放入距检查者 2 m 处观察，色差不明显。若色差较明显，则要做降级产品处理。

2）吸水率

吸水率主要反映产品致密程度的大小。吸水率愈大，说明材料的孔隙愈多，材料的强度和抗冻性等性能也会相应减弱。

3）热稳定性

热稳定性是指制品承受温度剧烈变化而不被破坏的性能，该性能是釉面砖的重要技术参考。热稳定性的测试方法是将试件放入150℃的烘箱内,加热15 min快速取出浸入(19±1)℃ 的冷水中,观察有无裂纹产生。

4) 机械性能

机械性能包括抗折强度、抗冲击强度和硬度等。用抗折强度试验机对制品的抗折强度进行测试。抗冲击强度的测定是用重50 g的钢球从180 mm高处砸在试件中心,三次不被破坏者为合格。

5) 白度

白度检测采用比色法,用双光光电白度计测量,标准白度为80。白度的检测主要用于白色釉面砖,一般白色釉面砖的白度不低于78。

4.1.4 陶瓷生产简介

根据用途,陶瓷的生产原料可分为瓷坯用原料、瓷釉用原料和色料及彩料配制用原料。瓷坯用原料是决定瓷坯烧成后主要结构的原料。它包括黏土矿物原料(如高岭土、膨润土和耐火黏土等)、岩石矿物原料(如长石、瓷石、叶蜡石和石英等)和化工原料(如有一定纯度的金属氧化物、碳化物和硼化物等)。

陶瓷制品的生产过程大致包括以下几道工序:

原料→配料→混合、粉碎、精制和捏练→制坯→修坯、施釉→烧成→检验和包装。

4.2 内墙釉面砖

内墙釉面砖又称瓷砖、瓷片或釉面陶土砖,是以难熔黏土为主要原料,加入一定量非可塑性掺料和助溶剂,共同研磨成浆体,经榨泥、烘干成为含一定水分的坯料后,通过模具压制成薄片坯体,再经烘干、素烧、施釉、釉烧等工序加工制成。因釉面砖主要用于建筑物内装饰,故又称内墙釉面砖。

4.2.1 内墙釉面砖的生产(低温快速烧成)

内墙釉面砖的生产可采用低温快速烧成工艺。低温快速生产技术有利于提高生产效率,节约能源;可充分利用低质原料、易熔黏土和各种工业矿渣,有利于降低成本并改善自然环境。

1) 低温快烧的坯料

低温快烧的坯料主要有以下几方面的质量要求:

(1) 坯料的干燥收缩和烧成收缩小,如此可保证制品的尺寸规格准确,不产生弯曲、变形。

(2) 坯料的热膨胀系数小,最好是随温度的变化呈直线变化,在生产过程中可防止开裂,有利于快速升温和冷却。

(3) 要求坯料具有较好的导热性能,烧成过程中的物理和化学反应能快速进行。

2）低温快烧的釉料

针对低温快烧面砖坯料的白度较差、低温烧结和膨胀系数小的特点，所选用的釉料要满足烧成温度低、遮盖力强、熔化速度快、高温黏度小、膨胀系数更小等要求。硼锆乳浊剂被广泛采用。

3）内墙釉面砖低温快烧工艺

运用新技术、新机械设备的低温快烧连续生产线的工艺流程如下：

（1）电子秤自动配料→湿式球磨→喷雾干燥制备粉料→自动压砖机成型→快速干燥器→素烧→浇釉机→快速干燥→快速釉烧→自动分选→自动包装。

（2）电子秤自动配料→湿式球磨→喷雾干燥制备粉料→自动压砖机成型→快速干燥器→浇釉→一次快速烧成→自动分选→自动包装。

4.2.2　内墙釉面砖的种类和规格

内墙釉面砖的种类按形状分为通用砖（正方形、长方形）和异型配件砖；按釉面色彩分为单色、花色和图案砖。通用砖一般用于大面积墙面的铺贴，异型配件砖多用于墙面阴阳角和各收口部位的细部构造处理。

内墙釉面砖的规格种类包括四边光砖、一边圆、两边圆、四边圆、阴三角砖、阳三角砖、阴角座砖、阳角座砖等。通用砖和异型配件砖的形状分别见图 4-1 和图 4-2。

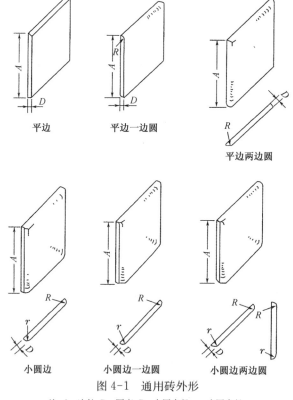

图 4-1　通用砖外形

注：A—边长；D—厚度；R—大圆半径；r—小圆半径。

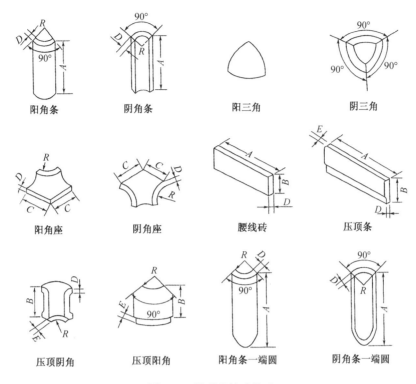

图 4-2 异型配件砖外形

注:$A=152$ mm;$B=38$ mm;$C=50$ mm;$D=5$ mm;$R=3$ mm。

目前,内墙釉面砖产品的规格趋向大而薄,彩色图案面砖种类繁多,价格高低不等。市场可见的釉面砖的主要种类及特点见表 4-4。

表 4-4　釉面砖主要种类及特点

种类		代号	特点
白色釉面砖		F,J	色纯白,釉面光亮,清洁大方
彩色釉面砖	有光彩色釉面砖	YG	釉面光亮晶莹,色彩丰富雅致
	无光彩色釉面砖	SHG	釉面半无光、不晃眼,色泽一致、柔和
装饰釉面砖	花釉砖	HY	系在同一砖上施以多种彩釉,经高温烧成。色釉相互渗透,花纹千姿百态,装饰效果良好
	结晶釉砖	JJ	纹理多姿,晶花辉映
	斑纹釉砖	BW	斑纹釉面,丰富多彩
	理石釉砖	LSH	仿天然大理石花纹,颜色丰富、美观大方
图案砖	白地图案砖	BT	系在白色釉面砖上装饰各种图案,经高温烧成。纹样清晰,色彩明朗,清洁优美
	色地图案砖	YGT,DYGT,SHGT	系在有光(YG)或无光(SHG)彩色釉面砖上装饰各种图案,经高温烧成。呈现浮雕、缎面、绒毛、彩漆等效果,作内墙饰面,别具风格

种类		代号	特点
字画釉面砖	瓷画砖	—	以各种釉面砖拼成瓷画砖,或根据设计画稿烧制釉面砖,再拼铺成各种瓷画砖。题材丰富,清新优美,不褪色
	色釉陶瓷字	—	以各种色釉、瓷土烧制而成,色彩丰富,光亮美观,不褪色

常用釉面砖及釉面砖配件规格分别见表 4-5 和表 4-6。

表 4-5　常用釉面砖规格(单位:mm)

长	宽	厚	长	宽	厚
152	152	5	152	76	5
108	108	5	76	76	5
152	75	5	80	80	4
300	150	5	110	110	4
300	200	5	152	152	4
300	200	4	108	108	4
300	150	4	152	75	4
200	200	5	200	200	4

表 4-6　釉面砖配件规格(单位:mm)

种类	名称	标定规格			弧半径	
		长	宽	厚		
配件砖	压顶条	152	38	5、6	—	9
	压顶阳条	—	38	5、6	22	9
	阳角条	152	—	5、6	22	—
	压顶阴条	—	38	5、6	22	9
	阴角条	152	—	5、6	22	—
	阳角条—端圆	152	—	5、6	22	12
	阴角条—端圆	152	—	5、6	22	12
	阳角座	50	—	5、6	22	—
	阴角座	50	—	5、6	22	—
	阳三角	—	—	5、6	22	—
	阴三角	—	—	5、6	22	—
	腰线砖	152	25	5、6	22	—

4.2.3 内墙釉面砖的性能指标

1）物理力学性能

内墙釉面砖的物理力学性能见表 4-7。

表 4-7 内墙釉面砖的物理力学性能

项目	指标
密度/$(g \cdot cm^{-3})$	2.3～2.4
吸水率/%	<18
抗冲击强度	将 30 g 钢球从 30 cm 高处落下,三次不碎
热稳定性(自 140℃ 至常温剧变次数)	三次无裂纹
硬度/度	85～87
白度/%	>78

2）规格偏差

内墙釉面砖的尺寸允许偏差和变形允许值应分别符合表 4-8 和表 4-9 中的标准。

表 4-8 内墙釉面砖的尺寸允许偏差(单位:mm)

项目	尺寸	允许偏差值
长度或宽度	≤152	±0.5
	(152,250]	±0.8
	>250	±1.0
厚度	≤5	±0.4
	>5	厚度的±8%

表 4-9 内墙釉面砖的变形允许值(单位:mm)

名称	一级	二级	三级
上凸	≤0.5	≤1.7	≤2.0
下凹	≤0.5	≤1.0	≤1.5
扭斜	≤0.5	≤1.0	≤1.2

3）外观质量

根据外观质量,将内墙釉面砖分为优等品、一等品和合格品三个等级。它们的外观质量需要符合表 4-10 中的规定。

表 4-10　内墙釉面砖的外观质量要求

缺陷名称	优等品	一级品	合格品
开裂、夹层、釉裂	不允许		
背面磕碰	深度为砖厚的 1/2	不影响使用	—
剥边、落脏、釉泡、斑点、坯粉釉缕、橘釉、波纹、缺釉、棕眼裂纹、图案缺陷、正面磕碰	距离砖面 1 m 处目测无可见缺陷	距离砖面 2 m 处目测缺陷不明显	距离砖面 3 m 处目测缺陷不明显

4.2.4　内墙釉面砖简易质量检查法

1）目测检查

目测检查是指依靠人的视力,在规定的距离内检查产品的破损情况及工作表面的质量。目测法主要用于检查内墙釉面砖表面的光泽、色差、釉面波纹、棕眼、橘釉、斑点、熔洞、落脏、缺釉等外观质量。二次烧成釉面砖在生产过程中,需分别对半成品(素坯)和成品进行目测检查,主要检查色泽和外观缺陷。

在实际生产中,往往会出现色差的问题。把 1 m² 被检内墙釉面砖放入距检查员 2 m 处观察,如色差明显,则应按降级品或次品处理。为保证成品质量,便于检查人员合理划分产品的质量等级,一般技术检验部门采取事先封存样板的方法,定下产品的色号和级别,以供检查人员参考执行。

2）工卡量具测量

工卡量具用于检查内墙釉面砖的规格尺寸和平整度是否符合标准。工卡量具测量会检查釉泡的大小和高低、釉下裂总长度、斑点直径、磕碰的大小等缺陷,看其是否在标准的规定范围。测量所用的量具有金属直尺、游标卡尺等,测量精度应达到 0.05 mm。

3）声音的判断

声音的判断是一种凭经验进行检查的方法。该方法通过敲击产品所发出的不同声音,来辨别产品有无生烧、裂纹和夹层。检查时,可用瓷棒、铁棒等器物轻轻敲打,或用两块产品互相轻碰,使其发声,一般声音清晰的,即认为无缺陷;如声音浑浊、暗哑,往往是生烧;如声音粗糙、刺耳,则是开裂或内部有夹层。

4.2.5　内墙釉面砖的特点与应用

内墙釉面砖表面光滑,色泽柔和典雅,朴素大方,主要用作厨房、浴室、卫生间、实验室、医院等场所的室内墙面或台面的饰面材料,它具有热稳定性好,防火、防潮、耐酸碱腐蚀、坚固耐用、易于清洁等特点。

常用的釉面砖属薄型精陶制品,是由多孔坯体表面施釉经一定温度烧制而成。内墙釉面砖表面是光滑的釉层,背面为带凹凸纹的陶质坯体,有较大的吸水率,一般为

16%～22%,施工时多采用水泥砂浆铺贴。在潮湿的环境中,陶质坯体会吸收大量的水分发生膨胀,由于釉层结构致密,吸湿膨胀系数小,当坯体因湿胀导致釉层产生的拉应力超过釉层的抗拉强度时,釉层会发生开裂。在地下走廊、运输港道、建筑墙柱脚等特殊空间和部位,最好选用吸水率低于5%的内墙釉面砖,以适应环境需要。当受到温差的冻融循环作用时,由于釉层与坯体的膨胀性能悬殊较大,釉层更易剥落,故内墙釉面砖不宜用于室外装饰。

内墙釉面砖应在干燥的室内储存,并按品种、规格、级别分别整齐堆放。在施工铺贴前,一般要浸水2 h以上,再取出晾干至无明水时才可进行铺贴。否则,干砖粘贴后会吸走水泥浆中的水分,影响水泥的正常凝结硬化,降低水泥与砖之间的黏结强度,从而造成内墙釉面砖的脱落。

4.3 外墙面砖

用于建筑外墙装饰的陶质或炻质陶瓷面砖被称为外墙面砖。外墙面砖的色彩丰富、品种较多,按其表面是否施釉分为彩釉砖和无釉砖。由于外墙面砖受风吹日晒、冷热交替等自然环境的作用较多,故要求外墙面砖的结构致密,抗风化能力和抗冻性强,同时具有防火、防水、抗冻、耐腐蚀等性能。

外墙面砖的表面有平滑或粗糙的不同质感,背面一般有凹凸状的沟槽,可增强面砖与基层的黏结力。无釉面砖又称无光面砖。对于一次烧成的无釉面砖,可在泥料中加入各种金属氧化物进行人工着色,如米黄、紫红、白、蓝、咖啡等色。

外墙面砖的表面质感各式各样,通过配料不同和改变制作工艺,可制成平面、麻面、毛面、磨光面、抛光面、纹点面、仿花岗石表面、压花浮雕表面、无光釉面、金属光泽面、防滑面、耐磨面等,以及丝网印刷、套花图案、单色、多色等多种制品。下面介绍几种常用的外墙陶瓷面砖:

4.3.1 彩釉砖

1) 生产工艺

彩釉砖是以陶土为原料,配料制浆后,经半干压成型,并通过施釉和高温焙烧制成的饰面砖。彩釉砖通常可采用丰富的色釉进行着色,以获得多种色调。

2) 规格尺寸

彩釉砖的主要规格尺寸有100 mm×100 mm、150 mm×150 mm、200 mm×200 mm、250 mm×250 mm、300 mm×300 mm、400 mm×400 mm、150 mm×75 mm、200 mm×100 mm、200 mm×150 mm、250 mm×150 mm、300 mm×150 mm、300 mm×200 mm、115 mm×60 mm、240 mm×60 mm、130 mm×65 mm、260 mm×65 mm。

3) 质量标准

彩釉砖的质量应符合我国彩色釉面陶瓷墙地砖质量标准《陶瓷砖》(GB/T 4100—2015)的有关规定。彩釉砖按外观质量和变形允许偏差分为优等品、一级品和合格品三等。

(1) 尺寸允许偏差应符合表 4-11 中的规定。

表 4-11 彩釉砖的尺寸允许偏差(单位:mm)

项目	基本尺寸	允许偏差
边长	<150	±1.5
	150～250	±2.0
	>250	±2.5
厚度	<12	±1.0

(2) 外观质量应符合表 4-12 中的规定。

表 4-12 彩釉砖的外观质量要求

缺陷名称	优等品	一级品	合格品
缺陷、斑点、裂纹、落脏、棕眼、熔洞、釉缕、釉泡、烟熏、开裂、磕碰、波纹、剥边、坯粉	距离砖面 1 m 处目测,有可见缺陷的砖数不超过 5%	距离砖面 2 m 处目测,有可见缺陷的砖数不超过 5%	距离砖面 3 m 处目测,缺陷不明显
色差	距离砖面 3 m 处目测,色差不明显		
分层	各级彩釉砖均不得有结构分层缺陷存在		
背纹	凸背纹的高度和凹背纹的深度均不小于 0.5 mm		

(3) 彩釉砖的最大允许变形应符合表 4-13 中的规定。

表 4-13 彩釉砖的最大允许变形(单位:%)

变形种类	优等品	一级品	合格品
中心弯曲度	±0.50	±0.60	−0.60～+0.80
翘曲度	±0.50	±0.60	±0.70
边直度	±0.50	±0.60	±0.70
直角度	±0.60	±0.70	±0.80

4) 彩釉砖的技术性能

(1) 吸水率:不大于 10%。

(2) 热稳定性:一般经过三次急冷急热循环不出现炸裂和裂纹即合格。

(3) 抗冻性:按《陶瓷砖试验方法 第 4 部分:断裂模数和破坏强度的测定》(GB/T 3810.4—2016)的规定,经 20 次冻融循环不出现破裂或裂纹为合格。

(4) 弯曲强度:平均值不低于 24.5 MPa。

(5) 耐磨性:只对铺地的彩釉砖进行耐磨试验,依据釉面出现磨损痕迹的研磨转数将耐磨性分为四类。

(6) 耐化学腐蚀性能:耐酸、耐碱性能分为 AA,A,B,C,D 五个等级。

5) 彩釉砖的特点与应用

彩釉砖坚固耐用,经防滑处理的表面光洁明亮,易清洁,色彩丰富,装饰效果好,常用于建筑外墙的装饰。由于结构致密、抗压强度较高,加厚的彩釉砖还可用于商场、餐厅、实验室、卫生间等室内场所地面的装饰铺贴,既可在墙面使用,也可在地面使用,因而被称为彩釉墙地砖。

在使用时,应根据要求剔除色差和变形较大的不合格彩釉砖,确定好砖与砖的排列形式,铺贴前彩釉砖要经浸水晾干处理,拼贴所留下的砖缝的处理应平滑丰满。

4.3.2 劈离砖

1) 生产与工艺

20 世纪 60 年代初,劈离砖首先在德国兴起并得到发展,由于生产工艺简单、能耗低、使用效果好,劈离砖逐渐在世界各国流行。我国在北京、厦门、襄阳及台湾等地有几条引进的生产线,产品质量均达到德国标准化委员会(DIN)的德国工业标准。

劈离砖是以软质黏土、页岩、耐火土为主要原料,再加入色料等,经称量配比、混合细碎、脱水练泥、真空挤压成型、干燥、高温烧结而成。由于成型时为双砖背联坯体,烧成后再劈离成两块砖,故称劈离砖。

2) 规格尺寸

劈离砖的主要规格尺寸有 240 mm×52 mm×11 mm、240 mm×71 mm×11 mm、240 mm×115 mm×11 mm、200 mm×100 mm×11 mm、194 mm×94 mm×11 mm、120 mm×120 mm×12 mm、240 mm×52 mm×12 mm、240 mm×115 mm×12 mm、194 mm×52 mm×13 mm、194 mm×94 mm×13 mm、240 mm×52 mm×13 mm、240 mm×115 mm×13 mm、190 mm×190 mm×13 mm、150 mm×150 mm×14 mm、200 mm×200 mm×14 mm、300 mm×300 mm×14 mm。

劈离砖除了有正方形和矩形砖外,还有转角砖和梯沿砖。

3) 技术性质

劈离砖兼具普通黏土砖和彩釉砖的特性,制品内部结构特征类似于黏土砖,具有一定的强度、抗冲击性和可黏结性。它表面可以施釉,故亦具有普通彩釉砖的易清洁、耐腐蚀性。

劈离砖的技术性能指标见表 4-14。

表 4-14　劈离砖的技术性能

项目	设计指标	测定指标
抗折强度	20 MPa	22.6 MPa
抗冻性	−15～20℃冻融循环 15 次,无破坏现象	−15～20℃冻融循环 15 次,无破坏现象
耐急冷急热性	20～150℃ 6 次热交换无开裂	20～150℃ 6 次热交换无开裂
吸水率	深色为 6%,浅色为 3%	深色为 5%,浅色为 3%
耐酸碱性能	分别在 70%浓硫酸和 20%氢氧化钾溶液中浸泡 28 天无侵蚀,表面无变化	

4）特点与应用

劈离砖的种类很多,色彩丰富,有红、红褐、橙红、黄、深黄、咖啡、灰等,色彩不褪不变,自然柔和。该制品表面质感变幻多样,粗质的浑厚,细质的清秀。劈离砖表面的装饰分彩釉和无釉两种,施釉的光泽晶莹,富丽堂皇;无釉的古朴大方,肌理表现力强,无眩光反射。

劈离砖的坯体密实,抗压强度高,吸水率小,表面硬度大,耐磨防滑,性能稳定。劈离砖的背面呈楔形凹槽纹,可保证铺贴时与砂浆层牢固黏结。

劈离砖的吸水率较低,铺贴时不必浸水处理。它广泛适用于各类建筑物的外墙装饰,也适合用作车站、机场、餐厅、楼堂馆所等室内地面的铺贴材料。厚型砖还可用于广场、公园、人行道路等露天地面的铺设。例如,北京亚运村国际会议中心和国际文化交流中心超过 5 万多 m² 的外墙饰面及超过 5 000 m² 的地坪,均采用了劈离砖装修,其装饰效果良好,常令来往行人驻足观看。

4.3.3 彩胎砖

1）生产工艺

彩胎砖又称仿花岗岩瓷砖,是一种本色无釉瓷质饰面砖。它是以仿天然岩石的彩色颗粒土为原料混合配料,压制成多彩坯体后,经高温一次烧成的陶瓷制品,富有天然花岗岩的纹点,细腻柔和,质地同花岗岩一样坚硬、耐磨。

2）规格尺寸和技术指标

彩胎砖的规格有 200 mm × 200 mm × 8 mm、300 mm × 300 mm × 9.5 mm、95 mm×95 mm×10 mm、200 mm×200 mm×10 mm、400 mm×400 mm×10 mm 和 600 mm×600 mm×12 mm 等。

彩胎砖的技术指标见表 4-15。

表 4-15　彩胎砖的技术指标

名称	欧洲标准(EN-176)	企业标准(上海斯米克集团)
吸水率/%	≤0.5	≤0.1
抗折强度/(N·mm⁻²)	>27	>46
长度/%	±0.6	±0.4
宽度/%	±0.6	±0.4
厚度/%	±5	±3
表面平整度/%	±0.5	±0.4
边直度/%	±0.6	±0.4
直角度/%	±0.5	±0.4
耐磨度/mm³	<205	<130

続表 4-15

名称	欧洲标准(EN-176)	企业标准(上海斯米克集团)
莫氏硬度/级	$\geqslant 6$	$\geqslant 7$
线性热膨胀系数(K^{-1})	$<9\times10^{-6}$	$<7\times10^{-6}$
耐化学腐蚀性	认可	认可

3）彩胎砖的特点与应用

彩胎砖的装饰表面有麻面无光和磨光、抛光之分。

压制成表面凹凸不平的麻面坯体烧制成的彩胎砖又称麻面砖,其表面酷似人工修凿过的天然岩石面,纹理自然,粗犷质朴,有白、黄、红、黑、灰等多种色调。麻面砖的吸水率小于1%,抗折强度大于20 MPa,粗糙的彩胎砖表面防滑耐磨。依据砖坯的厚薄程度,彩胎砖可分为薄型砖和厚型砖两种:薄型砖多用于建筑外墙面的装修,也可根据设计的特点用于室内墙面的装饰;厚型砖适用于广场、停车场、码头、人行路面的铺设,又称广场砖,其形状有多种,如三角形、梯形、带圆弧形等,可拼贴成各种色彩与形状的地面图案,以增加地坪的艺术感。

磨光的彩胎砖表面晶莹泽润、高雅朴素、耐久性强,在室外使用时不风化、不褪色,又称同质砖。表面经抛光或高温瓷化处理的彩胎砖又称抛光砖或玻化砖,它光泽如镜、亮美华丽,同时具有良好的防滑性能。它与麻面砖交错用于室外立面的装饰,可显现出特殊的装饰对比效果。表面经磨光、抛光处理的彩胎砖除了用于建筑外立面呈现仿花岗岩的装饰效果外,也常用于宾馆、营业厅、商场、办公楼等各类场所的室内墙面和地面的装修。

仿天然石材的彩胎抛光砖,在具备很好性能的同时又有着相当不错的性价比,为经济化设计提供了有利条件。抛光砖与效果相仿的石材相比,一般价格更实惠;而与价格同等的石材相比,可供选择的品种范围又更广。

彩胎抛光砖的系列品种繁多,各生产厂家的分类方式也不相同,一般按表面仿制的装饰效果划分。

（1）金碧石系列

金碧石系列在生产中运用了意大利最先进的生产及印花技术,成功地吸纳了天然金花米黄石的精髓,外观夺目,色泽绚丽,具有温润的金黄色泽和自然、柔和的纹理,华贵中又蕴涵了和谐与高雅,别具大自然的气息,且无放射性元素的危害,具备环保功效,是高级时尚的饰材。

（2）丽晶石系列

丽晶石系列在生产中运用意大利最新的造粒技术,采用尖端的仿真电脑填料工艺,使黏土颗粒经熔烧后呈丽晶闪烁效果,富有花岗岩的纹理,质感光泽而凝重,自然气息浓厚,不含放射性元素,高强耐磨等性能更优于天然花岗岩,完全可与天然花岗岩媲美。该系列的具体品名有晶辉绿、满山红、一品红、沙利士红、印度红、珍珠黑、金花红、珍珠白等。

（3）花岗岩系列

花岗岩系列不仅有天然高级花岗岩的纹理、光泽和厚实凝重的质感,而且具有结构均匀、强度高、耐磨、不吸水、防火、无放射性元素等特性,综合性能优于天然花岗岩,是健康、环保的时尚高级装饰材料。

（4）白玉石系列

白玉石系列采用了精细、特殊配制的生产原料,制品能产生汉白玉的质感,晶莹光洁,与天然汉白玉相比,更具有优良的强度、耐磨性和耐酸碱性,产品新颖、润泽、独特。

（5）云彩系列

云彩抛光砖的纹理是由电脑设计而成,圆满解决了以往每块陶瓷砖表面的花纹都是固定不变、整体效果呆板和缺乏生气的弊端。该系列产品尽显华贵与亮丽,历久弥新,耐风化和不含有害元素,是现代人营造自然、温馨的高级居所的新潮材料。

（6）渗花系列

渗花抛光砖通过精湛的渗花工艺技术,将花色渗透到砖坯深处,产品经高精度抛光后,纹理精巧,亮丽晶莹,具有低吸水率、高抗折、经久耐用、不褪色和不含放射性元素等优异性能。

4）彩胎砖的防污保洁

彩胎砖以其色彩丰富,质感自然、高雅,价格经济,被广泛应用于许多高档建筑的室内外的装饰装修。它是一种表面无釉的瓷质饰面砖,尽管吸水率低,但只要有吸水率,就有吸污的可能性。通常情况,只要在铺贴过程或使用维护上稍加注意,及时清理污染物,都能保持原有的干净亮丽。但对于浅色调的面砖,尤其是经过抛光并且用于地面装修的浅色抛光砖,如果在施工铺设或使用过程中没有及时清理污染物（如墨水、彩色油料等）,致使污染物渗透较深,就会难以清洁,从而破坏了装饰效果。

目前,有关企业已研制出一种雪白色透明状的防污晶亮剂,它可以有效地降低污渍的渗入。该产品一般应具有如下特点:

（1）呈透明状,化学性能稳定。

（2）在砖表面形成保护层,耐磨,提高砖的光亮度,但不改变抛光砖的原有色泽。

（3）封闭砖表面层的微孔,阻挡任何污渍的渗入。

（4）自行风干快,不呈油腻感,不吸附空气中的尘埃,不会产生新的污垢。

（5）生产过程中易于分色和包装,使用简易,手工、机打均可达到理想的效果。

4.3.4　陶瓷艺术砖

陶瓷艺术砖主要用于建筑内外墙面的陶瓷壁画,陶瓷壁画是一种以陶瓷面砖、陶板等建筑块材,经镶拼制作的具有较高艺术价值的大型现代装饰画。陶瓷壁画充分利用砖面的色彩、图案组合,砖面的高低大小,质感的粗细变化,构成各种题材,具有强烈的艺术效果。陶瓷艺术砖的生产制作与普通陶瓷面砖的生产方法相似,不同的是由于一幅完整的立面图案一般是由若干不同类型（包括图案、大小、色彩、表面肌理与厚薄尺寸等)的单块瓷砖组成,因此必须有专门的设计图案,按设计的图案要求来制作不同形状和色彩的单块瓷砖。

陶瓷壁画的造价高,其制作过程较繁杂,要求有较高的艺术性。它并非原设计画稿的简单复制,往往伴随着艺术的再创造,巧妙地融合了绘画、雕刻技法和陶瓷制作工艺技术,经过放样、制版、刻画和配釉,采用浸、点、喷、涂、填等多种施釉技法和丰富的窑变技术,创造出神形兼备、巧夺天工的艺术作品。

陶瓷壁画铺贴时要按图案对单块砖进行编号,再按编号进行施工,施工时要避免破损,否则会影响整体画面效果,再重新补制也较麻烦。现代陶瓷壁画具有单块砖面积大、强度高、厚度薄、吸水率小、抗冻、耐磨、耐急冷急热等特点,表面可制成平滑面,也可做成各种浮雕花纹。

陶瓷壁画适用于大厦、酒店、大型会议厅、机场及车站候车室、地铁隧道等公共场所的墙面装饰,给人们带来美的享受。

4.3.5 金属陶瓷面砖

金属陶瓷面砖是一种新型面砖,是在烧制好的陶瓷面砖的坯体上,用一定的工艺将超薄金属材料(如铜板、不锈钢板等)覆贴在陶瓷坯体的表面上制成的。

金属陶瓷饰面砖具有质量轻、强度高、结构致密、抗冻耐腐、施工操作简便等特点,品种有镜面型和亚光型。镜面型砖表面平整光滑,在大面积铺贴时,外界和室内的动静景象反映在砖面上,起到开阔空间效果的作用。亚光型砖可制成各种图案,从不同的视角观看,可感受到色彩变幻、光线闪烁的特殊视觉效果。金属陶瓷饰面砖一般用于建筑物内外墙面、地面、顶棚及大型立柱的装饰,普通规格有 200 mm×200 mm、305 mm×305 mm、500 mm×500 mm 和 600 mm×600 mm 等。

外墙面砖的品种较多,除上述介绍的几种面砖外,还有毛面砖、陶瓷玻璃砖、钒钛黑瓷板、大型高温花釉陶瓷板等,在实际选用时,应根据具体设计要求与使用情况确定。

4.4 陶瓷地砖

陶瓷地砖主要用于建筑物室内地面的装饰,又称防潮砖或缸砖,是采用优质瓷土加添加剂制模成型后烧结而成。

4.4.1 陶瓷地砖的生产工艺

陶瓷地砖以长石、石英、黏土等为配料,经精细加工、干燥、焙烧而成。一般烧结程度高,坯体致密,其抗压强度应比外墙砖高,有较好的抗冻性和耐磨性。出于保护环境、废物利用的原则,以工业铁矿渣、粉煤灰为填料,加入合成黏结剂,经立模、制坯、干燥、焙烧制得的环保型路面砖,既保护了环境,又回收了工业废料,更经济、更实惠。

4.4.2 品种规格及有关技术性能

陶瓷地砖的品种较多,有无釉陶瓷地砖、彩釉陶瓷地砖、仿天然石材的瓷质地砖、劈离砖、毛面砖、梯沿砖和广场麻石砖等。

陶瓷地砖要求砖面平整,不脱色、不变形。梯沿砖的表面有凸起的条纹,多用于楼梯、站台等要求防滑的部位,以起到防滑作用。

陶瓷地砖的颜色丰富,有红、黄、绿、蓝等,形状有正方形、六角形、八角形和叶片形,表面有方凸纹、圆凸纹等。它的规格尺寸较多,厚度一般为6~10 mm,可用于卫生间、厨房等潮湿地面或露天地面的铺贴。

陶瓷地砖的主要种类与特点见表4-16,有关规格和技术性能可见表4-17。

表 4-16 陶瓷地砖的主要种类及特点

品种	特点	用途
红地砖	吸水率不大于8%,具有一定的吸湿防潮性	适用于地面铺贴
各色地砖	有白、浅黄、深黄等颜色,色调均匀,砖面平整,抗腐耐磨,大方美观,施工方便	适用于地面铺贴
瓷质砖	吸水率不大于2%,烧结程度高,耐酸耐碱,耐磨性高,抗折强度不小于25 MPa	特别适用于人流量大的地面、楼梯的铺贴
劈离砖	吸水率不大于8%,表面不挂釉,其风格粗犷,耐磨性好,有釉面的则花色丰富,抗折强度大于18 MPa	适用于室内外地面、墙面的铺贴,釉面劈离砖不宜用于室外地面
梯沿砖(又名防滑条)	有各种颜色及单色带斑点,耐磨防滑	适用于楼梯踏步、台阶、站台等处,起防滑作用

表 4-17 陶瓷地砖的有关规格和技术性能

品种名称	花色	规格/mm			技术性能
		正方形	长方形	六角形	
各色地砖	有白、浅黄、深黄等颜色,有单色亦有带斑点者	150×150×13、150×150×15、150×150×20	150×75×13、150×75×15、150×75×20)	115×100×10	冲击强度:6~8次 吸水率/%: 各色地砖≤4 红地砖≤8
红地砖(吸潮地砖)、图案地砖	红色(有深、浅之分)各种颜色、各种图案	100×100×10			

品种名称	花色	规格/mm			技术性能
		正方形	长方形	六角形	
梯沿砖（又名防滑条）	各种颜色,有单色及带斑点者两种	150×60×12、150×75×12			冲击强度:6～8次 吸水率/%: 各色地砖≤4 红地砖≤8
劈离砖	有红褐、橙红、黄、深黄、咖啡、灰白、黑、金、米灰等	长方形	194×94×11、240×115×11、240×52×11		—
		正方形	150×150×13、190×190×13		
		踏步板	194×94×11、194×52×11		
		踢脚板	240×115×11、240×52×11、194×94×11、194×30×11		
		直角	52×52×11、52×175×11、194×94×11、194×52×11、240×52×11、52×115×11		

4.4.3 有关品种介绍

1) 彩釉陶瓷地砖

彩釉陶瓷地砖是一种表面施釉的陶瓷制品,国家标准规定其吸水率不大于10%,砖形有正方形、长方形制品,颜色丰富,适用于办公室、住宅厅堂、走廊、阳台等地面的铺设。在经常接触水的场所使用釉面的陶瓷地砖要慎重,以防止使人滑倒受伤。

彩釉陶瓷地砖的规格大小及质量标准应符合彩釉陶瓷墙地砖的规定,具体可参见彩釉砖的质量标准(参加表 4-11 至表 4-13)。

2) 无釉陶瓷地砖

无釉陶瓷地砖是一种表面无釉的陶瓷制品,它采用半干压成型法生产,地砖强度较好,防滑性能好,吸水率为3%～6%,适用于厂房地面、地下通道、厨房、卫生间等多水场所的地面装饰,有利丁提高使用的安全性。

无釉陶瓷地砖的质量标准见表 4-18 至表 4-21。无釉陶瓷地砖的主要规格有 50 mm×50 mm、100 mm×50 mm、150 mm×150 mm、150 mm×75 mm、200 mm×50 mm、200 mm×200 mm、100 mm×100 mm、108 mm×108 mm、152 mm×152 mm、200 mm×100 mm、300 mm×200 mm、300 mm×300 mm。

表 4-18　无釉陶瓷地砖尺寸允许偏差

项目	基本尺寸/mm	允许偏差/mm	项目	基本尺寸/mm	允许偏差/mm
边长 L	$L<100$	±1.5	边长 L	$L>300$	±3.0
	$100<L\leqslant200$	±2.0	厚度 H	$H\leqslant10$	±1.0
	$200<L\leqslant300$	±2.5		$H>10$	±1.5

表 4-19　无釉陶瓷地砖表面质量要求

缺陷名称	优等品	一级品	合格品
斑点、起泡、熔洞、磕碰、坯粉、麻面疵火、图案模糊	距离砖面 1 m 处目测缺陷不明显	距离砖面 2 m 处目测缺陷不明显	距离砖面 3 m 处目测缺陷不明显
裂纹	不允许		总长不超过对应边长的 6%
开裂			正面,不大于 5 mm
色差	距离砖面 1.5 m 处目测不明显		距离砖面 1.5 m 处目测不严重

注:① 在产品背面和侧面不允许有影响使用的缺陷。② 凸背纹的高度和凹背纹的深度均不得小于 0.5 mm。③ 任一级别的无釉砖均不允许有夹层。

表 4-20　无釉陶瓷地砖允许最大变形要求

变形种类	优等品/%	一级品/%	合格品/%
平整度	±0.5	±0.6	±0.8
边直度	±0.5	±0.6	
直角度	±0.6	±0.7	

表 4-21　无釉陶瓷地砖物理性能要求

项目	要求
吸水率	3%~6%
耐急冷急热性	经 3 次循环,不出现炸裂或裂纹
抗冻性能	经 20 次冻融循环,不出现破裂或裂纹
弯曲强度	平均值不小于 25 MPa
耐磨性	磨损量平均值不大于 345 mm³

3) 瓷质地砖

瓷质地砖根据不同的加工工艺处理又有同质地砖、玻化地砖、石化瓷砖之分。装饰形式为斑点纹,坯体内外一致仿花岗岩的,俗称仿花岗岩地砖;表面经抛光后具有镜面质感的,称抛光瓷质砖。玻化地砖中又有"完全玻化"之说,是指砖体在 1 230 ℃的高温淬炼下,瓷质地砖的表面已呈熔融状态,冷却后的表层硬度极高,同时具有玻璃般的透明和亮丽感。此外,还有釉面瓷质地砖、无光或亚光釉面瓷质地砖、渗花瓷质地砖等等。

4）大颗粒瓷质砖

大颗粒瓷质砖是相对于无釉瓷质砖喷雾造粒的小斑点而言的。它使用了专门的造粒机，把部分喷雾干燥的粉料加工成1～7 mm的颗粒，用专门的设备机压成型。此类瓷质砖效果出众，表面光洁，具有仿花岗岩的装饰效果，同时有很好的耐磨、抗冻和耐污特性，适用于公共建筑室内外地面和墙面的装饰。

5）仿古砖

仿古砖由彩釉砖演化而来，其实质为上釉瓷质砖。所谓仿古，主要是指砖的展示效果，即仿古效果的瓷砖。与普通瓷质砖相比，仿古砖在烧制过程中的技术含量相对较高，经数千吨液压机压制后高温烧结而成，烧成温度为1 180～1 230℃。仿古砖具有强度高、防水、防滑、耐磨耐腐蚀等特性。

仿古砖的坯体主要为瓷质，也有炻瓷、细炻、炻质，釉主要为亚光釉，色调以黄色、咖啡色、土灰色、灰黑色为主，图案可仿木、仿石材、仿皮革，也可仿几何图案、金属、植物花草等。仿古砖仿造以往的样式做旧，体现了历史的厚重沧桑，营造出古朴怀旧的风味。

6）陶瓷大板砖

尺寸超大且吸水率小于0.5%的陶瓷薄片材料被称为陶瓷大板砖。大板砖的尺寸可根据实际需要任意加长。由于陶瓷大板砖采用了塑压法成型，它的破坏强度和断裂模数不如干压法工艺制作的陶瓷材料，所以陶瓷大板砖的质量标准略低于同类的陶瓷砖标准。

7）麻石地砖

麻石地砖是以仿花岗岩的原料进行配料，制成表面凹凸不平的麻石坯体，经一次性焙烧后形成的炻质面砖。麻石地砖的色彩及纹理表面与某些天然花岗岩相似，有黄、红、灰、白等，规格有100 mm×100 mm、200 mm×75 mm、200 mm×100 mm等。麻石地砖的吸水率要求低于1%，抗弯强度应大于27 MPa，抗冻性能要能经受 $-15\sim+20℃$ 的温差循环20次而不被破坏，热稳定性能好。砖的表面粗糙，防滑性能较好，多于广场、道路、地坪的铺设。图4-3是麻石广场地砖的铺贴效果示意图。

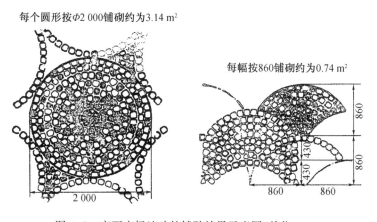

每个圆形按Φ2 000铺砌约为3.14 m²

每幅按860铺砌约为0.74 m²

图4-3 麻石广场地砖的铺贴效果示意图（单位：mm）

8）微晶玻璃陶瓷复合板

微晶玻璃陶瓷复合板是将微晶玻璃熔块平铺于普通瓷质砖上，再入窑进行焙烧处理后制备出的表层为微晶玻璃、基底为普通陶瓷的材料。这种复合材料既具有微晶玻璃的各种优良特性和装饰效果，又比纯微晶玻璃板材成本低，铺贴也非常方便。

微晶玻璃陶瓷复合板的生产工艺非常复杂，产品具有强度高、防污、防碱等优点，适用于高级公共建筑的墙面和地面装饰，是一种高档装饰材料。

9）岩板

岩板为烧结密质石材，其生产原料主要为石英、长石以及着色氧化物等，经万吨以上压机压制、1 200℃以上高温高压烧制而成。岩板的致密性可与石材媲美，可进行切割、钻孔、打磨等深加工。

从生产设备、工艺及产品来看，岩板与陶瓷大板类似，但物理性能有较大区别，岩板相较于陶瓷大板具有尺寸大、重量轻、厚度薄的特点，且与瓷砖相比，岩板的性能更加优异。岩板虽然在国家标准中归属陶瓷大板范围，但其性能更偏向于人造石材中的通体面材，产品的切割面抛光打磨后内外面的纹路一致。

（1）材质特性

① 食品级材料：经过 NSF 认证，直接作为料理食物的接触面成为可能。

② 抗污：因为岩板的吸水率为 0.01%～0.02%，所以污渍、水迹都无法渗透，不给细菌滋生的空间，可以保证岩板不变质。

③ 易清洁：无特殊护理要求，直接用清水擦拭即可。

④ 硬度：莫氏硬度为 6～7 级，能够抵御剐蹭或主动刮擦。

⑤ 耐腐蚀：对大部分化学物质有耐腐蚀作用。

⑥ 防火耐高温：A 级防火性能的岩板，直接接触高温物体不会变形，在 2 000℃内不会发生物理变化，因其无机物特性，也无气体挥发。

⑦ 易定制：岩板的纹理丰富，有黑白根、雪花白、啡网纹等石材纹理，也可仿制木纹理、锈板纹理，可根据具体风格进行定制。

（2）运用特性

① 硬度大：对比市场上普遍的装饰材料，以莫氏硬度作为标准，石英石材料一般为 5～6 级，普遍应用于吧台台面及厨房等地，而岩板的莫氏硬度一般是 6～7 级，一般金属刀具几乎无法刻划，这为餐厨空间使用大面积的操作台提供了可能，可以抛开砧板直接在厨房台面上加工食物，宽敞的操作空间使得操作者在烹饪的过程中更加舒适顺畅。

② 厚度薄：岩板的厚度一般可做到 6～12 mm，最薄至 3 mm 左右。比普通的石材或陶瓷板都更薄更轻，这就使得岩板的应用面更广，除去制作台面外，也可直接应用于定制家具的饰面等；又因为厚度的优势，岩板本身相较于其余石材或陶瓷更加轻质，使得运输更为方便快捷，也更利于大跨度面积的施工。

③ 规格大：岩板的规格一般为 2 550 mm×760 mm、2 400 mm×1 200 mm、3 200 mm×1 600 mm，最大可达到 3 600 mm×1 600 mm，在立面的使用上因为拼接缝的减少，整体感极强。

④ 安全稳定：岩板的抗冲击性极强，致密度极高，带来的效果则是 6 mm 样板的抗破坏强度相当于 35 mm 的花岗岩，所以在进行大尺寸规格的岩板施工时操作更为安全，并且可实现跨度大且底部透空的面板设计。

（3）应用范围

由于岩板的抗污性、易洁性和耐腐蚀性较好，所以岩板在全屋定制家具中有着较为广泛的应用，如餐厨操作台或办公桌的台面板、橱柜或衣柜的立面板等。在客厅的背景墙上设计大面积的拼花时，可用岩板进行装饰。除此之外，在立面凹凸的造型上，因为岩板的表面纹理有着较好的延展性，板材的纹理在凹凸的转角处能够延续，所以大规格的岩板板面能使空间的肌理变化更加流畅，同时厚度较薄的岩板能保证室内空间的轻盈感。

4.5 陶瓷锦砖

陶瓷锦砖又名陶瓷马赛克，是由若干小的片状瓷片（每片边长不大于 40 mm）按一定的图案构成，用低黏度黏合剂贴于特殊纸上形成的产品。每张纸称作一联，大小约为 300 mm×300 mm，面积为 0.093 m^2，每 40 联为一箱，每箱约为 3.7 m^2。陶瓷锦砖的表面有挂釉和不挂釉之分，目前市面上的品种多为不挂釉。这种陶瓷锦砖的色泽多样、图案组合丰富、经久耐用、易清洁。

4.5.1 陶瓷锦砖的生产

陶瓷锦砖是选用优质瓷土经加工烧制而成。首先要烧制出形状和颜色各异的锦砖单粒，再将单粒按一定的设计图案铺放在铺贴盒内，最后用羧甲基纤维素或淀粉等低黏度黏合剂将锦砖按设计图案反贴在特殊纸上。

普通锦砖的生产多采用干法或湿法制坯料，运用半干压法成型，其工艺流程为：原料（检选或水洗煅烧）→配料→湿式球磨粉碎→压滤→泥饼干燥→打粉→压砖机成型→装钵→装窑烧成→出钴检验→铺贴→干燥→成品检验。彩色锦砖的制作可在白色基料中加入三氧化二铬（Cr_2O_3）、氧化钴（CoO）、氧化铁（Fe_2O_3）、重铬酸钾（$K_2Cr_2O_7$）等着色剂。

4.5.2 陶瓷锦砖的品种与规格

陶瓷锦砖单粒的形状有正方形、矩形、多边形等，其品种的分类、主要形状和规格见表 4-22。

表 4-22 陶瓷锦砖的分类、主要形状和规格

名称	单粒形状示意图	分类	规格/mm				
			a	b	c	d	厚度
正方形		大正方形	39.0	39.0	—	—	5.0
		中大正方形	23.6	23.6	—	—	5.0
		中正方形	18.5	18.5	—	—	5.0
		小正方形	15.2	15.2	—	—	45.0

名称	单粒形状示意图	分类	规格/mm				
			a	b	c	d	厚度
长方形 （长条形）		—	39.0	18.5	—	—	5.0
对角形		大对角形	39.0	19.5	27.8	—	5.0
		小对角形	32.0	16.2	22.4	—	5.0
斜长条形 （斜条形）		斜长条形 （斜条形）	36.0	12.0	—	24.0	5.0
长条 对角形		—	7.7	15.4	11.0	22.3	5.0
五角形		大五角形	23.6	23.6	—	35.4	5.0
		小五角形	18.5	18.5	—	27.8	5.0
半八角形		—	15.2	30.4	—	22.3	5.0
六角形		—	25.0	—	—	—	5.0

不同单粒形状的陶瓷锦砖铺贴的几种拼花图案见图 4-4。

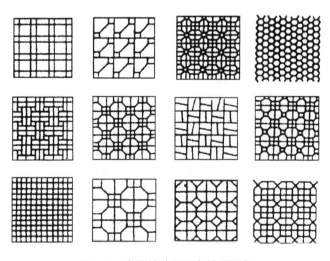

图 4-4　陶瓷锦砖的基本拼花图案

4.5.3 陶瓷锦砖的技术性能及质量标准

陶瓷锦砖质地坚硬、耐火、耐磨、耐酸碱、不吸水、抗冻性能好,常用作建筑墙面和室内外地面的装饰,可构成丰富的图案效果。陶瓷锦砖的有关技术性能见表4-23。

表4-23 陶瓷锦砖的技术性能指标

项目	单位	指标
密度	g/cm³	2.3~2.4
抗压强度	MPa	15~25
吸水率	%	≤0.2
使用温度	℃	-20~100
耐酸度	%	>95
耐碱度	%	>84
莫氏硬度	级	6~7

陶瓷锦砖的规格允许偏差见表4-24。

表4-24 陶瓷锦砖的规格允许偏差

项目		规格/mm	允许偏差/mm		主要技术要求
			一级品	二级品	
单位锦砖	边长	<25.0	±0.5	±0.5	锦砖脱纸时间不大于40 min
		>25.0	±1.0	±1.0	
	厚度	4.0	±0.2	±0.2	
		4.5			
每联锦砖	线路	2.0	±0.5	±1.0	
	联长	305.5	-0.5~+2.5	-1.0~+3.5	

注:锦砖的线路是指单粒之间的空隙,联长是指底纸的边长。

陶瓷锦砖的外观质量缺陷允许范围见表4-25和表4-26。

表4-25 锦砖边长≤25 mm的外观质量缺陷允许范围

缺陷名称	表示方法	单位	缺陷允许范围				备注
			一级品		二级品		
			正面	背面	正面	背面	
污点	最大直径	mm	0.3~0.5	0.5~1.0		1.0~1.5	(1) 高度应≤0.2 mm (2) 一级品小于允许范围的缺陷不允许密集

缺陷名称	表示方法	单位	缺陷允许范围				备注
			一级品		二级品		
			正面	背面	正面	背面	
气泡	最大直径	mm	0.3～0.5	0.5～1.0		1.0～1.5	(1) 高度应≤0.2 mm (2) 一级品小于允许范围的缺陷不允许密集 (3) 开口泡不允许存在
缺角	宽度	mm	1.0～1.5	2.0～2.5		2.5～3.0	(1) 宽度＜0.1 mm 的通角允许存在 (2) 正面、背面缺角不允许在同一角部
	深度		1.5	2.5		3.5	
缺边	长度	mm	2.0～3.0	3.0～5.0		5.0～7.0	正面、背面不允许在同一侧面
	宽度		1.5	2.0		2.5	
	深度		1.5	2.0		2.5	
变形	挠度	mm	不允许		0.3		—
大小头	两平行边长之差	mm	0.2		0.4		—
色泽	—	—	基本一致		稍有色差		—
夹层	—	—	不允许				—
黏粉	面积	mm²	不允许				高度≤0.2 mm
麻面	面积	mm²	不允许				深度≤0.2 mm

注:在缺陷范围内,正面、背面各限一种缺陷,允许一处存在。

表 4-26　锦砖边长＞25 mm 的外观质量缺陷允许范围

缺陷名称	表示方法	单位	缺陷允许范围				备注
			一级品		二级品		
			正面	背面	正面	背面	
污点	最大直径	mm	0.5～1.0	1.0～1.5		1.0～2.0	(1) 高度应≤0.2 mm (2) 一级品小于允许范围的缺陷不允许密集
气泡	最大直径	mm	0.5～1.0	1.0～1.5		1.0～2.0	(1) 高度应≤0.2 mm (2) 一级品小于允许范围的缺陷不允许密集 (3) 开口泡不允许存在
缺角	宽度	mm	1.0～2.0	2.0～3.0		3.0～4.0	(1) 宽度＜0.1 mm 的通角允许存在 (2) 正面、背面缺角不允许在同一角部
	深度		1.5	2.5		3.5	

缺陷名称	表示方法	单位	缺陷允许范围				备注
			一级品		二级品		
			正面	背面	正面	背面	
缺边	长度	mm	3.0~5.0	5.0~8.0		8.0~12.0	正面、背面缺边不允许在同一侧面
	宽度		1.5	2.0		3.0	
	深度		1.5	2.0		3.0	
变形	挠度	mm	0.3	0.5		—	—
大小头	两平行边长之差	mm	0.6	1.0			
色泽	—	—	基本一致		稍有色差		
夹层	—	—	不允许				
黏粉	面积	mm²	—				高度≤0.2 mm
麻面	面积	mm²	—				深度≤0.2 mm

注:在缺陷范围内,正面、背面各限一种缺陷,允许一处存在。

4.6 建筑琉璃制品

建筑琉璃制品是一种釉陶制品,它是用难熔黏土制坯成型后,经干燥、素烧、表面施釉、高温釉烧而成。建筑琉璃制品的质地致密、机械强度高、表面光滑、耐污、经久耐用。

琉璃制品属高级建筑饰面材料,它的表面可制成多种纹饰,色彩鲜艳,有金黄、宝蓝、翠绿等色,造型各异,古朴而典雅,能够充分体现中国传统建筑风格和民族特色。

根据琉璃制品的用途划分,有琉璃瓦、琉璃砖、琉璃兽、琉璃花窗与栏杆饰件,以及琉璃桌、琉璃绣墩、琉璃花盆等工艺品。我国古代建筑上的琉璃品种非常繁多,如琉璃瓦是古代宫殿式建筑常用的屋面材料,品种繁多,有板瓦(底瓦)、筒瓦(盖瓦)、滴水、勾头、扣脊、正吻等。园林中的亭榭、楼台、楼阁、牌坊、装饰照壁等处使用琉璃制品的情况也很多。现代琉璃制品主要用于仿古建筑的檐口、栏杆、阳台、柱头等部位,能够将传统风格与现代特色结合起来。

建筑琉璃制品的缺点是自重大,而且价格高。由于琉璃制品的种类较多,有关尺寸允许偏差和外观要求的规定在此不一一列举,它的物理力学性能指标见表4-27。

表 4-27　建筑琉璃制品的物理力学性能指标

项目	优等品	一级品	合格品
吸水率/%	≤12		

项目	优等品	一级品	合格品
抗冻性能	冻融循环 15 次,无开裂、剥落、掉角、掉棱、起鼓现象。因特殊要求,冷冻最低温度、循环次数可由供需双方商定		冻融循环 10 次,无开裂、剥落、掉角、掉棱、起鼓现象。因特殊要求,冷冻最低温度、循环次数可由供需双方商定
弯曲破坏荷重/N	≥1 177		
耐急冷急热性能	3 次循环,无开裂、剥落、掉角、掉棱、起鼓现象		
光泽度/度	平均值≥50;根据需要,光泽度可由供需双方商定		

常用建筑琉璃瓦件制品的形状及名称见图 4-5,琉璃瓦件在建筑中的使用部位见图 4-6。

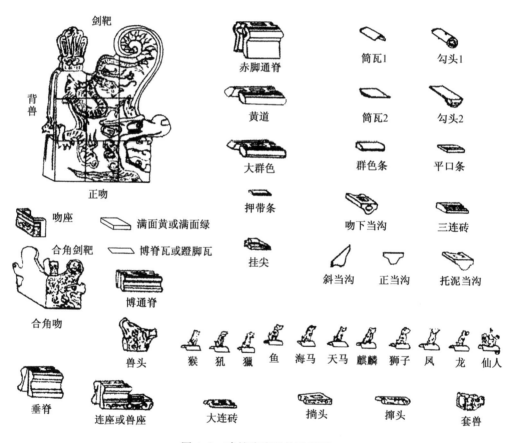

图 4-5　建筑琉璃瓦件示意图

生活陶瓷用具也是陶瓷制品的一种,日常生活中常见的卫生陶瓷制品有陶瓷洗面盆(挂式、台式、立式)、坐便器(连体式、分体式)、小便器(挂式、立式)、浴缸(普通型、豪华按摩型)、淋浴盆、洗涤盆、手纸盆和各类陶瓷水箱等。

目前生产的陶瓷坐便器除了要求造型美观、有良好的抗渗性能、易清洁外,还要求

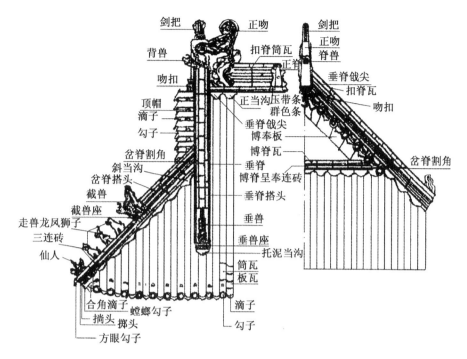

图 4-6 琉璃瓦件在建筑中的使用部位示意图

具有低噪声、冲刷性能好、用水量少的特点,更强调了舒适性和实用性,同时还可配备采用电脑系统控制的水温调节、温水洗涤、热风烘干等自动装置,是一种高档的消费产品。

　　最后要指出的是,陶瓷制品与人们的生产、生活息息相关,无论是在建筑领域还是在工业领域都发挥着巨大的作用。我国研制生产的钒钛黑瓷板具有比黑色天然花岗岩更黑、更亮的装饰效果,可用于建筑物的墙地面装饰,该产品已获得多个国家专利。鉴于陶瓷制品诸多的优越特性,科研人员未来将对陶瓷原料做进一步的研究与开发,以生产出更多使用范围更广、更经济实用的新型陶瓷制品。

第 4 章思考题

1. 陶瓷制品是如何分类的?
2. 黏土的烧结性指的是什么?
3. 陶瓷制品的表面装饰有哪些形式?
4. 建筑陶瓷制品的品种有哪些? 在装饰工程中如何选择合格的陶瓷制品?
5. 怎样铺贴内墙釉面砖?
6. 墙砖、地砖的类型有哪些?
7. 怎样选用陶瓷砖?
8. 一个室内客厅尺寸为 6 000 mm(宽度)×7 000 mm(长度),试用 600 mm×600 mm 规格的地砖对客厅地面进行拼花铺贴,画出地面拼花图样及相关尺寸。

5 玻璃类装饰工程材料

玻璃在建筑上的运用历史可以追溯到公元 4 世纪,当时罗马人已经将玻璃用于建筑的门窗上了。中国商代也有了琉璃(类似于玻璃的一种材料)制造技术。玻璃具有较好的透明性、防水性、耐久性和装饰性,而且玻璃的性能随着制造技术的进步,从采光、挡风等较为单一的功能,逐步具备了隔音、节能、安全、调控光线等多种功能。玻璃已经成为建造房屋必不可少的建筑材料,是继钢筋、水泥和木材之后的第四大类建筑材料。

普通玻璃的化学组成有硅酸钠(Na_2SiO_3)、硅酸钙($CaSiO_3$)、二氧化硅(SiO_2)或六二氧化硅合氧化钙合氧化钠($Na_2O \cdot CaO \cdot 6SiO_2$)等,主要成分是硅酸盐复盐。玻璃的质地硬而脆,属透明体,无固定的熔点。新型玻璃品种的性能更加优异,能够调控太阳光线的射入量和反射量,降低室外噪声,防火防盗,保温隔热等。

玻璃类的装饰材料通常指平板玻璃和由平板玻璃经过深加工后制成的玻璃制品,常见的玻璃制品有玻璃空心砖、玻璃马赛克、玻璃镜、槽型玻璃和微晶玻璃等。

5.1 概述

5.1.1 普通玻璃的特性

玻璃是熔融、冷却、固化的非晶态(特定条件下也可能成为晶态)无机物,是过冷的液体。非晶态是指以不同方法获得的、以结构无序为主要特征的固体物质的状态。玻璃中的原子不像晶体材料那样在空间中为远程有序排列,而是近似于液体,具有近程有序排列,同时能够像固体一样保持一定的外形。

由于玻璃中的质点排列是无序的,因而玻璃具有各向同性的特征,即各个方向上的物理和化学特性均相同。玻璃是由二氧化硅和其他化学物质熔融在一起形成的,故无特定的熔点,主要化学成分为二氧化硅、氧化钠、氧化钙和氧化铝等。玻璃是一种典型的脆性材料,在外荷载的冲击作用下极易破碎。玻璃的抗压强度和硬度较高,抗折强度较低,故玻璃耐压但不耐弯。普通玻璃的热传导性能较好,但由于其氧化钠(Na_2O)的含量较高,故其热稳定性较差。

普通玻璃具有较好的透光和透视性能,透光率一般在 80% 以上。普通玻璃的化学稳定性较好,一般不直接与酸性物质发生化学反应(氢氟酸除外),但是玻璃不耐碱性物质的侵蚀作用,碱性物质可通过氢氧根离子(OH^-)来破坏硅氧骨架,使二氧化硅(SiO_2)溶解在碱性溶液中。氢氧化钙[$Ca(OH)_2$]溶液对玻璃的侵蚀作用相对较小,因为玻璃受到侵蚀后生成的硅酸根离子（SiO₃²⁻）与钙离子（Ca²⁺）在玻璃的表面形成了溶解度小的硅酸钙（CaSiO₃），阻止了玻璃继续被侵蚀。科学实验证明，大气中的水汽、水、SO₂等物质对玻璃也有一定的侵蚀作用，只是由于侵蚀的速度较为缓慢，一般不影响玻璃的正常使用。空气中的水汽以微粒的形态吸附在玻璃的表面，而玻璃中所释放的碱不能被移走，逐渐积累在玻璃表面的水膜中，最终发生类似碱性物质侵蚀玻璃的过程。

玻璃在制造的过程中，可以对加工工艺进行处理，以满足玻璃在使用时的不同要求。普通玻璃易碎、热稳定性能较差，安全玻璃却能克服这些缺点，传统的建筑围护结构如砌块墙体的自重较大、施工工效低，而中空玻璃具有良好的保温隔热性能，自重比传统的建筑墙体轻，施工效率高，在高层建筑和超高层建筑上使用中空玻璃能够降低部分建筑的自重荷载，从而降低建筑结构在承载方面的要求。

5.1.2 普通玻璃的制作

玻璃是以石英砂、纯碱、石灰石等为主要原料，加入适量的辅助材料，在熔炉内高温熔融，再经过冷却成型后制成的。普通玻璃是无色透明的，如果改变普通玻璃的原料组成，在原料中加入某些金属氧化物，能使原本无色透明的玻璃具有各种颜色；也可以通过一定的生产工艺将金属氧化物附着在普通玻璃的表面，从而达到改变玻璃表面颜色的目的。

制造普通玻璃的关键工序是玻璃的熔制和成型。玻璃的熔制过程也是玻璃液的形成过程，此过程一般分为五个阶段：盐酸盐的形成阶段、玻璃的形成阶段、澄清、均化和冷却成型。根据玻璃熔制的工艺要求和生产设备的结构特点，玻璃熔制的各个阶段可以同时进行，也可以交错进行。玻璃的熔制过程包含一系列的物理和化学反应，物质的形态存在固相、液相的变化，存在较为复杂的相的转化和平衡关系。玻璃的成型阶段主要根据产品的需求不同而采取不同的生产工艺，如玻璃管、玻璃瓶和平板玻璃的生产工艺都不一样，建筑上以平板玻璃的生产量最大。平板玻璃的成型方法有引上法、平拉法、压延法和浮法等。现阶段玻璃的主要生产工艺以压延法和浮法居多。

压延法有单辊压延法和对辊压延法。单辊压延法生产时将玻璃液倒在平台上，用压辊辊压后形成平板，再送入炉内退火处理。由于存在产品质量较差等原因，厂家现已很少使用此法。对辊压延法是将玻璃液从池窑的工作池内沿流槽流出，进入成对的用水冷却的中空压辊，经滚压后形成平板，再退火处理。玻璃连续压延法生产示意图见图 5-1。

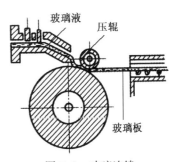

图 5-1 玻璃连续压延法生产示意图

玻璃浮法工艺是熔融的玻璃液由熔窑经流槽进入锡槽后，在熔融的金属锡液表面形成平板玻璃。锡液的密度大于玻璃液，且锡液与玻璃液互不融合，玻璃液在自身重力、表面张力和外部牵引力的作用下形成玻璃带。玻璃带在有保护性气体的锡槽里经过自由展薄、抛光、拉引、硬化和冷却等工艺后被引上过渡辊台。辊台的辊子转动，把玻璃带拉出锡槽进入退火窑，经退火、裁切，最终形成平板玻璃成品。玻璃浮法生产示意图见图5-2。

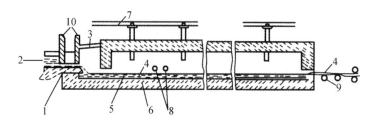

图5-2　玻璃浮法生产示意图

注：1—流槽；2—玻璃液；3—碹顶；4—玻璃带；5—锡液；6—槽底；7—保护气体管道；8—拉边器；9—过渡辊台；10—闸板。

浮法工艺生产的玻璃表面光滑平整、无波筋现象，板的厚薄均匀，质量优于引上法生产的玻璃，而且玻璃生产线的规模不受成型方法的限制，具有产量高、生产能耗低、成品利用率高等特点。浮法工艺可生产1.0～25.0 mm厚的各种平板玻璃，最大板宽可达3.6 m，板的长度可根据用户的需求和车辆运输的情况确定。浮法玻璃也是玻璃深加工的基础材料，有着广阔的运用范围。

5.1.3　玻璃的种类

玻璃品种可按玻璃化学组成、性能和外观形状进行分类。

1）按玻璃的化学组成分类

（1）钠钙硅酸盐玻璃

钠钙硅酸盐玻璃又称钠钙玻璃或者钠玻璃，主要化学成分为氧化硅、氧化钠和氧化钙等。该玻璃的熔点较低，容易制作生产，由于杂质含量较多，玻璃的表面呈现浅绿色。钠钙玻璃的力学性能、光学性能和化学性能一般，主要用于普通建筑门窗和日常玻璃制品。

（2）钾钙硅酸盐玻璃

钾钙硅酸盐玻璃又称钾钙玻璃、钾玻璃或者硬玻璃。在制作钾钙玻璃时，将玻璃原料中的碳酸钠改为碳酸钾，同时提高原料中氧化硅的用量即可制得。钾钙玻璃的硬度、熔点、光泽度和化学稳定性要高于钠钙玻璃，可用于制造高档日用器皿和化学仪器。

（3）铝镁玻璃

铝镁玻璃是由氧化硅、氧化铝、氧化镁、氧化钙和氧化钠等化学成分组成的一类玻璃，比钠钙玻璃中的碱金属和碱金属氧化物的含量低。铝镁玻璃的软化点较低，但力学性能、光学性能和化学性能要优于钠钙玻璃，主要用于制作高级建筑玻璃。

（4）铅玻璃

铅玻璃又名重玻璃或晶质玻璃。它的化学成分为氧化铅、氧化钾和少量的氧化硅。铅玻璃的光泽度、透明性、力学性能、化学性能、耐热性和绝缘性好,主要用于制造光学仪器和高级器皿。铅玻璃对 X 射线和 γ 射线有一定的吸收作用,铅玻璃中的氧化铅含量越高,对射线的吸收程度也越高。该玻璃有防辐射的功能。

（5）硼硅玻璃

硼硅玻璃又称耐热玻璃,其主要化学成分为氧化硅和氧化硼等。硼硅玻璃具有较好的光泽度和透明性,力学性能、耐热性、绝缘性和化学稳定性较好,主要用于制造光学仪器和热饮器皿等。

（6）石英玻璃

石英玻璃是由单一成分的二氧化硅组成的非晶态固体,它的结构非常紧密,热膨胀性能较低,只有普通玻璃的 $1/20 \sim 1/12$,对各种光的透过程度很高,其光学性能、力学性能和热学性能优异,主要用于制造光学仪器、半导体和灭菌灯等设备。

2）按玻璃的性能分类

玻璃在建筑工程、日常用品、仪器设备、光学和电子等领域内有着广泛的运用,而玻璃在建筑上的运用最为广泛,建筑玻璃按性能不同分为以下三类:

（1）普通建筑玻璃

普通建筑玻璃是普通无机类玻璃的总称,主要用于建筑门窗部位,是建筑玻璃进行深加工的基础性材料。按照普通建筑玻璃所起的作用不同又分为平板玻璃和装饰玻璃两类。

平板玻璃主要指用引上法、平拉法、压延法和浮法等生产工艺生产制造的板状玻璃,常用于建筑门窗部位,起到挡风、遮雨、隔音和透光的基本作用。

装饰玻璃除了具有普通玻璃的基本功能以外,还具有非常好的外观装饰效果,如各种色彩、花纹和质感等。

（2）安全玻璃

安全玻璃与普通玻璃相比具有较高的强度,能够在一定程度上确保使用者的人身安全。这类玻璃还有另一个显著的特点:玻璃破损后所产生的玻璃碎片对人体的伤害程度较低。安全玻璃的常用品种有钢化玻璃、夹层玻璃、夹丝玻璃和贴膜玻璃。

（3）特种玻璃

特种玻璃与普通玻璃和安全玻璃相比,某一方面的性能特别显著,能够满足建筑空间使用的某些特殊要求。特种玻璃的品种有热反射玻璃、低辐射玻璃、吸热玻璃、中空玻璃、光致变色玻璃、防火玻璃和泡沫玻璃等。

3）按玻璃的外观形状分类

常见的玻璃外观形状为平面板状,也可根据使用要求进行定制加工,制成符合要求的曲面玻璃。

5.1.4 玻璃的加工

玻璃经过一定的工艺加工后,不仅可以改变其外观装饰效果和表面性能,而且能够满足某些方面的特殊要求。玻璃的常见加工方式有冷加工、表面处理和热加工三大类。

1）玻璃的冷加工

玻璃的冷加工又称机械加工,是指在常温状态下用机械的方法改变玻璃的外形和表面状态的过程。冷加工的方法有研磨与抛光、喷砂、切割、钻孔和倒角。

（1）研磨与抛光

玻璃的研磨和抛光是用硬度比玻璃大的磨料,将玻璃表面粗糙不平的地方或者玻璃成型时残余无用的部位磨去,使其满足所需要的形状和尺寸,获得平整而光洁的表层。研磨与抛光一般用于光学玻璃和眼镜片的加工。

玻璃的研磨分为粗磨和细磨。粗磨是用粗磨料先进行磨削加工,使得玻璃的表面达到加工的基本要求。经粗磨后的玻璃表面基本平整,形状和尺寸符合规定。粗磨后玻璃的表面会留下凹陷坑和裂纹层,需要用细磨料进行打磨处理。细磨就是用细磨料对玻璃的表面进行研磨,使原来比较毛糙的表面变得细腻。常用的磨料有金刚砂（碳化硅）、刚玉（氧化铝）、石英砂（氧化硅）等。经过细磨加工后的玻璃表面再用抛光材料（如氧化铈、氧化铬、氧化锆等）进行处理,最终使毛面玻璃的表面变得透明、光滑。

影响玻璃研磨与抛光效果的因素有磨料和抛光料的成分及颗粒大小、加工时的给料量、玻璃的化学组成、磨盘或者抛光盘的转速和压力等。

研磨与抛光的理论体系有磨削理论、流动层理论和化学作用理论。每种理论各有特点和研究依据,对玻璃的研磨和抛光可用以上理论进行综合分析。

传统的研磨和抛光工艺已经不能满足现代光学玻璃的加工质量要求,目前发展的数控研磨和抛光技术、离子束抛光技术、激光抛光技术等新的加工方法已经被广泛地运用在光学玻璃的研磨和抛光等方面。

（2）喷砂

喷砂工艺是用喷枪将金刚砂或者石英砂等硬质颗粒喷射到玻璃表面,使玻璃表面产生一定粗糙度的作业方法。从喷嘴里出来的高速气流夹带着硬质砂粒冲向玻璃表面,砂粒所产生的冲击力在玻璃的表面形成纵横交错的细微裂纹,当细微裂纹达到一定的程度后,玻璃的表面就会产生贝壳状剥落,最终在玻璃的面层形成一层粗糙的表面。玻璃表面经过喷砂处理后可形成透光不透视的光学效果。

喷砂工艺可以用于制作毛玻璃,也可以在玻璃的表面形成光滑面与粗糙面相互交错的装饰图案。作业时先将用特殊纸做成的底版覆贴在洁净的玻璃表面,纸的底面带有压敏胶,可使底版纸粘贴在玻璃上,再用刻刀在底版上雕刻出所需要的装饰图案,并镂空处理。裸露的玻璃表面用喷砂工艺处理后呈现毛面。最后揭去底版,玻璃的表面则留下了毛面与光面相互交错的装饰图案。底版材料除了用纸以外,还可采用橡胶带、聚氯乙烯胶带（PVC胶带）和金属薄板。利用镂空模板和喷砂工艺形成花纹、图案和文字的方法又被称为砂雕。

（3）切割

玻璃在工厂生产时,考虑到要降低玻璃损耗等因素,常采用某些固定的制造尺寸。施工现场按照所需的尺寸要求,对工厂生产的定尺平板玻璃进行切割后再安装。

玻璃的切割方式有划切和锯切两种。厚度低于 8 mm 的玻璃主要采用划切的加工方法,常见的划切方式是用玻璃刀或硬质刀轮进行切割。划切法是利用玻璃的脆性和内部残余应力,在需要切割的部位处用工具或者设备预先刻出划痕,再在此部位施加一定的力量,使划切处产生应力集中从而使玻璃折断。划切玻璃常用的工具为镶嵌人造金刚石的玻璃刀。

切割厚度在 8 mm 以上的玻璃时常用金刚砂锯片或者碳化硅锯片。锯切是利用玻璃的脆性进行磨切。锯切时需要加水进行冷却,或者用电热丝在玻璃的切割部位进行加热,并用水或冷空气对玻璃受热部位进行急冷,使之产生较大的应力从而发生断裂。

高压水(水刀)切割设备可以切割任意厚度的玻璃。

(4)钻孔

玻璃表面安装把手、合页等五金配件时,需要在其表面钻出安装孔洞。玻璃表面的钻孔方法有研磨钻孔、钻床钻孔、冲击钻孔、超声波钻孔和水刀钻孔等,工程上常用研磨钻孔和钻床钻孔。

研磨钻孔法有两种:一种是使用金属实心棒状钻头或芯管状钻头加研磨液进行研磨钻孔,前者用于小孔径孔洞的钻孔,后者则用于较大孔径的孔洞加工。研磨液多由碳化硅磨料加水而成。另一种是用表面镀有金刚砂的金属钻头磨削钻孔,用水进行冷却。研磨钻孔法的加工孔径范围为 3~100 mm。

钻床钻孔的操作方法与研磨钻孔法相似,它是用碳化钨或硬质合金钻头进行钻孔,加冷却水或者松节油冷却,钻孔速度较慢,加工孔径范围为 3~15 mm。

冲击钻孔法是利用钻孔凿子在电磁振荡器的控制下,连续冲击玻璃表面进行打孔。

超声波钻孔法是利用超声波发生器,使工具产生一定振幅和频率的振动,在钻孔工具与玻璃之间加入含有磨料的加工液,磨料在振动时起到锤击作用,最终使玻璃穿孔。超声波钻孔的孔洞可以是任意形状。

水刀钻孔法是将水流增加到一定的速度(约 3 倍的音速),同时将硬质研磨材料加入高速的水流中,以增强水流的切割能力。在高速水流和硬质磨料的双重作用下,玻璃的表面可加工出各种大小的孔洞。

(5)倒角

在切割工具的作用下,玻璃的棱边表面可能会产生与被切割棱边近似垂直的横向裂纹,如图 5-3 所示。玻璃在使用过程中,横向裂纹部位可能由于外部条件的变化而产生拉应力,在拉应力的作用下玻璃的裂纹逐步扩展从而造成玻璃整体破裂。切割后的玻璃棱边同时也存在容易伤人的锋利尖角。为了保证玻璃的美观和使用安全,通常对经过裁切后的玻璃棱边进行倒角处理。图 5-4 是常见玻璃棱边倒角形式断面示意图。

玻璃棱边的倒角实际上就是将玻璃棱边的横向裂缝用研磨工艺进行去除。玻璃的棱边经过倒角处理后能够去除棱边的裂纹,棱边经倒角处理后,可提高玻璃的抗弯强度。玻璃的棱边经过抛光后,装饰效果最好,其次是细磨倒角,再次就是粗磨倒角。玻璃棱边倒角可以用手工打磨,也可以用玻璃直线磨边机打磨。玻璃直线磨边机的加工效率高、加工精度好,可以加工各种形状的玻璃棱边。

图 5-3　玻璃棱边横向裂纹分布示意图　　图 5-4　常见玻璃棱边倒角形式断面示意图

2）玻璃的表面处理

玻璃的表面处理有化学蚀刻、表面刻花、表面雕刻、砂雕、表面着色和表面镀膜等工艺。

（1）化学蚀刻

玻璃的化学蚀刻利用了氢氟酸腐蚀玻璃这一特性。经过氢氟酸腐蚀后，玻璃表面能形成一定的粗糙面和腐蚀深度，可使玻璃的表面具有一定的立体感。

玻璃化学蚀刻时，先在玻璃的表面均匀地浇注一层石蜡，然后将装饰图案部分的玻璃表面上的蜡层清除，露出玻璃面层，再在露出的玻璃表面根据蚀刻的深度浇注一定量的氢氟酸，最后把玻璃表面的石蜡和残余的氢氟酸等清理干净，玻璃表面即可形成具有一定立体感的图案或文字。

（2）表面刻花

玻璃的表面刻花是用设备在玻璃的表面刻出一定的立体图案。多棱状的刻面使得玻璃具有较高的光泽度和折光效果。

刻花分为草刻和精刻。厚度较薄的玻璃一般采用草刻，草刻的图案呈半透明状。精刻适用于铅玻璃和套色的玻璃制品。刻花以多棱图案和几何花纹为主。

（3）表面雕刻

玻璃的表面雕刻就是在玻璃的表面雕刻出精细的立体图案或者造型。雕刻的图案有几何花纹、人物、山水和文字等。雕刻运用了浮雕的技术。

雕刻的形式有凹雕、浮雕、半圆雕和透雕等。凹雕和浮雕应用较多。玻璃表明雕刻的立体感强，有较高的艺术价值。一般用透明性和硬度较低的玻璃作为雕刻的基料，常用雕刻机在铅玻璃上进行雕刻。

（4）砂雕

砂雕是运用喷砂技术对玻璃表面进行艺术加工的操作工艺。砂雕能够在玻璃表面雕出各种装饰图案，可部分代替刻花、浮雕、透雕等，也可以与刻花、雕刻和化学蚀刻结合起来对玻璃表面进行艺术处理，使玻璃具有各种装饰效果，具体方法见玻璃喷砂工艺中的有关论述。

（5）表面着色

玻璃的表面着色就是在高温状态下，将含有着色离子的金属、熔盐等的糊膏涂覆在玻璃的表面，使着色离子与玻璃中的离子发生交换，互换后的着色离子附着在玻璃的表面后呈现一定的颜色。有些金属离子还需要还原为原子，原子集聚成胶休，从而使得玻璃着色。

此外还可运用电浮法工艺对玻璃进行着色,电浮法工艺可以在生产线上实现平板玻璃的持续着色。

（6）表面镀膜

玻璃的表面镀膜就是运用各种生产工艺,在玻璃的表面覆盖一层性能特殊的金属薄膜。玻璃的镀膜工艺有化学法和物理法:化学法又分还原法、气相沉积法、水解法等;物理法则有真空蒸发法、阴极溅射法、电子束沉积法和离子镀膜法。

阴极溅射法是目前使用较为广泛的玻璃镀膜生产工艺。在低真空中（$10^{-2} \sim 10^{-1}$ Pa）,阴极在荷能粒子（如气体正离子）的轰击下,阴极表面的原子从阴极材料中逸出的现象称之为阴极溅射。逸出的一部分原子受到气体分子碰撞后回到阴极,另一部分的原子就沉积在阴极附近的玻璃表面形成膜层。

3）玻璃的热加工

玻璃的热加工是利用玻璃的黏度、表面张力等因素随着玻璃温度的改变产生相应变化的特点而研发的生产方式。常用的热加工方法有热弯、烧口、火焰切割与钻孔、火焰抛光等。

玻璃的热弯是将玻璃加热至接近软化温度,用自重法或机械加工法使玻璃产生永久性变形,从而制成所需的形状尺寸。热弯前先将玻璃裁切成相应的规格尺寸,然后放入热弯窑内预热,再将玻璃加热至软化温度附近即可进行热弯。热弯的生产工艺有模压式压弯法、重力沉降法和挠性弯曲法。用热弯工艺可以加工弧形玻璃。

玻璃的烧口是用集中的高温火焰将玻璃的局部加热,依靠玻璃表面张力的作用使玻璃在接近软化点温度时变得圆滑光亮。

玻璃的火焰切割与钻孔是用高速运动的火焰对玻璃制品进行局部集中加热,使受热处的玻璃达到熔融流动状态,再用高速气流将玻璃制品切开。

玻璃的火焰抛光是利用高温火焰对玻璃表面存在的波纹、细微裂缝等缺陷进行局部加热,并使该处熔融平滑,从而达到消除玻璃表面此类缺陷的目的。

5.2 普通建筑玻璃

普通建筑玻璃一般指用于建筑门窗上的玻璃品种,具有玻璃的基本特性,能够满足建筑门窗在透光、隔音、挡风和保温等方面的功能要求。

5.2.1 平板玻璃

平板玻璃属钠玻璃一类,又称净片玻璃、白片玻璃,具有透光、透视、保温、隔音和挡风的功能,有一定的机械强度,紫外线的透过率较低,材料较脆。

平板玻璃的产品形状一般为平面矩形,根据《平板玻璃》（GB 11614—2009）的有关说明,普通平板玻璃的厚度有 2 mm、3 mm、4 mm、5 mm、6 mm、8 mm、10 mm、12 mm、15 mm、19 mm、22 mm 和 25 mm 等。

平板玻璃在工程中一般以平方米为计量单位。由于平板玻璃的厚度各不相同,建材行业常采用重量箱作为平板玻璃的计量单位。一个重量箱是指面积为 10 m²、厚度为 2 mm 的平板玻璃的重量(50 kg)。已知玻璃的密度、厚度和重量箱,可以计算出此厚度重量箱玻璃的面积,或者在已知玻璃的密度、厚度和面积下,能算出此厚度和面积玻璃的重量箱数值。

平板玻璃的性能如下:

1) 物理性能

平板玻璃的物理性能包含密度、莫氏硬度、弹性模量和强度等,具体见表 5-1。

表 5-1　平板玻璃的物理性能

密度/(kg·m^{-3})	莫氏硬度/级	弹性模量/MPa	强度/MPa	
			抗压强度	抗弯强度
2 500	6.0~7.0	6.0×10^4 ~ 7.5×10^4	600~1 200	40.0~120.0

2) 光学和热学性能

平板玻璃的光学和热学性能见表 5-2。

表 5-2　平板玻璃的光学和热学性能

光学性能			热学性能			
透光率/%			比热容/ [J·(kg·K)$^{-1}$]	软化温度/ ℃	热膨胀系数/ K^{-1}	导热系数/ [W·(m·K)$^{-1}$]
厚度 2 mm	厚度 3 mm、4 mm	厚度 5 mm、6 mm				
≥88	≥86	≥82	0.72×10^3	720~730	9×10^{-6}	1

3) 隔声性能

平板玻璃的隔声性能与声波的频率、玻璃的厚度等因素有关。某种厚度的玻璃在某一频率声波的作用下,其隔声量的数值可以用实验进行测定。

4) 耐风压性能

建筑外墙立面上使用平板玻璃时应能承受侧向风荷载的作用。当玻璃的安装建筑高度较低时,风荷载对玻璃的作用通常可以忽略不计,但是当玻璃的安装建筑高度较高或者玻璃所承受的风荷载较大时,必须计算玻璃所能够承受的风荷载值,以保证玻璃的使用安全。玻璃能够承受的最大风荷载与玻璃的厚度、玻璃的种类、玻璃的固定方式和单块玻璃的面积等因素有关。可根据《建筑玻璃应用技术规程》(JGJ 113—2015)中的有关规范进行计算,算出单块玻璃能够承受的最大风荷载。

5) 规格偏差和外观质量

平板玻璃根据其尺寸偏差、对角线差、厚度偏差与厚薄偏差、外观质量等指标,分为合格品、一等品和优等品三类。

平板玻璃的尺寸偏差见表 5-3。

表 5-3 平板玻璃的尺寸偏差(单位:mm)

公称厚度	尺寸偏差	
	尺寸≤3 000	尺寸>3 000
2~6	±2	±3
8~10	−3~+2	−4~+3
12~15	±3	±4
19~25	±5	±5

平板玻璃的对角线差应不大于其平均长度的 0.2%。

平板玻璃的厚度偏差和厚薄差不应超过表 5-4 中的规定。

表 5-4 平板玻璃的厚度偏差和厚薄差(单位:mm)

公称厚度	厚度偏差	厚薄差
2~6	±0.2	0.2
8~12	±0.3	0.3
15	±0.5	0.5
19	±0.7	0.7
22~25	±1.0	1.0

平板玻璃的弯曲度不应超过 0.2%。

平板玻璃在生产的过程中,由于受到原料内的杂质、车间制作条件等因素的影响,产品表面或内部可能存在一些缺陷,如光学变形、线道、划伤和裂纹等。这些质量问题不仅影响玻璃的外观效果,而且对玻璃的安全使用也会产生较大的影响。平板玻璃的外观质量控制标准如下:

平板玻璃合格品外观质量见表 5-5。

表 5-5 平板玻璃合格品外观质量

缺陷种类	质量要求	
	尺寸(L)/mm	允许个数/个
点状缺陷	0.5≤L≤1.0	2×S
	1.0<L≤2.0	1×S
	2.0<L≤3.0	0.5×S
	L>3.0	0
点状缺陷密集度	尺寸≥0.5 mm 的点状缺陷最小间距不小于 300 mm;直径 100 mm 圆内尺寸≥0.3 mm 的点状缺陷不超过 3 个	

缺陷种类	质量要求		
线道	不允许		
裂纹	不允许		
划伤	允许范围		允许条数限制/条
	宽≤0.5 mm,长度≤60 mm		3×S
光学变形	公称厚度	无色透明平板玻璃	本体着色平板玻璃
	2 mm	≥40°	≥40°
	3 mm	≥45°	≥40°
	≥4 mm	≥50°	≥45°
断面缺陷	公称厚度不超过 8 mm 时,不超过玻璃板的厚度;8 mm 以上时,不超过 8 mm		

注:S 是以平方米为单位的玻璃板面积数值,按《数值修约规则与极限数值的表示和判定》(GB/T 8170—2008)修约,保留小数点后两位。点状缺陷的允许个数限度及划伤的允许条数限度为各系数与 S 相乘所得的数值,按《数值修约规则与极限数值的表示和判定》(GB/T 8170—2008)修约至整数。光畸变点视为 0.5～1.0 mm 的点状缺陷。

平板玻璃一等品外观质量见表 5-6。

表 5-6　平板玻璃一等品外观质量

缺陷种类	质量要求	
点状缺陷	尺寸(L)/mm	允许个数限度/个
	0.3≤L≤0.5	2×S
	0.5<L≤1.0	0.5×S
	1.0<L≤1.5	0.2×S
	L>1.5	0
点状缺陷密集度	尺寸≥0.3 mm 的点状缺陷最小间距不小于 300 mm;直径 100 mm 圆内尺寸≥0.2 mm 的点状缺陷不超过 3 个	
线道	不允许	
裂纹	不允许	
划伤	允许范围	允许条数限度/条
	宽≤0.2 mm,长度≤40 mm	2×S
光学变形	公称厚度	无色透明平板玻璃 / 本体着色平板玻璃
	2 mm	≥50°　≥45°
	3 mm	≥55°　≥50°
	4～12 mm	≥60°　≥55°
	≥15 mm	≥55°　≥50°
断面缺陷	公称厚度不超过 8 mm 时,不超过玻璃板厚度;8 mm 以上时,不超过 8 mm	

注:S 是以平方米为单位的玻璃板面积数值,按《数值修约规则与极限数值的表示和判定》(GB/T 8170—2008)修约,保留小数点后两位。点状缺陷的允许个数限度及划伤的允许条数限度为各系数与 S 相乘所得的数值,按《数值修约规则与极限数值的表示和判定》(GB/T 8170—2008)修约至整数。点状缺陷中不允许有光畸变点。

平板玻璃优等品外观质量见表5-7。

表5-7 平板玻璃优等品外观质量

缺陷种类	质量要求		
点状缺陷	尺寸(L)/mm	允许个数限度/个	
	$0.3 \leqslant L \leqslant 0.5$	$1 \times S$	
	$0.5 < L \leqslant 1.0$	$0.2 \times S$	
	$L > 1.0$	0	
点状缺陷密集度	尺寸≥0.3 mm 的点状缺陷最小间距不小于 300 mm；直径 100 mm 圆内尺寸≥0.2 mm 的点状缺陷不超过 3 个		
线道	不允许		
裂纹	不允许		
划伤	允许范围	允许条数限度/条	
	宽≤0.1 mm,长度≤30 mm	$2 \times S$	
光学变形	公称厚度	无色透明平板玻璃	本体着色平板玻璃
	2 mm	≥50°	≥50°
	3 mm	≥55°	≥50°
	4~12 mm	≥60°	≥55°
	≥15 mm	≥55°	≥50°
断面缺陷	公称厚度不超过 8 mm 时,不超过玻璃板厚度;8 mm 以上时,不超过 8 mm		

注:S 是以平方米为单位的玻璃板面积数值,按《数值修约规则与极限数值的表示和判定》(GB/T 8170—2008)修约,保留小数点后两位。点状缺陷的允许个数限度及划伤的允许条数限度为各系数与 S 相乘所得的数值,按《数值修约规则与极限数值的表示和判定》(GB/T 8170—2008)修约至整数。点状缺陷中不允许有光畸变点。

本体着色平板玻璃的颜色应均匀一致,产品的色差应符合 ΔE_{ab}^{*}(色差值)≤2.5。

平板玻璃内部是由硅氧离子的结构网络形成的氧化物,玻璃表面的氧离子缺位造成空穴,形成玻璃表面的自由能,表面自由能的存在使得玻璃表面有较强的活性,这种活性从玻璃的表面张力、摩擦力和吸湿性等方面都能够体现出来。当水、乙醇、硫酸等物质浸润玻璃表面时,会改变玻璃表面的化学结构形式,使得玻璃中的碱离子向表面迁移,表层易与氧气及水等物质发生反应。

玻璃受水的作用和较高的环境温度影响,水吸附在玻璃的表面并向玻璃内部浸入,玻璃表层的硅酸钾和硅酸钠被水解,生成苛性钠,苛性钠进一步与空气中的二氧化碳作用生成碳酸钠,并聚集在玻璃表面。碳酸钠具有较强的吸湿性,形成碱液从而进一步侵蚀玻璃的硅氧结构,最后在玻璃的表面形成发霉区域和凹陷。

为防止玻璃发霉,可以有改变玻璃的成分和表面保护两种方法。前者造价较高,一般不予采用;后者采取在玻璃的表面喷洒防霉剂或夹垫防霉纸。对于轻度发霉的玻璃可用机械抛光或弱酸清洗的方法处理,重度污染发霉的玻璃做报废处理。

玻璃在贮存和运输时应注意以下几点：

（1）应严格防止雨水浸入玻璃包装内，玻璃应贮存在阴凉干燥的环境中，防止阳光暴晒。

（2）玻璃应垂直放置在防潮垫块上，垫块厚度应使玻璃与地面保持有 100 mm 以上的空隙，不宜放置在潮湿的地面上。

（3）玻璃与玻璃之间应有衬垫隔离，如夹垫防霉纸。

遇到两块平板玻璃之间渗入水气而难以分开时，可在两块玻璃之间的缝隙中注入温热的肥皂水，这样就能便捷地将两块玻璃分开。

平板玻璃主要用于建筑的门窗部位，也可作为加工安全玻璃和特种玻璃的基础材料，或者用来制作装饰平板玻璃。

平板玻璃可根据下列情况选则厚度：

2～3 mm 的平板玻璃可用于镜框饰面材料，如相框的饰面玻璃；4～6 mm 的平板玻璃可用于普通透光的门窗；8～10 mm 的平板玻璃可用于普通玻璃隔断、玻璃栏杆或者建筑幕墙部位；12～15 mm 的平板玻璃主要用于无框玻璃门；15 mm 以上的平板玻璃则要根据具体情况确定使用部位，一般需要专门定制。

5.2.2　装饰玻璃

装饰玻璃是指表面具有一定色彩、图案和质感的玻璃品种。此类玻璃的装饰效果较强，能够满足空间装饰对玻璃的不同外观要求。常见的装饰玻璃品种有毛玻璃、彩色玻璃、花纹玻璃和激光玻璃（光栅玻璃）等。装饰玻璃的加工处理工艺有化学腐蚀、在线加工、机械研磨、镀膜、施釉、雕刻、镶嵌、光学加工等。

1）毛玻璃

毛玻璃是指采用机械喷砂、手工研磨或氢氟酸腐蚀的加工方式，将平板玻璃的表面处理成一定的粗糙面后制成的一类玻璃。

当光线照射到毛玻璃的粗糙表面时，一部分光线发生光线的漫反射，另一部分光线则穿透玻璃，但玻璃背面的物体影像不能清晰地透过玻璃。这就是毛玻璃能够透光而不透视的特性。在需要遮挡视线的同时又需要光线穿透的部位应当选用毛玻璃作为饰面材料，如卫生间的门窗玻璃、淋浴间的隔断玻璃、办公场所的隔断玻璃、灯具表面的玻璃面板等。

毛玻璃用于建筑外窗时应注意安装方向，玻璃的毛面应面向室内安装，否则室外雨水流淌在毛玻璃的表面可能使原本不透视的玻璃变得清晰明亮。毛玻璃的表面有一定的粗糙度，应避免在灰尘较多的场所使用此类材料。

2）彩色玻璃

彩色玻璃又称有色玻璃。与普通玻璃相比，此类玻璃的表面具有各种颜色和花形图案。彩色玻璃按照其透明程度的不同分为透明彩色玻璃、半透明彩色玻璃和不透明彩色玻璃。

透明彩色玻璃是在普通平板玻璃的制作原料中加入一定量的金属氧化物（如氧化

钴、氧化铜、氧化铬、氧化铁和氧化锰等)而使玻璃具有各种色彩。金属氧化物的掺入量大小会使玻璃颜色的深浅发生变化。

半透明彩色玻璃是在透明彩色玻璃的表面进行喷砂处理后制成的,这种玻璃既具有毛玻璃的光学特性,又具有很强的装饰性能。

不透明彩色玻璃又称彩釉玻璃,它是利用滚筒印刷或者丝网印刷的方法,将无机或有机釉料印制在玻璃表面。无机釉料是由各种矿物原料组成的,它与陶瓷制品的成釉机理相同,都是经过较高的温度烧制而成。有机釉料在印刷后用烘干机烘干,烘干后的釉料在玻璃表面固化即可形成色彩。无机釉料是经过高温烧结而成,它的耐久性比有机釉料好,但有机釉料制作彩色玻璃的加工工艺简单,制作成本较低。滚筒印刷适合印制大批量的、重复图案的彩釉玻璃;丝网印刷工艺可随时调整丝网板,图案可以调整变化,适合多品种、小批量的彩釉玻璃印刷。

彩色玻璃的色彩丰富,有蓝色、绿色、黄色、棕色和红色等。彩色玻璃的装饰性好,具有耐腐蚀、易清洁的特点。在室内空间设计时,通常考虑将彩色玻璃拼成各种花纹图案,以取得某种艺术效果。彩色玻璃主要用于建筑的外墙门窗、墙面彩色造型图案和对光线有色彩要求的装饰部位,如教堂的外窗和采光屋面、幼儿园的活动室墙面、工艺灯的灯罩和地面的艺术拼花等。

3)花纹玻璃

花纹玻璃的表面通常有一定的花纹图案,图案有平面的,也有立体的。常见的花纹玻璃有以下几种:

(1)压花玻璃

压花玻璃是利用制造玻璃的压延生产工艺,用专用辊轴在玻璃的表面辊压出一定的立体花纹。压花玻璃又分单面压花和双面压花两种花纹成型工艺。压花玻璃的制作方法有单辊法和双辊法。单辊法是将玻璃液浇注在压延成型台上,台面用铸铁或者铸钢制成,台面或辊轴上刻有一定的花纹图案,辊轴在玻璃液面上碾压形成花纹,再将压好花纹的玻璃送入退火窑内进行退火处理。双辊法又分半连续压延和连续压延两种工艺。玻璃通过水冷的一对辊轴随着辊轴转动向前被拉引至退火窑。上辊是抛光辊,下辊的表面有凹凸花纹,可制得单面有图案的压花玻璃。

压花玻璃的物理性能和化学性能与普通平板玻璃相同。压花玻璃的表面由于是立体的花形图案,光线在通过时发生漫反射,具有透光不透视的特点,能够起到遮挡视线的作用,可用于卫生间门窗、办公室玻璃隔断等部位。压花玻璃的常用厚度有 3 mm、4 mm、5 mm、6 mm 等。

压花玻璃表面的沾水程度会影响它的透光透视性能。压花面上沾有较多水时,会使玻璃的透视性增大,故压花玻璃在安装时应将玻璃的压花面向室内,尽可能不要将水溅到玻璃上。此外,压花玻璃表面的花形与玻璃的通透性也有一定的关联,如人眼靠近菱形或方形花纹的压花玻璃时,能够透过玻璃较为清楚地看到室内的情景。

(2)雕花玻璃

雕花玻璃就是利用机械雕刻或者砂雕的方式,在玻璃的表面制成各种花形图案。

机械雕刻时,将所需的图案输入电脑内,再由电脑通过软件运行雕刻刀具对玻璃表面进行加工,最后在玻璃的表面雕刻出相应的花形图案。砂雕就是利用磨砂工艺在装饰图案的部位进行打磨,当图案的所有部位都被砂轮打毛后,整个图案也就呈现出来了。

雕花玻璃的表面图案丰富、立体感强、装饰效果好。雕花玻璃常见的厚度有5 mm、6 mm、8 mm、10 mm 等,可用于酒店、商务会所、咖啡厅等场所的隔断和吊顶等部位。雕花玻璃的表面图案和形状尺寸可根据设计要求定制加工。

（3）印刷玻璃

印刷玻璃是用丝网印刷工艺,将无机或者有机釉料印制在玻璃的表面,再经过相关工艺处理后制成的玻璃品种。

印刷玻璃的图案色彩丰富,常见的图案有线条形、方格形、圆形和菱形等。印刷玻璃的图案印制部位不透光,镂空的部位透光,有特殊的装饰效果。有些印刷玻璃的表面也可印制成其他装饰材料外观的样式,如各种天然石材、木材等。印刷玻璃可用于酒店、写字楼、茶楼等场所的墙柱面、隔断、顶面等部位。

（4）冰花玻璃

冰花玻璃又称冰纹玻璃。冰花玻璃的断面构造分为三层,上下表面层是普通玻璃,中间层是钢化玻璃。用无色透明的胶片将三层玻璃黏合在一起,再用工具将中间的钢化玻璃人为地爆裂,爆裂后的钢化玻璃呈现类似碎裂冰面的效果,但由于胶片的作用,碎裂的钢化玻璃与表层的普通玻璃黏合在一起,仍然是一个完整的整体,能够正常使用。

冰花玻璃纹理的立体感强,碎裂的花纹自然,玻璃的颜色可以任意定制,装饰效果优于压花玻璃,有清新自然的装饰效果,可用于背景墙、地面、隔断等部位的装饰。

（5）彩绘玻璃

将设计好的图案复制在玻璃基片上,玻璃基片可以是透明玻璃,也可以是玻璃镜。用铅剂沿图案的外轮廓涂成连续的铅线,等铅剂干燥后将金银粉涂在铅线上。根据色彩的设计要求,在铅线勾勒的不同部位处,用滴管将着色颜料滴注到相关区域内,并均匀分摊,着色颜料分布应均匀,并与铅线结合,不得有空缺留白。待着色颜料干燥后,彩绘玻璃的制作就算完成了。

彩绘玻璃的色彩和图案丰富,立体感很强,一般用于酒店、茶吧、舞厅等场所的门窗、屏风等部位。

（6）镶嵌玻璃

镶嵌玻璃就是将彩色玻璃分割成各种不规则形状的小块,利用金属嵌条将小块的彩色玻璃拼成不同图案形状的玻璃品种。

镶嵌玻璃的几何图案繁多,有菱形、方形、圆形、椭圆形、多边形以及各种几何图形的组合,玻璃的颜色也是多种多样,有乳白色、紫色、绿色、蓝色等。设计师将不同颜色和形状的玻璃任意组合,可实现不同的装饰效果。

4）光栅玻璃

光栅玻璃又称激光玻璃或全息玻璃。运用激光全息技术,在普通玻璃的表面或者透明有机涤纶薄膜上涂敷一层感光层,再利用激光在上面刻划出任意多的几何光栅或全息光栅。当光线照射到玻璃上时,因为光的衍射作用而产生各种色彩上的变化。即使是同一受光点或受光面也会随着入射光线角度及人的视角的不同,而产生不同的色彩和图案,呈现富丽堂皇、不断变化的色彩视觉效果。

光栅玻璃按构造不同分为普通夹层光栅玻璃、钢化夹层光栅玻璃和单层光栅玻璃;按品种分为透明光栅玻璃、印刷光栅玻璃、半透明光栅玻璃和金属质感光栅玻璃。光栅玻璃本身有蓝色、灰色、紫色、绿色、红色等品种。如果用于普通墙柱面和顶面装修时,可采用普通玻璃制成的光栅玻璃;如果用于地面等受力较大部位时,可使用钢化光栅玻璃。光栅玻璃主要用于烘托室内空间的气氛,可用于酒吧等娱乐场所的墙柱面和地面的装饰,有时也可用于户外门店的装饰,但易引起城市光污染问题,应谨慎使用。

装饰玻璃在选用时一般首先考虑各种装饰玻璃品种的外观特性,必须符合《建筑玻璃应用技术规程》(JGJ 113—2015)中的有关要求。

装饰玻璃的性能指标要求可查阅国家或者有关厂家制定的相关技术标准。如光栅玻璃和压花玻璃的质量标准可分别查阅《光栅玻璃》(JC/T 510—1993)、《压花玻璃》(JC/T 511—2002)等标准的要求。光栅玻璃的性能指标有产品的尺寸及允许偏差、外观质量、弯曲度、老化性能、抗冻性、化学稳定性、弯曲强度、抗冲击性能、耐磨性等,压花玻璃的性能指标则有气泡、划伤、压痕、皱纹、裂纹、杂物、尺寸偏差、弯曲度和外观质量等。

5.3 安全玻璃

普通玻璃由于抗拉强度较低,受到一定的荷载作用后易破碎,且破碎后产生的碎片棱角异常尖锐,极易对人体造成伤害。很多场所对玻璃的安全性能提出了一定的要求。安全玻璃主要包含两层含义:一是安全玻璃具有较高的强度,不易破碎;二是安全玻璃破碎后产生的碎片不易伤人。安全玻璃的主要品种有钢化玻璃、夹丝玻璃和夹层玻璃等。

5.3.1 钢化玻璃

钢化玻璃是采用物理或者化学的方法,在玻璃的表面形成均匀分布的压应力层,从而使其强度增强的玻璃品种。

1) 钢化玻璃的特性

(1) 强度高

钢化玻璃的强度比同规格的普通玻璃高数倍,抗弯强度是普通玻璃的 3~5 倍,抗冲击强度是普通玻璃的 4~8 倍。钢化玻璃的高强度特性也保证了玻璃的使用安全。

(2) 弹性好

钢化玻璃的弹性比普通玻璃大得多。如尺寸为 1 200 mm×350 mm×6 mm 的钢化玻璃在受力后的变形挠度可达 100 mm 而不被破坏,且在外力移除后又能恢复原来的形状,而普通玻璃在挠度达到几毫米时就会被破坏。

（3）热稳定性好

普通玻璃受到急冷急热变化时，外部的约束条件使得玻璃产生的膨胀不能自由地释放，或者玻璃内不同部位的温度高低不同，这些因素都会使玻璃的某些部位产生拉应力，一旦玻璃拉应力的数值超过玻璃最薄处的抗拉强度时，就会发生爆裂。

由于钢化玻璃的表面预加了一层压应力层，在受到温度的急冷急热变化时可以抵消一部分的拉应力作用，变相地提高了玻璃的抗急冷急热性能。钢化玻璃能够承受150~200℃的温差变化而不被破坏。

（4）安全性

钢化玻璃破裂后所产生的碎片一般没有尖锐的棱角，故对人体的伤害程度较低，具有一定的安全性。但半钢化玻璃和化学钢化玻璃的安全性较差，不属于安全玻璃。此外，钢化玻璃破碎后产生大量的玻璃碎屑，也就是常说的"玻璃雨"，故钢化玻璃不能单独设置在人流量较大的空间上方，如主要出入口的雨棚部位、商业空间的中庭处。

2）钢化玻璃的种类

钢化玻璃按照钢化方式的不同分为物理钢化玻璃和化学钢化玻璃，按钢化后的玻璃形状分为平面钢化玻璃和曲面钢化玻璃，按钢化程度的不同分为普通钢化玻璃、半钢化玻璃和超强钢化玻璃，按使用性能分为普通钢化玻璃、镀膜钢化玻璃和夹层钢化玻璃等。

3）钢化玻璃的生产工艺

普通平板玻璃在钢化前先按确定的形状尺寸下料，做好玻璃的裁切、磨边、钻孔和清洗等预处理工序，然后再进行钢化生产。钢化玻璃的生产工艺有物理钢化法和化学钢化法。

物理钢化法的工艺按照冷却媒介的不同分为风钢化、液体钢化和固体微粒钢化，工厂生产目前以风钢化工艺为主。化学钢化法是通过改变玻璃表面组成达到钢化目的。常用的化学钢化法有表面脱碱、涂覆热膨胀系数小的玻璃、碱金属离子交换法。

风钢化法就是将普通平板玻璃在加热炉内均匀加热至接近玻璃的软化温度，通过自身的形变消除玻璃内部的应力，然后将玻璃移出加热炉，再用多头喷嘴将高压冷空气吹向玻璃的两个大面，使其迅速而均匀地冷却至室温，即可制得钢化玻璃。由于玻璃在急速冷却时表面首先冷却硬化，但玻璃的内部还没有完全冷却，硬化的表层阻止了玻璃内部的体积收缩，最终使得玻璃的表层处于受压状态，其内部产生了与压应力总体平衡的拉应力层。玻璃表面与内部的应力平衡体系受到外界破坏时，玻璃整体会发生碎裂。钢化玻璃的强度主要与玻璃表面的压应力大小有关。

物理钢化玻璃被破坏时破裂首先从内部开始，拉应力作用引起的破坏裂纹传播速度很快，同时玻璃外层的压应力有保持破碎内层不易散落的作用，因此物理钢化玻璃在破裂时只产生没有锐角的玻璃颗粒。

碱金属离子交换法的原理是将普通玻璃浸在一定温度（不高于玻璃的转变温度）的碱金属熔盐中，玻璃表面半径较小的碱金属阳离子[如钠离子(Na^+)]与碱盐中半径较大的碱金属阳离子[如锂离子(Li^+)]进行离子交换，玻璃的表面形成含有较大容积的碱金属阳离子的表层。玻璃结构的质点容积大，当玻璃冷却至室温时收缩小，但是玻璃内部结构的质点容积小，冷却时收缩大，从而在玻璃的表面产生压应力。离子交换法的压应力值与浸入的离子数量成正比。离子交换的数量越多，进入玻璃表层的深度越深,则玻璃成品表面的压应力越大,压应力层的厚度也越大。

物理钢化法与化学钢化法在玻璃中产生的应力分布不同。化学钢化玻璃表面的最大压应力较大,压应力层厚度较小,内部的最大拉应力值较小,所以化学钢化法制成的玻璃在碎裂时产生的碎片较大,安全性较低。图5-5是物理钢化玻璃与化学钢化玻璃的内部应力状态分布图。

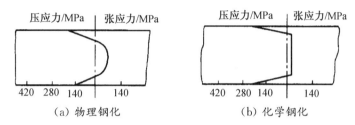

图5-5 物理钢化玻璃与化学钢化玻璃的内部应力状态分布图

物理钢化法的生产效率高,成本较低,但是对于厚度薄、尺寸小和形状复杂的玻璃制品则不适用,化学钢化法则相反。采用物理钢化法生产的玻璃,其表面压应力层厚度要高于采用化学钢化法生产的玻璃。采用物理钢化法生产的钢化玻璃,其表面平整度要低于采用化学钢化法生产的玻璃。采用物理钢化法生产的玻璃中的应力层不易发生应力松弛,而化学钢化玻璃则易发生应力松弛。

4) 钢化玻璃的作用原理

钢化玻璃与普通玻璃在外荷载的作用下,内部的应力分布情况如图5-6所示。当玻璃受到外荷载的作用时,玻璃的表面产生一定的拉应力和压应力。普通玻璃的抗压强度较高而抗拉强度较低,一旦玻璃受到的拉应力超过其所能够承受的拉应力时,玻璃就会发生断裂。钢化玻璃的表面由于预先施加了压应力层,当钢化玻璃受到外荷载作用时,在玻璃表面产生的拉应力被预先施加在玻璃表面的压应力抵消了一部分,这样使得钢化玻璃能够承受更多的荷载作用而不被破坏,变相提高了玻璃的抗拉性能。

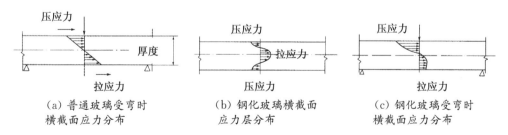

图5-6 普通玻璃与钢化玻璃受力时的应力状态分布图

半钢化玻璃是一种介于普通平板玻璃和钢化玻璃之间的玻璃品种。半钢化玻璃的生产工艺与物理钢化玻璃的生产工艺相同,仅在淬冷部位的风压不同,它的冷却能小于物理钢化玻璃的冷却能。半钢化玻璃既具有物理钢化玻璃的部分优点,又避免了物理钢化玻璃表面平整度较差和易自爆的缺陷。

半钢化玻璃受到破坏时,表面产生从破坏原点开始呈放射状径向开裂的裂纹,一般无切向的裂纹扩展,所以半钢化玻璃被破坏后仍能保持整体不塌落。但是半钢化玻璃不属于安全玻璃的范畴,因其碎裂的玻璃棱角锋利,易伤人,不能用于采光顶面和可能与人体产生碰撞的装饰部位,可用于幕墙和普通门窗。

5) 钢化玻璃的规格尺寸

钢化玻璃的制作基材主要来源于平板玻璃,因而它的规格大小与平板玻璃相同。钢化玻璃的最大宽度为 2.0～2.5 m,最大长度为 4.0～6.0 m,厚度为 3～25 mm 不等。用户在使用钢化玻璃时,应根据设计图纸要求,在确定钢化玻璃的安装尺寸后,向钢化玻璃生产厂家定制加工。

6) 钢化玻璃的性能指标

(1) 尺寸允许偏差

钢化玻璃的尺寸允许偏差见表 5-8 和表 5-9。

表 5-8　长方形平面钢化玻璃边长允许偏差(单位:mm)

厚度	边长(L)允许偏差			
	$L \leqslant 1\,000$	$1\,000 < L \leqslant 2\,000$	$2\,000 < L \leqslant 3\,000$	$L > 3\,000$
3、4、5、6	$-2 \sim +1$	±3	±4	±5
8、10、12	$-3 \sim +2$			
15	±4	±4		
19	±5	±5	±6	±7
>19	供需双方商定			

表 5-9　长方形平面钢化玻璃对角线差允许值(单位:mm)

公称厚度	对角线(L)差允许值		
	$L \leqslant 2\,000$	$2\,000 < L \leqslant 3\,000$	$L > 3\,000$
3、4、5、6	±3.0	±4.0	±5.0
8、10、12	±4.0	±5.0	±6.0
15、19	±5.0	±6.0	±7.0
>19	供需双方商定		

其他形状钢化玻璃的尺寸允许偏差由供需双方商定。

(2) 厚度及其允许偏差

钢化玻璃的厚度及其允许偏差应符合表 5-10 中的规定。对于表中未做规定的公称厚度的玻璃,其厚度允许偏差可采用表 5-10 中与其邻近的较薄厚度玻璃的规定,或由供需双方商定。

表 5-10　钢化玻璃厚度及其允许偏差(单位:mm)

公称厚度	厚度允许偏差
3、4、5、6	±0.2
8、10	±0.3
12	±0.4
15	±0.6
19	±1.0
>19	供需双方商定

（3）弯曲度

平面钢化玻璃的弯曲度,弓形时应不超过 0.3%,波形时应不超过 0.2%。

（4）抗冲击性能

取 6 块钢化玻璃进行试验,试样被破坏数不超过 1 块为合格,多于或等于 3 块为不合格。被破坏数为 2 块时,再另取 6 块进行试验,试样必须全部不被破坏为合格。

（5）碎片状态

取 4 块玻璃试样进行试验,每块试样在任何 50 mm×50 mm 区域内的最少碎片数应满足表 5-11 中的要求,且允许有少量长条状碎片,长度不超过 75 mm。

表 5-11　钢化玻璃最少碎片数

玻璃品种	公称厚度/mm	最少碎片数/片
平面钢化玻璃	3	30
	4~12	40
	≥15	30
曲面钢化玻璃	≥4	30

（6）表面应力

钢化玻璃的表面应力不应小于 90 MPa。

（7）耐热冲击性能

钢化玻璃应耐 200℃温差而不被破坏。

（8）外观质量

钢化玻璃的外观质量要求见表 5-12。

表 5-12　钢化玻璃的外观质量要求

缺陷名称	说明	允许缺陷数
爆边	每片玻璃每米边长上允许有长度不超过 10 mm,自玻璃边部向玻璃板表面延伸深度不超过 2 mm,自板面向玻璃厚度延伸深度不超过厚度 1/3 的爆边个数	1 处

缺陷名称	说明	允许缺陷数
划伤	宽度在 0.1 mm 以下的轻微划伤,每平方米面积内允许存在条数	长度≤100 mm 时,4 条
	宽度大于 0.1 mm 的划伤,每平方米面积内允许存在条数	宽度为 0.1～1 mm, 长度≤100 mm 时, 4 条
夹钳印	夹钳印与玻璃边缘的距离≤20 mm,边部变形量≤2 mm	
裂纹、缺角	不允许存在	

7) 钢化玻璃的使用要点及使用范围

由于钢化玻璃表层的压应力层与内部的拉应力层是一个平衡力学体系,当这个平衡力学体系受到破坏时,钢化玻璃内的应力需要重新分配,最终的结果是钢化玻璃整体炸裂,成为一堆碎片颗粒。当用裁切工具对钢化玻璃进行裁切时,在裁切点部位会形成很大的应力集中,从而造成以裁切部位为起始点的裂纹扩散,钢化玻璃内部的储存应力能量迅速释放,钢化玻璃瞬间成为碎片,所以钢化玻璃不能切割。如果需要对钢化玻璃进行切割,应预先将玻璃基片按照设计要求的尺寸裁切、磨边或打孔,然后再进行钢化。钢化玻璃还应避免硬锐物体对其表面的划伤,特别是坚硬物体对钢化玻璃表面的点冲击。高铁车窗旁边带尖角的破窗器就是利用了钢化玻璃在受到点冲击后快速破碎的特性,以达到快速击碎玻璃的目的。

钢化玻璃由于性能优异,被广泛地用于建筑、车辆制造等领域,可用作建筑门窗、车辆门窗、玻璃幕墙、玻璃隔断、玻璃栏杆、采光屋面、水下观光长廊和玻璃天桥等方面。

8) 钢化玻璃的自爆

钢化玻璃在安装或使用的过程中,有时会发生自爆现象,主要有以下几方面的原因:

(1) 钢化玻璃的表面压应力过大,即钢化玻璃的级数过高,玻璃的内应力平衡处于临界状态。

(2) 玻璃钢化处理后,在其内部存在的结石或杂质处易形成较大的应力集中。

(3) 玻璃表面的划伤或缺陷使得表面的压应力层分布不均,玻璃内部的应力平衡遭到破坏。

(4) 玻璃边部在加工时的质量问题,如边部存在严重的横向挤嵌裂纹,或磨边砂轮的砂粒过粗而损伤了玻璃等因素,都会导致钢化玻璃内的应力分布不均而发生爆裂。

因此,钢化玻璃在钢化前一定要做好玻璃质量的控制,选择优质的玻璃基片;提高玻璃的磨边加工质量,消除玻璃边部的横向裂纹;控制好钢化玻璃的钢化级数(一般控制三点弯曲强度在 200～300 MPa),避免玻璃钢化应力过大,降低钢化玻璃发生的自爆概率。还可以采用二次热处理工艺,具体方法是将玻璃表面的温度从室温升至

280℃,保持玻璃(290±10)℃的表面温度 2 h,再降温至 75℃。

钢化玻璃具有较高的强度,可用于承受较大风荷载作用的建筑幕墙部位。落地玻璃窗、无框玻璃门、大尺寸玻璃隔断、玻璃栏杆、玻璃地板、阳光房、建筑采光顶等受力建筑部位或构件可优先选用钢化玻璃。

5.3.2 夹丝玻璃

夹丝玻璃又称防碎玻璃或钢丝玻璃,是将预热后的金属网或金属丝压入处于软化状态的玻璃中制成的。玻璃基材可以选用平板玻璃、彩色玻璃或花纹玻璃等,分为夹丝压花玻璃和夹丝磨光玻璃两类。夹丝玻璃一般采用压延成型工艺制作。

夹丝玻璃的安全性体现在具有较高的强度和破碎后的夹丝玻璃不易伤人两个方面。夹丝玻璃内部的金属网或者金属丝起骨架加强作用,所以夹丝玻璃的强度和耐急热急冷性能比普通玻璃要高,但夹丝玻璃会影响视觉效果。夹丝玻璃受到冲击或者温度剧变时,破裂的玻璃与金属网连接在一起,玻璃破而不缺、碎而不散,可以避免产生带尖角的玻璃碎片伤人。火灾发生时,尽管夹丝玻璃会炸裂,但是由于玻璃碎片与金属丝网的连接,仍然能够保持玻璃一定的完整性,阻挡流动的高温气流,起到阻挡火势蔓延的作用。在乙级或者丙级防火门上可以设置夹丝玻璃作为观察窗口。

夹丝玻璃的品种根据所用的玻璃基材的不同分为普通夹丝玻璃、彩色夹丝玻璃和压花夹丝玻璃等。夹丝玻璃的常用规格厚度为 6 mm、7 mm、10 mm,长度和宽度不小于 600 mm×400 mm,不大于 2 000 mm×1 200 mm。

夹丝玻璃裁切后断面处的玻璃强度较低,约为普通玻璃强度的一半。必须对裁切部位裸露的金属丝网做好防锈处理,避免夹丝玻璃在裁口处发生断裂。

夹丝玻璃的性能指标有以下几点:

1) 尺寸允许偏差

夹丝玻璃的长度和宽度允许偏差为±4.0 mm,厚度允许偏差见表 5-13。

表 5-13 夹丝玻璃的厚度允许偏差(单位:mm)

厚度	允许偏差范围	
	优等品	一等品、合格品
6	±0.5	±0.6
7	±0.6	±0.7
10	±0.9	±1.0

2) 弯曲度

夹丝压花玻璃的弯曲度应控制在 1.0% 以内,夹丝磨光玻璃的弯曲度应在 0.5% 以内。

3) 边部凸出、缺口、缺角和偏斜

玻璃边部凸出、缺口尺寸不得超过 6 mm;偏斜尺寸不得超过 4 mm;一片玻璃只允许有一个缺角,缺角的深度不得超过 6 mm。

4）外观质量

夹丝玻璃的外观质量规定见表5-14。

表5-14 夹丝玻璃的外观质量规定

项目	说明	优等品	一等品	合格品
气泡	直径为3~6 mm的圆泡,每平方米面积内允许个数	5个	数量不限,但不允许密集	
	长泡,每平方米面积内允许个数	长6~8 mm,2个	长6~10 mm,10个	长6~10 mm,10个;长10~20 mm,4个
花纹变形	花纹变形程度	不许有明显的花纹变形		不规定
异物	破坏性的	不允许		
	直径为0.5~2 mm,非破坏性的,每平方米面积内允许个数	3个	5个	10个
裂纹	—	目测不能识别		不影响使用
磨伤	—	轻微		不影响使用
金属丝	金属丝夹入玻璃内状态	应完全夹入玻璃内,不得露出表面		
	脱焊	不允许	距边部30 mm内不限	距边部100 mm内不限
	断线	不允许		
	接头	不允许	目测看不见	

注:密集气泡是指为直径100 mm的圆泡,每平方米面积内超过6个。

夹丝玻璃可用于建筑的天窗、采光屋面、阳台和防火门窗等部位。

5.3.3 夹层玻璃

1）夹层玻璃的构造

夹层玻璃是将两片或两片以上的玻璃原片用柔软透明的有机胶合层黏合在一起的玻璃制品。图5-7是普通夹层玻璃构造组成示意图。

2）夹层玻璃的品种

夹层玻璃的品种按玻璃层数的不同分为普通夹层玻璃和多夹层玻璃;按玻璃原片的品种不同分为彩色夹层玻璃、钢化夹层玻璃、热反射夹层玻璃、屏蔽夹层玻璃(胶合层中带有金属丝网)、热弯夹层玻璃和防火夹层玻璃等。

夹层玻璃的安全性体现在两个方面:一是夹层玻璃中的胶合层能起到骨架的增强作用,增加玻璃厚度的同时也使得

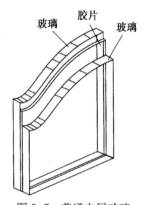

图5-7 普通夹层玻璃构造组成示意图

玻璃的强度得到了提高;二是夹层玻璃被破坏后,玻璃表面只会产生一些辐射状的裂纹或同心圆状的裂纹,玻璃碎片黏在胶合层上不会脱落,对人几乎不会造成伤害。

3)夹层玻璃的制造工艺

夹层玻璃的制造工艺有胶片法和灌浆法两种,又称之为干法和湿法。采用胶片法生产时,首先将玻璃原片按照预先定制的形状尺寸裁切好,并做好磨边、清洗等工作。如果是热弯夹层玻璃,还应首先将玻璃基材热弯成型,接着对透明胶片[聚乙烯醇缩丁醛树脂(PVB)、甲基丙烯酸甲酯、有机硅和聚氨酯]进行清洗和裁切,再将玻璃原片和胶片叠合在一起进行预压,最后经过高温压制后即可成型。采用灌浆法生产时,先对玻璃基材进行选片、切割、磨边、清洗等工艺处理,再将按比例配置好的浆料注入玻璃原片之间,经过聚合后玻璃原片就黏在一起了。目前胶片法生产工艺被运用较多。胶片法所使用的聚乙烯醇缩丁醛树脂胶片的常用厚度有 0.38 mm、0.76 mm、1.52 mm和 2.28 mm 等,灌浆法的料浆黏结层厚度一般为 1 mm。采用干法制造的夹层玻璃性能突出、产品精度高,但是受到设备条件的限制,不能制造大尺寸或者曲面的夹层玻璃。采用湿法制造的夹层玻璃的产品性能不如前者,但是不受设备条件的限制,可以制造大尺寸或者曲面形状的夹层玻璃。

夹层玻璃除了具有安全可靠的特点之外,在生产时如果选用了不同性能的玻璃原片或者胶合层,还可制得具有防紫外线、防盗和防弹等功能的夹层玻璃。

防紫外线夹层玻璃的胶片就是防紫外线的 PVB 胶片,它可滤去 99% 的紫外线,能有效地阻隔紫外线的辐射。这种夹层玻璃品种可用于图书馆、美术馆、档案馆、博物馆等有储藏、展览功能的场所的门窗和天窗上。

在夹层玻璃的胶合层中敷设导电膜或者金属丝,可实现防盗报警功能。这类玻璃在破损时,可通过导电膜或金属丝形成的电路产生报警电信号,从而实现高效的防盗功能,避免了安装传统金属防盗格栅所带来的观感上的不适。图 5-8 是多夹层玻璃构造示意图。

防弹夹层玻璃则是由多层钢化玻璃和一定厚度的胶片组合而成的。在子弹的冲击作用下,防弹玻璃可以不脱离框架且保持完好或仅有非穿透性的破坏。防弹

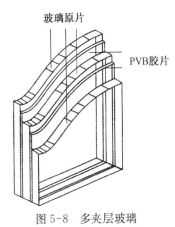

图 5-8　多夹层玻璃
构造示意图

玻璃的总厚度一般在 20 mm 以上,高标准的防弹玻璃的总厚度可达 50 mm 以上。防弹玻璃的防弹效果与防弹玻璃的总厚度、胶片的厚度和玻璃基片的强度成正比。

4)夹层玻璃的规格

夹层玻璃的常用规格有 3 mm+0.76 PVB+3 mm、5 mm+0.76 PVB+5 mm、5 mm+1.52 PVB+5 mm、6 mm+0.76 PVB+6 mm、6 mm+1.52 PVB+6 mm 等,层数有 2 层、3 层、5 层、7 层等,最大可达 9 层。

5)夹层玻璃的性能指标

(1)尺寸允许偏差

夹层玻璃的长度和宽度、叠差及厚度的允许偏差见表 5-15 至表 5-17。

表 5-15　夹层玻璃长度和宽度允许偏差(单位:mm)

边长(L)	公称厚度≤8	公称厚度>8	
		每块玻璃公称厚度<10	至少一块玻璃公称厚度≥10
L≤1 100	−2.0～+2.0	−2.0～+2.5	−2.5～+3.5
1 100<L≤1 500	−2.0～+3.0	−2.0～+3.5	−3.0～+4.5
1 500<L≤2 000	−2.0～+3.0	−2.0～+3.5	−3.5～+5.0
2 000<L≤2 500	−2.5～+4.5	−3.0～+5.0	−4.0～+6.0
L>2 500	−3.0～+5.0	−3.5～+5.5	−4.5～+6.5

表 5-16　夹层玻璃的最大允许叠差(单位:mm)

边长或宽度(L)	最大允许叠差
L≤1 000	2.0
1 000<L≤2 000	3.0
2 000<L≤4 000	4.0
L>4 000	6.0

表 5-17　湿法夹层玻璃中间层厚度允许偏差(单位:mm)

湿法中间层厚度(d)	允许偏差(δ)
d<1	±0.4
1≤d<2	±0.5
2≤d<3	±0.6
d≥3	±0.7

干法夹层玻璃的厚度偏差不能超过构成夹层玻璃的原片厚度允许偏差和中间层材料厚度允许偏差的总和。中间层总厚度<2 mm 时,不考虑中间层的厚度偏差;中间层总厚度≥2 mm 时,厚度允许偏差为±0.2 mm。

矩形夹层玻璃的长边长度不大于 2 400 mm 时,对角线差不得大于 4 mm;长边长度大于 2 400 mm 时,对角线差由供需双方商定。

(2) 弯曲度

平面夹层玻璃的弯曲度:弓形时应不超过 0.3%,波形时应不超过 0.2%。

(3) 可见光的透射比和反射比

可见光透射比和反射比的数据可由供需双方商定。

(4) 抗风压性能

根据设计要求,选择抗风压强度大于设计值的夹层玻璃,以满足安全要求。

（5）耐热性

经过测试后的试样允许存在裂口,超出边部或裂口 13 mm 部分不能产生气泡或其他缺陷。

（6）耐湿性

经过测试后的试样超出原始边 15 mm、切割边 25 mm、裂口 10 mm 的部分不能产生气泡或其他缺陷。

（7）耐辐照性

经过测试后的试样不产生显著变色、气泡及浑浊现象,且实验前后试样的可见光透射率相对变化率应不大于 3%。

除上述性能指标外,其他还有冲击性能、剥离性能等方面的要求。

6）夹层玻璃的运用

夹层玻璃由于中间胶片的作用,可以起到阻尼声波传播的作用,能够有效地隔离噪声。由于玻璃原片和粘贴胶片的品种不同,夹层玻璃的性能会有很大的差异,用途也会各不相同。采用防紫外线穿透的胶片制作夹层玻璃时,能够制得防紫外线的夹层玻璃,可用于图书馆、美术馆、博物馆的门窗,起到保护藏品的作用。采用彩色胶片时,能够丰富玻璃幕墙的外观色彩效果。所以,夹层玻璃一般用于对玻璃强度要求较高或者对玻璃有特殊性能要求的装饰部位,可用于银行现金营业柜台的隔断、美术馆橱窗、玻璃栏杆、玻璃地板、防弹车窗、水族馆观察窗口、公共建筑的采光屋面和防盗门窗等部位。

普通夹层玻璃不宜用手工玻璃刀裁切,但是厚度较薄的双层普通夹层玻璃仍然可以采用手工玻璃刀进行裁切。操作时应保证上下两块玻璃的裁切位置对齐一致,使得玻璃的裁口上下对齐。将夹层玻璃水平放置在铺有毛毡的操作台上,用玻璃裁切刀具在第一块玻璃需要裁切的位置划开,然后轻轻将其掰开,再将玻璃翻转过来,用玻璃刀沿着第一块玻璃的裁口位置在第二块玻璃上画线,再将第二块玻璃掰断,最后用刀片将胶片划开。对于厚度较厚的普通夹层玻璃或者三层夹层以上的夹层玻璃,可以采用玻璃切割机或者水刀进行裁切。

夹层玻璃在使用时一般应根据设计图纸的有关尺寸预先向生产厂家定制。

5.4 特种玻璃

特种玻璃在某些方面的性能要远远高于普通玻璃,可满足建筑物对玻璃的某些特殊要求。

5.4.1 吸热玻璃

吸热玻璃是既能吸收阳光中的红外线光波,同时又能保持可见光良好透过率的玻璃品种。

吸热玻璃可通过在普通玻璃中加入具有吸热性能的着色剂(如氧化铁、氧化镍、氧化钴等)制得,也可通过在玻璃的表面喷涂一层具有吸热性能的膜层(如氧化锡、氧化锑等)制得,所以吸热玻璃的表面有不同的色彩。常见的吸热玻璃有茶色、灰色、银灰色、古铜色、青铜色、金色、绿色、蓝色等。

吸热玻璃具有控制阳光热能透过的特性,能够透过太阳光谱中的可见光,有一定的防眩光功能,还可以吸收太阳光谱中的紫外线,减少紫外线对物品的老化作用。

图 5-9 是 6 mm 厚浮法玻璃与 6 mm 厚吸热玻璃对阳光的阻挡和透过分析图。从图中可以看出,普通玻璃和吸热玻璃对阳光的阻挡值分别是 16% 和 40%,有大约84%的光能穿过浮法玻璃,而穿过吸热玻璃的光能为 60%。

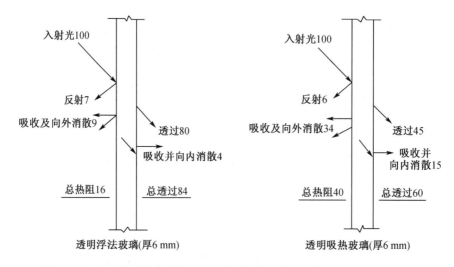

图 5-9　6 mm 厚浮法玻璃与 6 mm 厚吸热玻璃对阳光的阻挡和透过分析图

吸热玻璃的规格尺寸与浮法玻璃相同,常用的厚度规格为 5~12 mm。表 5-18 是吸热玻璃的光学指标。

表 5-18　吸热玻璃的光学指标

品种	厚度/mm	可见光/%		太阳能/%	
		透过率	吸收率	透过率	吸收率
茶色	3	82.9	9.8	69.3	24.3
	5	77.5	15.6	58.4	35.8
	8	70.0	23.6	46.3	48.4
	10	65.5	29.3	40.2	54.7
	12	61.2	32.9	35.3	59.8
蓝色	3	73.9	19.4	75.1	18.2
	5	63.9	30.0	65.7	28.2

品种	厚度/mm	可见光/%		太阳能/%	
		透过率	吸收率	透过率	吸收率
蓝色	8	51.4	43.2	53.9	40.6
	10	44.5	50.4	47.3	47.5
	12	38.6	57.5	41.6	53.5
绿色	3	74.1	19.2	75.5	17.8
	5	64.3	29.6	66.2	27.7
	8	51.9	43.7	54.5	40.0
	10	45.0	49.9	48.0	46.8
	12	39.0	56.1	42.5	52.8

在选用吸热玻璃时,应了解吸热玻璃的吸热指标,对由热应力引起的玻璃炸裂进行控制。玻璃表面的非均匀温度场和较高的温度是引发吸热玻璃炸裂的因素,所以吸热玻璃在使用时应尽量避免室外阴影局部投射到吸热玻璃上;玻璃内侧所使用的窗帘不宜使用反光性能好的材料,防止加大玻璃表面的温度梯度,增加玻璃炸裂的可能性;玻璃表面要保持一定的清洁度,及时清除玻璃表面的污物(如涂料、黏合剂等),避免在玻璃表面产生温度差异。

吸热玻璃在制造的过程中,受原料、生产过程等因素变化的影响,所制造的玻璃产品表面颜色会存在较大的差异,因此定制吸热玻璃时要充分考虑到材料的损耗率,一次性备足同一批次的材料,预防材料数量需要增补时,由于不同生产批次的缘故存在颜色的偏差。

吸热玻璃在安装时不要强力嵌挤,以免因安装应力造成玻璃炸裂。吸热玻璃吸收过多的光线后,自身的温度也会提高,这一点在进行室内热工计算时也应该考虑。

吸热玻璃既能合理地利用太阳光,又能调节室内的温度,从而节约能源,给使用者提供一个良好舒适的环境。吸热玻璃可用于炎热地区的建筑门窗、玻璃幕墙、车辆的挡风玻璃、博物馆、纪念馆等。

5.4.2 热反射玻璃

热反射玻璃又称遮阳镀膜玻璃、遮热玻璃,是用一定的生产工艺将金、银、铜、铝等材料喷涂在平板玻璃的表面,或者用电浮法、等离子交换法向玻璃表面渗透铜、铝等金属离子,以替换玻璃表面原有的钠、钾等金属离子而形成一层均匀膜层的玻璃品种。此类玻璃不仅能够反射太阳的辐射能,起到降低能耗的作用,而且表面缤纷的色彩有很好的装饰效果。

1) 热反射玻璃的特性
(1) 较强的热反射性能
热反射玻璃的反射膜由单层膜或多层膜构成,单层膜使用较少,主要是多层膜。

多层膜通常分为表层保护膜、中层金属或金属氧化膜、底层介电膜三层构造。膜层材料的品种、膜层的厚度和层数、玻璃基片的种类等因素能够影响热反射玻璃的光线反射率、吸收率、透过率以及色彩效果。图 5-10 是热反射玻璃的光谱曲线图。从图中可以看出，热反射玻璃具有较高的反射率。热反射玻璃的表面膜层能够有效地反射太阳光线(包括红外光线)，将建筑周围环境中的景象映射在玻璃表面，使之与周围环境融为一体。

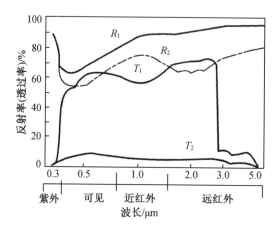

图 5-10　热反射玻璃的光谱曲线图

注：R_1—高温分解法的反射率；R_2—溅射法的反射率；T_1—高温分解法的透过率；T_2—溅射法的透过率。

（2）良好的隔热性能

将阳光透过 3 mm 厚透明玻璃射入室内的光量设定为 1，在相同的条件下阳光透过各种玻璃射入室内的相对量被称为玻璃的遮蔽系数。

热反射玻璃的遮蔽系数小，红外光线的透过率较低，可见光的通过率不高，白天时室内的光线较为柔和，让人感到清凉舒适。热反射玻璃还具有过滤紫外线的功能。

（3）单向透视性

热反射玻璃的迎光面具有类似镜子的映像功能，其背面又有透视效果，因而安装了热反射玻璃的建筑门窗具有良好的单向透视性，即人站在玻璃的背面能够看清玻璃外侧的景色，但玻璃外侧的人却无法看清楚玻璃背面的室内情况。夜晚由于光学条件的变化，热反射玻璃单向透视性的情况就完全相反了，室内的人看不清室外的夜景，而室外的人则可以清晰地看到室内的情况。

2）热反射玻璃的品种及规格

热反射玻璃的品种较多，颜色有灰色、青铜色、茶色、金色和浅蓝色等，规格尺寸有 1 600 mm×2 100 mm、1 800 mm×2 000 mm、2 100 mm×3 600 mm 等，常用的厚度规格有 3 mm、6 mm 等。

3）热反射玻璃的技术性能要求

（1）热反射玻璃的规格尺寸允许偏差包括长度和宽度允许偏差、厚度允许偏差、弯曲度和对角线允许偏差，具体见《平板玻璃》(GB 11614—2009)和《半钢化玻璃》(GB/T 17841—2008)中的有关规定。

（2）颜色均匀性。玻璃的颜色均匀性采用 CIELAB 均匀色空间的色差值（ΔE_{ab}^*）来表示，单位为 CIELAB。优等品不大于 2.5 CIELAB，合格品不大于 3.0 CIELAB。

（3）光学性能。热反射玻璃的光学性能见表 5-19 中的要求。

表 5-19　热反射玻璃的光学性能要求

项目	允许最大偏差值（明示标称值）		允许最大偏差值（未明示标称值）	
可见光透射比大于 30%	优等品	合格品	优等品	合格品
	±1.5%	±2.5%	≤3.0%	≤5.0%
可见光透射比小于等于 30%	优等品	合格品	优等品	合格品
	±1.0%	±2.0%	≤2.0%	≤4.0%

注：对于明示标称值（国家标准值）的产品，以标称值作为偏差的基准，偏差的最大值应符合本表的规定；对于未明示标称值的产品，取三块试样进行测试，三块试样之间差值的最大值应符合本表规定。

4）外观性能

热反射玻璃的外观性能见表 5-20 中的要求。

表 5-20　热反射玻璃的外观性能要求

缺陷名称	说明	优等品	合格品
针孔	直径<0.8 mm	不允许集中	—
	0.8 mm≤直径<1.2 mm	中部：3.0×S 个，且任意两个针孔之间的距离大于 300 mm 75 mm 边部：不允许集中	不允许集中
	1.2 mm≤直径<1.6 mm	中部：不允许 75 mm 边部：3.0×S 个	中部：3.0×S 个 75 mm 边部：8.0×S 个
	1.6 mm≤直径≤2.5 mm	不允许	中部：2.0×S,个 75 mm 边部：5.0×S 个
	直径>2.5 mm	不允许	不允许
斑点	1.0 mm≤直径≤2.5 mm	中部：不允许 75 mm 边部：2.0×S 个	中部：5.0×S 个 75 mm 边部：6.0×S 个
	2.5 mm<直径≤5.0 mm	不允许	中部：1.0×S 个 75 mm 边部：4.0×S 个
	直径>5.0 mm	不允许	不允许
斑纹	目视可见	不允许	不允许
暗道	目视可见	不允许	不允许
膜面划伤	0.1 mm≤宽度≤0.3 mm 或长度≤60 mm	不允许	不限，划伤间距不得小于 100 mm
	宽度>0.3 mm 或长度>60 mm	不允许	不允许

缺陷名称	说明	优等品	合格品
玻璃面 划伤	宽度≤0.5 mm 或长度≤ 60 mm	3.0×S 条	—
	宽度>0.5 mm 或长度> 60 mm	不允许	不允许

注:针孔集中是指在 Ø100 mm 面积内超过 20 个。S 是以平方米为单位的玻璃板面积,保留小数点后两位。允许个数及允许条数为各系数与 S 相乘所得的数值,按《数值修约规则与极限数值的表示和判定》(GB/T 8170—2008)修约至整数。玻璃板的中部是指距玻璃板边缘 75 mm 以内的区域,其他部分为边部。

5)耐磨性和耐酸碱性

试验前后可见光透射比平均值的差值的绝对值不应大于 4%,且膜层不能有明显变化。

热反射玻璃可用于炎热地区建筑物的门窗和玻璃幕墙、需要私密隔离的装饰部位以及用作高性能中空玻璃的玻璃原片。

单面镀膜的热反射玻璃在安装时,应将膜层面向室内,以提高膜层的使用寿命,取得节能的最大效果。安装热反射玻璃时,应避免玻璃吸盘吸附在膜层上面,防止对膜层造成破坏。

此外,镀膜玻璃中还有一种名为低辐射玻璃的品种,低辐射玻璃又称 LOW-E 玻璃。LOW-E 玻璃的品种有在线和离线之分。在线 LOW-E 玻璃是在浮法玻璃的生产过程中,将以锡盐为主要成分的化学溶液喷涂在热的玻璃表面,在玻璃表面形成一层具有低辐射功能的氧化锡(SnO_2)薄膜。离线 LOW-E 玻璃是用真空磁控溅射的方法,将低辐射率的金属银(Ag)及其他金属和金属化合物均匀地镀在玻璃表面而制成的。

在线 LOW-E 玻璃的膜层不易被划伤损坏,可进行水洗、热弯、钢化、夹层、中空等再加工,具有较好的耐候性,长时间储存后膜层不易损坏;离线 LOW-E 玻璃的膜层颜色和纯度比在线 LOW-E 玻璃要好,但膜层易被划伤,不能单片使用,不能进行热弯、钢化处理,不宜长期储存,可制作中空玻璃。低辐射玻璃与其他镀膜玻璃的不同之处在于低辐射玻璃不仅能够反射红外光的光波,而且能够让可见光具有较高的透过率——可见光的透过率可高达 80% 以上。图 5-11 是低辐射玻璃的光谱曲线图。

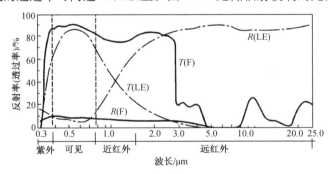

图 5-11 低辐射玻璃的光谱曲线图

注:R(LE)—低辐射玻璃的反射率;T(LE)—低辐射玻璃的透过率;R(F)—浮法玻璃的反射率;T(F)—浮法玻璃的透过率。

普通的热反射玻璃在反射红外光线的同时,对可见光的衰减也很大,有可能在正常的阳光条件下,室内仍然需要设置人工照明,对使用舒适度较高的可见光来说有点得不偿失。普通的热反射玻璃运用过多易造成城市光污染也是不可忽视的一个要素。低辐射玻璃的颜色一般较浅,对光线的透过率基本上不产生影响,对红外线有较高的反射率,属于高性能的节能玻璃,可与中空玻璃结合起来使用。

5.4.3　中空玻璃

中空玻璃是一种用两片或多片玻璃基片,沿玻璃边缘隔开并用高强度黏合剂将玻璃与内含干燥剂的铝合金隔离框固定在一起的玻璃制品。

1) 中空玻璃的构造、种类和规格

中空玻璃的玻璃基片之间是一层保温性能非常优异的干燥空气,铝合金隔离框内的干燥剂通过隔离条表面的细小孔洞与空气层保持密切接触,始终使密闭的空气保持较高的干燥度。图 5-12 是中空玻璃构造示意图。

中空玻璃的种类按不同的划分方法有不同的名称,按玻璃基片的颜色分为无色、绿色、黄色、金色、蓝色、灰色和茶色等,按玻璃基片的数量分为双层和多层,按玻璃基片的性能分为普通中空玻璃、钢化中空玻璃、吸热中空玻璃、夹层中空玻璃、热反

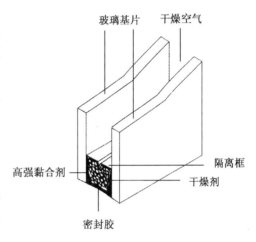

图 5-12　中空玻璃构造示意图

射中空玻璃和 LOW-E 中空玻璃等。表 5-21 是中空玻璃的常用玻璃形状和最大尺寸。规格的表示方式是玻璃基片厚度＋空气层厚度＋玻璃基片厚度。

表 5-21　中空玻璃的常用玻璃形状和最大尺寸

玻璃厚度/mm	间隔厚度/mm	长边最大尺寸/mm	短边最大尺寸(正方形除外)/mm	最大面积/m²	正方形边长最大尺寸/mm
3	6	2 110	1 270	2.40	1 270
	9~12	2 110	1 270	2.40	1 270
4	6	2 420	1 300	2.86	1 300
	9~10	2 420	1 300	3.17	1 300
	12~20	2 420	1 300	3.17	1 300
5	6	3 000	1 750	4.00	1 750
	9~10	3 000	1 750	4.80	2 100
	12~20	3 000	1 750	5.10	2 100

玻璃厚度/mm	间隔厚度/mm	长边最大尺寸/mm	短边最大尺寸(正方形除外)/mm	最大面积/m²	正方形边长最大尺寸/mm
6	6	4 550	1 980	5.88	2 000
	9~10	4 550	2 280	8.54	2 440
	12~20	4 550	2 440	9.00	2 440
10	6	4 270	2 000	8.54	2 440
	9~10	5 000	3 000	15.00	3 000
	12~20	5 000	3 180	15.90	3 250
12	12~20	5 000	3 180	15.90	3 250

2) 中空玻璃的加工

中空玻璃的生产方法有三种:焊接法、熔接法和胶接法。使用较多的工艺是胶接法。焊接法是通过焊接工艺将熔融的玻璃液与加热后的铝合金隔离条互相接触,温度冷却后形成密封。熔接法是把玻璃沿周边加热软化,然后将玻璃直接融合在一起。此工艺制成的中空玻璃无金属隔离条,适合生产小型的双层中空玻璃,玻璃基片必须同品种、同厚度。胶接法的胶接工艺有简单封接和双重封接。简单封接是将按有关尺寸裁切好的一片玻璃放在操作平台上,在玻璃板的周边摆好铝合金隔离框,再将与第一片玻璃形状和尺寸相同的另一片玻璃摆在铝合金隔离框上,待玻璃和铝合金隔离框位置调整确定后,再用手工或打胶机进行封边,封边材料一般为聚硫橡胶,待橡胶干燥固化后,即可制得中空玻璃。双重封接生产工艺一般为机械化生产,它的工艺流程是玻璃加工(切割、磨边、清洗、干燥等)→铝框加工(裁切、涂胶等)→加边框→压合→涂边胶→成品检验。在玻璃与铝合金隔离框相接触的部位涂上丁基橡胶后,再将铝合金隔离条放在玻璃板上,送入压合机与另一片玻璃组合并加压,然后用聚硫橡胶进行封边。胶接法是目前工厂常用的中空玻璃制造工艺。

中空玻璃制造时所用的铝合金隔离条是空心的,在隔离条内一般灌注干燥材料,以保证玻璃之间空气的干燥度。

中空玻璃的玻璃基片在放置时应注意自身的性能特点。例如,中空玻璃的外层玻璃原片采用热反射玻璃时,应将有膜层的一面朝向室内,这样既可保护膜层不受到损伤,又能达到较好的节能效果。在使用吸热玻璃作为中空玻璃的原片时,不宜将其用于内层,因为吸热玻璃吸收了阳光中的红外光,自身的温度会升高,置于中空玻璃内侧会成为一个热辐射源,所以一般将其安装在中空玻璃的外侧。

3) 中空玻璃的特性

中空玻璃与其他玻璃品种相比具有三个方面的显著特性:一是中空玻璃的节能效果。中空玻璃的中间是干燥的空气层,干燥空气层的热传导系数较低,具有很好的保温节能效果。与单片玻璃相比,普通中空玻璃能够减少约 1/3 的能量损耗,某些种类和规格的中空玻璃的保温节能效果甚至与普通厚度的砖墙相当。二是中空玻璃的防霜露性能。当室内外的温差和室内的湿度达到一定的数值时,玻璃的表面就会出现结露或者结霜现象,玻璃表面结露时的室外温度被称为玻璃的露点。单片玻璃的门窗上往往会出现结露或者结霜现象,影响采光,有时甚至还会有水滴流挂在玻璃上而影响视线。在这种情况下,如果根据有关因素选择适当规格的中空玻璃,就能够避免玻璃表面出现霜露。因为中空玻璃中的内外两层玻璃虽然存在较大的温差,但由于中间干燥的空气层的隔热作用,所以玻璃的表面不会产生霜露。高质量的中空玻璃在室外温度达到－40℃时也不会产生结露现象。但是值得注意的是,中空玻璃的边部密封一定不能出问题,否则就会影响自身的防霜露性能,从而可能使玻璃的表面出现结露或者结霜现象。三是隔音效果。根据声波的透射和衰减机理,玻璃与空气层两种传播媒介对声波反射、透射和吸收的差异可以衰减声波所造成的强迫弯曲振动,因而中空玻璃具有较好的隔音性能。中空玻璃干燥空气层的厚度越大以及玻璃原片采用不同的厚度搭配,对声波的衰减效果就越好,中空玻璃的隔音性能越优异。一般的中空玻璃可降低 30～40 dB 的声音。

4)中空玻璃的性能指标要求

(1)规格偏差

中空玻璃的规格偏差有长度及宽度允许偏差、厚度允许偏差、两对角线之差、胶层厚度偏差等。中空玻璃的长度及宽度允许偏差见表 5-22,厚度允许偏差见表 5-23。

表 5-22　中空玻璃的长度及宽度允许偏差(单位:mm)

长(宽)度 L	允许偏差
$L<1\,000$	±2
$1\,000\leqslant L<2\,000$	－3～+2
$L\geqslant 2\,000$	±3

表 5-23　中空玻璃的厚度允许偏差(单位:mm)

公称厚度 t	允许偏差
$t<17$	±1.0
$17\leqslant t<22$	±1.5
$t\geqslant 22$	±2.0

注:中空玻璃的公称厚度为玻璃原片的公称厚度与间隔层厚度之和。

正方形和矩形的中空玻璃两对角线之差应不大于对角线平均长度的 0.2%。中空玻璃的胶合层厚度:单道密封胶合层厚度为(10±2)mm,双道密封外层密封胶层厚度为 5～7 mm,胶条密封胶层厚度为(8±2)mm。

(2)外观

中空玻璃的外观不得有影响透视的污迹、夹杂物及密封胶的飞溅痕迹。

(3)密封性能

20 块规格为 4 mm＋12 mm＋4 mm 的试样,在试验压力低于环境气压(10±

0.5) kPa 下,初始偏差必须≥0.5 mm,在该气压下保持 2.5 h 后,厚度偏差的减少应不超过初始偏差的 15%。以上条件全部满足即合格。其他规格中空玻璃的密封性能要求由供需双方商定。

(4) 露点

试样露点均≤-40℃为合格。

(5) 耐紫外线辐照性能

试样经紫外线照射 168 h 后,表面无结雾或污染的痕迹、玻璃基片无明显错位、没有产生胶条蠕变为合格。

(6) 气候循环耐久性和高温高湿耐久性

经循环试验后露点测试,试样的露点均≤-40℃为合格。

5) 中空玻璃的选择

中空玻璃在选用时应考虑的因素有使用场所的要求、工程造价、玻璃露点和当地的常年最大风压值等。

(1) 使用场所的要求是指建筑空间对采光、保温隔热及隔音等方面的性能有具体的标准。中空玻璃的性能指标应符合相关标准。

(2) 中空玻璃的表面在普通情况下不应出现结露现象。设计师在选用中空玻璃时,应考虑当地的室外最低温度和室内的常规温度、湿度等因素进行测算,以免玻璃表面结露。

(3) 中空玻璃的造价较高,使用时应考虑此类玻璃的一次性投资与长期使用的回报率(如能耗的节约费用等)之间的关系。如果回报率低、回报时间过长,则应慎重选用这类玻璃。

(4) 中空玻璃表面应能够承受一定的风压力。玻璃表面能够承受的风压与玻璃的面积和厚度有一定的联系。中空玻璃能够承受的风压可根据相关表格进行测算。

6) 中空玻璃的适用范围

中空玻璃主要用在需要保温隔热、防止噪声和避免玻璃表面结露的建筑物门窗上,如住宅、宾馆、商场、医院、办公楼及车船的门窗和玻璃幕墙上。

由于中空玻璃是定型产品,因而不能随意切割。可按设计所要求的尺寸向厂家预先定制,或者按照厂家现有的产品规格进行选用。

真空玻璃是与中空玻璃有相似构造的玻璃品种。真空玻璃是将玻璃之间的空气排出后用低熔点玻璃将四周密封起来。真空玻璃的中间空腔没有任何物质,是真空状的。真空玻璃不能像中空玻璃那样用密封胶密封,只能采用熔封技术进行密封,其保温隔热的原理与热水瓶内胆的保温原理一样。

真空玻璃的最大尺寸可做到 2 000 mm×1 200 mm,其保温隔热性、降噪性能和强度比同规格的中空玻璃高。

5.4.4 变色玻璃

变色玻璃是一种能随外部条件变化而改变自身颜色或者改变光线穿透程度的玻

璃品种,又称调光玻璃。

根据玻璃变色的条件和机理不同,变色玻璃分为光致变色玻璃和电致变色玻璃两类。光致变色玻璃是在玻璃的组成原料中加入了卤化银或者在玻璃与有机夹层中加入了钼和钨的感光化合物而制成的。当外界光线照射在玻璃表面时,玻璃体内的卤化银分解成卤素和银,银单质不透明,其分布在玻璃中会均匀阻挡光线,使得玻璃看上去发黑。当光线停止照射时,卤素和银又会重新结合成卤化银,玻璃又逐渐恢复原来的颜色。

电致变色玻璃是指在电场或电流的作用下,玻璃对光的透射率和反射率能够产生可逆变化的一种玻璃。它的工作原理与液晶显示器件相似,通过改变液晶材料的排列有序性而达到改变光线透过的效果。在玻璃基片上镀覆透明导电膜,形成两个平面电极,在玻璃之间导入液晶材料,当两极之间通电时,液晶材料从无序排列变为定向有序排列,光线很容易穿透,玻璃变得透明。在切断电源后,液晶材料的排列是无序的,光线不容易穿透过来,起到遮挡光线的作用。将两片玻璃基片直接与液晶材料制成的胶片粘贴到一起是当前电致变色玻璃的主要生产方式,它的断面构造与夹层玻璃的断面构造相似。电致变色玻璃不通电时与磨砂玻璃外观一样,通电后变得透明清晰。

变色玻璃能够自动控制进入室内的太阳辐射能,降低能耗,改善室内的自然采光条件,具有防窥视、防眩光的作用。变色玻璃可用于高档写字楼、别墅、宾馆等建筑物的门窗和隔断。

5.4.5 其他特种玻璃

1)弧形玻璃

弧形玻璃是将平板玻璃加热软化后置于专用模具中,然后经退火加工成型的一种曲面玻璃,又称热弯玻璃。

弧形玻璃一般在电炉中进行加工,工艺流程为玻璃裁切→磨边→清洗→加温→成型→退火→成品。

弧形玻璃的成型温度一般为580℃,成型工艺是制作弧形玻璃的关键环节。加工弧形玻璃常用空心模具,加工时要控制好玻璃的成型时间,成型时间过长,玻璃易出现凸肚现象,成型时间过短,玻璃也会出现成型不良现象。加工特大特厚玻璃时要延长玻璃的退火时间,以免玻璃产生过大的残余应力,留下使用时易发生炸裂的隐患。

弧形玻璃改变了建筑物装饰面平直呆板的传统做法,使立面具有一定的动感效果,增加了建筑物装饰立面造型的层次变化。弧形玻璃可用于观光电梯、建筑物的阳角转折部位、过街通道的顶面、弧形玻璃隔断等场所。

弧形玻璃不宜裁切。选购弧形玻璃时,应向生产厂家提供玻璃相应的厚度、高度、宽度和曲率半径等详细的尺寸,以免安装弧形玻璃时产生较大的安装偏差或使玻璃表面呈现较大的图像畸变。弧形玻璃在储运时要用专用的玻璃架,防止玻璃碰伤碎裂。

2）防火玻璃

防火玻璃分为双片防火玻璃和单片防火玻璃。双片防火玻璃是在两块或两块以上的平板玻璃之间，用玻璃条和特制的密封胶，按规定的厚度沿玻璃的周边进行密封处理，密封时留有一个灌浆口，在灌浆口注入阻燃性能较好的胶液，胶液固化后玻璃形成一个整体，最后用密封胶将灌浆口密封好，这样即可制得防火玻璃。胶液不仅具有耐高温阻燃性能，而且在受热时体积膨胀，能够堵塞火焰蔓延的空隙。单片防火玻璃可采用硼硅酸盐玻璃，利用硼硅酸盐耐高温的特性，经过增强处理后制成。

防火玻璃可用于有防火要求的建筑内外墙体、防火门窗的观察窗等部位。双片防火玻璃不能切割，可按设计尺寸向生产厂家定制。

由于整体性和稳定性较好的玻璃砖以及低膨胀系数的石英玻璃、微晶玻璃、夹丝玻璃和夹层玻璃都有一定的防火性能，所以这类玻璃有时也可作为防火玻璃来使用。

3）热熔玻璃

热熔玻璃又称水晶立体艺术玻璃或熔模玻璃，即把平板玻璃烧熔，凹陷入模成型后制得。

热熔玻璃是采用特制热熔炉，以平板玻璃和无机色料等为主要原料，设定特定的加热程序和退火曲线，在加热到玻璃软化点以上经模压成型后退火而成。可根据需要对热熔玻璃进行雕刻、钻孔、修裁等工序的加工。

热熔玻璃的表面凹凸不平，具有较大的粗糙度和较强的立体感，表面制成的花形图案具有很强的装饰性能。

热熔玻璃可用于隔断、装饰墙面等部位。

4）泡沫玻璃

泡沫玻璃是将玻璃碎屑和少量发泡剂、改性添加剂等按照一定的比例配置后进行研磨，再将磨好的粉料装入模内并送入发泡炉中进行发泡，最后脱模退火制成的一种玻璃。

泡沫玻璃的孔隙率较高，一般可达 50% 以上，孔隙的粒径在几微米至几毫米之间，且孔隙多为封闭型。它的表观密度为 $120\sim500\ kg/m^3$，导热系数为 $0.053\sim0.14\ W/(m \cdot K)$，吸声系数为 0.3，抗压强度为 $0.4\sim8\ MPa$。

泡沫玻璃有不透水、不透气等特点，抗冻及防火性能较好，施工方便（可锯、钻、钉），可作为吸声或者保温材料使用。泡沫玻璃的颜色较多，有灰色、黑色、白色和浅蓝色等。

5）电磁屏蔽玻璃

电磁屏蔽玻璃是一种能够屏蔽电磁波的玻璃品种。在平板玻璃的表面镀覆透明电磁屏蔽膜，或者在夹层玻璃胶片上敷设金属丝网，可有效地将通过玻璃的电磁波屏蔽掉，防止电磁信息泄露。通过改变膜层材料的品种和厚度，能够调整所屏蔽的电磁波波长和衰减效果。为取得较好的电磁屏蔽效果，可采用镀覆屏蔽和敷设金属丝网两种工艺生产的屏蔽玻璃来满足相关要求。

电磁屏蔽玻璃主要用于军事部门、计算机房、演播室和高精仪器控制室等有保密或者抗干扰要求的建筑门窗上。

6）减反射玻璃

普通玻璃的镜面反射率与玻璃的折射率和入射角有关。平板玻璃表面的光线入射率一般为8%，在特定的条件下存在眩光现象，容易干扰人的视觉而看不清楚玻璃的另一侧。如临街的橱窗玻璃、博物馆的藏品展柜玻璃等就不宜使用平板玻璃。

减反射玻璃是在玻璃的表面镀覆减反射膜，以达到玻璃无反射或减反射的光学效果。玻璃表面的光线反射率衰减到2%～3%时出现眩光的概率大大降低。

5.5 其他玻璃装饰制品

5.5.1 玻璃空心砖

玻璃空心砖是一种带有干燥空气层的、周边密封的玻璃制品。它具有强度高、保温隔热性能好、隔音、不结霜、防水、耐磨、不燃烧和透光不透视的特点。它的主要成分为二氧化硅（SiO_2）以及少量的氧化钙（CaO）、氧化钾（K_2O）、氧化钠（Na_2O）、氧化铁（Fe_2O_3）等，其中 Fe_2O_3 的含量不超过 0.04%。

制作玻璃空心砖时，先将玻璃液注入模具，压制成中间凹入的两个半块砖，在沿半块砖的边部高温融合为一个整体，中间的空腔即干燥的空气层，玻璃退火后在玻璃砖的侧面涂乙烯基的高分子材料。玻璃空心砖的具体生产工艺是原料配置→搅拌→熔炉熔解→压制→熔接→退火→喷涂→烘干→成型。

玻璃空心砖的种类按表面情况分为光面和花纹面，按砖内的空腔数目分为单腔和双腔，按外形分为正方形、长方形和异型。玻璃空心砖的厚度主要有 80 mm 和 100 mm 两种，边宽主要有 190 mm、240 mm 和 300 mm 等系列。玻璃砖常用的规格尺寸有 190 mm×190 mm×80(100) mm、240 mm×240 mm×80(100) mm 和 300 mm×190 mm×80(100) mm 等，其中 190 mm×190 mm×80(100) mm 的规格尺寸使用较多。玻璃空心砖的表面花纹图案十分丰富，有橘皮纹、平行纹、斜条纹、花格纹、水波纹、流星纹、菱形纹和钻石纹等，颜色有蓝、粉红、柠檬黄、绿等各种色调。

玻璃空心砖的性能指标和外观质量见表 5-24 和表 5-25。

表 5-24　玻璃空心砖的性能指标

项目名称	技术要求
外形尺寸	长、宽、厚的允许偏差≤1.5 mm；正外表面最大上凸≤2.0 mm，最大凹进≤1.0 mm；两个半坯允许有相对移动或转动，间隙≤1.5 mm
颜色均匀性	正面应无明显偏离主色调的色带或色道，同一批次的产品之间应无明显色差
单块质量	允许偏差≤10%的公称质量
抗压强度	≥7.0 N/mm^2
抗冲击性	采用标准钢球进行自由下落抗冲击试验时，试样不允许破裂
抗热震性	在冷热水温差保持 30℃时，试验后的试样不允许出现裂纹或其他破损现象

表 5-25　玻璃空心砖的外观质量

项目名称	要求
裂纹	不允许有贯穿裂纹
熔接缝	不允许高出砖外边缘
缺口	不允许有
气泡	直径不大于 1 mm 的气泡忽略不计,但不允许密集存在;直径为 1～2 mm 的气泡允许有 2 个;直径为 2～3 mm 的气泡允许有 1 个;直径大于 3 mm 的气泡不允许有;宽度小于 0.8 mm、长度小于 10 mm 的拉长气泡允许有 2 个,宽度小于 0.8 mm、长度小于 15 mm 的拉长气泡允许有 1 个,超过该范围的不允许有
结石或异物	直径小于 1 mm 的允许有 2 个
玻璃屑	直径小于 1 mm 的忽略不计,直径为 1～3 mm 的允许有 2 个,直径大于 3 mm 的不允许有
线道	距 1 m 观察不可见
划伤	不允许有长度大于 30 mm 的划伤
麻点	连续的麻点痕长度不超过 20 mm
剪刀痕	正表面边部 10 mm 范围内每面允许有 1 个,其他部位不允许有
料滴印	距 1 m 观察不可见
模底印	距 1 m 观察不可见
冲头印	距 1 m 观察不可见
油污	距 1 m 观察不可见

注:密集是指气泡在 100 mm 直径的圆面积内多于 10 个。

　　玻璃空心砖可用作商场、宾馆、舞厅、住宅、展览厅、办公楼、卫生间、车站等场所的外墙、内墙、隔断、采光天棚、地面和门面的装饰用材。

　　玻璃空心砖不能作为承重墙使用,也不能切割加工。当玻璃空心砖墙的砌筑高度较高时,可用框架围合墙体的周边或者用直径较细的拉结钢筋作为墙体的稳定措施,再用白水泥作为墙体的砌筑黏结材料,确保玻璃砖墙体的整体稳定性;当玻璃空心砖墙的砌筑高度较低时(不超过 2.0 m),可用专用的塑料连接构件和玻璃胶等材料进行固定砌筑。

5.5.2　玻璃锦砖

　　玻璃锦砖又称玻璃马赛克,是一种由小规格彩色玻璃块构成的方形饰面材料。小规格的各种彩色玻璃块被称为锦砖单粒。玻璃锦砖单粒的质地坚硬、性能稳定、表面不易受污染、雨天能自涤、耐酸碱腐蚀、色彩丰富,分为透明和半透明,单粒表面有斑点或条纹状的质感。由于玻璃的光滑表面很难与水泥黏结,因而锦砖单粒的背面呈锅底状并带有沟槽肋纹,以使玻璃锦砖单粒与底层材料能够很好地黏结。

　　玻璃锦砖的构造组成与陶瓷锦砖相似。制作时先将锦砖单粒按照一定的色彩图案排列,然后用黏度较低的黏合剂将锦砖单粒与专用纸黏结在一起,最后干燥成型。

用正方形的专用纸粘好锦砖单粒后称之为一联,边长称之为联长。方形或者长方形玻璃锦砖单粒的常用规格有 25 mm×50 mm、50 mm×50 mm 和 50 mm×105 mm,单粒的形状还有三角形、椭圆形和菱形等。单联玻璃锦砖的尺寸有 305 mm×305 mm、325 mm×325 mm 等规格。

玻璃锦砖与陶瓷锦砖的不同之处在于陶瓷锦砖是由瓷土制成的不透明陶瓷材料,而玻璃锦砖是乳浊状的半透明玻璃质材料。

玻璃锦砖单粒的生产工艺有熔融法和烧结法。熔融法是以石英砂、石灰石、长石、纯碱、着色剂和乳浊剂等为主要制作原料,经过高温熔化后用压延法或平面压延法成型,最后退火制成玻璃锦砖。烧结法是以废玻璃、黏合剂等材料为主要原料,经过压块成型、干燥、烧结和退火等工艺制成玻璃锦砖。

玻璃锦砖的尺寸允许偏差,联长、周边距和线路的允许偏差,外观质量和理化性能指标见表 5-26 至表 5-29。

表 5-26　玻璃锦砖的尺寸允许偏差(单位:mm)

规格	边长允许偏差	厚度及允许偏差
25×50	±0.4	4.5±0.4
50×50	±0.5	5.0±0.5
50×105	±0.5	6.0±0.5

注:以上规格装饰面均为平面,其他形状的规格尺寸由供需双方协商。

表 5-27　玻璃锦砖的联长、周边距、线路的允许偏差(单位:mm)

项目	尺寸	允许偏差
联长	325.0	±3.0
周边距	—	1.0～8.0
线路(单粒之间的空隙宽度)	3.0	±0.8

注:其他尺寸的联长由供需双方协商,周边距只适用于贴纸时。

表 5-28　玻璃锦砖的外观质量(单位:mm)

缺陷名称		表示方法	缺陷允许范围	备注
变形	凹陷	深度	≤0.5	—
	弯曲	弯曲度	≤0.5	—
缺边		长度	3.0≤长度≤6.0	允许1处
		宽度	1.0≤宽度≤2.0	
缺角		损伤长度	≤5.0	—
裂纹		—	不允许	
皱纹		—	不密集	

表 5-29　玻璃锦砖的理化性能

项目		条件	指标
玻璃锦砖与铺贴纸黏合牢固程度		用双手捏住联一边的两角,垂直提起然后平放,反复 3 次	无脱落
脱纸时间		18~25℃水浸泡 40 min	70%以上脱落
耐急冷急热		(70±2)℃水浸泡 30 min,或 18~25℃水浸泡 10 min,循环 3 次	无裂纹、无破损
化学稳定性	盐酸	1 mol/L 溶液,室温下浸泡 24 h	无变点及剥离现象
	硫酸	1 mol/L 溶液,室温下浸泡 24 h	无变点及剥离现象
	氢氧化钠	1 mol/L 溶液,室温下浸泡 24 h	无变点及剥离现象

　　玻璃锦砖可用于室内外墙面的装饰。当锦砖在装饰面上有拼花要求时,应注意相邻锦砖之间图案衔接的整体性。每一联同种色调的玻璃锦砖之间要防止存在明显的色差。由于玻璃锦砖单粒之间一般用白色嵌缝剂填嵌,白色嵌缝剂的耐污性差,同时玻璃锦砖的耐冲击性能较弱,因而玻璃锦砖不宜用于地面的装饰。

　　玻璃锦砖的单粒与专用纸之间的黏结强度较低,受潮以后锦砖单粒极易从纸上脱落,所以玻璃锦砖制品在储存和运输时要注意防潮。

5.5.3　玻璃镜

　　玻璃镜是通过银镜反应或真空镀铝的方法,在普通玻璃的表面形成镜面反射膜的一种玻璃制品。玻璃镜的成像效果好,图像逼真,抗盐雾和抗湿热性能好。

　　玻璃镜的基片材料常用浮法平板玻璃(无色或茶色均可)。为了提高玻璃镜的装饰性,可先对浮法平板玻璃进行彩绘、喷砂、化学蚀刻、热弯等处理,然后将玻璃表面的装饰图案用其他材料遮挡后再进行银镜反应或真空镀铝,这样能在玻璃镜的表面形成各种精美的装饰图案(有些图案的底面玻璃具有一定的透光透视性)。还可以在曲面玻璃的表面用这种方法制得形状各异的哈哈镜。

　　玻璃镜的尺寸可根据需要定制,最大尺寸可达 3.2 m×2.0 m,厚度为 3~12 mm,可用于商场、宾馆、舞蹈排练厅、健身房、盥洗间等场所的墙柱面和顶棚的装饰,也可设置在卫生间、家具上作穿戴整装之用。

　　玻璃镜具有较好的反射性能,能起到扩大空间视觉效果的作用,特别适用于狭小空间的墙面装饰。玻璃镜在安装时可用专用玻璃钉固定,或用对反射膜层不产生腐蚀的黏合剂黏结,也可用压条进行固定。

　　为了解决玻璃镜遇到热蒸汽后表面易形成霜露的情况,可在玻璃镜的背面敷设防水和绝缘性好的金属导线,导线通电后加热玻璃镜,可避免玻璃镜表面产生结露现象,保证玻璃镜的正常使用。

　　镀银玻璃镜的质量要求见《镀银玻璃镜》(JC/T 871—2000)中的有关规定。反射膜层与玻璃基片之间的抗剪切强度应不小于 15 N/cm²;抗湿热试验后,样品的反射镀层不得出现任何明显的变化,保护涂层不能有鼓泡或分离现象;抗中性盐雾试验后,样品的反射层允许 4 个直径 $d \leqslant 0.3$ mm 的变点和 2 个直径 $d \leqslant 2.5$ mm 的保护涂层变点,边缘涂层损失最大向里延伸不超过 3.5 mm;可见光的反射率应不小于 85%;镀银玻璃镜标准尺寸的允许偏差见表 5-30,外观质量要求见表 5-31。

表 5-30　镀银玻璃镜标准尺寸的允许偏差(单位:mm)

厚度	允许偏差	
	≤1 500	>1 500
2、3、4、5、6	±3	±4
8、10	±4	±5

表 5-31　镀银玻璃镜的外观质量要求

缺陷名称	质量要求
划伤	长<30 mm,宽≤0.1 mm,每平方米银镜允许 2 条;宽>0.1 mm,不允许有
发霉斑迹	肉眼看不见
疵点	直径为 0.2~0.3 mm,每平方米银镜允许 2 条;直径≥0.4 mm,不允许有

5.5.4　槽形玻璃

槽形玻璃是一种形状较为特殊的玻璃品种,它的纵向呈条形,横截面呈槽形,由一条底边和两条与底边垂直且高度相同的翼组成。图 5-13 为槽形玻璃断面构造示意图。

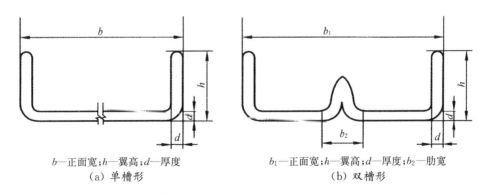

b—正面宽;h—翼高;d—厚度　　　b_1—正面宽;h—翼高;d—厚度;b_2—肋宽
（a）单槽形　　　　　　　　　　　（b）双槽形

图 5-13　槽形玻璃断面构造示意图

槽形玻璃的透光性能、隔音效果和机械强度较好,施工工艺简单、经济实用,有着独特的使用和装饰效果。

槽形玻璃的种类按颜色分为无色和有色;按玻璃的表面状态分为普通型和花纹型;按玻璃内部情况分为普通型和夹丝型等。槽形玻璃可用压延法、辊压法和浇铸法等工艺生产,一般以压延法为主。

槽形玻璃的透光性能和红外线透过率与玻璃的颜色有一定的关系。一般情况下,单排槽形玻璃可降低 10 dB 左右的噪声,双排槽形玻璃可降低 30 dB 以上的噪声。由于槽形玻璃的断面为 U 形结构,因而它的机械强度与同厚度的普通玻璃相比要高得多。

槽形玻璃可用于办公楼、教学楼、博物馆、体育场、厂房、车站码头、住宅和园艺温室等建筑的围护结构以及楼梯间、天窗、阳台及隔断等部位的装饰。

5.5.5 微晶玻璃

微晶玻璃又称陶瓷玻璃、微晶玉石,是由晶相和残余玻璃相组成的质地致密均匀的一种多相材料。

在某些玻璃组成原材料内加入一定量的晶核剂(有时也不需另加晶核剂),经熔融成型后进行晶化处理,玻璃体内均匀地渗出大量的细小晶体,从而制得微晶玻璃。微晶玻璃中的晶体大小一般在纳米至微米的范围,晶体数量可达 50%。通过控制微晶的种类、数量和尺寸大小,可以制成透明的微晶玻璃、表面强化的微晶玻璃和不同色彩的微晶玻璃。微晶玻璃的品种按其组成原料的不同分为矿渣微晶玻璃和岩石微晶玻璃。

微晶玻璃的机械强度高于普通玻璃、陶瓷和天然石材,质地致密、吸水率极低、耐磨性好,软化温度高于普通玻璃,耐热性也高于普通玻璃。它与普通玻璃的不同之处在于微晶玻璃中的大部分结构组成是晶体,普通玻璃中的结构组成则是以非晶体为主。微晶玻璃具有玻璃、陶瓷和石材的三重属性,表面色彩丰富,外观光泽度较高,可用于各种建筑物的内外墙面、地面和隔断等部位的装饰。

第5章思考题

1. 普通玻璃有哪些特性? 玻璃按功能分为哪些品种?
2. 什么是平板玻璃的重量箱? 平板玻璃的质量指标有哪些要求?
3. 装饰玻璃有哪些品种?
4. 试用彩色玻璃拼接出一个 600 mm(宽度)×1 200 mm(高度)的装饰图案。
5. 钢化玻璃的品种有哪些? 它的作用原理是什么?
6. 夹丝玻璃和夹层玻璃有哪些质量规定?
7. 吸热玻璃和变色玻璃的作用原理是什么?
8. 简述夹层玻璃和中空玻璃的构造组成。
9. 如何选择中空玻璃?
10. 玻璃空心砖有哪些特性?
11. 墙面尺寸为 6 000 mm(宽度)×2 800 mm(高度),试用各类不同的玻璃材料对其表面进行装饰,并绘制出相应的立面图[建议用计算机辅助制图(CAD)软件绘制]。

6 无机胶凝材料

人类很久以前就掌握了利用黏土构建简易建筑的方法,后来又学会了利用熟石灰砌筑墙体的工艺。18世纪后半叶出现的水硬性石灰和罗马水泥,以及19世纪初发明的波特兰水泥(硅酸盐水泥)等,揭开了人类广泛使用胶凝材料的序幕,特别是硅酸盐水泥的使用,对现代建筑的发展起到了巨大的推动作用。

胶凝材料可以通过自身的物理和化学反应,从可塑性的浆体变成坚硬的石状体,并能将散粒材料(如砂和石子)或块状材料(如砖和石块)黏结成一个整体。胶凝材料按材料的材质不同分为无机胶凝材料和有机胶凝材料。无机胶凝材料按硬化条件的不同又分为水硬性胶凝材料和非水硬性胶凝材料。水硬性胶凝材料拌水后既能在空气中硬化,又能在水中硬化,保持并继续增强其强度,如各种水泥。非水硬性胶凝材料只能在空气中硬化,也只能在空气中保持或继续增强其强度,如石膏、石灰等。

6.1 石膏及制品

6.1.1 石膏的特性及成分

石膏属非水硬性胶凝材料,它色白质细,加水搅拌后有良好的可塑性,其水化、凝结、硬化的速度快,硬化后的制品体积稳定性好、不变形,可制成各种石膏装饰制品。石膏制品的重量较轻,绝热性能好,但由于制品的内部孔隙率大,因而强度较低。石膏中由于含有结晶水,因此具有一定的防火功能。可对石膏制品进行锯、刨、钉等操作。石膏的耐水性和抗冻性较差,不宜在潮湿寒冷的场所使用。

石膏的主要化学成分为硫酸钙($CaSO_4$),它的自然原材料有二水石膏($CaSO_4 \cdot 2H_2O$)和无水石膏(硬石膏)。装饰工程中常用的建筑石膏是由二水石膏经低温煅烧,脱水后成为半水石膏($CaSO_4 \cdot 1/2H_2O$),再将半水石膏磨细制得的。建筑石膏按技术要求可分为优等品、一等品和合格品三个等级。

建筑石膏加水后成为可塑性极强的石膏浆体,石膏浆体通过一系列的物理和化学反应失去可塑性并成为有一定强度的固体。石膏的水化反应原理在学术界有晶体理论和胶体理论。晶体理论认为半水石膏与水结合生成二水石膏,二水石膏不断地从过饱和的溶液中析晶出来,二水石膏生成量不断增多,水分逐渐减少,浆体失去可塑性,这是初凝阶段。浆体继续变稠,晶体之间的黏结力增加,晶体颗粒长大并交错共生,石膏产生强度,直至水分完全蒸发,这一过程就是硬化阶段。胶体理论则认为半水石膏的浆体出现凝结现象是一个胶凝过程,而不是结晶过程。

建筑石膏可用于制作各种石膏板、石膏条板、石膏砌块、石膏装饰线板、石膏花饰和石膏艺术雕塑等。

6.1.2 石膏制品

1）纸面石膏板

纸面石膏板是以建筑石膏为主要原料,掺入适量的纤维增强材料和外加剂等,与水搅拌后浇筑于护面纸的面纸与背纸之间,并与护面纸牢固地黏结在一起的建筑板材。它具有质地轻、强度高、变形小、防火、防蛀、加工性好、易于装修等特点。

纸面石膏板的生产流程:原材料配制→石膏芯板制作→敷设护面纸→成型、凝固→切割→干燥→选片→切边、包边→堆垛,如图 6-1 所示。

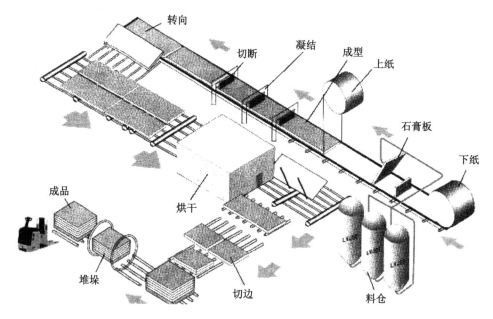

图 6-1　纸面石膏板生产流程示意图

纸面石膏板根据板材的用途不同分为普通纸面石膏板、耐水纸面石膏板、耐火纸面石膏板和耐水耐火纸面石膏板。耐水纸面石膏板、耐火纸面石膏板和耐水耐火纸面石膏板主要的区别在于石膏板芯内添加的外加剂品种不同:耐水纸面石膏板内是耐水外加剂和耐水护面纸,耐火纸面石膏板内掺入的是无机耐火纤维材料,耐水耐火纸面石膏板内是耐水外加剂、无机耐火纤维材料和耐水护面纸。

纸面石膏板的形状通常为矩形,长边尺寸有 2 100 mm、2 400 mm、2 700 mm、3 000 mm、3 300 mm 和 3 600 mm 等,宽度有 600 mm、900 mm 和 1 200 mm 等,厚度为9.5 mm、12 mm、15 mm 和 18 mm 等。纸面石膏板的棱边有矩形棱边、45°倒角形棱边、楔形棱边和圆形棱边,如图 6-2 所示,分别用 J、D、C 和 Y 表示。

纸面石膏板的性能指标要求如下:

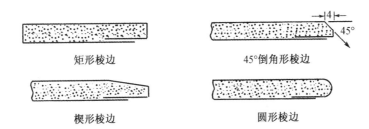

图 6-2　纸面石膏板的棱边形状(单位:mm)

（1）外观质量。不应有影响使用的波纹、沟槽、划伤、污痕和漏料等缺陷。

（2）尺寸偏差。尺寸偏差见表 6-1。

（3）对角线长度。板材切割成矩形后,两对角线长度差不大于 5 mm。

（4）楔形棱边断面尺寸。楔形棱边的宽度应为 30～80 mm,深度应为 0.6～1.9 mm。

表 6-1　纸面石膏板尺寸偏差(单位:mm)

项目	长度	宽度	厚度	
			9.5	≥12.0
尺寸偏差	−6～0	−5～0	±0.5	±0.6

（5）板材的面密度应符合表 6-2 的规定。

表 6-2　纸面石膏板的面密度

板材厚度/mm	面密度/(kg·m⁻²)
≤9.5	≤9.5
≤12.0	≤12.0
≤15.0	≤15.0
≤18.0	≤18.0
≤21.0	≤21.0
≤25.0	≤25.0

（6）硬度。板材棱边硬度和端头硬度应不小于 70 N。

（7）抗冲击性能。经冲击试验后,板材背面应无径向裂纹。

（8）护面纸与芯材黏结性。护面纸与芯材应不剥离。

（9）吸水率(仅适用于耐水纸面石膏板和耐水耐火纸面石膏板)。板材吸水率应不大于 10%。

（10）表面吸水量(仅适用于耐水纸面石膏板和耐水耐火纸面石膏板)。板材表面吸水量应不大于 160 g/m²。

（11）遇火稳定性(仅适用于耐火纸面石膏板和耐水耐火纸面石膏板)。板材遇火稳定时间应不少于 20 min。

（12）断裂荷载。板材的断裂荷载应不小于表6-3中的规定。

表6-3　纸面石膏板的断裂荷载

板材厚度/mm	断裂荷载/N			
	纵向		横向	
	平均值	最小值	平均值	最小值
9.5	400	360	160	140
12.0	520	460	200	180
15.0	650	580	250	220
18.0	770	700	300	270
21.0	900	810	350	320
25.0	1 100	970	420	380

纸面石膏板的加工性能好,可以锯割、刨切、钻孔。施工时可用自攻螺钉直接将纸面石膏板固定在龙骨骨架上,安装效率高。纸面石膏板可用作轻质隔断墙体和吊顶等部位的面层材料。潮湿环境中(如厕所、厨房等)可用防水型纸面石膏板作为吊顶罩面材料,而在防火隔断上则使用防火型纸面石膏板作为隔墙材料。

为防止纸面石膏板接缝处出现开裂现象,应在板材的接缝处填嵌专用接缝材料,并用接缝材料进行加固处理。纸面石膏板阳角的棱边用铝合金专用收边条包边,保证阳角的棱边顺直。纸面石膏板的阴阳角部位宜做加固处理,以免此部位受温差和湿度的影响而产生开裂变形。

2）装饰石膏板

装饰石膏板是以建筑石膏为主要原料,掺入适量纤维增强材料和外加剂,与水一起搅拌成均匀的料浆,浇注成型后干燥而成的不带护面纸的装饰板材。

装饰石膏板具有轻质高强、隔声、防火等性能,可进行锯、刨、钉、粘等加工,施工方便。

装饰石膏板的外形一般为矩形,常用规格有600 mm×600 mm×15 mm、300 mm×1 200 mm×15 mm、600 mm×1 200 mm×15 mm。棱边的断面形状有直角型和45°倒角两种。根据板材的性能不同,装饰石膏板又分为普通板和防潮板;根据板材正面状态不同,装饰石膏板又分为平板、穿孔板和浮雕板。装饰石膏板的分类和代号为普通板:平板——P,穿孔板——K,浮雕板——D。防潮板:平板——FP,穿孔板——FK,浮雕板——FD。

装饰石膏板的性能要求如下:

（1）外观质量

装饰石膏板正面不应有影响装饰效果的气孔、污痕、裂纹、缺角、色彩不均匀和图案不完整等缺陷存在。

（2）板材尺寸允许偏差

装饰石膏板的尺寸允许偏差要求见表6-4。

表 6-4　装饰石膏板的尺寸允许偏差(单位:mm)

项目	尺寸偏差
边长	−2~+1
棱边厚度	±1.0
平面度	≤2.0
直角偏离度	≤2.0

（3）板材的物理力学性能

装饰石膏板的物理力学性能应符合表 6-5 中的要求。

表 6-5　装饰石膏板的物理力学性能要求

项目名称		指标					
		P、K、FP、FK			D、FD		
		平均值	最大值	最小值	平均值	最大值	最小值
含水率/%		≤2.5	≤3.0	—	≤2.5	≤3.0	—
单位面积质量/(kg/m²)		≤11.0	≤12.0	—	≤13.0	≤14.0	—
断裂荷载/N		≥147	—	≥132	≥167	—	≥150
防潮性能	吸水率/%	8.0	9.0	—	8.0	9.0	—
	受潮挠度/mm	5	6	—	5	6	—
燃烧性能		应符合 A 级要求					

注:P、K、D 不检验防潮性能。

装饰石膏板可用于室内隔墙和吊顶的装饰。装饰石膏板属成品板材,表面颜色洁白如雪,工人在搬运或施工过程中应戴好洁净的防护手套进行操作,以防污损板材表面,并应防止其他物品对板材的撞击,避免损坏板材表面的立体装饰图案。

3）嵌装式石膏板

嵌装式石膏板是以建筑石膏为主要原料,掺入适量的纤维增强材料和外加剂,加水制成料浆,浇注成型后干燥而成的、不带护面纸的、具有特殊棱边形状的板材。嵌装式石膏板与装饰石膏板的不同之处在于嵌装式石膏板的背面四边加厚,板的四周棱边有特殊的企口与配套的龙骨连接,而装饰石膏板的棱边是平边。

嵌装式石膏板的外形为正方形,棱边断面形式有直角型和倒角型,如图 6-3 所示。

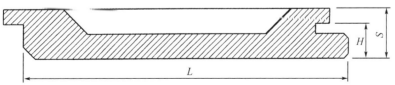

图 6-3　嵌装式石膏板的棱边形状(倒角型)

注:L—板材的边长;H—铺设高度;S—厚度。

嵌装式石膏板的规格有两种:600 mm×600 mm,边厚大于 28 mm;500 mm×500 mm,边厚大于 25 mm。根据板面形状特征不同,嵌装式石膏板又分为装饰板和吸声板两类。装饰板的正面有平面和浮雕面等,它的代号为 QP。吸声板的正面有一定数量的穿孔洞,它的代号为 QS。

嵌装式石膏板的技术要求如下:

(1)外观质量

嵌装石膏板的正面不得有影响装饰效果的气孔、污痕、裂纹、缺角、色彩不均和图案不完整等缺陷。

(2)尺寸及允许偏差

板材的边长(L)、铺设高度(H)、厚度(S)、不平度及直角偏离度(δ)见表 6-6。

表 6-6 嵌装式石膏板的尺寸及允许偏差(单位:mm)

项目		技术要求
边长(L)		±1
铺设高度(H)		±1.0
边厚(S)	$L=500$	≥25
	$L=600$	≥28
不平度		≤1.0
直角偏离度(δ)		≤1.0

(3)物理力学性能

嵌装式石膏板的物理力学性能见表 6-7。

表 6-7 嵌装式石膏板的物理力学性能

项目		技术要求
单位面积重量 /(kg・m^{-2})	平均值	≤16.0
	最大值	≤18.0
含水率/%	平均值	≤3.0
	最大值	≤4.0
断裂荷载/N	平均值	≥157
	最大值	≥127

(4)吸声性能

嵌装式吸声石膏板必须有一定的吸声性能,125 Hz、250 Hz、500 Hz、1 000 Hz、2 000 Hz 和 4 000 Hz 六个频率混响室法测定的平均吸声系数 α≥0.3。嵌装式吸声石膏板的穿孔率、孔洞形式和吸声材料的种类由生产厂家自定。

嵌装式石膏板主要用于室内顶面的装饰。使用时应注意与所用龙骨相配套,安装时不得用力拉扯和撞击,防止棱边企口损坏。贮运时应采取措施,避免有色物质或污物对板面造成污染,安装时应戴好防护手套,以免污损板面。

4) 其他石膏艺术制品

石膏艺术制品是以优质的建筑石膏为原料,加以纤维增强材料等添加剂,与水一起制成料浆,再经注模成型硬化干燥后制得的一类产品。石膏艺术制品的品种有石膏浮雕艺术线条、线板、灯盘、花饰、壁炉、罗马柱等。图6-4是各类石膏艺术制品。石膏浮雕艺术线条、线板和花饰的表面光洁,线条和图形清晰,形状稳定,阻燃,施工简单方便,可采用粘贴或螺钉固定的方法进行安装。石膏浮雕艺术线条和线板一般用于吊顶或墙面的压边,石膏花饰则主要用于顶棚和墙面的装饰。石膏灯盘的外形一般为圆形、椭圆形或花瓣形,直径为500～1 800 mm,板厚10～30 mm。石膏灯盘可用作各种吊顶、吸顶灯的底座,有华丽高雅之感。

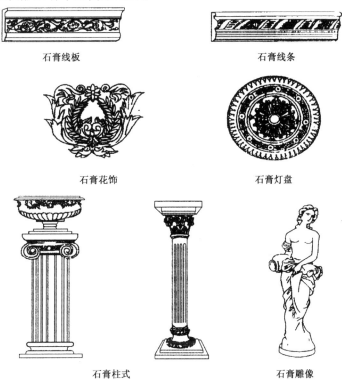

石膏线板　　　　　　　　　石膏线条

石膏花饰　　　　　　　　　石膏灯盘

石膏柱式　　　　　　　　　石膏雕像

图6-4　各类石膏艺术制品

石膏柱按外形分为圆柱和方柱,柱面、柱头和柱脚可做成一定的浮雕图案,常称之为欧式柱子。石膏壁炉则是用建筑石膏制成的假壁炉,是一种用于展现室内欧式装饰风格的装饰制品。石膏柱和石膏壁炉仅仅是一种装饰品,一般无特定的功能。

6.2　水泥及制品

6.2.1　水泥

水泥是一种水硬性胶凝材料,磨细后呈粉末状,加水混合后形成可塑性的浆体,既能在空气中硬化,也能在水中硬化,并能将散状或颗粒状材料胶结成一个整体。水泥有很好的可塑性、和易性,可浇筑成各种形状的建筑构件,适应性强。水泥硬化后的强度较高,不生锈,耐久性好。

水泥的品种较多,根据矿物组成不同分为硅酸盐类水泥、铝酸盐水泥、硫铝酸盐水泥。根据水泥的性能不同还有特种水泥,如膨胀水泥、快硬水泥、低热水泥等。硅酸盐类水泥按其混合材料掺加情况的不同又分纯熟料硅酸盐水泥(不掺加任何混合材料)、普通硅酸盐水泥(掺加少量混合材料)、矿渣硅酸盐水泥、火山灰质硅酸盐水泥、粉煤灰硅酸盐水泥和复合硅酸盐水泥等。装饰工程中常用的水泥品种有普通硅酸盐水泥、白水泥和彩色水泥。此处主要介绍硅酸盐水泥。

1) 硅酸盐水泥的生产及组成

硅酸盐水泥是以硅酸钙为主要成分的熟料制成的水泥总称,又称波特兰水泥。硅酸盐水泥的生产分为三个阶段:① 生料配制。将石灰质原料、黏土质原料等破碎后,按一定比例配合、磨细,配制成成分合适、质量均匀的生料。② 熟料煅烧。生料在水泥窑内煅烧至部分熔融,得到以硅酸钙为主要成分的硅酸盐水泥熟料。③ 水泥磨细。在水泥熟料内加入适量的混合材料或外加剂,并共同磨细。

硅酸盐水泥熟料由氧化钙(CaO)、二氧化硅(SiO$_2$)、氧化铝(Al$_2$O$_3$)和氧化铁(Fe$_2$O$_3$)等氧化物组成,但是这些物质不是以单独的氧化物形态存在于水泥熟料中,氧化物经高温煅烧后生成了多种矿物的集合体。水泥熟料是一种多矿物组成的人造岩石。硅酸盐水泥熟料中的主要矿物成分有硅酸三钙(3CaO·SiO$_2$,简称C$_3$S)、硅酸二钙(2CaO·SiO$_2$,简称C$_2$S)、铝酸三钙(3CaO·Al$_2$O$_3$,简称C$_3$A)和铁铝酸四钙(4CaO·Al$_2$O$_3$·Fe$_2$O$_3$,简称C$_4$AF)等。这些物质与水都能发生水化反应,但水化特性各不相同。当水泥中的熟料矿物组成含量发生变化时,水泥的技术性能也随之变化。

2) 硅酸盐水泥的凝结和硬化

水泥加水拌和后成为能黏结砂石集料的可塑性浆体,浆体逐渐变稠失去可塑性的过程称之为凝结。随着时间的增长,水泥浆体逐渐变硬产生强度成为坚硬的水泥石的过程称之为硬化。

水泥的凝结硬化是一个连续而复杂的物理化学变化过程。科学界有各种理论阐述水泥的水化机理。水泥熟料中的矿物成分与水进行水化反应,生成的水化产物有水化硅酸钙、氢氧化钙、钙矾石(AFt)和单硫铝酸盐等,它的变化过程如图 6-5 所示。当水泥与水拌和后,与水接触的水泥颗粒表面发生水化反应,此时水化物的生成速度大于它向周围溶液的扩散速度,生成的水化产物在水泥颗粒表面聚积形成凝胶膜层。随着水化反应的进一步进行,水化产物不断增加,凝胶膜层增厚并在某些点接触,形成疏松的网状结构,浆体失去流动性和部分可塑性,这一变化过程为水泥的初凝。随着颗粒表面膜层的增厚,在结晶压力的作用下,水泥颗粒表面的膜层破裂,颗粒内暴露出的水泥成分又与水迅速反应,继续产生水化物。水化物互相接触连生,逐渐建立充满全部间隙的较紧密的网状结构,浆体完全失去塑性,并开始具有一定的强度,这一过程为水泥的终凝。水化产物形成的网状结构不断被新生成的水化物填实,结构逐渐变得致密,从而使水泥的强度不断增大并进入硬化阶段,最终形成具有一定强度的水泥石。

硬化后的水泥石由凝胶、晶体、毛细孔和未水化的水泥颗粒内核所组成。

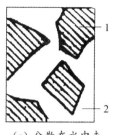 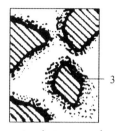 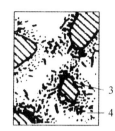 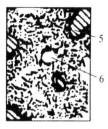

（a）分散在水中未　　（b）在水泥颗粒表　　（c）膜层长大并　　（d）水化物进一步发
水化的水泥颗粒　　　面形成水化物膜层　　互相连接（凝结）　　展,填充毛细孔（硬化）

图 6-5　水泥凝结硬化过程示意图

注:1—水泥颗粒;2—水分;3—凝胶;4—晶体;5—水泥颗粒未水化内核;6—毛细孔。

3）硅酸盐水泥的性能指标

（1）细度

水泥颗粒的粗细程度称之为水泥的细度。水泥颗粒越细,与水起反应的表面积越大,水化越快且越完全。水泥颗粒越粗,水泥的活性就越低。但如果水泥颗粒过细,则水泥在空气中的硬化收缩大,成本也高,故水泥的细度应适当。有关研究发现,水泥颗粒粒径在 45 μm 以下才能充分水化,在 75 μm 以上水化不完全。

水泥的细度用筛析法检验,即在 80 μm 方孔筛上的筛余量不超过 10%,或者 45 μm 方孔筛的筛余量不超过 30%。筛析法不能反映水泥粗细颗粒分配的情况,可用表面积仪来测定水泥的比表面积,即单位重量水泥颗粒的总表面积（m²/kg）。国标规定硅酸盐水泥的比表面积应大于 300 m²/kg。

（2）凝结时间

水泥的凝结时间有初凝和终凝之分。初凝时间是指标准稠度水泥净浆自加水拌和起至水泥浆开始失去可塑性的时间。终凝是标准稠度水泥净浆自加水拌和起至水泥浆完全失去可塑性并开始产生强度的时间。硅酸盐水泥的初凝时间不小于45 min,终凝时间不大于 390 min;普通硅酸盐水泥、矿渣硅酸盐水泥、火山灰质硅酸盐水泥、粉煤灰硅酸盐水泥和复合硅酸盐水泥的初凝时间不小于 45 min,终凝时间不大于 10 h。

（3）体积安定性

水泥浆体在硬化过程中体积变化是否均匀的性质被称为水泥的体积安定性。如果水泥在硬化过程中或者硬化后产生膨胀裂缝或翘曲变形等不均匀体积变化,则它的体积安全性不良。水泥体积安全性不良的原因,一般是水泥熟料中含有过多的游离氧化钙或游离氧化镁或掺入石膏料过多,游离氧化钙或游离氧化镁在水泥硬化后才进行水化,体积膨胀,引起水泥石开裂。水泥硬化后含量过多的石膏与固体的水化铝酸钙反应生成高硫型水化硫铝酸钙,体积增大 1.5 倍,引起水泥石开裂。水泥的体积安全性可用沸煮法检验。国标规定,硅酸盐水泥熟料中的游离氧化镁含量不超过 5.0%,三氧化硫含量不超过 3.5%。体积安全性不良的水泥应作为废品处理,不得用于工程中。

（4）强度

水泥加水凝结硬化后的坚实程度被称为水泥的强度，水泥的强度用标号表示。它与熟料的矿物组成、细度、硬化时的温湿度和水的掺入比例等有关。硅酸盐水泥的标号方法是将水泥和标准砂按 1∶3 的比例混合拌制，加入规定数量的水，按规定的方法制成标准尺寸的试件，再经标准养护后，用规定龄期的抗压强度和抗折强度指标来划分。硅酸盐水泥有 425、425R、525、525R、625 和 625R 等标号，其中 R 表示早强型。水泥标号代表水泥的抗压强度，也就是水泥的标准试件在养护 28 天后测得的抗压强度值。如检测在标准条件下经过 28 天养护的水泥标准试件，得到的抗压强度为 42.5 MPa，则将水泥的强度等级定为 42.5 级或 42.5R 级，也就是 425 标号或者 425R 标号的水泥。

（5）水化热

水泥在凝结硬化过程中放出的热量被称为水泥的水化热。水泥的水化热高低和放热速度与水泥的矿物成分、细度、水灰比、养护温度等有关。在制作大体积的水泥制品如大体积的混凝土浇筑时，应避免使用水化热过高的水泥品种。因为过高的水化热会使大体积的水泥制品内外产生较大的温度差，在水泥制品的内部产生较大的温度应力，使水泥制品发生开裂。

4）硅酸盐水泥的使用要点

硅酸盐水泥的硬化速度快、强度高、耐磨性好，但硅酸盐水泥的水化热大、耐高温性和耐腐蚀性较低。因此，硅酸盐水泥主要用于强度要求较高的建筑结构，也可用于施工时间在冬季的工程项目，但不宜用于大体积混凝土工程、有耐热和耐腐蚀要求的工程。

由于现代城市建设对建筑施工现场的粉尘控制标准非常严格，城区内的建筑施工现场禁止使用散装水泥，所以散装水泥在城市施工现场不具备存放条件。对于少量的散装水泥而言，应按水泥的标号、出厂日期分别堆放，水泥的堆放高度一般不超过 10 袋，以免底层水泥袋中的水泥受压结块。水泥的贮存日期不宜过长，一般以不超过出厂日期 3 个月为宜，在贮存过程中还应注意防潮，最下层的袋装水泥距离地面的高度不小于 300 mm。

5）白水泥和彩色水泥

白水泥是白色硅酸盐水泥的简称，是由氧化铁含量较低的硅酸盐水泥熟料加入适量的石膏磨细制成。硅酸盐水泥熟料的颜色与氧化铁有关，随着熟料中氧化铁含量的变化，水泥的颜色也随之改变。白水泥中氧化铁的含量一般控制在 0.5% 以下，其他着色氧化物（如氧化锰、氧化铬等）的含量需要符合国标的相应要求，普通水泥中铁以及其他氧化物的含量较高，故它的颜色常为灰色。白水泥的技术性能与硅酸盐水泥的技术性能相同。白水泥常用的标号有 325、425、525 和 625 四个等级。按白度区分，白水泥有特级、一级、二级和三级。

彩色水泥是彩色硅酸盐水泥的简称，它的制作方法如下：

（1）将白水泥熟料、适量的石膏和耐碱颜料混合共同磨细而成。

（2）在白水泥生料中掺入少量的金属氧化物，直接烧成彩色水泥熟料，然后磨细成彩色硅酸盐水泥。

（3）用干拌的方法将各种耐碱颜料掺入白水泥成品中。

施工现场一般以第三种方法为主，此法简单方便，可制取各种颜色的水泥，但颜料用量大，且颜色不易均匀。

6.2.2 砂浆和混凝土

1）砂浆

砂浆是由胶凝材料、细骨料和水按一定的比例配制而成。砂浆按使用的胶凝材料不同分为水泥砂浆、混合砂浆、石灰砂浆和聚合物水泥砂浆，按用途不同可分为砌筑砂浆、抹面砂浆、装饰砂浆和特种砂浆等。

（1）砂浆的组成材料

砂浆的组成材料有胶凝材料、细骨料和各种外加剂等。砂浆中所用的胶凝材料有水泥、石灰和石膏等。在潮湿环境中使用的砂浆必须选用水泥作为胶凝材料，而在干燥环境中配制砂浆时可用水泥或石灰和石膏作为胶凝材料。

砌筑砂浆主要用于砌筑砖石，它能够将砖石黏结成一个整体，并使砌体承受的荷载逐层下传。砌筑砂浆的强度是一项重要的性能指标。砌筑砂浆的强度一般有 M2、M3、M5、M7.5、M10、M15、M20、M25、M30 等，M10 就是指砂浆的抗压强度平均值为 10 MPa。一般建筑用砌筑砂浆的标号为 M2～M10。砌筑砂浆中所使用的水泥标号宜为砂浆强度的 40～50 倍，砂子的最大粒径不超过砌筑灰缝厚度的 1/5～1/4。抹面砂浆不仅能够保护被砌筑部位不受外界的侵蚀作用，而且有一定的装饰效果。

砂浆在不同的使用场所对细骨料的最大粒径、杂质含量等有不同的要求。砂浆中外加剂（如各种有机聚合物、微沫剂等）的使用品种和掺入量应根据具体使用场所的要求并经试验确定。砂浆的配合比指的是组成砂浆的各种材料之间的重量比例或者体积比例，配合比的具体数值可以通过试验或者建筑图集中的有关标准确定。

（2）砂浆的性能指标

砂浆的性能指标是指砂浆的和易性、强度、黏结力和变形性。

砂浆的和易性包括流动性和保水性。流动性是指砂浆在自重或外力作用下产生流动的性质，也称稠度，它以沉入度（mm）表示。可以用砂浆稠度测定仪的标准圆锥体在砂浆中的沉入深度表示。沉入度的数值越大，表示砂浆的流动性越大；沉入度的数值越小，表明砂浆的流动性越小。砌筑砖墙的砂浆沉入度一般为 70～100 mm。

保水性是指砂浆保持水分不泌出流失的能力，用分层度表示。保水性差的砂浆容易出现泌水现象，影响砂浆的正常凝结硬化。砂浆的保水性能用分层度测定仪测试。分层度大于 2 cm 的砂浆易产生离析现象，一般不建议使用。

砂浆的强度是指将砂浆按规定方法成型并养护至 28 天后测得的抗压强度平均值，它与水泥标号、水灰比（水和水泥的重量比）或水泥用量有关。砂浆的黏结力是指砂浆与基体或其他材料间的结合力，它与砂浆的强度、基体表面情况、养护条件等有关。砂浆在受外荷载作用或在温湿度变化时易发生变形,甚至出现砂浆开裂,这就是砂浆的变形性能。为减少砂浆因收缩而引起的开裂,可在砂浆中加入纤维增强材料。

(3) 装饰砂浆

装饰砂浆是指用于基体表面装饰,能够增加建筑装饰部位外观效果的砂浆品种。装饰砂浆的饰面有灰浆类和石渣类。灰浆类装饰砂浆主要是通过水泥砂浆的着色或水泥砂浆表面形态的艺术加工来获得一定的色彩、线条和纹理质感,从而满足装饰的需要;石渣类装饰砂浆则是在水泥浆中掺入彩色石渣,并将其抹在基体上,待水泥浆有了一定的强度后用水磨、斧刹等方法除去表面的水泥浆皮,露出石渣的颜色和质感。

装饰砂浆所用的材料与普通砂浆的材料相似,但它的胶凝材料主要是白水泥和彩色水泥。它的骨料除了用普通砂子以外,还可以使用石英砂、彩釉砂、着色砂和石渣石屑等。除此以外,装饰砂浆中还经常需要掺加颜料,在砂浆中掺加的颜料应根据所用砂浆的品种、使用环境的不同来定。装饰砂浆中常采用耐碱性和耐光性好的矿物颜料。常见的红色颜料有氧化铁红、甲苯胺红,黄色颜料有氧化铁黄、铬黄,绿色有铬绿,蓝色有群青、钴蓝,棕色有氧化铁棕,紫色有氧化铁紫,黑色有炭黑、氧化铁黑和松烟等。

装饰砂浆的配制要求可根据工程的具体要求,并参照有关规范确定。

装饰砂浆的灰浆类饰面有拉毛灰、甩毛灰、搓毛灰、扫毛灰、拉条、假面砖、弹涂和外墙滚涂等。石渣类饰面有水刷石、斩假石、拉假石、干粘石和水磨石等。

2) 混凝土

混凝土是由胶凝材料、粗细骨料和水按适当比例配制而成的拌和物,经一定时间后硬化成具有一定强度的人造石材。

混凝土的标号就是混凝土的抗压强度,混凝土强度越高,其刚性、抗渗性、抗风化性能和抵抗某些侵蚀介质的能力也越强,同时,混凝土的干缩变化越大、脆性越明显。混凝土的强度等级按混凝土的立方体抗压强度标准值划分,采用符号 C 与立方体抗压强度标准值(以 MPa 计)表示,如 C20、C30、C40、C50、C60 等。混凝土的立方体抗压强度标准值是指按标准方法制作和养护的边长为 150 mm 的混凝土立方体试件,在 28 天的养护龄期后,用标准试验方法测得的抗压强度总体分布中的一个数值,强度低于该值的百分率不超过 5%。

普通混凝土的主要性能指标有强度与和易性。

混凝土具有良好的可塑性和耐久性,可与钢筋配合使用成为强度更高的钢筋混凝土。混凝土的品种根据其性能不同分为普通混凝土、高强混凝土、轻骨料混凝土、抗渗混凝土、大体积混凝土、泵送混凝土、纤维混凝土和装饰混凝土。装饰工程中常用的混凝土品种为装饰混凝土。

装饰混凝土利用了混凝土材料的线型、质感、色彩和造型图案来实现装饰效果。装饰混凝土的种类有彩色混凝土、清水装饰混凝土和露骨料混凝土等。

彩色混凝土是采用白水泥或彩色水泥为胶凝材料,或者在普通混凝土中掺入适量的着色剂制成的。整体采用彩色混凝土的经济投入较大,故一般在普通混凝土的基层表面做彩色饰面层。如常用于园林、人行道、庭院等场所路面的彩色混凝土地面砖就属此类材料。图 6-6 是常见彩色混凝土地面砖和围墙花格砖的图样。

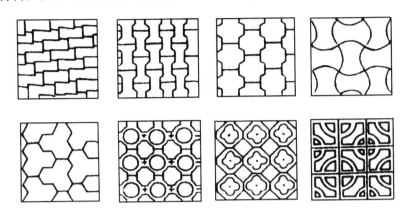

图 6-6　常见彩色混凝土地面砖和围墙花格砖的图样

　　清水装饰混凝土是用某一工艺将混凝土表面做成一定的几何造型,实现凹凸感极强的立体效果,常用的制作工艺有正打成型、反打成型和立模成型等。

　　露骨料混凝土是在混凝土硬化前后,利用一定的方法使混凝土的骨料部分外露,用骨料的天然色泽和排列组合的图案来达到装饰效果。露骨料混凝土的制作方法有水洗法、水磨法、酸洗法、抛丸法等。清水装饰混凝土和露骨料混凝土一般可制成预制混凝土外墙板,这种装饰混凝土外墙板既可作为建筑物的围护结构,同时又提高了建筑物的外装饰效果,能够加快建筑物的施工速度。

　　此外,工程上还有一种玻璃纤维增强水泥的新型材料,该材料又被称为 GRC (Glassfiber Reinforced Cement),是以低碱度水泥、耐碱性玻璃纤维等为主要原料,采用喷射法或布网法等工艺制作而成的一种轻质水泥制品。该制品的强度高、重量轻、防水、防火,可制成各种复杂断面的轻质构件,如异型的艺术吊顶和墙面造型。GRC 面板的表面可以铺贴或涂饰其他装饰工程材料,可用于室内外各装饰部位或艺术品的制作。

第 6 章思考题

1. 纸面石膏板的常用品种及规格有哪些?
2. 纸面石膏板的性能指标有哪些?
3. 嵌装式石膏板的外观有哪些特点?
4. 硅酸盐水泥的凝结硬化机理是什么?
5. 硅酸盐水泥的体积安定性指的是什么?
6. 普通硅酸盐水泥有哪些性能指标要求?
7. 普通混凝土的强度是如何表示的?
8. 砂浆标号的含义是什么?
9. 装饰砂浆在装饰工程中有哪些品种?
10. 试设计一个 15 m(长度)×6 m(宽度)会议室的纸面石膏板吊顶造型。

7 木质类装饰工程材料

　　在现代建筑工程中,木材与水泥、钢筋、玻璃并称为四大基础性材料。中国传统建筑的梁柱、屋架、门窗等构件基本为木质材料。木材具有许多优良的性质:轻质高强,易于加工,有较好的弹性和韧性,保温隔热性能好,在干燥环境或置于水中能保持较长的时间,同时木材有独特的天然纹理、柔和温暖的视觉及触觉特性,给人以古朴、雅致、亲切的质感。因此,木材的装饰性能较好,被运用在建筑的许多装饰部位上。

　　木材具有材质的不均匀性,属各向异性材料,容易吸水吸湿而产生变形,导致木制品尺寸和强度等方面的变化,在干湿交替环境中的耐久性能较差,易燃、易腐,有天然的瑕疵等。木材这些方面的缺陷使其在工程应用中受到了一定的限制。

　　木材资源的生长有一定的时间周期,特别是珍贵木材的生长周期更是长达上百年。由于木材的使用范围广、社会需求量大,我国每年要进口大量的木材以满足社会各方面的需求,因此如何提高木材的利用率和如何综合利用木材资源就显得尤为重要。木材表面装饰工艺的变化发展也推动了木材的综合利用。

7.1 概述

7.1.1 木材的分类和构造

1) 木材的分类

木材一般按树种的不同来划分,按树种类别的不同分为针叶树材和阔叶树材两大类。

(1) 针叶树材

针叶树材的树叶细长如针,多为常绿树,树干通直而高大,容易制成大材。针叶树材质均匀,纹理平顺,木质软且易于加工,因而又被称为"软木材"。针叶树木材的强度较高,表观密度和胀缩变形较小,常含有较多的树脂,耐腐蚀性较强。针叶树木材是主要的建筑用材,可用于房屋的承重构件和家具的制作部件。常见的针叶树材有松木、杉木、柏木等。

(2) 阔叶树材

阔叶树材的树叶宽大,大部分为落叶树,树干通直的部分较短,大部分树种的表观密度大,材质较硬,较难加工,所以又被称为"硬木材"。阔叶树材的湿胀干缩性能较为显著,易翘曲变形和开裂,建筑上常用其制作尺寸较小的木构件。大部分阔叶树材具有漂亮的纹理,适用于装饰面层和制作高档家具等。常用的阔叶树材有榆木、榉木、樟木、水曲柳、椴木、橡木等。

2）木材的构造

木材的性能与其构造有着紧密的联系。木材的构造分为宏观构造和微观构造，是影响木材性能的主要因素。不同材质的木材构造差异较大。

（1）木材的宏观构造

木材的宏观构造是指用肉眼或放大镜所能看到的木材组织。人们为了方便研究木材的宏观构造，人为地将树木分成三个切面：横切面、径切面、弦切面。横切面是指垂直于树轴（虚拟的、沿树干纵向的轴线）的剖面，径切面是指平行且通过树轴的竖向剖切面，弦切面是指平行于树轴但不通过树轴的剖切面，具体如图7-1所示。从木材的宏观构造来看，木材由树皮、木质部和髓心组成。一般树木的树皮无使用价值，但黄波萝和栓皮栎两种树的树皮是高级的保温隔热材料。髓心是树木最早形成的木质部，形同管状，纵贯整个树木的主干和枝干的中心，易腐蚀，工程上无利用价值。建筑上使用的主要是树木的木质部分。

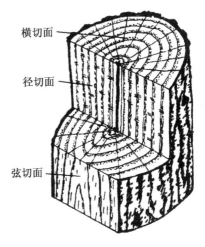

图7-1　树木的三个切面

木质部位的颜色分布不均匀：在木材的横切面上靠近中心处颜色较深的部分被称为"心材"，靠近木材横切面外部颜色较浅的部分被称为"边材"。心材的颜色与树种有关，有黄、褐、红等颜色，边材的颜色以黄白色居多，心材的利用价值比边材要大些。在横切面上深浅不同的同心环被称为"年轮"。年轮由春材（早材）和夏材（晚材）两个部分组成。春材是指春季生长的木质，色较浅，质地较松；夏材则是夏秋两季生长的木质，色较深，质地较密。相同的树种，年轮越密且均匀，材质越好；夏材部分越多，木材强度越高。

树干的中心被称为髓心，从髓心向外的辐射线被称为"髓线"。髓线与周围木质部的连接较弱，木材干燥时易沿此线开裂。年轮和髓线组成了木材漂亮的天然纹理。阔叶树的髓线较发达。

（2）木材的微观构造

木材的微观构造是指用显微镜能观察到的木材组织。在显微镜下可以看到木材由无数管状细胞结合而成。每个细胞都有细胞壁和细胞腔两个部分。细胞壁由若干层细纤维组成，纤维之间有微小的空隙能渗透和吸附水分。

细胞本身的组织构造在很大程度上决定了木材的性质。夏材的组织均匀、细胞壁厚、腔小，故质地坚实、表观密度大、强度高，湿胀干缩率人。春材的细胞壁薄、腔大，故质地松软、强度低，湿胀干缩率小。

木材细胞因功能不同可分为管胞、导管、木纤维、髓线等多种。针叶树的显微构造简单而规则，主要是由管胞和髓线组成，其髓线较细小，不是很明显，如图7-2所示。某些树种在管状细胞间有树脂道，如松树。阔叶树的显微构造较复杂，主要由导管、木纤维及髓线等组成,髓线很发达,粗大而明显。导管是壁薄而腔大的细胞,大的管孔肉眼可见,如图7-3所示。阔叶树因导管分布不同又分为环孔材和散孔材两种,春材中的导管很大并呈环状排列的被称为环孔材,导管大小差不多且散乱分布的被称为散孔材。所以髓线和导管是鉴别树材的显著特征。

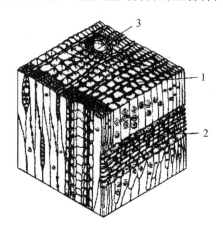

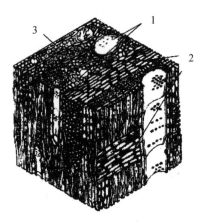

图7-2 马尾松的显微构造图　　　　图7-3 柞木的显微构造图

注:1—管胞;2—髓线;3—树脂道。　　注:1—导管;2—髓线;3—木纤维。

7.1.2 木材的性质

1) 化学性质

木材的化学成分有主要组分与浸提成分。主要组分是指构成细胞壁和胞间层的化学组成,有纤维素、半纤维素和木质素,是木材的主要组成物质。浸提成分一般存在于细胞腔内,有时也存在于细胞壁内,是木材组成的次要物质,主要是酚类、单宁类和黄酮类。大部分的木材浸提物可当作木材的天然填充料,能够保证木材的尺寸稳定性。

木材的化学组成与木材的材性有着紧密的联系。木质素的含量越高,木材的尺寸稳定性就越好;木质纤维链分子中的游离羟基与木材的吸湿性关系密切。

木材的化学性质复杂多变。常温下木材对稀的盐溶液、稀酸、弱碱有一定的抵抗能力,但随着温度的升高,木材抵抗酸碱的能力显著降低。而强酸、强碱在常温下也会使木材发生变色、湿胀、水解、氧化、酯化、降解交联等反应。在高温下,即使是中性溶液也会使木材发生水解等反应。

木材的上述化学性质是木材处理、改性以及综合利用的工艺基础。

2) 物理性质

木材的物理性质表现在颜色、光泽、纹理、气味、密度、含水率、湿胀干缩、力学性能等方面。

(1) 颜色、光泽、纹理和气味

木材的颜色与树种、生长环境、化学成分等有很大的关系。云杉、白松、椴木为浅白色,乌木为黑色,紫檀为紫黑色,酸枝木和印茄木为红褐色,海南黄花梨为黄褐色,缅甸黄花梨为红褐色。

木材的光泽是木材的表面组织对光线的反射程度。如果木材反射光线的能力较强、吸收光线的能力较弱时,木材的表面就有显著的光泽,木材的表面组织形态就会非常清晰;反之则相反。如云杉、松针香樟、檫木等材质的表面就有较好的光泽效果。随着时间的推移,有些木材表面的光泽会逐渐减弱,但是擦拭或者刨光后又会产生光泽。

木材的纹理又称木纹,就是木材纵向细胞的排列方向。木材的纹理有直纹理和斜纹理两种,斜纹理有交错纹理、波状纹理和螺旋纹理等。直纹理的木材易加工、强度高、花纹简单。斜纹理的木材不易加工、强度较低、易翘曲和开裂。

木材的气味主要来自木材的抽提物,主要存在于木材细胞腔内。抽提物的化学物质主要有单宁、树脂、树胶和挥发性的油类。香樟的樟脑香气、柚木的皮革气味、松木的松脂气味和杉木的特殊香气等都是由于木材中抽提物的某些化学成分挥发所致。

（2）密度、气干密度和基本密度

木材的密度是指木材单位体积的质量。由于木材的质量和体积会随着含水率的变化而改变,因而木材的密度值应标注测试时的含水率状况。在木材含水率相同的情况下,各类木材密度的测定值相差不大,一般为 $1.48\sim1.56\ \mathrm{g/cm^3}$。

木材的气干密度是指木材的含水率在 12% 时的密度,是比较各类木材质量大小的主要依据。木材的基本密度是指木材基本不含水的情况下所测得的密度值。木材的基本密度越大,木材的强度越大,也越难以加工。

（3）木材中的水分、纤维饱和点与平衡含水率

由于纤维素、半纤维素、木质素的分子均具有较强的亲水力,所以木材很容易从周围环境中吸收水分。木材中所含的水根据其存在形式可分为三类。

① 自由水:以游离状态存在于细胞腔、细胞间隙和细胞壁中空隙的水,又被称为游离水或毛细管水。自由水在木材所有水中所占的比例最高,一般为 60%～70%。自由水的含量会影响木材的燃烧性和抗腐蚀性。

② 吸附水:被吸附在细胞壁的微细纤维之间的水分。吸附水含量是影响木材强度和胀缩变形的主要原因。吸附水的质量占木材质量的 20% 左右。

③ 化合水:木材化学组成中的结合水。它与木材细胞壁组成化学结合状态,在常温下不变化,一般对木材的性质无影响。

木材中无自由水而细胞壁内的吸附水达到饱和时的木材含水率被称为"纤维饱和点"。木材的纤维饱和点大小随树种而异,一般为 25%～35%,通常取其平均值,约为30%。木材含水量的多少与木材的密度、强度、耐久性、加工性、导热性和导电性等有关。

木材中的水分是随着环境温度和湿度的变化而改变的。较干燥的木材置丁潮湿的空气中时,木材微毛细管内的水蒸气分压小于周围空气中的水蒸气分压,微毛细管能够从周围空气中吸收水蒸气,水蒸气在微毛细管内聚集成凝结水。细胞壁内的微毛细管从潮湿空气中吸收水分的现象被称为吸湿。潮湿木材放置在干燥的环境中时,木材微毛细管内的水蒸气分压大于周围空气中的水蒸气分压,微毛细管向周围空气中蒸

发水分,这种现象被称为解吸。

当木材长时间处于一定的温度和湿度的环境中,木材的吸湿和解析过程达到与周围空气湿度相平衡,此时的木材含水量被称为平衡含水率。它是进行干燥时的重要指标,与湿度和温度均有紧密关系。各地木材平衡含水率的差异较大,海南地区的木材平衡含水率高达17.6%,而新疆地区的木材平衡含水率则为10%。

木材的含水率可用质量法和电测法测定。质量法测定数值准确,一般用于实验室内的精确测定;电测法简单易行,测定精度较低,主要用于现场的检测评估。

(4)湿胀干缩

木材具有显著的湿胀干缩性。当木材的含水率大于纤维饱和点时,木材干燥或潮湿时只有自由水的增减变化,木材的体积不发生变化。当木材的含水率小于纤维饱和点时,木材细胞壁中的吸附水开始蒸发,细胞壁内微纤维之间的空隙缩减,木材体积收缩,这种现象就是木材的干缩;反之,木材在全干状态下逐渐吸湿至纤维饱和点的过程中体积将发生膨胀,这就是木材的湿胀。因此,木材的纤维饱和点是木材发生湿胀干缩变形的转折点。纤维饱和点也是木材物理力学性质发生变化的转折点,直接会影响木材的外形尺寸和强度变化。

木材构造的不均匀性,使得木材在不同方向的胀缩值不同,其中弦向最大,径向次之,纵向(即顺纤维方向)最小。木材的湿胀干缩性会给木材的应用带来较大的影响。过分干燥的木材易造成木结构拼缝不严、接榫松弛、翘曲开裂,而含水率较高的木材又会使木制品凸起变形。为避免这种不利影响,木材加工制作前应预先将木材干燥,使木材干燥至与木制品使用环境的湿度相适应的平衡含水率。

(5)力学性能

木材的强度主要有抗压强度、抗拉强度、抗弯强度和抗剪强度。其中抗压强度、抗拉强度和抗剪强度又有顺纹强度与横纹强度之分。当施加在木材上的荷载作用力方向与木纤维的分布方向平行时,称之为"顺纹";当施加在木材上的荷载作用力方向与木纤维的分布方向垂直时,则称之为"横纹"。木材在顺纹方向上的抗拉强度和抗压强度比其在横纹方向的抗拉强度、抗压强度要大得多,在结构构件上应充分利用木材的顺纹强度,避免使其横向承受拉力或压力。从理论上讲,木材强度中顺纹的抗拉强度最大,其次是顺纹抗弯强度和顺纹抗压强度,但实际测定的木材顺纹抗压强度最高,这是由于木材在几十年的生长过程中,或多或少地会受到环境不利因素的影响而出现一些缺陷,如木节、斜纹、夹皮、虫蛀、腐朽等,这些缺陷对木材的抗拉强度影响极大,从而造成实际的顺纹抗拉强度低于其顺纹抗压强度。

当木材的含水率小于纤维饱和点时,随着含水率降低,吸附水减少,木材强度增大;反之则强度降低。木材的含水率对顺纹抗压和抗弯强度影响较大,对顺纹抗剪强度影响较小,对顺纹抗拉强度几乎没有什么影响。

木材的强度随环境温度的升高而降低。当木材长期处于40~60℃的环境中时,木材会发生缓慢的炭化。当温度在100℃以上时,木材中的部分组成会分解、挥发,木材颜色变黑,强度明显下降。因此,环境温度经常在50℃以上时不宜采用木结构。表7-1是常用树种的木材主要物理力学性能。

表 7-1 常用树种的木材主要物理力学性能

树种名称	产地	气干容重/(g·cm⁻³)	干缩系数		顺纹抗压/MPa	顺纹抗拉/MPa	抗弯强度/MPa	顺纹抗剪/MPa	
			径向	弦向				径面	弦面
杉木	湖南	0.371	0.123	0.277	38.8	77.2	63.8	4.2	4.9
	四川	0.416	0.136	0.286	39.1	93.5	68.4	5.0	5.9
红松	东北	0.440	0.122	0.321	32.8	98.1	65.3	6.3	6.9
马尾松	安徽	0.533	0.140	0.270	41.9	99.0	80.7	7.3	7.1
落叶松	东北	0.641	0.168	0.398	55.7	129.9	109.4	8.5	6.8
云杉	东北	0.451	0.171	0.349	42.4	100.9	75.1	6.2	6.5
冷杉	四川	0.433	0.174	0.341	38.8	97.3	70.0	5.0	5.5
柞栎	东北	0.766	0.190	0.316	55.6	155.4	124.0	11.8	12.9
麻栎	安徽	0.930	0.210	0.389	52.1	155.4	128.6	15.9	18.0
水曲柳	东北	0.686	0.197	0.353	52.5	138.1	118.6	11.3	10.5
椰榆	浙江	0.818	—	—	49.1	149.4	103.8	16.4	18.4

此外,木材的缺陷如木节、斜纹、裂缝、腐朽及虫害等,都会对木材的强度有不同程度的影响。

7.1.3 木材的常见加工方式

原木在工厂内需经过一定的工艺处理和拼接组装后,才能成为人们需要的木质产品。木材易腐易燃,建筑工程在应用木材时,必须考虑木材的防腐和防火。为了提高木材的利用率,还应对木材进行胶合、模压成型等工艺处理。

常见的木材加工方式有干燥、防腐、防火、锯解等。

1) 干燥

由于树木在生长过程中大量吸收周边环境中的水分,因而新采伐的木材内含有大量的水。采用潮湿木材制作的木制品易发生开裂、翘曲等,也容易被虫蛀或真菌腐蚀。在木材加工之前必须采取相关措施,使木材的含水率降低到一定的程度,保证木制品的质量和使用寿命。木材干燥能够提高木制品的力学强度、胶结强度及表面装饰质量,改善木材的加工性能,提高木材和木制品的形状与尺寸稳定性,防止木材开裂,预防木材腐朽,改善木材的环境特征,减轻木材的重量,提高木材的热绝缘性能和电绝缘性能。

木材的干燥就是将木材内多余的水分排出去。通常情况下,利用木材毛细管的张力和水蒸气压力的作用,将木材中的自由水沿木材大毛细管系统向蒸发界面迁移,并由该处向外蒸发。在热力作用下,周围空气中的水分被微毛细管系统吸附,毛细管凝结的液体向系统内的空气蒸发,进而在含水率梯度、温度梯度、水蒸气压力梯度等的作用下,以液态和气态两种形式连续地由木材内部向蒸发界面迁移和扩散。木材的解吸只是将木材细胞壁中的吸附水排出,木材干燥排出的水主要是自由水和吸附水。

木材的干燥方式有热力干燥、机械干燥和化学干燥。热力干燥是指在热力作用下,将木材中的水分以蒸发、扩散、渗流等方式排出的过程。机械干燥是运用离心力或压榨的方法,将水分排出木材的过程。化学干燥是使用吸附性较强的化学物质吸取木材中的水分。木材的干燥以热力干燥为主,热力干燥分为天然干燥和人工干燥两类。天然干燥是利用自然界中的热能、湿度和风力对木材进行干燥,人工干燥是使用相关设备对木材进行干燥。

(1) 天然干燥法

木材的天然干燥法是一种古老的传统干燥工艺,使用条件简单,无须任何设备,节约能源。将木材按照一定的方式堆放在空旷的场地上,经一定的时间和自然空气的流动,将木材内的水分逐步排出。

天然干燥法的运营成本低,但因受环境条件的影响,所需的干燥时间较长,占地面积较大,干燥过程不能人为控制,干燥后木材的含水率较高,在干燥期间易产生虫蛀、腐朽、变色、开裂等缺陷,在工业化的干燥生产方法中较少采用。有时可通过排风机的作用,加快气流的流动速度,缩短干燥时间。

采用天然干燥法的木材质量的好坏及干燥速度与木材的堆积方式有很大的关系。一般的堆积方法有井字堆积法、三角交叉平面堆积法和水平堆积法等,如图7-4所示。

(a) 井字堆积法　　　　(b) 三角交叉平面堆积法　　　　(c) 水平堆积法

图 7-4　木材天然干燥堆积法示意图

木材的天然干燥时间随气候条件、树种和加工尺寸规格的不同而不同。薄型板材和小规格木料采用天然干燥法的干燥效果比较理想。在夏季,一般 20～30 mm 厚的松木板含水率从 60%降至 15%需 10～15 天,而同规格的水曲柳板则需 20 天。较厚的硬杂木天然干燥需要半年甚至更长的时间。木材在冬季的天然干燥时间会变长。

(2) 人工干燥法

窑干(又称室干、炉干):将木材放在保暖性和气密性较好的特制容器或建筑物内,利用加温、加热设备以便于人工控制介质的温湿度以及气流循环速度等因素,使木材的含水率在一定的时间内降至所需含水率的干燥工艺。

① 常规干燥法

以湿空气为干燥介质,使用蒸汽、炉气、热水或热油等间接加热湿空气,湿空气以对流换热的方式对木材进行加热干燥。常规干燥法中以蒸汽为热媒的加工方式居多。此外还有以炉气为热媒的常规干燥方法,又称烟熏干燥法。此种加工方式简便、成本低、易生产,但是木材表面往往有烟熏火燎的痕迹,影响木材的外观效果。

② 高温干燥法

高温干燥法的干燥介质温度在100℃以上,干燥介质可以是湿空气,也可以是常压、高压过热蒸汽。木材的高温热处理能够改善木材的品质,降低木材的吸湿性和吸水性,提高木材的尺寸稳定性、耐生物腐蚀性和耐候性。"炭化木"就是对高温热处理木材的简称。

③ 真空干燥法

真空干燥法就是将木材置于低于大气压的环境中进行干燥的木材加工方式。真空干燥法的干燥质量好、速度快,但是能耗较高,设备投资较大。

④ 远红外线干燥法

在远红外线的照射下,木材中的水分吸收远红外光线的辐射能后产生共振,将电磁能转化为热能,从而达到干燥的目的。此法易于操作,设备简单,但是木材的干燥不均匀、能耗较大、干燥质量不易保证、易引起火灾。此法目前已经不建议使用。

⑤ 木材高频与微波干燥

以潮湿木材为电解质,在磁场的作用下使木材中的极性分子做极性取向运动,分子之间产生碰撞或摩擦而生热,使木材内部温度升高,从而达到蒸发水分的目的。

⑥ 太阳能干燥法

利用集热器吸收太阳的辐射能加热空气,再通过空气对流传热干燥木材。

2)防腐

(1)木材的腐朽

木材易受真菌和昆虫的侵害而腐蚀变质。木材中常见的真菌有霉菌、变色菌、木腐菌三类。霉菌寄生在木材的表面,只在木材的外表生长,对木材的结构没有破坏作用。变色菌以木材细胞腔内含物(如淀粉、糖类等)为养料,不破坏细胞壁,也不影响木材的结构。所以霉菌、变色菌只能使木材的边材部位发生变色,影响木材的外观效果,对木材的强度不会产生太大的破坏作用。木腐菌对木材的危害最为严重,是引起木材腐朽的主要因素。木腐菌以木材中的纤维素、半纤维素和木质素为生长的养料,通过分解酶将木材的细胞壁溶解成孔洞,最终使木材腐朽变坏。

木材除受真菌侵蚀外,还会遭受昆虫的蛀蚀,如白蚁、天牛、蠹虫等,它们在树皮或木质内生存、繁殖,致使木材的强度降低,直至木材的组织结构被彻底破坏。

(2)木材的防腐

无论是真菌还是昆虫,其生存繁殖都需要适宜的条件,如水分、空气、温度、养料等。真菌最适宜生存繁殖的条件是:温度为25~30℃,木材的含水率为35%~60%,有空气存在。当温度高于60℃或低于5℃,木材含水率低于20%或高于100%且隔绝空气时,真菌的生长繁殖就会受到抑制,甚至停止。

木材具有天然的耐腐性及抗蛀性。不同的树种对菌、虫的抵抗性能是不一样的,这与木材的组织构造、材性及木材的化学组成不同有关,心材比边材耐腐蚀。

木材的防腐方式有物理保管法和化学保管法。

物理保管法就是控制木材的含水率，从而使木材不受或少受菌、虫侵蚀。物理保管法又分干存法、湿存法和水存法。干存法就是在短时间内将木材的含水率降低到25％以下后，再将木材按照合理的堆放模式置于通风干燥场所。湿存法是使木材保持较高的含水率，避免菌、虫危害，原木采伐后迅速堆积覆盖，并定时消毒。原木两端的断面用防腐护湿涂料进行涂饰，以保持木材内一定的含水率。湿存法一般选择水源充足的场所，木材边材外层的树皮完好度应在 2/3 以上。已经气干或受菌、虫危害的木材，不得采用湿法保管。水存法是将采伐后的原木扎成木排，将其储存在河流的深水处。水存法可使木材维持在最高含水率的状态。

木材化学保管法是利用有毒的化学药品对木材进行处理，避免菌、虫对木材造成危害的一种保存方式。所用到的有毒化学药品通常称为防腐剂。木材的防腐剂应具有以下特性：有毒杀菌、虫的功效，一定的持久性和药性的稳定性，无腐蚀木材的性能，使用安全，无胀缩性，施工易操作。木材防腐剂主要分三类：油质防腐剂、有机溶剂防腐剂和水溶性防腐剂。油质防腐剂是指具有防腐性能的油类，如煤焦油、煤杂酚油等；有机溶剂防腐剂是指灭杀菌、虫的药剂溶解于有机溶剂形成的溶液，有机溶剂主要有石油、乙醇和液化石油气等；水溶性防腐剂主要指能溶于水且对菌、虫有灭杀功能的物质，常见的水溶性防腐剂有铜铬砷、铜铬硼和酸性铬酸铜等。

木材的防腐材料品种很多，常用的防腐、防虫药剂见表 7-2。

表 7-2　常用木材防腐、防虫药剂的特性及适用范围

类别	编号	名称	特征	适用范围
水溶性	1	氟酚合剂	不腐蚀金属，不影响油漆，遇水易流失	室内不受潮的木构件防腐及防虫
	2	硼酚合剂	不腐蚀金属，不影响油漆，遇水易流失	室内不受潮的木构件防腐及防虫
	3	硼铬合剂	无臭味，不腐蚀金属，不影响油漆，遇水易流失，对人畜无毒	室内不受潮的木构件防腐及防虫
	4	氟砷铬合剂	无臭味，不腐蚀金属，不影响油漆，遇水不易流失，毒性较大	防腐及防虫效果良好，但不应用于与人经常接触的木构件
	5	钢铬砷合剂	无臭味，不腐蚀金属，不影响油漆，遇水不易流失，毒性较大	防腐及防虫效果良好，但不应用于与人经常接触的木构件
油溶性	6	五氯酚、林丹合剂	不腐蚀金属，不影响油漆，遇水不易流失，对防火不利	用于易腐朽的木材、虫害严重地区的木结构
油类	7	混合防腐剂（或蒽油）	有恶臭，木材处理后呈黑褐色，不能油漆，遇水不流失，对防火不利	用于经常受潮或与砌体接触的木构件的防腐和防白蚁
	8	强化防腐油	有恶臭，木材处理后呈黑褐色，不能油漆，遇水不流失，对防火不利	用于经常受潮或与砌体接触的木构件的防腐和防白蚁
浆膏	9	氟砷沥青浆膏	有恶臭，木材处理后呈黑褐色，不能油漆，遇水不流失	用于经常受潮或处于通风不良处的木构件的防腐和防虫

3）防火

木材是天然的有机高分子材料，含碳、氢、氧和其他元素。木材受热超过100℃以后会分解，分解的产物有可燃性气体[一氧化碳(CO)、甲烷(CH_4)、乙烯(C_2H_4)、氢气(H_2)等]和不燃性气体[二氧化碳(CO_2)、水蒸气等]。在温度达到260℃时，木材遇到明火即会燃烧；加热到400～460℃时，木材会自行燃烧。所以木材的易燃性是其在室内应用时所必须考虑的问题。木材的防火处理（也称阻燃处理）旨在提高木材的耐火性，使之不易燃烧；或当木材着火后，火焰不至于很快蔓延；或当火焰源移开后，材面上的火焰能够立即自行熄灭。

木材的燃烧可分为有焰燃烧和无焰燃烧两个阶段。有焰燃烧是木材燃烧时所产生的可燃性气体造成的燃烧，它是火焰蔓延的主要原因；无焰燃烧是木材分解而造成的燃烧，可使火焰的燃烧保持一定的持续性。

木材的防火处理通常有表面涂敷法和溶液浸注法两种。

（1）表面涂敷法

木材防火处理的表面涂敷法就是在木材的表面涂覆一层具有防火作用的涂料。防火涂料能够在火焰与木材之间起到阻隔热量传导的作用，延缓高温的传递，从而阻止或减缓燃烧的发生。防火涂料不仅防火，而且具有一定的防腐作用。

木材的防火涂料可分为溶剂型防火涂料和水乳型防火涂料两大类，其主要品种、特性和用途如表7-3所示。

表7-3　木材防火涂料主要品种、特性和用途

类别	编号	名称	特性	适用范围
溶剂型	1	A60-1 改性氨基膨胀防火涂料	遇火生成均匀致密的海绵状泡沫隔热层，防止初期火灾蔓延扩大	高层建筑、商场、影剧院、地下工程等可燃部位的防火
	2	A60-501 膨胀防火涂料	涂层遇火体积迅速膨胀100倍以上，形成连续的蜂窝状隔热层，并释放阻燃气体，具有优异的阻燃隔热效果	木板、纤维板、胶合板等材料的防火保护
	3	A60-KG 快干氨基膨胀防火涂料	遇火膨胀生成均匀致密的泡沫状碳质隔热层，有极好的隔热阻燃效果	公共建筑、高层建筑、地下建筑等有防火要求的场所
	4	AE60-1 膨胀型透明防火涂料	涂膜透明光亮，能显示基材原有纹理，遇火时涂膜膨胀发泡，形成防火隔热层，既有装饰性，又有防火性	各种木质构件、纤维板、胶合板以及家具的防火保护和装饰
水乳型	5	B60-1 膨胀型丙烯酸水性防火涂料	在火焰和高温作用下，涂层受热分解，放出大量灭火性气体，抑制燃烧。同时涂层膨胀发泡，形成隔热层，阻止火势蔓延	宾馆、学校、医院、商场等建筑的木质构件，纤维板，胶合板的表面防火保护
	6	B60-2 木结构防火涂料	遇火时涂层发生反应，构成绝热的碳化泡膜	建筑物木质构件以及纤维板、胶合板构件的表面阻燃处理

（2）溶液浸注法

木材防火的溶液浸注方法又分为常压浸注和加压浸注两类。木材在浸注处理前必须达到充分气干，并经初步加工成型，这是为了避免木材经过防火处理后再加工将浸有阻燃剂的木材部分去除，失去阻燃作用。常压浸注法是在常压、室温或者加温至95℃的状态下，将木材浸在阻燃剂的溶液中，使阻燃物质渗入木材内部的加工方式。常压浸注法适用于薄板的阻燃处理，要求木材的渗透性较好。加压浸注法是将木材浸入处于密闭容器的阻燃剂溶液中，在容器内施加一定的压力，使阻燃剂浸入木材的内部。加压浸注法适用于有一定厚度的板材的阻燃处理。常用的阻燃剂有磷酸铵、硫酸铵、硼酸铵、氯化铵、硼酸和氯化镁等。

4）锯解

原木经去皮、锯切、干燥等初步加工后，不仅能以实木的形式用于制造各类木质产品，如家具、船舶等，而且经过深加工后可用于制造各类人造木质板材。

锯解是使用各类锯机和相关设备，将原木加工成一定断面尺寸的锯材或半成材。常用的锯机有带锯机、圆锯机、排锯机、联锯和削片制材联合机。

根据木材锯解时的锯材种类、规格等，确定锯口部位和锯解顺序进而下锯的锯解方法被称为下锯法。按下锯的锯解顺序和生产材种不同，下锯法分为四面下锯法和三面下锯法，特种用材的下锯法又有径切材下锯法、弦切材下锯法和胶合木下锯法。特种用材是指乐器、航空、造船等行业所需的专业用材。

木材锯解方式的选定对锯材的质量和原木的出材率有着直接的影响。

7.1.4 木材的选用原则

木材在选用时应注意以下几个方面：

1）木材的纹理

木材的纹理是木质材料装饰的主要特点之一，其走向与分布对装饰效果的影响较大。如果板面的木纹分布均匀、美观，一般采用清水漆或开放漆涂饰工艺，可使木材的天然纹理得到很好的呈现。如果板面木纹杂乱无章，装饰性较差，则多用混水漆涂饰工艺，以不透明的油漆对木材表面进行遮盖。

木材的纹理因树种不同而不同，纹理的粗细、分布等也有所不同。如柚木的纹理直顺、细腻，整个截面变化不大；而水曲柳则纹理美观，走向多呈曲线，构成圆形、椭圆形及不规则封闭曲线图形，且整个木材截面的纹理图案差异较大。

2）木材的颜色

木材颜色有深、浅之差别。如红松的边材色白微黄，心材色黄而微红；黄花松边材呈淡黄色，心材呈深黄色；白松色白；水曲柳呈淡褐色；枫木色淡黄而微红等。不同树种的木材颜色也不同。

木材的颜色影响室内装饰的整体效果，也会影响油漆工艺的运用。比如针对白松而言，一般利用天然的白底，配合白色的底粉，可获得清淡、素雅的装饰效果。若为深色木材，尽管可通过漂白剂处理使木材的颜色变浅，但无论如何也达不到白底的效果。

当室内需要清淡的装饰效果时,一般应优先选用浅色木材,如需暖色调的装饰效果,则应选用深色木材。

3)木材的缺陷控制

树木在生长以及生产加工过程中,由于各种原因所造成的木材损伤和非正常的组织结构被称为木材的缺陷。为了保证木材的使用质量,相关部门制定了木材的基础标准、材种标准和木制品标准等,以控制木材的缺陷范围。

木材产品主要有原条、原木、锯材和人造板等。木材的缺陷给木材的使用和表观装饰效果带来不利影响。木材产品的常见缺陷有以下几种:

变色。木材受菌类的侵蚀颜色会发生改变,这种现象被称为变色。变色后木材的构造仍完好,能保持原有的硬度,最常见的变色有青皮和红斑。

腐朽。木材受细菌侵蚀,其颜色、相对密度、吸水性、吸湿性、硬度、强度等性能均有所改变。木材一旦腐朽,特别是内部腐朽,便很难有使用价值。

虫眼。木材若保管不善,遭受蛀蚀,即可能造成虫眼。根据蛀蚀的深浅有表面虫眼、浅虫眼和深虫眼之分。浅虫眼和深虫眼都会使木材的装饰性受到很大影响。

裂纹。木材在生长期或采伐后,由于受到温度及湿度变化的影响,木材纤维间发生脱离而产生裂纹。裂纹对木制品的装饰效果影响较大,木制品制作完成后不得出现裂纹。

树脂囊。树脂囊亦称油眼,是年轮中充满树脂的条状槽沟,其中流出的树脂能污染木制品的表面,故有油眼的部位应该挖掉。

对于木材的缺陷,在装饰工程中应具体情况具体分析,根据装饰等级和油漆工艺进行综合处理。装饰要求越高,对木材的质量控制标准也越高。质量好的木材,宜采用透明油漆涂刷,以显露木材的纹理;而缺陷多的木材则宜采用混色油漆,以遮盖基材表面的缺陷。

表7-4和表7-5分别是针叶树木和阔叶树木加工用原木分等缺陷限度表。

表7-4 针叶树木加工用原木分等缺陷限度表

缺陷名称	检量方法		限度		
			一等	二等	三等
活节、死节	最大尺寸不得超过检尺径的		15%	40%	不限
	任意材长1m范围内的个数不得超过		5个	10个	不限
漏节	在全材长范围内的个数不得超过		不允许	1个	2个
边材腐朽	厚度不得超过检尺径的		不允许	10%	20%
心材腐朽	面积不得超过检尺径断面面积的		大头允许1%,小头不允许	16%	36%
虫眼	任意材长1m范围内的个数不得超过		不允许	20个	不限
纵裂、外夹皮	长度不得超过检尺长的	杉木	20%	0%	不限
		其他针叶树	10%		

缺陷名称	检量方法	限度		
		一等	二等	三等
弯曲	最大拱高不得超过该弯曲内曲水平长的	1.5%	3%	6%
扭转纹	小头 1 m 范围内的纹理倾斜高(宽)度不得超过检尺径的	20%	50%	不限
外伤、偏枯	深度不得超过检尺径的	20%	40%	不限
风折木	全材长范围内的个数不得超过	不允许	2 个	不限

注:① 上表未列缺陷不计,用作造纸、人造纤维的原料,其裂纹、夹皮、弯曲、扭转纹不计;② 作胶合板使用的原木为一等、二等;③ 乐器用料对质量有要求者,经供需双方协商挑选。

表 7-5　阔叶树木加工用原木分等缺陷限度表

缺陷名称	检量方法	限度		
		一等	二等	三等
死节	最大尺寸不得超过检尺径的	20%	40%	不限
	任意材长 1 m 范围内的个数不得超过	2 个	4 个	不限
漏节	在全材长范围内的个数不得超过	不允许	1 个	2 个
边材腐朽	厚度不得超过检尺径的	不允许	10%	20%
心材腐朽	面积不得超过检尺径断面面积的	大头允许 1%,小头不允许	16%	36%
虫眼	任意材长 1 m 范围内的个数不得超过	不允许	5 个	不限
纵裂、外夹皮	长度不得超过检尺长的	20%	40%	不限
弯曲	最大拱高不得超过该弯曲内曲水平长的	1.5%	3%	6%
扭转纹	小头 1 m 范围内的纹理倾斜高(宽)度不得超过检尺径的	20%	50%	不限
外伤、偏枯	深度不得超过检尺径的	20%	40%	不限

注:上表未列缺陷不计。

7.2　木质板材制品

木质板材制品是利用木材或含有一定量纤维的其他植物作为原料,采用相关的物理和化学方法加工而成的。这类板材与天然木材相比具有板面宽,表面平整光洁,没有节子、虫眼和各向异性等缺点,不开裂、不翘曲,经加工处理后还具有较好的防水、防火、防腐和防酸等性能。

木质板材制品的种类很多,工程中常用的木质板材制品有胶合板、难燃胶合板、竹编胶合板、装饰单板贴面人造板(薄木贴面板)、纤维板、刨花板和细木工板等。

7.2.1 胶合板

胶合板的生产工艺早在古埃及时代就出现了,那时的工匠们将贵重的木材制成小薄片,用浮石等磨料磨光,再与金属或象牙等材料复合后用于制造家具。现代胶合板的制造工艺与古代相比有天壤之别,而且胶合板的应用范围十分广泛,对木材的综合利用率较高。胶合板已成为木材加工、建筑工程、包装、船舶制造等领域的基础性材料。我国是木材资源的消耗大国,保护环境并有效利用木材资源是国家经济发展必须考虑的问题之一。随着国民经济发展的深入,我国现已成为世界上胶合板生产量最大的国家。

现代胶合板是由三层或多层旋切(或刨切)薄木按相邻薄木的木材纹理方向互相垂直组坯后胶压而成的一种人造木质板材。胶合板的薄木层数通常为奇数,如 3,5,7,……,15 等。图7-5 为三层胶合板(三合板)断面构造示意图。

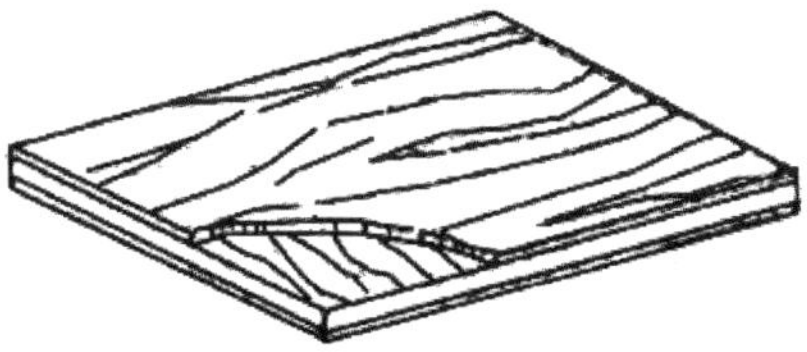

图7-5 三层胶合板(三合板)断面构造示意图

胶合板制品极大地提高了木材的利用率,其主要特点是,材质分布均匀,强度高;单张板材的幅面规格大;表面平整易加工,不翘不裂;制品的干湿变形小;板面具有一定的木纹,是建筑工程中被广泛使用的一种人造板材。

胶合板按制造胶合板薄片的树种不同可分为阔叶树材胶合板和针叶树材胶合板,按板材表面的加工情况不同分为普通胶合板和装饰单板贴面胶合板,按胶合板使用环境的条件不同分为干燥条件下使用、潮湿条件下使用和室外条件下使用,按胶合板的性能不同分为Ⅰ类胶合板(耐气候胶合板)、Ⅱ类胶合板(耐水胶合板)和Ⅲ类胶合板(不耐潮胶合板)等品种。

胶合板的制造生产方式有冷压法和热压法两种。冷压法是指将干燥后的单板经涂胶、组坯后,用冷压方式制作胶合板的一种生产工艺。热压法是指用干燥后的单板通过热压方式生产胶合板的一种工艺。热压法的生产效率高且产品质量好,因而在工厂里使用较多。胶合板热压法的生产工艺流程为:旋切单板→单板干燥→剪切分选→单板加工→单板涂胶→组坯→预压→热压→锯边砂光→检验包装。

胶合板的常用幅面尺寸见表7-6。胶合板厚度可由供需双方协商确定。

表7-6 胶合板的常用幅面尺寸(单位:mm)

宽度	长度				
915	915	1 220	1 830	2 135	—
1 220	—	1 220	1 830	2 135	2 440

注:特殊尺寸由供需双方商定。

胶合板的质量指标有尺寸偏差、外观质量和理化性能(含水率、浸渍剥离性能、弹性模量、耐磨性、甲醛释放量等)等。

1) 胶合板的尺寸偏差

胶合板的尺寸偏差分为长度偏差、宽度偏差和厚度偏差。长度和宽度偏差为 ± 1.5 mm/m，最大为 ± 3.5 mm/m。厚度偏差见表 7-7。

此外，胶合板的垂直度偏差不大于 1 mm/m。边缘直度偏差不大于 1 mm/m。平整度偏差（厚度 $t \geqslant 7$ mm，检测平整度）：胶合板幅面为 1 220 mm×1 830 mm 及以上时，平整度偏差不大于 30 mm；胶合板幅面小于 1 220 mm×1 830 mm 时，平整度偏差不大于 20 mm。

表 7-7　胶合板的厚度偏差（单位：mm）

公称厚度范围 (t)	未砂光板		砂光板	
	板内厚度公差	公称厚度偏差	板内厚度公差	公称厚度偏差
$t \leqslant 3$	0.5	$-0.2 \sim +0.4$	0.3	± 0.2
$3 < t \leqslant 7$	0.7	$-0.3 \sim +0.5$	0.5	± 0.3
$7 < t \leqslant 12$	1.0	$-(0.4+0.03t) \sim +(0.8+0.03t)$	0.6	$-(0.4+0.03t) \sim +(0.2+0.03t)$
$12 < t \leqslant 25$	1.5		0.6	$-(0.3+0.03t) \sim +(0.2+0.03t)$
$t > 25$			0.8	

2) 胶合板的外观质量

根据胶合板面板上的材质缺陷和加工缺陷的数量和范围，胶合板的质量等级分为优等品、一等品和合格品三个等级。一般来讲，胶合板的表面均为砂光处理。表 7-8 至表 7-10 分别是阔叶树材胶合板、针叶树材胶合板和热带阔叶树材胶合板的外观分等允许缺陷标准。

表 7-8　阔叶树材胶合板外观分等允许缺陷标准

缺陷种类		检验项目	面板			背板
			胶合板等级			
			优等品	一等品	合格品	
(1) 针节		—	允许			
(2) 活节		最大单个直径/mm	10	20	不限	
(3)	半活节、死节、夹皮	每平方米板面上总个数/个	不允许	4	6	不限
	半活节	单个最大直径/mm	不允许	15（自 5 以下不计）	不限	
	死节	单个最大直径/mm	不允许	4（自 2 以下不计）	15	不限

缺陷种类	检验项目	面板			背板
		胶合板等级			
		优等品	一等品	合格品	
(3) 夹皮	单个最大长度/mm	不允许	20 （自 5 以下不计）		不限
(4) 木材异常结构	—		允许		
(5) 裂缝	单个最大宽度/mm	不允许	1.5， 椴木 0.5	3.0 椴木 1.5， 南方材 4.0	6.0
	单个最大长度/mm		200， 南方材 250	400， 南方材 450	800， 南方材 1 000
(6) 虫孔、排钉孔、孔洞	最大单个直径/mm	不允许	4	8	15
	每平方米板面上个数/个		4	不允许呈筛孔状	
(7) 变色	不超过板面积/%	不允许	30	不限	
			注：1. 浅色斑条按变色计。 2. 一等品深色斑条宽度不得超过 2 mm，长度不得超过 20 mm。 3. 桦木除特等板外，允许有伪心材，但一等品的色泽应调和。 4. 桦木一等品不允许有密集的褐色或黑色髓斑。 5. 优等品和一等品的异色边心材按变色计		
(8) 腐朽	—	不允许		允许有不影响强度的初腐现象，但面积不超过板面积的 1%	允许有初腐
(9) 树胶道	单个最大长度/mm	不允许	150	不限	
	单个最大宽度/mm		10		
	每平方米板面上个数/个		4		
(10) 表板拼接离缝	单个最大宽度/mm	不允许	0.5	1.0	2.0
	单个最大长度为板长/%		10	30	50
	每米板宽内条数/条		1	2	不限
(11) 表板叠层	单个最大宽度/mm	不允许		8	10
	单个最大长度为板长/%			20	不限

缺陷种类	检验项目		面板			背板
			胶合板等级			
			优等品	一等品	合格品	
（12）芯板叠离	紧贴表板的芯板叠离	单个最大宽度/mm	不允许	2	6	8
		每米板宽内条数/条		2	不限	
	其他各层离缝最大宽度/mm			8		—
（13）长中板叠离	单个最大宽度/mm		不允许	8		—
（14）鼓泡、分层	—			不允许		
（15）凹陷、压痕、鼓包	单个最大面积/mm²		不允许	50	400	不限
	每平方米板面上个数/个			1	4	
（16）毛刺沟痕	不超过板面积/%		不允许	1	20	不限
	深度不超过/mm			0.2	不允许穿透	
（17）表板砂透	每平方米板面上/mm²		不允许		400	不限
（18）透胶及其他人为污染	不超过板面积/%		不允许	0.5	30.0	不限
（19）补片、补条	允许制作适当且填补牢固的补片、补条，每平方米板面上个数/个		不允许	3.0	不限	不限
	累计面积不超过板面积/%			0.5	3.0	
	缝隙不得超过/mm			0.5	1.0	2.0
（20）内含铝质书钉	—			不允许		—
（21）板边缺损	自公称幅面内不得超过/mm		不允许		10	
（22）其他缺陷	—		不允许	按最类似缺陷考虑		

表 7-9　针叶树材胶合板外观分等允许缺陷标准

缺陷种类		检验项目	面板			背板
			胶合板等级			
			优等品	一等品	合格品	
（1）针节		—	允许			
（2）	活节、半活节、死节	每平方米板面上个数/个	5	8	10	不限
	活节	最大单个直径/mm	20	30（自 10 以下不计）		不限
	半活节、死节	最大单个直径/mm	不允许	5	30（自 10 以下不计）	不限
（3）木材异常结构		—	允许			
（4）夹皮、树脂囊		每平方米板面上个数/个	3	4（自 10 以下不计）	10（自 15 以下不计）	不限
		单个最大长度/mm	15	30		不限
（5）裂缝		单个最大宽度/mm	不允许	1	2	6
		单个最大长度/mm		200	400	1 000
（6）虫孔、排钉孔、孔洞		最大单个直径/mm	不允许	2	10	15
		每平方米板面上个数/个		4	10（自 3 以下不计）	不允许呈筛孔状
（7）变色		不超过板面积/%	不允许	浅色 10	不限	
（8）腐朽		—	不允许		允许有不影响强度的初腐现象，但面积不超过板面积的 1%	允许有初腐
（9）树脂漏（树脂条）		单个最大长度/mm	不允许	150	不限	
		单个最大宽度/mm		10		
		每平方米板面上个数/个		4		
（10）表板拼接离缝		单个最大宽度/mm	不允许	0.5	1.0	2.0
		单个最大长度为板长/%		10	30	50
		每米板宽内条数/条		1	2	不限

缺陷种类	检验项目		面板			背板
			胶合板等级			
			优等品	一等品	合格品	
(11) 表板叠层	单个最大宽度/mm		不允许		2	10
	单个最大长度为板长/%				20	不限
(12) 芯板叠离	紧贴表板的芯板叠离	单个最大宽度/mm	不允许	2	4	8
		每米板宽内条数/条		2	不限	
	其他各层离缝最大宽度/mm			8		—
(13) 长中板叠离	单个最大宽度/mm		不允许	8		—
(14) 鼓泡、分层	—		不允许			—
(15) 凹陷、压痕、鼓包	单个最大面积/mm²		不允许	50	400	不限
	每平方米板面上个数/个			2	6	
(16) 毛刺沟痕	不超过板面积/%		不允许	5	20	不限
	深度不超过/mm			0.5	不允许穿透	
(17) 表板砂透	每平方米板面上/mm²		不允许		400	不限
(18) 透胶及其他人为污染	不超过板面积/%		不允许	1	不限	
(19) 补片、补条	允许制作适当且填补牢固的补片、补条,每平方米板面上的个数/个		不允许	6	不限	
	累计面积不超过板面积/%			1	5	不限
	缝隙不得超过/mm			0.5	1.0	2.0
(20) 内含铝质书钉	—		不允许			—
(21) 板边缺损	自公称幅面内不得超过/mm		不允许	10		
(22) 其他缺陷	—		不允许	按最类似缺陷考虑		

表 7-10 热带阔叶树材胶合板外观分等允许缺陷标准

缺陷种类		检验项目	面板			背板
			胶合板等级			
			优等品	一等品	合格品	
(1) 针节		—	允许			
(2) 活节		最大单个直径/mm	10	20	不限	
(3)	半活节、死节	每平方米板面上个数/个	不允许	3	5	不限
	半活节	最大单个直径/mm		10 (自 5 以下不计)	不限	
	死节	最大单个直径/mm		4 (自 2 以下不计)	15	不限
(4) 木材异常结构		—	允许			
(5) 裂缝		单个最大宽度/mm	不允许	1.5	2.0	6.0
		单个最大长度/mm		250	350	800
(6) 夹皮		每平方米板面上个数/个	不允许	2	4	不限
		单个最大长度/mm	—	10 (自 5 以下不计)	不限	
(7) 蛀虫造成的缺陷	虫孔	每平方米板面上个数/个	不允许	8 (自 1.5 以下不计)	8	15
		单个最大直径/mm		2		
	虫道	每平方米板面上个数/个	不允许	2	不允许呈筛孔状	
		单个最大长度/mm		10		
(8) 排钉孔、孔洞		单个最大直径/mm	不允许	2	8	15
		每平方米板面上个数/个		1	不限	
(9) 变色		不超过板面积/%	不允许	5	不限	
(10) 腐朽		—	不允许		允许有不影响强度的初腐,但面积不超过板面积的 1%	允许有初腐
(11) 树胶道		单个最大长度/mm	不允许	150	不限	
		单个最大宽度/mm		10		
		每平方米板面上个数/个		4		

缺陷种类	检验项目		面板			背板
			胶合板等级			
			优等品	一等品	合格品	
(12) 表板拼接离缝	单个最大宽度/mm		不允许		1	2
	单个最大长度为板长/%				30	50
	每米板宽内条数/条				2	不限
(13) 表板叠层	单个最大宽度/mm		不允许		2	10
	单个最大长度为板长/%				10	不限
(14) 芯板叠离	紧贴表板的芯板叠离	单个最大宽度/mm	不允许	2	4	8
		每米板宽内条数/条		2	不限	
	其他各层离缝最大宽度/mm		8			—
(15) 长中板叠离	单个最大宽度/mm		不允许	8		—
(16) 鼓泡、分层	—		不允许			—
(17) 凹陷、压痕、鼓包	单个最大面积/mm²		不允许	50	400	不限
	每平方米板面上个数/个			1	4	
(18) 毛刺沟痕	不超过板面积/%		不允许	1	25	不限
	最大深度不超过/mm			0.4	不允许穿透	
(19) 表板砂透	每平方米板面上/mm²		不允许		400	不限
(20) 透胶及其他人为污染	不超过板面积/%		不允许	0.5	30.0	不限
(21) 补片、补条	允许制作适当且填补牢固的补片、补条,每平方米板面上的个数/个		不允许	3	不限	不限
	累计面积不超过板面积/%			0.5	3.0	
	缝隙不得超过/mm			0.5	1.0	2.0
(22) 内含铝质书钉	—		不允许			—
(23) 板边缺损	自公称幅面内不得超过/mm		不允许		10	
(24) 其他缺陷	—		不允许	按最类似缺陷考虑		

注:髓斑和斑条按变色计;优等品和一等品的异色边心材按变色计。

胶合板面板拼接的要求:优等品的面板板宽在1220 mm以内的,其面板应为整张板,或用两张单板在板的大致正中位置进行拼接,接缝应严密。优等品的面板拼接时应适当配色且纹理应相似。一等品的面板拼接应密缝,木色应相近且纹理相似,拼接单板的条数不限。合格品的面板及各等级板的背板,其拼接单板条数不限。各等级的面板拼缝均应大致平行于板边。

胶合板的修补应符合以下原则:对死节、孔洞和裂缝等缺陷,应用腻子填平后砂光修补;补片和补条应采用与制造胶合板相近的黏合剂进行胶粘;补片和补条的颜色和纹理,以及填料的颜色应与四周木材适当相配。

3)胶合板的理化指标

胶合板的理化性能指标项目有含水率、胶合强度、浸渍剥离性能、静曲强度和弹性模量、甲醛释放量等。胶合板的含水率、胶合强度、静曲强度和弹性模量的要求见表7-11至表7-13。

表7-11 胶合板的含水率要求(单位:%)

胶合板材种	类别	
	Ⅰ类、Ⅱ类	Ⅲ类
阔叶树材(含热带阔叶树材)	5～14	5～16
针叶树材		

表7-12 胶合板的胶合强度要求(单位:MPa)

树种名称/木材名称/国外商品材名称	类别	
	Ⅰ类、Ⅱ类	Ⅲ类
椴木、杨木、拟赤杨、泡桐、橡胶木、柳桉、奥克榄、白梧桐、异翅香、海棠木、桉木	≥0.70	≥0.70
水曲柳、荷木、枫香、槭木、榆木、柞木、阿必东、克隆、山樟	≥0.80	
桦木	≥1.00	
马尾松、云南松、落叶松、云杉、辐射松	≥0.80	

注:对于用不同树种搭配制成的胶合板的胶合强度,应取各树种中胶合强度指标值要求最小的指标值。

表7-13 胶合板的静曲强度和弹性模量(单位:MPa)

试验项目		公称厚度 t/mm				
		7≤t≤9	9<t≤12	12<t≤15	15<t≤21	t>21
静曲强度	顺纹	32.0	28.0	24.0	22.0	24.0
	横纹	12.0	16.0	20.0	20.0	18.0
弹性模量	顺纹	5 500	5 000	5 000	5 000	5 500
	横纹	2 000	2 500	3 500	4 000	3 500

胶合板的甲醛释放量标准依据《室内装饰装修材料人造板及其制品中甲醛释放限

量》(GB 18580—2017)的标准执行。当胶合板相邻单板的木纹方向相同时,应进行浸渍剥离试验。每个试件同一胶层每边剥离长度累计不超过 25 mm。

通常情况下,胶合板的单板由普通树种刨切或者旋切而成,其单板表面木纹的装饰效果较差,所以胶合板在装饰工程中一般不作为装饰面板使用,而是主要用于装饰面层的衬底基板,或用于板式家具的基层材料。

胶合板的品种还有成型胶合板、难燃胶合板、浸渍胶膜纸饰面胶合板等。成型胶合板是将木、竹单板等经涂胶、组坯、模压而成的非平面型胶合板,可用于非常规造型的处理。难燃胶合板是经过工厂的阻燃处理后燃烧性能达到难燃等级的胶合板,可满足某些装饰部位的耐燃等级要求。浸渍胶膜纸饰面胶合板是将浸渍氨基树脂的胶膜纸铺装在胶合板上热压而成的装饰板。由于纸张表面可以印制各类天然材料的表面肌理和人工装饰图案,极大地增加了板材表面的装饰性,因而浸渍胶膜纸饰面胶合板可用于板式家具的制作、墙柱面部位的装饰等。

7.2.2 装饰单板贴面人造板

装饰单板贴面人造板又称薄木贴面板、切片板,是将天然的珍贵木材或人造木质材料刨切加工成单板(薄木)后,再用黏合剂将其粘贴到人造木质板上的一种复合板材。

珍贵木材的纹理装饰性优异,但是此类木材的生长周期非常缓慢,而这类高档木材在市场上一直处于供不应求的状态,因此提高此类树种的利用率是木材行业的重点研究方向。装饰单板贴面人造板则是提高此类珍贵木材利用率的产品之一。

装饰单板贴面人造板的品种根据单板的来源不同分为天然单板、调色单板、集成单板和重组装饰单板。天然单板是将天然珍贵树木的木方直接刨切或旋切而成的木质薄片;调色单板是将一般树木的单板用漂白和染色的方法制成的着色单板;集成单板是将板材或小木方等按照木纤维相互平行的方向黏合成木方,再将木方刨切成单板;重组装饰单板是以普通单板为原料,采用单板调色、层积、胶合成型制成木方,经过刨切、旋切或锯切制成的单板。普通单板的厚度通常为 0.25~1.00 mm,微薄木单板的厚度为 0.05~0.25 mm。

装饰单板贴面人造板的生产工艺为单板(薄木)制作→准备基层板→板面刷胶→单板拼接并胶贴→热压→表面涂饰。图 7-6 是集成薄木的常见拼接图案。

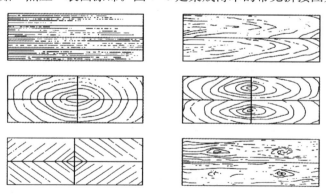

图 7-6　集成薄木的常见拼接图案

天然薄木单板的树种有柞木、水曲柳、山毛榉、花梨木、酸枣、椿木、樟木、柚木、榉木、枫木、酸枝木、沙比利、橡木等。装饰工程中常用的装饰单板贴面人造板的品种有水曲柳饰面板、枫木饰面板、柚木饰面板和北欧雀眼饰面板等。

装饰单板贴面人造板的性能指标有规格尺寸及其偏差、外观质量要求和理化性能。

1）规格尺寸及其偏差

装饰单板贴面人造板的规格尺寸包括幅面尺寸偏差、厚度尺寸偏差、相邻边垂直度、边缘直度和翘曲率。

装饰单板贴面人造板的幅面尺寸和厚度尺寸偏差要求分别见表7-14和表7-15。

表 7-14 装饰单板贴面人造板的幅面尺寸（单位：mm）

宽度	长度				
915	915	1 220	1 830	2 135	—
1 220	—	1 220	1 830	2 135	2 440

注：经供需双方协议可生产其他幅面尺寸的产品。

表 7-15 装饰单板贴面人造板厚度尺寸偏差（单位：mm）

基本厚度 t	允许偏差
$t<4$	± 0.20
$4\leqslant t<7$	± 0.30
$7\leqslant t<20$	± 0.40
$t\geqslant 20$	± 0.50

不同基材的装饰单板贴面人造板的长度和宽度偏差应符合以下要求：装饰单板贴面胶合板长度和宽度允许偏差为 ± 2.5 mm；装饰单板贴面细木工板的长度和宽度允许偏差为 $0\sim +5$ mm；装饰单板贴面刨花板的长度和宽度允许偏差为 $0\sim +5$ mm；装饰单板贴面中密度板的长度和宽度允许偏差为 ± 3 mm。

在表 7-14 规定的幅面尺寸内，板材相邻边的垂直度应符合基板的标准。超出表 7-14 的幅面尺寸，则由供需双方协商解决。边缘直度偏差也应符合基层板的产品质量标准。板厚在 6 mm 以上的装饰单板贴面人造板的翘曲度应≤1.0%。

2）外观质量

装饰单板贴面人造板的外观质量要求见表 7-16 中的规定。

表 7-16 装饰单板贴面人造板的外观质量要求

检验项目		装饰单板贴面人造板等级		
		优等	一等	合格
（1）装饰性	视觉	材色和花纹美观		
	花纹一致性（仅限有要求时）	花纹一致或基本一致		

检验项目			装饰单板贴面人造板等级		
			优等	一等	合格
(2) 材色不匀、变褪色		色差	不易分辨	不明显	明显
(3) 活节	阔叶树材	最大单个长径/mm	10	20	不限
	针叶树材		5	10	20
(4) 死节、孔洞、夹皮、树脂道等	半活节、死节、虫孔、孔洞、夹皮和树脂道、树胶道	每平方米板面上缺陷总个数/个	不允许	4	4
	半活节	最大单个长径/mm	不允许	10,小于5不计,脱落需填补	20,小于5不计,脱落需填补
	死节、虫孔、孔洞	最大单个长径/mm	不允许		5,小于3不计,脱落需填补
	夹皮	最大单个长度/mm	不允许	10,小于5不计	30,小于10不计
	树脂道、树胶道	最大单个长度/mm	不允许	15,小于5不计	30,小于10不计
(5) 腐朽			不允许		
(6) 裂缝、条状缺损(缺丝)		最大单个宽度/mm	不允许	0.5	1.0
		最大单个长度/mm		100	200
(7) 拼接离缝		最大单个宽度/mm	不允许	0.3	0.5
		最大单个长度/mm		200	300
(8) 叠层		最大单个宽度/mm	不允许		0.5
(9) 鼓泡、分层			不允许		
(10) 凹陷、压痕、鼓包		最大单个面积/mm²	不允许		100
		每平方米板面上的个数/个			1
(11) 补条、补片		材色、花纹与板面一致	不允许	不易分辨	不明显
(12) 毛刺沟痕、刀痕、划痕			不允许	不明显	不明显
(13) 透胶、板面污染			不允许		不明显
(14) 透砂		最大透砂宽度/mm	不允许	3,仅允许在板边部位	8,仅允许在板边部位
(15) 边角缺陷		基本幅面尺寸内	不允许		
(16) 其他缺损			不影响装饰效果		

注:装饰面的材色色差服从贸易双方的商定。需要仲裁时应使用测色仪器检测,"不易分辨"为总色差小于1.5;"不明显"为总色差为1.5~3.0;"明显"为总色差大于3.0。

3）理化性能

装饰单板贴面人造板的理化性能指标有物理力学性能指标、甲醛释放限量、耐光色牢度等。表7-17是装饰单板贴面人造板物理力学性能要求,表7-18是装饰单板贴面人造板甲醛释放限量。耐光色牢度可参照《装饰单板贴面人造板》(GB/T 15104—2006)附录 A 的规定,由供需双方商定等级要求。

表 7-17 装饰单板贴面人造板物理力学性能要求

检验项目	各项性能指标值的要求	
	装饰单板贴面胶合板、装饰单板贴面细木工板等	装饰单板贴面刨花板、装饰单板贴面中密度板等
含水率/%	6.0～14.0	4.0～13.0
浸渍剥离试验	试件贴面胶层与胶合板或细木工板每个胶面层上的每一边剥离长度均不超过 25 mm	试件贴面胶层与胶合板上的每一边剥离长度均不超过 25 mm
表面胶合强度/MPa	≥0.40	
冷热循环试验	试件表面不允许有开裂、鼓泡、起皱、变色、枯燥,且尺寸稳定	

表 7-18 装饰单板贴面人造板甲醛释放限量

级别标志	限量值		备注
	装饰单板贴面胶合板、装饰单板贴面细木工板等	装饰单板贴面刨花板、装饰单板贴面中密度纤维板等	
E₀	≤0.5 mg/L	—	可直接用于室内
E₁	≤1.5 mg/100 g	≤9.0 mg/100 g	可直接用于室内
E₂	≤5.0 mg/L	≤30.0 mg/100 g	经处理并达到 E₁级后允许用于室内

装饰单板贴面人造板在使用时应注意以下几点:

(1) 在运输中应防止板材遭遇风吹雨淋和磨损碰伤,码放应平整。

(2) 在同一装饰部位使用时,应注意板材表面的色彩及纹理尽可能一致,以满足装饰美观要求。

(3) 内墙面做木质装饰拼花图案时,应保证装饰单板贴面人造板的板面接缝整齐一致。

(4) 当使用的装饰单板贴面人造板的厚度较薄时,应在装饰部位先用木质板材做出平整的基面,胶贴时一定要保证面板与基层之间的密实程度,小得有脱胶空鼓现象。

装饰单板贴面人造板表面的木纹自然、图案艺术性强、立体感突出,具有自然美的特点。采用树根瘤制作的贴面板具有鸟眼花纹的特色,装饰效果更佳。装饰单板贴面人造板主要用于高档场所的室内墙面、木门及橱柜等家具的表面装饰。装饰单板贴面人造板因其自然清新的特点在现代室内空间中的运用越来越广泛。

随着木材加工技术的进步,装饰单板贴面人造板的表面可在工厂里直接用UV漆(光固化涂料)涂饰,省略了在施工现场进行的油漆涂饰工艺,提高了生产效率。此外,将装饰单板贴面人造板的生产工艺引入木地板的加工制造中,可得到免漆复合实木地板产品。

7.2.3　纤维板、刨花板和细木工板

1) 纤维板

纤维板又称密度板,是木材加工后剩余的树皮、刨花、树枝等原材料,经破碎浸泡,分离成木纤维,再加入一定的胶料,经热压成型、干燥处理而成的人造板材。纤维板按表观密度不同分为高密度纤维板、中密度纤维板和低密度纤维板。由于低密度纤维板的吸湿变形程度较大,因而装饰工程中主要使用高密度纤维板和中密度纤维板。图7-7是纤维板断面构造示意图。

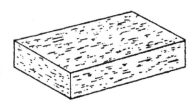

图7-7　纤维板断面构造示意图

纤维板的特点是材质均匀,各向强度一致,抗弯强度高,耐磨,绝热性好,不易胀缩和翘曲变形,不腐朽,无木节、虫眼等缺陷,但不易钉接。

高密度纤维板的表观密度大于800 kg/m³,可代替实木板材使用,主要用作室内壁板、门板、地板、家具等。中密度纤维板的表观密度为650～800 kg/m³,可用于制作有一定孔型的吸音板,具有吸声和装饰的双重作用,多用作办公空间、音乐排练厅等室内的顶棚和墙面材料,是纤维板在工程中用量最大的一类。低密度纤维板的表观密度小于650 kg/m³,适合用作保温隔热材料。纤维板的表面经胶贴木单板或仿木纹涂塑装饰纸后,与高档木质材料的表面装饰效果相差无几。

纤维板的一般规格为1 200 mm×2 400 mm,厚度有2.2 mm、2.4 mm、2.8 mm、3.0 mm、4.0 mm、6.0 mm、8.0 mm、12.0 mm、15.0 mm和18.0 mm等。

中密度纤维板(砂光)的外观要求见表7-19,中密度纤维板的尺寸偏差、密度及偏差和含水率要求见表7-20,普通中密度纤维板的物理力学性能应符合表7-21的规定,中密度纤维板的甲醛释放限量见表7-22。中密度不砂光板的外观质量由供需双方确定。

表7-19　中密度纤维板(砂光)的外观要求

名称	质量要求	允许范围	
		优等品	合格品
分层、鼓泡和炭化	—	不允许	
局部松软	单个面积≤2 000 mm²	不允许	3个
板边缺陷	宽度≤10 mm	不允许	允许
油污斑点或异物	单个面积≤40 mm²	不允许	1个
压痕	—	不允许	允许

注:同一张板不应有两项或以上的外观缺陷。

表 7-20　中密度纤维板的尺寸偏差、密度及偏差和含水率要求

性能		单位	公称厚度范围/mm	
			≤12	>12
厚度偏差	不砂光板	mm	−0.30～+1.50	−0.50～+1.70
	砂光板	mm	±2.0	±3.0
长度与宽度偏差		mm/m	±2.0	
垂直度		mm/m	<2.0	
密度		g/cm³	0.65～0.80(允许偏差为±10%)	
板内密度偏差		%	±10.0	
含水率		%	3.0～13.0	

注:每张砂光板内各测量点的厚度不应超过其算术平均值的±0.15 mm。

表 7-21　普通中密度纤维板的物理力学性能(干燥状态下)

性能	单位	公称厚度范围/mm						
		1.5～3.5	3.5～6.0	6.0～9.0	9.0～13.0	13.0～22.0	22.0～34.0	>34.0
静曲强度	MPa	27.0	26.0	25.0	24.0	22.0	20.0	17.0
弹性模量	MPa	2 700	2 600	2 500	2 400	2 200	1 800	1 800
内结合强度	MPa	0.60	0.60	0.60	0.50	0.45	0.40	0.40
吸水厚度膨胀率	%	45.0	35.0	20.0	15.0	12.0	10.0	8.0

表 7-22　中密度纤维板甲醛释放限量

方法	气候箱法	小型容器法	气体分析法	干燥器法	穿孔法
单位	mg/m³	mg/m³	mg/(m²·h)	mg/L	mg/100 g
限量值	0.124	—	3.5	—	8.0

注:甲醛释放量应符合气候箱法、气体分析法或穿孔法中的任一项限量值,由供需双方协商选择。如果小型容器法或干燥器法应用于生产控制检验,则应确定其与气候箱法之间的有效相关性,即相当于气候箱法之间的有效相关性,也就相当于气候箱法对应的限量值。

中密度纤维板的握钉力、尺寸稳定性等指标由供需双方协商确定。

由于纤维板的表面主要是木质纤维,故装饰性较弱,主要用作装饰部位的基层衬板。纤维板的表面用木单板或耐磨性较好的装饰纸覆贴后,可用于墙柱面、顶面和地面的装饰。装饰单板贴面人造板和强化木地板就是此类产品的代表。还可用专用刀具在纤维板的表面进行加工,制成立体图案,再用油漆进行表面的涂饰,这类装饰板材常被称为波浪板,可用于电视背景墙、橱柜装饰面板。为满足木质材料的其他要求,纤维板还有难燃中密度纤维板等品种,耐燃性能达到 B₁级材料的防火标准。

2) 刨花板

刨花板是将木材或其他纤维织物等原料加工成刨花或碎料,经胶粘、铺装、热压后

制成的人造板材。

生产刨花板所用的原材料非常广泛,有木材加工的剩余物(如刨花碎片、短小废木料、木丝、木屑等),也有废旧木材制品(如包装木箱、废旧木家具等),还有非木材植物纤维原料(如竹材、藤材、农作物秸秆等),极大地提高了木材和纤维植物的利用效率。

刨花板具有质量轻、隔声保温、纵横向强度差异小、无天然缺陷、尺寸稳定性好、加工性能优良等特点,保留了木材的大部分原有特性。

刨花板按其加工方式不同可分为挤压刨花板、平压刨花板和辊压刨花板。平压法生产工艺较为灵活,可生产各类厚度的刨花板,工厂一般以平压法工艺为主。刨花板平压法的主要生产流程为:原材料的筛选和处理→拌胶混合→板坯铺装、预压→板坯截断→热压→冷却→锯边→砂光→检验包装。刨花板按其原料不同可分为木材刨花板、竹材刨花板和其他植物刨花板等。刨花板按产品密度不同分为低密度刨花板、中密度刨花板和高密度刨花板。刨花板按功能不同分为阻燃刨花板、防虫害刨花板和抗真菌刨花板。刨花板按使用条件不同分为干燥型刨花板、潮湿型刨花板和高湿型刨花板。

另外,刨花板按产品结构分为单层结构刨花板、多层结构刨花板、渐变结构刨花板、均质刨花板、定向刨花板、华夫板等。

单层结构刨花板的刨花不分大小,拌胶后均匀铺装成板坯,热压成板,在板材厚度方向上粗细刨花均匀分布。此板的强度低,板面粗糙。多层结构刨花板表层的刨花较细,芯层的刨花较粗,板的厚度方向上有明显的差异。该板的强度高,表面细致平滑。渐变结构刨花板从刨花板的表层到中心层,刨花粗细是逐渐变化的,表层最细小,芯层最粗大,厚度方向看不出明显的层次。该板的表面细腻平滑,尺寸稳定性好,强度高。均质刨花板的结构与单层刨花板相似,但均为细小的刨花,板面与板边细致密实,整张板的结构均匀一致,力学性能与中密度纤维板接近。定向刨花板也称定向结构刨花板,市面上又称欧松板,是由窄长的刨花按一定的方向排列的单层或多层刨花板,定向刨花板的性能有明显的方向性。华夫板又称大片刨花板,是由长度和宽度基本接近的方形大片刨花经干燥、拌胶、铺装和热压而成的结构板材。华夫板的质量轻、强度高,可替代结构胶合板使用。图7-8是华夫板外形示意图,图7-9是定向刨花板外形示意图。

 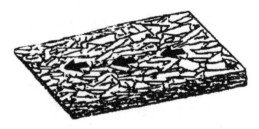

图7-8　华夫板外形示意图　　　　图7-9　定向刨花板外形示意图

刨花板的常见尺寸为1 220 mm×2 440 mm,厚度由供需双方商定。表7-23为刨花板尺寸偏差要求。

表 7-23 刨花板尺寸偏差要求

项目		基本厚度范围	
		≤12 mm	>12 mm
厚度偏差	未砂光板	−1.3～+1.5 mm	−0.5～+1.7 mm
	砂光板	±0.3 mm	
长度和宽度偏差		±2 mm/m,最大值为±5 mm	
垂直度		<2 mm/m	
边缘直度		≤1 mm/m	
平整度		≤12 mm	

刨花板的外观质量要求见表 7-24 中的规定。

表 7-24 刨花板外观质量要求

缺陷名称	要求
断痕、透裂	不允许
压痕	肉眼不允许
单个面积大于 40 mm² 的胶斑、石蜡斑、油污斑等污染点	不允许
边角残损	在公称尺寸内不允许

注:其他缺陷及要求由供需双方协商确定。

刨花板的理化性能指标有板内密度偏差、含水率、甲醛释放量和其他性能等。板内密度偏差一般为±10%,含水率为 3%～13%,甲醛释放量应符合《室内装饰装修材料人造板及其制品中甲醛释放限量》(GB 18580—2017)的规定。其他性能主要指静曲强度、弹性模量、内胶合强度、防潮性能和握钉力等。

刨花板自身的装饰性较弱,通常在其表面覆贴其他饰面材料,如三聚氰胺贴面板(防火板)或浸渍胶膜纸,以提升刨花板的整体装饰性能。适用于室内墙面、顶棚、卫生间隔断等部位的装饰。市面上的颗粒木质板材的组成构造与刨花板相似,颗粒板是由颗粒状木质材料经胶压后形成的板材。

3) 细木工板

细木工板是由木条沿顺纹方向组成板芯,两面与单板或胶合板组坯胶合而成的人造板。图 7-10 为实心细木工板芯板断面构造图。

细木工板具有结构稳定、不易变形、质轻、强度高等特点,可用于制作家具、建筑物内装修和预制装配式房屋。

图 7-10 实心细木工板芯板断面构造图

细木工板按板芯拼接状况可分为胶拼细木工板和不胶拼细木工板;按表面加工状态可分为单面砂光细木工板、双面砂光细木工板和不砂光细木工板;按细木工板层数不同分为三层细木工板、五层细木工板和多层细木工板;按断面芯板构造不同分为实心细木工板和空心细木工板。

细木工板的尺寸规格见表 7-25,阔叶树林细木工板的厚度偏差见表 7-26。

表 7-25　细木工板尺寸规格(单位:mm)

宽度	长度				
915	915	—	1 830	2 135	—
1 220	—	1 220	1 830	2 135	2 440

表 7-26　阔叶树材细木工板厚度偏差(单位:mm)

基本厚度	不砂光		砂光(单面或双面)	
	每张板内厚度偏差	厚度偏差	每张板内厚度偏差	厚度偏差
≤16	1.0	±0.6	0.6	±0.4
>16	1.2	±0.8	0.8	±0.6

长度和宽度的偏差为 0～+5 mm。相邻边垂直度不超过 1.0 mm/m。边缘垂直度不超过 1.0 mm/m。幅面为 1 220 mm×1 830 mm 及以上时,平整度偏差不大于 10 mm;幅面小于 1 220 mm×1 830 mm 时,平整度偏差不大于 8 mm。砂光表面波纹度不超过 0.3 mm,不砂光表面波纹度不超过 0.5 mm。

细木工板的外观等级允许缺陷见表 7-27 至表 7-29。

表 7-27　阔叶树材细木工板外观等级允许缺陷

缺陷名称	项目		面板			背板
			细木工板等级			
			优等品	一等品	合格品	
(1) 针节	—			允许		
(2) 活节	最大单个直径/mm		10	25	不限	
(3) 半活节、死节、夹皮	每平方米板面上个数/个		不允许	4	6	不限
	半活节	最大单个直径/mm		20 (小于 5 不计)	不限	
	死节	最大单个直径/mm		5 (小于 2 不计)	15	不限
	夹皮	最大单个长度/mm		20 (小于 5 不计)	不限	
(4) 木材异常结构	—			允许		
(5) 裂缝	每米板宽内条数/条		不允许	1	2	不限
	最大单个宽度/mm			1.5	3.0	6.0
	最大单个长度为板长/%			10	15	30

缺陷名称	项目	面板			背板
		细木工板等级			
		优等品	一等品	合格品	
(6) 虫孔、排钉孔、孔洞	最大单个直径/mm	不允许	4	8	15
	每平方米板面上个数/个		4	不呈筛孔状不限	
(7) 变色	不超过板面积/%	不允许	30	不限	
(8) 腐朽	—	不允许		初腐面积不超过板面积的1%	允许初腐
(9) 表板拼接离缝	最大单个宽度/mm	不允许	0.5	1.0	2.0
	最大单个长度为板长/%		10	30	50
	每米板宽内条数/条		1	2	不限
(10) 表板叠层	最大单个宽度/mm	不允许		8	10
	最大单个长度为板长/%			20	不限
(11) 芯板叠离	紧贴表板的芯板叠离 最大单个宽度/mm	不允许		2	8	10
	紧贴表板的芯板叠离 每米板宽内条数/条		2	不限	
	其他各层离缝的最大宽度/mm		10		—
(12) 鼓泡、分层	—	不允许			
(13) 凹陷、压痕、鼓包	最大单个面积/mm²	不允许	50	400	不限
	每平方米板面上个数/个		1	4	
(14) 毛刺沟痕	不超过板面积/%	不允许	1	20	不限
	深度	不允许穿透			
(15) 表板砂透	每平方米板面上不超过/mm²	不允许		400	10 000
(16) 透胶及其他人为污染	不超过板面积/%	不允许	0.5	10.0	30.0
(17) 补片、补条	允许制作适当且填补牢固的,每平方米板面上个数/个	不允许	3	不限	不限
	不超过板面积/%		0.5	3.0	
	缝隙不超过/mm		0.5	1.0	2.0
(18) 内含铝质书钉	—	不允许			

缺陷名称	项目	面板			背板
		细木工板等级			
		优等品	一等品	合格品	
(19) 板边缺损	自基本幅面内不超过/mm	不允许		10	
(20) 其他缺陷	—	不允许	按最类似缺陷考虑		

注:浅色斑条按变色计;一等品板深色斑条宽度不允许超过 2 mm,长度不允许超过 20 mm;桦木除优等品外,允许有伪心材,但一等品板的色泽应调和;桦木一等品板不允许有密集的褐色或黑色髓斑;优等品和一等品板的异色边心材按变色计。

表 7-28　针叶树材细木工板外观等级允许缺陷

缺陷名称	项目		面板			背板
			细木工板等级			
			优等品	一等品	合格品	
(1) 针节	—		允许			
(2) 活节、半活节、死节	每平方米板面上个数/个		5	8	10	不限
	半活节	最大单个直径/mm	20	30 (小于 10 不计)	不限	
	半活节、死节	最大单个直径/mm	不允许	5	30 (小于 10 不计)	不限
(3) 木材异常结构	—		允许			
(4) 夹皮、树脂道	每平方米板面上总个数/个		3	4 (小于 10 不计)	10 (小于 15 不计)	不限
	最大单个长度/mm		15	30	不限	
(5) 裂缝	每米板宽内条数/条		不允许	1	2	不限
	最大单个宽度/mm			1.5	3.0	6.0
	最大单个长度为板长/%			10	15	30
(6) 虫孔、排钉孔、孔洞	最大单个直径/mm		不允许	2	6	15
	每平方米板面上个数/个			4	10 (小于 3 不计)	不呈筛孔状不限
(7) 变色	不超过板面积/%		不允许	浅色 10	不限	
(8) 腐朽	—		不允许		初腐面积不超过板面积的1%	允许初腐

缺陷名称	项目		面板			背板
			细木工板等级			
			优等品	一等品	合格品	
（9）树脂漏（树脂条）	最大单个长度/mm		不允许	150		不限
	最大单个宽度/mm			10		
	每平方米板面上的个数/个			4		
（10）表板拼接离缝	最大单个宽度/mm		不允许	0.5	1.0	2.0
	最大单个长度为板长/%			10	30	50
	每米板宽内条数/条			1	2	不限
（11）表板叠层	最大单个宽度/mm		不允许		2	10
	最大单个长度为板长/%				20	不限
（12）芯板叠离	紧贴表板的芯板叠离	最大单个宽度/mm	不允许	2	4	10
		每米板宽内条数/条		2	不限	
	其他各层离缝的最大宽度/mm		10			—
（13）鼓泡、分层	—		不允许			
（14）凹陷、压痕、鼓包	最大单个面积/mm²		不允许	50	400	不限
	每平方米板面上个数/个			2	6	
（15）毛刺沟痕	不超过板面积/%		不允许	5	20	不限
	深度		不允许穿透			
（16）表板砂透	每平方米板面上不超过/mm²		不允许		400	10 000
（17）透胶及其他人为污染	不超过板面积/%		不允许	1	10	30
（18）补片、补条	允许制作适当且填补牢固的，每平方米板面上个数/个		不允许	6	不限	不限
	不超过板面积/%			1	5	
	缝隙不超过/mm			0.5	1.0	2.0
（19）内含铝质书钉	—		不允许			
（20）板边缺陷	自基本幅面内不超过/mm		不允许		10	
（21）其他缺陷	—		不允许	按最类似缺陷考虑		

表 7-29 热带阔叶树材细木工板外观等级允许缺陷

缺陷名称	项目		面板			背板
			细木工板等级			
			优等品	一等品	合格品	
(1) 针节	—		允许			
(2) 活节	最大单个直径/mm		10	25	不限	
(3) 半活节、死节	每平方米板面上个数/个			3	5	不限
	半活节	最大单个直径/mm	不允许	15 (小于 5 不计)	不限	
	死节	最大单个直径/mm		5 (小于 2 不计)	15	不限
(4) 木材异常结构	—		允许			
(5) 裂缝	每米板宽内条数/条			1	2	不限
	最大单个宽度/mm		不允许	1.5	2.0	6.0
	最大单个长度为板长/%			10	15	30
(6) 夹皮	每平方米板面上个数/个			2	4	不限
	最大单个长度/mm		不允许	10(小于 5 不计)	不限	
(7) 虫蛀造成的缺陷	虫孔	每平方米板面上个数/个	不允许	8 (小于 1.5 不计)	不呈筛孔状不限	
		最大单个直径/mm		2		
	虫道	每平方米板面上个数/个	不允许	2	不呈筛孔状不限	
		最大单个长度/mm		10		
(8) 排钉孔、孔洞	最大单个直径/mm		不允许	2	8	15
	每平方米板面上个数/个			1	不限	
(9) 变色	不超过板面积/%		不允许	5	不限	
(10) 腐朽	—		不允许		初腐面积不超过板面积的 1%	允许初腐
(11) 表板拼接离缝	最大单个宽度/mm		不允许		1	2
	最大单个长度为板长/%				30	50
	每米板宽内条数/条				2	不限
(12) 表板叠层	最大单个宽度/mm		不允许		2	10
	最大单个长度为板长/%				10	不限

缺陷名称	项目		面板			背板
			细木工板等级			
			优等品	一等品	合格品	
（13）芯板叠离	紧贴表板的芯板叠离	最大单个宽度/mm	不允许	2	4	10
		每米板宽内条数/条		2	不限	
	其他各层离缝的最大宽度/mm		10			—
（14）鼓泡、分层	—		不允许			
（15）凹陷、压痕、鼓包	最大单个面积/mm²		不允许	50	400	不限
	每平方米板面上个数/个			1	4	
（16）毛刺沟痕	不超过板面积/％		不允许	1	25	不限
	深度		不允许穿透			
（17）表板砂透	每平方米板面上不超过/mm²		不允许		400	10 000
（18）透胶及其他人为污染	不超过板面积/％		不允许	0.5	10.0	30.0
（19）补片、补条	允许制作适当且填补牢固的,每平方米板面上个数/个		不允许	3	不限	不限
	不超过板面积/％			0.5	3.0	
	缝隙不超过/mm			0.5	1.0	2.0
（20）内含铝质书钉	—		不允许			
（21）板边缺损	自基本幅面内不超过/mm		不允许	10		
（22）其他缺陷	—		不允许	按最类似缺陷考虑		

细木工板的理化性能指标包括含水率、横向静曲强度、浸渍剥离性能、表面胶合强度等,具体见表 7-30、表 7-31 中的规定。

表 7-30 细木工板含水率、横向静曲强度、浸渍剥离性能和表面胶合强度性能要求

检验项目	单位	指标值
含水率	％	6.0～14.0
横向静曲强度	MPa	≥15.0
浸渍剥离性能	mm	试件每个胶层上的每一边剥离和分层总长度均不超过 25 mm
表面胶合强度	MPa	≥0.60

注:当表板厚度≥0.55 mm 时,细木工板不做表面胶合强度。

表 7-31　细木工板胶合强度要求（单位：MPa）

树种名称/木材名称/商品材名称	指标值
椴木、杨木、拟赤杨、泡桐、橡胶木、柳桉、杉木、奥克榄、白梧桐、异翅香、海棠木	≥0.70
水曲柳、荷木、枫香、槭木、榆木、柞木、阿必东、克隆、山樟	≥0.80
桦木	≥1.00
马尾松、云南松、落叶松、云杉、辐射松	≥0.80

细木工板的甲醛释放量应符合《室内装饰装修材料人造板及其制品中甲醛释放限量》（GB 18580—2017）的规定。

空心细木工板是以空心方格芯板取代实木条板制作的人造板材，又称蜂窝板。图 7-11 为空心细木工板芯板构造示意图。

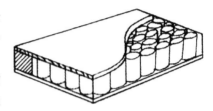

图 7-11　空心细木工板芯板构造示意图

空心细木工板的芯板通常由浸渍过合成树脂（酚醛、聚酯等）的特殊纸、玻璃纤维布或铝片，经加工黏合而成。芯板的厚度通常为 15～45 mm，空腔的尺寸在 10 mm 左右。

空心细木工板的重量轻、比强度（材料强度与其表观密度之比）高、受力均匀、隔音隔热性能好，可用于家具工业、车辆船舶制造、建筑工程和航空制造等领域。

7.3　木地板

木质材料的自重轻、弹性好、脚感舒适，高品质的木质材料具有装饰性很强的纹理，人的皮肤与木质材料接触后无明显不适，因而木质材料是公认的高档楼地面装饰用材。一般百姓家居装修中使用木地板的情况已经非常普遍。随着市场需求和木材制造工艺水平的不断提高，木地板的品种也在不断地增多，性能也在不断地提高。

木地板按照其断面构造不同分为实木地板、实木复合地板和浸渍纸层压木地板等；按材质不同分为木质地板和竹材地板；按外观形状不同分为条状木地板和块状木地板。

7.3.1　实木地板

实木地板是使用最为普遍的地板品种，外形通常为条状，是用木材直接加工而成的地板型材，实木地板的表面及内部的材质和构造一致。为满足施工方便的要求，工厂会在实木地板制作后期用油漆对木地板表面进行处理，免除施工现场进行地板油漆的烦琐工序，节约施工作业时间，提高施工效率。

实木地板所用的木材要求不易腐朽、不易变形和不易开裂。材质多选用水曲柳、枫木、桦木、栎木、橡木、柚木、榆木、摘亚木、印茄木、重蚁木、二翅豆等木种，有时也用杉木、松木等普通木质材料。

实木条形地板的宽度一般不大于 120 mm,板厚 16~18 mm,长度为 1 000 mm 左右。实木条形地板的棱边可做成各种断面形式,接缝形式有榫接缝、高低缝等。图 7-12 为实木条形地板的常见接缝形式。实木地板的品种还有镶嵌地板。镶嵌地板是由榫接或平接木地板组成方形单元,再用铝丝、胶纸或胶网将这些单元纵横拼装组成方形图案的地板,如图 7-13 所示。

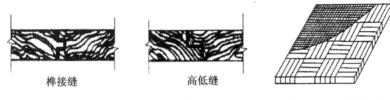

图 7-12 实木条形地板的常见接缝形式   图 7-13 镶嵌地板

实木地板的性能指标有外观质量和理化性能。实木地板根据其外观质量和理化性能指标不同分为优等品、一等品和合格品。表 7-32 为实木地板的外观质量要求,表 7-33 为实木地板的尺寸允许偏差,表 7-34 为实木地板的形状位置偏差,表 7-35 为实木地板的物理力学性能指标。

表 7-32 实木地板的外观质量要求

名称	表面			背面
	优等品	一等品	合格品	
活节	直径≤5 mm 长度≤500 mm,≤2 个 长度>500 mm,≤4 个	5 mm<直径≤15 mm 长度≤500 mm,≤2 个 长度>500 mm,≤4 个	直径≤20 mm 个数不限	尺寸与个数不限
死节	不许有	直径≤2 mm 长度≤500 mm,≤1 个 长度>500 mm,≤3 个	直径≤4 mm ≤5 个	直径≤20 mm 个数不限
蛀孔	不许有	直径≤0.5 mm ≤5 个	直径≤2 mm ≤5 个	直径≤15 mm 个数不限
树脂囊	不许有		长度≤5 mm 宽度≤1 mm ≤2 条	不限
髓斑	不许有	不限		不限
腐朽	不许有			初腐面积≤20% 不剥落, 也不能捻成粉末
缺棱	不许有			长度≤板长的30% 宽度≤板宽的20%
裂纹	不许有		宽≤0.1 mm 长≤15 mm ≤2 条	宽≤0.3 mm 长≤50 mm 条数不限

名称	表面			背面
	优等品	一等品	合格品	
加工波纹	不许有		不明显	不限
漆膜划痕	不许有	轻微		—
漆膜鼓泡	不许有			—
漏漆	不许有			—
漆膜上针孔	不许有	直径≤0.5 mm,≤3 个		—
漆膜皱皮	不许有	<板面积的 5%		—
漆膜粒子	长度≤500 mm,≤2 个 长度>500 mm,≤4 个	长度≤500 mm,≤4 个 长度>500 mm,≤8 个		—

注:凡在外观质量检验环境条件下不能清晰地观察到的缺陷即为不明显。倒角上的漆膜粒子不计。

表 7-33　实木地板的尺寸允许偏差(单位:mm)

名称	允许偏差
长度	长度≤500 时,公称长度与每个测量值之差绝对值≤0.5 长度>500 时,公称长度与每个测量值之差绝对值≤1.0
宽度	公称宽度与平均宽度之差绝对值≤0.3 宽度最大值与最小值之差≤0.3
厚度	公称厚度与平均厚度之差绝对值≤0.3 厚度最大值与最小值之差≤0.4

注:实木地板长度和宽度是指不包括榫舌的长度和宽度。镶嵌地板只检量方形单元的外形尺寸。榫接地板的榫舌宽度应≥4.0 mm,槽最大高度与榫最大厚度之差应为 0~0.4 mm。

表 7-34　实木地板的形状位置偏差

名称		偏差
翘曲度	横弯	长度≤500 mm 时,允许≤0.02%;长度>500 mm 时,允许≤0.03%
	翘弯	宽度方向:凸翘曲度≤0.2%,凹翘曲度≤0.15%
	顺弯	长度方向:≤0.3%
拼装离缝		平均值≤0.3 mm,最大值≤0.4 mm
拼装高度差		平均值≤0.25 mm,最大值≤0.3 mm

表 7-35　实木地板的物理力学性能指标

名称	单位	优等	一等	合格
含水率	%	7≤含水率≤我国各地区的平衡含水率		
漆板表面耐磨性	g/100 r	≤0.08 且漆膜未磨透	≤0.10 且漆膜未磨透	≤0.15 且漆膜未磨透

名称	单位	优等	一等	合格
漆膜附着力	—	0～1	2	3
漆膜硬度	—	≥H		

注:含水率是指地板在未拆封和使用前的含水率,我国各地的平衡含水率参阅国家有关资料。

实木地板自重轻,弹性好,脚感舒适,其导热性小,冬暖夏凉,易于清洁。实木地板是公认的优质室内地面装饰材料,适用于办公室、会议室、客厅、卧室、宾馆客房、幼儿园等场所。

实木条形地板在铺设时可采用不同的方式与楼地面固定。根据实木条形木板的构造方式不同,固定方式分为单层固定和双层固定。单层固定是预先在楼地面上铺钉好木龙骨框架,再将面层地板用地板钉固定在木龙骨框架上。双层固定是在木龙骨框架上铺钉一层木质基层板(如多层胶合板、细木工板、衫木地板等),在基层板上铺设一层防潮薄膜后再铺钉面层地板。单层地板的施工工艺简单,地板端部必须与木龙骨固定,不得虚钉,且相邻板端部的接缝应错缝排列,人在地板上行走时有一定的响声。双层地板的工艺复杂、造价较高,但脚感舒适度高,且表面条形木地板可拼接成各种装饰图案,常见的拼花图案有正芦席纹、斜芦席纹、人字纹和清水砖墙纹等。镶嵌木地板可用专用黏合剂将其粘贴到平整的楼面基层上,此构造工艺对基层平整度的要求非常高,两块相邻的镶嵌木地板之间不得有明显的高低差,木地板铺设后再用地板打磨机打磨平整。

实木条形免漆地板在使用时需要经常打蜡抛光,以保证木地板表面的木纹清晰可见。

7.3.2 实木复合地板

以实木拼板或单板为面层,以实木拼板、单板或胶合板为芯层或底层,经不同组合层压加工而成的地板统称为实木复合地板。实木复合地板提高了高档木材的利用率,极大地节约了木材资源。

实木复合地板按面层材料不同分为实木拼板和单板;按地板断面构造不同分为二层实木复合地板、三层实木复合地板和多层实木复合地板。其质量等级分为优等品、一等品和合格品。图 7-14 为三层实木复合地板断面构造图。

图 7-14 三层实木复合地板断面构造图

实木复合地板的规格尺寸:长度为 300～2 200 mm,宽度为 60～220 mm,厚度为 8～22 mm。实木复合地板的尺寸偏差要求和理化指标见表 7-36 和表 7-37。

表 7-36 实木复合地板的尺寸偏差要求

项目	要求
厚度偏差	公称厚度与平均厚度之差绝对值不大于 0.5 mm 厚度最大值与最小值之差不大于 0.5 mm
面层净长偏差	公称长度≤1 500 mm 时,理论值与测量值之差绝对值不大于 1 mm 公称长度>1 500 mm 时,理论值与测量值之差绝对值不大于 2 mm
面层净宽偏差	公称宽度与平均宽度之差绝对值不大于 0.2 mm 宽度最大值与最小值之差不大于 0.3 mm
直角度	≤0.2 mm
边缘直度	≤0.3 mm/m
翘曲度	宽度方向翘曲度≤0.20%,长度方向翘曲度≤1.00%
拼装离缝	拼装离缝平均值≤0.15 mm,拼装离缝最大值≤0.20 mm
拼装高度差	拼装高度差平均值≤0.10 mm,拼装高度差最大值≤0.15 mm

表 7-37 实木复合地板的理化指标

检验项目	单位	优等	一等	合格
浸渍剥离	—	每一边的任一胶层开胶的累计长度不超过该胶层长度的 1/3,6 块试件中有 5 块合格即为合格		
静曲强度	MPa	≥30		
弹性模量	MPa	≥4 000		
含水率	%	5~14		
漆膜附着力	—	割痕交叉处允许有漆膜剥落,漆膜沿割痕允许有少量断续剥落		
表面耐磨	g/100 r	≤0.15,且漆膜未磨透		
表面硬度	—	≥2H		
表面耐污染	—	无污染痕迹		
甲醛释放量	mg/100 g	应符合 GB 18580—2017 的要求		

注:GB 18580—2017 即《室内装饰装修材料人造板及其制品中甲醛释放限量》。

实木复合地板的外观质量等级标准见表 7-38。

表 7-38 实木复合地板的外观质量等级标准

名称	项目	正面				背面
		优等品	一等品	合格品		
(1) 死节	最大单个长径/mm	不允许	2	面板厚度小于 2 mm	4	50,应修补
				面板厚度不小于 2 mm	10	
				应修补,且任意两个死节之间距离不小于 50 mm		—

名称	项目	正面			背面
		优等品	一等品	合格品	
(2) 孔洞(含蛀孔)	最大单个长径/mm	不允许		2,应修补	25,应修补
(3) 浅色夹皮	最大单个长度/mm	不允许	20	30	不限
	最大单个宽度/mm		2	4	
(4) 深色夹皮	最大单个长度/mm	不允许		15	不限
	最大单个宽度/mm			2	
(5) 树脂囊和树脂(胶)道	最大单个长度/mm	不允许		5,且最大单个宽度小于1	不限
(6) 腐朽	—	不允许			a
(7) 真菌变色	不超过板面积的百分比/%	不允许	5,板面色泽要协调	20,板面色泽要大致协调	不限
(8) 裂缝	—	不允许			不限
(9) 拼接离缝	最大单个宽度/mm	0.1	0.2	0.5	—
	最大单个长度不超过相应边长的百分比/%	5	10	20	
(10) 面板叠层	—	不允许			
(11) 鼓泡、分层	—	不允许			
(12) 凹陷、压痕、鼓包	—	不允许	不明显	不明显	不限
(13) 补条、补片	—	不允许			不限
(14) 毛刺沟痕	—	不允许			不限
(15) 透胶、板面污染	不超过板面积的百分比/%	不允许		1	不限
(16) 砂透	不超过板面积的百分比/%	不允许			10
(17) 波纹	—	不允许		不明显	—
(18) 刀痕、划痕	—	不允许			不限
(19) 边、角缺损	—	不允许			b
(20) 榫舌缺损	不超过板面积的百分比/%	不允许		15	—
(21) 漆膜鼓泡	最大单个直径不大于 0.5 mm	不允许		每块板不超过3个	—

名称	项目	正面			背面
		优等品	一等品	合格品	
(22)针孔	最大单个直径不大于 0.5 mm	不允许	每块板不超过 3 个		—
(23)皱皮	不超过板面积的百分比/%	不允许		5	—
(24)粒子	—	不允许		不明显	—
(25)漏漆	—	不允许			—

注:在自然光或光照度 300~600 lx 范围内的近似自然光(例如 40 W 日光灯)下,视距为 700~1 000 mm 内,目测不能清晰地观察到的缺陷即为不明显。未涂饰或油漆饰面实木复合地板不检查地板表面油漆指标。a 表示允许有初腐。b 表示长边缺损不超过板长的 30%,且宽不超过 5 mm,厚度不超过板厚的 1/3;短边缺损不超过板宽的 20%,且宽不超过 5 mm,厚度不超过板厚的 1/3。

　　实木复合地板的基层稳定干燥、防虫、不易反翘变形。施工时铺装方式较简单,有自然清新的装饰效果。实木复合地板具有较好的弹性,表面的耐磨性较好,使用保养方便。该产品的表面装饰效果与实木地板的表面装饰效果相比无差异,此类产品的价格明显低于同一树种实木地板的价格,提高了稀有木材的利用率。

　　实木复合地板与实木地板的适用范围和施工方法基本一致。

7.3.3　浸渍纸层压木地板

　　将一层或多层经过热固性氨基树脂浸渍过的专用纸铺装在刨花板、中密度纤维板、高密度纤维板等人造的基材表面,背面增加平衡层,正面增加耐磨层,最终热压后形成的地板被称为浸渍纸层压木地板。浸渍纸层压木地板又称强化木地板。

　　浸渍纸层压木地板按基材不同分为刨花板基材木地板和高密度纤维板基材木地板;按面层模压形状不同分为浮雕浸渍纸层压木地板和光面浸渍纸层压木地板;按表面耐磨等级不同分为商用级(≥9 000 转)、家用Ⅰ级(≥6 000 转)和家用Ⅱ级(≥4 000 转);按产品质量不同分为优等品和合格品。

　　浸渍纸层压木地板的断面组成见图 7-15。

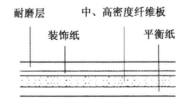

图 7-15　浸渍纸层压木地板断面组成图

　　浸渍纸层压木地板的幅面尺寸为(600~2 430) mm×(60~600) mm,厚度为 6~15 mm,榫舌宽度≥3 mm。浸渍纸层压木地板的质量指标主要有尺寸偏差、外观质量和理化性能等,具体见表 7-39 至表 7-41。

表 7-39　浸渍纸层压木地板的尺寸偏差要求

项目	要求
厚度偏差	公称厚度与平均厚度之差绝对值不大于 0.5 mm 厚度最大值与最小值之差不大于 0.5 mm
面层净长偏差	公称长度≤1 500 mm 时,理论值与测量值之差绝对值不大于 1.0 mm 公称长度>1 500 mm 时,理论值与测量值之差绝对值不大于 2.0 mm
面层净宽偏差	公称宽度与平均宽度之差绝对值不大于 0.10 mm 宽度最大值与最小值之差不大于 0.20 mm
直角度	≤0.20 mm
边缘直度	≤0.30 mm/m
翘曲度	宽度方向凸翘曲度≤0.20%,宽度方向凹翘曲度≤0.15% 长度方向凸翘曲度≤1.00%,长度方向凹翘曲度≤0.50%
拼装离缝	拼装离缝平均值≤0.15 mm,拼装离缝最大值≤0.20 mm
拼装高度差	拼装高度差平均值≤0.10 mm,拼装高度差最大值≤0.15 mm

注:表中要求是指拆包检验的质量要求。

表 7-40　浸渍纸层压木地板的外观质量要求

缺陷名称	正面		背面
	优等品	合格品	
干、湿花	不允许	总面积不超过板面的 3%	允许
表面划痕	不允许		不允许露出基材
表面压痕	不允许		
透底	不允许		
光泽不均	不允许	总面积不超过板面的 3%	允许
污斑	不允许	≤10 mm², 允许 1 个/块	允许
鼓泡	不允许		≤10 mm², 允许 1 个/块
鼓包	不允许		≤10 mm², 允许 1 个/块
纸张撕裂	不允许		≤100 mm, 允许 1 处/块
局部缺纸	不允许		≤20 mm², 允许 1 处/块
崩边	允许,但不影响装饰效果		允许
颜色不匹配	明显的不允许		允许
表面龟裂	不允许		
分层	不允许		
榫舌及边角缺损	不允许		

表 7-41　浸渍纸层压木地板的理化性能指标

检验项目	单位	指标
静曲强度	MPa	$\geqslant 35.0$
内结合强度	MPa	$\geqslant 1.0$
含水率	%	$3.0 \sim 10.0$
密度	g/cm³	$\geqslant 0.85$
吸水厚度膨胀率	%	$\leqslant 18$
表面胶合强度	MPa	$\geqslant 1.0$
表面耐冷热循环	—	无龟裂、无鼓泡
表面耐划痕	—	4.0 N 表面装饰花纹未划破
尺寸稳定性	mm	$\leqslant 0.9$
表面耐磨	转	商用级:$\geqslant 9\ 000$
		家用 I 级:$\geqslant 6\ 000$
		家用 II 级:$\geqslant 4\ 000$
表面耐香烟灼烧	—	无黑斑、裂纹和鼓泡
表面耐干热	—	无龟裂、无鼓泡
表面耐污染腐蚀	—	无污染、无腐蚀
表面耐龟裂	—	用 6 倍放大镜观察,表面无裂纹
抗冲击	mm	$\leqslant 10$
甲醛释放量	mg/L	E_0 级$\leqslant 0.5$
		E_1 级$\leqslant 1.5$
耐光色牢度	级	$\geqslant$ 灰度卡 4

　　浸渍纸层压木地板的面层纸上可以印制各类木纹图案,该产品的装饰性能优异,装饰纸的表面附加了一层耐磨性很强的透明树脂,能够保证地板具有较高的耐磨性。这种地板的造价远低于同类树种的实木地板,能够广泛用于商业环境、办公空间和科教单位。

　　浸渍纸层压木地板在安装时只需将相邻地板的榫舌与榫槽相互连接在一起,无须用钉子固定。铺设在楼地面上的浸渍纸层压木地板在固定前用地板张紧器连接密实后,再用木楔子将地板与墙面交接处的缝隙塞紧,最后用踢脚线覆盖地板与墙面之间的缝隙即可。浸渍纸层压木地板由于厚度较薄,施工前应对原地面的平整度做适当调整,以满足地板铺设的要求。在平整度满足要求的楼面上预先铺设一层柔软的泡沫防潮垫能够提高浸渍纸层压木地板的脚感舒适度。

　　表 7-42 是几类常用地板的性能比较,实际选用时应根据地板的装饰效果、性能和工程造价等因素综合考虑。

表 7-42　几类常用地板的性能比较

品种	结构及稳定性	耐磨性	强度	舒适度	价格	适用场所
实木地板	易起翘开裂,防水性差,不易修复	与面层油漆有关	强度不够时需增加地板厚度	普通树种一般,高等木质脚感好	普通树种一般,高档木质昂贵	家庭
实木复合地板	稳定性好,不易变形,防水性好	较高	比同等厚度地板高	装饰性好,脚感舒适	较高	家庭、办公室、接待室
浸渍纸层压木地板	结构稳定,防水性一般	好	整体强度一般	装饰性好,但脚感生硬	适中	商场、写字楼、饭店等

7.3.4　其他木地板

随着木材加工技术水平的不断提高和市场对木质产品性能要求的不断变化,新型木地板的品种不断涌现,如水晶地板。这种木地板实际上就是在木地板内嵌入一定量的天然或人造水晶,主要是为了满足市场上少量高端消费群体的需求,以及某些特定功能要求场所的地板铺设。

专门用于舞台铺设且满足舞台功能的木地板被称为舞台用木质地板。这类地板的弹性和柔韧性比一般的木地板要好,常采用树木的径切材制作。它分为剧院舞台用木质地板和非剧院舞台用木质地板。舞台用木质地板的厚度比普通地板的厚度要大,剧院舞台用木质地板的厚度不小于 30 mm,木质为红松、黄扁柏等;非剧院舞台用木质地板的厚度不小于 25 mm,木质为柞木、桦木、枫木等。舞台用木质地板的性能指标见《舞台用木质地板》(GB/T 28997—2012)中的有关规定。

户外用防腐实木地板是指木材经防腐处理,可制成适用于户外的一类实木地板。户外用防腐实木地板能够与周边环境协调一致、环保性好、安装方便、不易腐朽、防滑性能好,主要用于户外栈道、廊道、水榭、亭阁等场所的木地板铺设。户外用防腐实木地板按地板表面的形状不同又分为平滑地板、细槽地板和粗槽地板。户外用防腐实木地板的性能要求见《户外用防腐实木地板》(GB/T 31757—2015)中的有关要求。

软木地板则是用栓皮栎或类似树种的皮经加工并施加黏合剂制成的地板,其断面构造见图 7-16。这种地板的柔韧性显著,脚感的舒适度非常好,犹如走在湿润的沙滩上一般。由于软木地板厚度较薄,因而常采用黏合剂与其他木质板材覆贴使用。软木地板按基材不同可分为纤维板软木地板、胶合板软木地板和其他软木地板。软木地板主要用于家庭卧室、

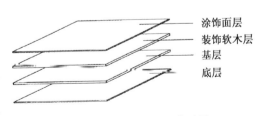

涂饰面层
装饰软木层
基层
底层

图 7-16　软木地板断面构造图

幼儿园的儿童活动场所、医疗空间的康复中心等空间的楼地面或墙柱面的装修。软木地板的性能指标可参见《软木类地板》(LY/T 1657—2015)中的规定。软木制品还可用于墙面装饰。

运动场馆专用木地板则用于竞赛场馆、健身活动场所的楼地面铺设。这类地板不仅有很好的弹性和耐磨性,而且具有较好的抗湿滑性能。

地采暖用实木地板又称采暖地板,是一种铺设在楼地面上,能够满足室内楼地面采暖需要的实木地板品种。地采暖实木地板常选用经过专门处理的三层实木复合地板或浸渍纸层压实木地板。这类地板的厚度适中,不仅保持了实木地板弹性好、脚感舒适、装饰性优异的特性,而且能使发热层的热量高效传导。

木地板除了在装修标准比较高的空间运用较多以外,还可根据其各自的不同特性进行选用。

7.4 其他木纤维类装饰制品

木质材料除了用于制作室内外的木地板、木质板材等产品外,还可用于制作各种木质线条、成品木门窗和家具。竹材作为木纤维制品在室内外环境装饰中的运用也非常广泛。

7.4.1 竹材

竹子的种类有 1 200 余种,主要分布在中国及东南亚地区。竹材的生长比树木快得多,仅三五年时间便可成材利用。竹子很早就被用于制作家具,如竹柜、竹椅、竹屏风、竹帘等。现代竹材除了用于制造家具外,还可用于制作竹质工艺品、竹地板和竹胶合板等。

1) 竹的构造及力学性能

竹的可用部分是竹竿。竹竿中空有节,两节间的部分被称为节间。节间的距离在同一竹竿上也不一样,一般在竹竿中部较长,靠近根部或梢部较短。

竹材的各项性能指标均优于木材,抗拉强度大约是木材的 2 倍,属快速生长的可再生资源。竹材的某些性能能够替代木材,可减少人们对木材使用的依赖程度。竹材具有刚度好、强度大、质地坚硬、富有弹性、割裂性高而收缩性小、纹理通直、天然缺陷较木材少等特性,属各向异性材料。

2) 竹材的表面处理

竹材受生长与储运过程中各种因素的影响会产生某些缺陷,如虫蛀、腐朽、吸水、开裂、易燃和弯曲等,因而在实际应用中常受到一定的限制。竹材的处理主要包含防霉、防虫蛀、防开裂和表面加工等工艺。

(1) 防霉、防虫蛀处理

竹材采伐后,可采用以下方法对竹材进行处理,从而达到防霉、防虫蛀的要求:

① 用水 100 份、硼酸 3.6 份、硼砂 2.4 份配成溶液,在常温下将竹材浸渍在溶液

中 48 h。

② 用水 100 份、明矾 1.5 份配成溶液,将竹材置于溶液中蒸煮 1 h。

③ 用 40°酒精 97 份、五氯酚 3 份配成溶液,对产品做涂刷处理或将产品浸渍几分钟。

（2）防开裂处理

防止竹材干裂最简单的处理方法是在未使用之前将竹材浸在水中,经过数月后取出风干,即可减少开裂现象。经水浸后将竹材中所含糖分除去可减少病虫害。此外,用明矾水或苯酚(又称石碳酸)溶液蒸煮,也可达到防裂效果。

（3）表面加工处理

① 油光:将竹竿放在火上全面加热,当竹液溢满整个表面时,用竹绒或布反复擦抹,至竹竿表面油亮光滑即可。

② 刮青:用篾刀将竹表面的绿色蜡质刮去,使竹青显露出来,经刮青处理后的竹竿色泽会逐渐加深,变成黄褐色。

③ 喷漆:将硝基类清漆涂刷在竹竿表面,或喷涂经过刮青处理的竹竿表面。

3）竹材加工

竹材加工是指将竹材加工成所需形状的物品。竹材的常用加工方法有弯曲、连接等。

竹材在弯曲时可采用套模法和锯割法等工艺。套膜法就是在基板上做出所需形状的夹具,然后将加热软化后的竹条套入夹具的成型槽内固定,加热烘烤一段时间后再将夹具卸除,即可得到所需弯曲形状的竹材构件。锯割法是根据竹材弯曲的程度,在弯曲方向的竹材内侧面用细齿锯子每隔一定的长度锯切出一道道锯口,锯口深度根据竹材的长度和弯曲的程度确定,锯口完成后再将竹材弯曲。前者虽然工艺烦琐,但弯曲后的构件外形美观平顺。后者加工工艺简单,但构件表面粗糙,常用于小型构件的弯曲。

竹材的连接方法有钻孔穿线、穿斗连接、钢构连接等。钻孔穿线是竹材最传统的固定方法,用棕绳、竹篾或铁丝在竹材的交叉部位将其绑扎固定。该法简单方便,但固定处承受的荷载较小,且连接材料的耐久性差,不适合长久使用。穿斗连接又称榫接,是在直径较大的竹材上开孔,然后将直径较小的竹材从孔内穿过后进行固定。该法合理可行,施工方便,但由于竹材上开孔的缘故,故竹材的承载力受到了一定的削弱。钢构连接是将竹材套入规格直径与之相匹配的钢管杯口内,再用专用卡扣进行加固。此法方便可靠,牢固稳定。

4）竹材制品

竹材制品主要有竹地板、竹胶合板、竹刨花板和其他制品等。

竹地板是将竹材加工成片后,用黏合剂胶合,然后加工成长条企口地板。竹地板的纹路清晰,平整光滑,有自然淳朴之美,颜色差异较小,材料触感清凉宜人,特别适用于南方地区的室内装修。

竹地板按断面结构分为多层胶合竹地板和单层侧拼竹地板,有优等品、一等品和合格品三个等级。竹地板的质量指标有规格尺寸偏差、外观质量和理化指标等,具体见《竹集成材地板》(GB/T 20240—2017)中的有关标准。

竹材胶合板是人们利用竹材资源开发的人造板材。竹材胶合板是以竹材为原料，用蛋白质胶或合成树脂胶黏合压制而成的一种人造板材。

竹材胶合板的材质坚韧、防潮耐腐、耐热耐寒、纹理美观，具有素雅、朴实的民族风格，其硬度及强度高于木材。它的加工性强，可锯、刨边、钻眼等。竹材胶合板可用作室内顶棚、墙面、门和车辆底板等部位的面层板材。

竹材胶合板按照构成单元的形状不同分为竹编胶合板、竹帘胶合板和竹片胶合板等。

竹编胶合板是在竹帘中添加少量的竹碎料作为芯层，在芯层上面覆加竹篾席，经施胶和热压而成的竹材人造板。这类板材的表面有明显的竹编纹理图案，有一定的装饰性。板材经过浸胶处理后，具有一定的耐水性和耐磨性。Ⅰ类竹编胶合板是由酚醛树脂胶黏合而成，一般用于室外，如作为混凝土模板、车厢底板和活动房屋外墙板。Ⅱ类竹编胶合板由脲醛树脂胶黏合而成，主要用于室内，如家具、吊顶和内墙面等。

竹帘胶合板是将竹篾平行排列后，用棉麻线、混纺线或热熔胶线等按照一定的方式编织成类似于百叶窗的竹帘，再经过干燥、施胶、热压等工序制成的竹材人造板。目前使用量最大的竹帘胶合板产品是覆膜竹帘胶合板。这种板材以竹帘为芯层，以竹席或木单板为内层，以酚醛树脂胶浸渍胶膜纸为表层，采用一次性覆塑工艺制作而成。竹帘胶合板主要用作混凝土模板。

竹片胶合板是按照胶合板的构成原理，将竹片干燥、涂胶、组坯、热压而成的竹材人造板材，主要用作墙面饰面板、混凝土模板或车厢的底板。

竹材还可用来制作家具和陈设品，如竹摇椅、竹博古架、竹制树状网架、竹鸟笼、竹帆船等。

7.4.2 藤材

藤材生长在亚洲、大洋洲、非洲和南美洲等热带地区，其种类有 200 种以上，其中产于东南亚的质量最好。

藤的茎是植物中最长的，质轻而韧，极富弹性。藤植物群生于热带丛林之中，一般长至 2 m 左右都是笔直的，常用于制作藤质家具和室内装饰用材。

1）藤的种类

（1）土厘藤：产于南亚。皮有细直纹，芯韧不易断，为上品。

（2）红藤：产于南亚。色红黄，其中浅色为佳。

（3）白藤：产于南亚。质韧而软，茎细长，宜制作家具。

（4）白竹藤：产于中国广东省。色白，外形似竹，节高。

（5）香藤：产于中国广东省。茎长可达 30 m，性韧。

2）藤材的规格

（1）藤皮：割取藤茎表皮有光泽的部分，加工成薄薄的一层，可由机械或手工加工取得。藤皮规格见表 7-43。

表 7-43　藤皮的规格(单位:mm)

品名	宽度	厚度
阔薄藤皮	6.0~8.0	1.1~1.2
中薄藤皮	4.5~6.0	1.0~1.1
细薄藤皮	4.0~4.5	1.0~1.1

(2) 藤条:按直径的大小可分类,一般分为 4~8 mm、8~12 mm、12~16 mm 及 16 mm 以上四类。

(3) 藤芯:藤条去掉藤皮后留下的部分。藤芯根据断面形状的不同可分为圆芯、半圆芯(也称扁芯)、扁平芯(也称头刀黄、二刀黄)、方芯和三角芯等数种。

3) 藤材的处理

青藤首先要经日晒,在制作家具前还需要经过硫黄烟熏处理,以防虫蛀。

对于色质及质量差的藤皮、芯,还可以进行漂白处理,漂白配方见表 7-44。

表 7-44　藤的漂白配方

名称	硫酸	硅酸钠	过氧化钠	过氧化氢	草酸	水
初级溶液槽用量(kg)	4	—	—	—		450
二级溶液槽用量(kg)	—	8.50	3.75	12.50		400.00
三级溶液槽用量(kg)	—	—	—	—	0.5	400.0

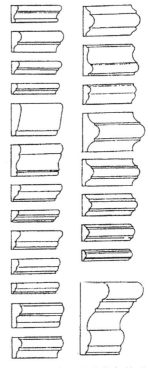

将藤皮或藤芯放入初级溶液槽内漂浸 16 h 后,用清水冲洗 1 h。在二级溶液槽内注入清水后加入硅酸钠,搅拌均匀后再依次加入过氧化钠和过氧化氢。藤皮或藤芯在二级溶液槽内漂浸 72 h 后,用清水冲 1 h。最后在三级溶液槽即草酸溶液中漂浸 3 h 后,用清水冲洗 2 h,再晾干至 90% (干燥程度),用硫黄熏 24 h,即制得漂白的藤皮和藤芯。

7.4.3　实木线条

实木线条是选用木质坚硬细腻、耐磨耐腐、不易劈裂、断面光滑、加工性能及油漆上色好、握钉力强的木材,经过干燥处理后,机械或手工加工而成的线型材料。常用实木线条的外形如图 7-17 所示。

实木线条的品种较多,按材质分为杂木线、泡桐木线、水曲柳木线、樟木线和柚木线等;按功能分为阴阳角线、柱角线、墙腰线、挂镜线、封边线和镜框线等。

实木线条的表面可用清水或混水油漆工艺涂饰。实木线条之间可进行对接拼接,也可弯曲成各种弧线。它可用

图 7-17　常用实木线条外形

钉子或高强胶进行固定,室内采用实木线条时,能够得到古朴典雅、庄重豪华的效果。它主要用于以下几方面:

(1) 墙面上不同层次的交接处封边,墙面上不同材料的对接处封口、墙裙压边。

(2) 各种饰面、门及家具表面的收边线和造型线。

(3) 顶棚与墙面及柱面交接处(阴阳角)的封边。

(4) 顶棚表面的造型勾勒线。

实木线条的外观应光滑平顺,棱角及棱边应挺直分明,不得有扭曲、虫蛀、孔洞和斜弯现象。

7.4.4　木塑复合材料

木塑复合材料是由木材或纤维素与聚合物混合后制成的复合材料。木塑复合材料的英文名是 Wood-Plastic Composites,简称 WPC。木塑复合材料是在对自然环境保护越来越重视的背景下产生的。该材料利用可回收的塑料和木材加工的废料作为原材料,实现了可再生资源的有效利用,保护了森林资源,降低了塑料对环境的污染。

木塑复合材料兼具了木材和塑料的优点,具有耐虫蛀、耐老化、耐腐蚀、防水、不易变形、可加工性好、无木材的天然缺陷、装饰性好等特性。

制作木塑复合材料的材料来源非常广泛。聚合物主要是塑料,热塑性塑料的品种有聚氯乙烯、聚乙烯、聚丙烯等。塑料可以是新料,也可以是回收料,或者二者的混合物。纤维素可以是木材,也可以是木屑、稻壳、麦秸等天然植物纤维。热塑性塑料在复合材料中起着黏结作用,纤维素具有增强和填充的功能。

木塑复合材料的生产工艺有挤出成型工艺、注射成型工艺和压缩成型工艺。工厂主要采用挤出成型工艺进行加工生产,生产设备为螺杆挤出机。挤出成型工艺分为一步法和两步法:一步法是指原料的配置混合等工艺处理与挤出在一个设备或同一组设备上完成;两步法则是木塑复合材料的混合造粒与挤出成型分两个阶段进行。

保证木质纤维材料与聚合物之间形成良好的界面结合是材料制造的关键。聚合物基复合材料的界面形成分为两个阶段:第一阶段是基体与增强纤维的接触与浸润过程;第二阶段是聚合物的固化阶段。目前的木塑复合材料界面结合理论主要有界面浸润理论、化学键理论、机械互锁理论、弱界面理论和界面扩散理论。界面层的作用机理不一定只是一种理论解释,也有可能是几种理论的综合体现。影响木塑复合材料界面结合强度的因素有木质纤维材料与热塑性塑料的界面相容性差,木质纤维材料与塑料复合过程中的纤维降解,木质纤维材料在基体树脂中的分散不均匀。

木塑复合材料的制品繁多,有矩形断面的实心型材,也有中空断面的型材。制品的表面可以印制各种木纹图案和颜色。工程中称木塑复合材料为维卡木。

木塑复合材料可用于屋面盖板、栈道铺板、院墙栅栏、景区栏杆、树池花坛、室外坐凳和景观廊架等。木塑复合材料的铺板和栏杆在室外环境中的抗腐朽性能好、不易开裂、安装方便、环保性好。室内产品有门窗型材、墙面装饰板、顶面方通等。

木塑复合材料的使用范围十分广泛,可用于建筑工程、门窗制造、汽车工业和轨道交通等领域,在室内外环境美化方面也应用广泛。

在木材与塑料结合的研究过程中,科技工作者们研发出一种被称为塑合木的复合材料,是将有机单体注入木材的微细结构中,再用电子束照射或者用钴-60(^{60}Co)同位素γ射线进行照射,或用引发剂和加热等方法,使有机单体在木材内聚合形成复合材料。有机单体与木材的细胞壁发生接枝共聚,对木材细胞起到增强的作用,使得塑合木的力学性能远高于普通木材。经过处理的木材吸湿性和吸水性大大降低,产品的尺寸稳定性好。在塑合木加工的过程中添加某些品种的阻燃剂后,能够改善材料的阻燃性。塑合木表面的装饰性也非常好,在浸注的单体中加入染料后可制得有色塑合木。塑合木的耐候性、耐腐蚀性和可加工性也同样优异。

7.4.5 其他木质装饰材料

木质装饰材料除了上述品种外,还有木质吸音板、木质马赛克、卷状木质地毯、防腐木、桑拿木和炭化木等。

1)木质吸音板

木质吸音板实际上是浸渍胶膜纸饰面板的一种产品。它具有吸音效果好、施工速度快、装饰性强等特点。

木质吸音板的生产工艺流程:首先在覆贴好浸渍胶膜的纤维板背面用钻头开出一定直径的孔洞,洞深约为纤维板厚度的一半,再按孔距要求钻出其他孔洞,形成纵横排列的孔阵;然后在饰面板表面用设备开出一定宽度和间距的沟槽,沟槽深度与板底钻好的孔洞贯通;最后在板的底面覆贴一层薄型防火吸音毛毡。

木质吸音板的形状有条状和块状之分,条状板的宽度有 132 mm、164 mm、197 mm、293 mm,长度有 1 220 mm、2 440 mm,厚度有 15 mm、18 mm。块状板的规格为 600 mm×600 mm×15 mm、600 mm×600 mm×18 mm。

木质吸音板表面沟槽下端的孔洞构造对声波有一定的衰减和吸附作用,所以该材料不仅能够用于室内墙柱面的装饰,而且可以用作吸音材料。木质吸音板常用于报告厅、会议室、语音室、音乐排练厅、球馆等场所的墙面装饰。

2)木质马赛克

木质马赛克是以优质硬木为原料,经锯切成型、染色烘干、手工拼贴等工序加工而成的。木质马赛克既具有普通马赛克的拼花特征,又具有木材的天然纹理。产品的耐磨性好、装饰性好,具有富丽豪华、古朴典雅的装饰效果。木质马赛克可用于地面、吊顶、墙裙及家具等处的装饰。

3)卷状木质地毯

卷状木质地毯是用特殊工艺将短小的条状木地板铺贴在特制的底纸上制成的。它耐磨、防腐、防潮、不变形、脚感舒适。施工时只需将卷状木质地毯直接铺贴在平整的楼地面基层上即可,不需油漆,搬迁时可直接将其从基层上卷起移走。

4)防腐木

防腐木通过在木材的表面涂饰或浸渍或加压注射防腐剂后,使得木材具有防霉变、防腐朽的特性。一般防腐木的综合防腐能力较强,适用于各类有防腐要求的场所,制取方便,表面可以涂饰油漆,但对环境的环保性有一定的影响。防腐木主要用于户外木楼梯、木地板和木栏杆等部件。防腐木根据其抗腐程度不同分为 C1～C5 五个等级。防腐剂的品种可根据生产情况需要进行选择。

5) 桑拿木

桑拿木实际上属于一种特殊的防腐木,也是制作桑拿房洗浴设备的主要材料,一般选择进口松木和南洋硬木等木质,经过防水、防腐等特殊处理后制成。桑拿木不怕水泡,也不会发生霉变、腐烂。

制作桑拿木的树种有芬兰云杉、樟子松、红雪松、铁杉、花旗松等。红雪松的桑拿板无结疤、纹理清晰、色泽光亮、质感好、做工精细,有免漆和不免漆两种。红雪松桑拿板的尺寸稳定,不易变形,加之有天然的芳香,最适合建造桑拿房。红雪松是一种天然的防腐木材,具有防霉、防腐烂的功能。樟子松桑拿木是市场上最流行的产品,价格低,质感也不错。铁杉、花旗松也都有各自的特点,客户多根据自己的爱好选定。另外,桑拿木板还分为有节疤、无节疤两种,无节疤桑拿木板的价格较高。

6) 炭化木

炭化木是用近 200℃ 的高温处理,将木材内的水分、油脂和某些易燃物等成分去除干净后制得的一种材料。常用的炭化木原材料主要有花旗松、南方松、樟子松、菠萝格和芬兰木等。根据木材的炭化程度不同,炭化木的品种分为表面炭化、深层炭化和全炭化等。木材经过炭化后性能发生较大变异,材料内部不再含有能够引起真菌滋生的营养物质,防腐能力虽有所提高,但木材的强度和耐候性不高,表面的颜色以深色为主,颜色不及其他地板鲜艳明亮。

木材经过炭化处理后,内部的木质纤维孔高度集成,消除了木材的内应力,使木材更坚固,不易变形,防潮性能更好,表面有一定的光泽,纹理清晰。但是炭化木改性后失去了木材原有的弹性,炭化木地板的脚感舒适度不如普通地板。

使用炭化木时应注意:炭化木的握钉力不强,固定前应先钻孔再钉钉子,避免木材开裂。在室外使用炭化木时建议涂饰防紫外线的涂料,以防木材褪色。炭化木的环保性较高,对环境的污染影响很低。

第 7 章思考题

1. 广义上的树种有哪些? 各有哪些特点?
2. 什么是木材的吸湿和解吸?
3. 木材中水的存在形式有哪些? 什么是木材的纤维饱和点与平衡含水率?
4. 木材的防火和防腐措施有哪些?
5. 胶合板的性能指标有哪些?
6. 胶合板、装饰单板贴面人造板和细木工板三者的构造组成有什么不同,一般有哪些装饰用途?
7. 木地板根据断面构造不同有哪些品种,各有什么优缺点?
8. 绘出浸渍纸层压木地板和软木地板的断面构造图。
9. 常用竹制品有哪些? 竹地板的质量指标有哪些?

10. 绘出常用木质线条的断面形式,并列举出木质线条常用的装饰部位。
11. 什么是木塑复合材料,一般有哪些用途?
12. 木质吸音板为什么具有一定的吸音性能? 它的常用规格有哪些?
13. 普通防腐木和炭化木的防腐机理各是什么?
14. 绘出一尺寸为 4 000 mm(宽度)×8 000 mm(长度)办公室楼地面的木地板拼花平面图。

8 塑料类装饰工程材料

有机高分子材料是由分子量较大的分子组成的有机材料。有机高分子材料与人们的工作和生活密切相关。合成树脂、合成橡胶与合成纤维等高分子材料以其独特的特性改变了人们传统的工作和生活状态，极大地改善了人们的工作条件，提升了人们的生活品质，成为国民经济发展过程中不可或缺的基础材料。但是此类化工产品给地球的环境带来了不小的负面影响。地球上的污染物绝大多数来自某些有机高分子材料，如塑料材料。塑料制品中的大多数又属不易降解材料，很多动物误食塑料后会死亡或残疾，甚至在南极地区冰盖深处的海底也有塑料颗粒的存在。21 世纪科研工作者的研究方向之一就是如何科学而环保地使用塑料制品，把塑料对环境的影响降到最低。

8.1 概述

塑料又称聚合物，是指以合成树脂或天然树脂为主要基料，加入其他添加剂后，在一定的压力和温度条件下，塑制成型或交联固化成型的高分子材料。塑料与合成橡胶、合成纤维并称三大合成高分子材料。

塑料在建筑上的运用部位很多，如门窗、墙面板、墙纸、踢脚线、屋面防水材料、供排水管道、电管等。图 8-1 是塑料制品在建筑上的应用示意图。目前中国是世界上塑料

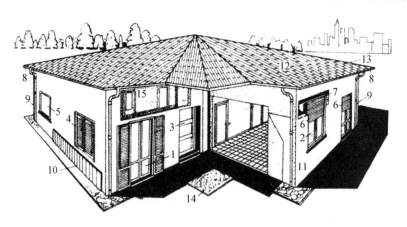

图 8-1 塑料制品在建筑上的应用示意图

注：1—落地窗；2—推拉窗；3—推拉门；4—百叶窗；5—翻转窗；6—卷帘门、窗；7 窗帘架和帘罩；8—檐口及水斗；9—落水管；10—护墙板；11—涂料；12—塑料(沥青)瓦；13—屋面用塑料；14—人造石材；15—墙纸。

产量和用量第一的大国,其中建筑塑料在整个塑料制造行业中占有相当的比例。塑料门窗、塑料墙纸、树脂型人造石材、塑料—木质复合材料等都是建筑塑料在建筑工程中使用频繁的塑料制品。

8.1.1 塑料的种类、特性及在建筑上的使用

1) 种类

塑料按其受热时发生的变化不同分为热塑性塑料和热固性塑料两类。

热塑性塑料具有线性分子,在加热时呈可塑性,熔化再冷却后又能凝固,可反复加热成型。热塑性塑料常用品种有聚乙烯、聚氯乙烯、聚苯乙烯等。热固性塑料在首次固化前是线性分子结构,首次固化后的线性分子之间互相交联,成为空间的体形结构,这种"从线性结构到体形结构"的变化是不可逆的。热固性塑料不能反复加热,常用的品种有聚氨酯树脂、酚醛树脂、三聚氰胺树脂、不饱和聚酯树脂、环氧树脂等。

塑料按用途不同分为通用塑料、工程塑料和特种塑料等。通用塑料一般指产量大、用途广、成型好的塑料,如聚氯乙烯、聚乙烯和聚丙烯等。工程塑料具有良好的机械性能和尺寸稳定性,能承受一定的荷载作用,在温度剧变的环境里能保持较好的材性,如 ABS 塑料(丙烯腈—丁二烯—苯乙烯共聚物,其中 A 代表丙烯腈,B 代表丁二烯,S 代表苯乙烯)、聚酰胺等。特种塑料则是指具有特殊功能的一类塑料,如氟塑料、有机硅等。

2) 特性

塑料具有以下一些特性:

(1) 自重轻

塑料的密度一般为 $0.9 \sim 2.2\,g/cm^3$,约为铝的 1/2、钢的 1/5、混凝土的 1/3,与木材相近。

(2) 导热性低

密实的塑料导热系数一般为 $0.12 \sim 0.80\,W/(m \cdot K)$。常用的泡沫塑料就是良好的绝热材料,有良好的保温隔热性能。

(3) 比强度高

比强度即单位密度的强度。塑料中玻璃钢的比强度就超过了钢材和木材。

(4) 加工性能好

塑料可用各类工艺加工成不同断面形状的材料,如薄板、管材、门窗型材和栏杆扶手等。

(5) 装饰性能优异

塑料表面可采用着色工艺制成各种色彩和图案,如木材、天然石材的纹样等,还可用烫金或电镀的方法实现某些特殊的装饰效果。

(6) 透光性能好

大部分塑料制品都是透明或者半透明材料。聚甲基丙烯酸甲酯(俗称有机玻璃)、聚苯乙烯和丙烯酸甲酯等塑料均具有较好的透光性能。

（7）化学稳定性强

一般的塑料制品对酸碱等化学物质均有良好的抵抗能力，能在很长时间里保持材料的性能不变，也不易降解。

（8）耐热性差、易燃

塑料的耐热性较差。热塑性塑料的热变形温度仅为 80~120℃，热固性塑料的耐热性较好，但一般也不超过 150℃。塑料制品在使用和维护时，应注意塑料的这一特性，掌握正确的施工和养护方法。

塑料一般是可燃的，而且在燃烧时易产生大量有毒烟雾。在建筑物内容易着火的重要部位，不应使用燃烧性能等级不达标的塑料材料进行装饰。

（9）易老化

塑料在阳光、空气、热量等综合因素的作用下，性能容易变差，发生硬脆、破坏等现象，也就是常说的"老化"。经过改性处理后的塑料制品，其抗老化性能提高。

（10）经济性

塑料制品是低能耗、高价值的材料。虽然某些塑料产品的价格较高，但这些产品在安装使用过程中的施工和维修保养的费用低。从长远看，塑料装饰制品在性价比上有一定的优势。

3）在建筑上的使用

塑料在建筑工程上的用量较大，占塑料总产量的 1/4~1/3。建筑塑料主要用于制作以下材料和制品：

（1）塑料型材——门窗型材、管材、扶手、踢脚线、各种线条制品等。

（2）饰面板——塑钢复合板、保温板、浸渍胶膜纸饰面胶合板、塑料隔断板等。

（3）塑料墙纸——发泡墙纸、印花墙纸等。

（4）楼地面材料——卷状塑料地板、块状塑料地板等。

（5）卫生洁具——整体卫生间、浴缸、坐便器面板、洗面盆台面板等。

（6）顶面材料——有机玻璃吊顶、条形塑料饰面板等。

（7）透光材料——聚碳酸酯阳光板、聚氯乙烯软膜、透明玻璃钢瓦、有机玻璃灯箱板等。

（8）保温隔热、隔音材料——聚苯乙烯、聚氨酯、聚乙烯泡沫塑料板等。

（9）各种塑料灯具和塑料五金件。

8.1.2 塑料的组成

建筑上常用的塑料制品绝大多数都是以合成树脂为原料，再按一定比例加入各种填充料、增塑剂、着色剂、稳定剂、润滑剂、固化剂、抗静电剂以及其他助剂等，经混炼、塑化，并在一定的压力和温度下制成的。塑料的组成如下：

1）合成树脂

合成树脂是塑料中最主要的成分，起着胶结的作用，能将塑料的其他组分胶结成一个整体。虽然加入各类添加剂可以改变塑料的性质，但合成树脂是决定塑料类型、性能和用途的根本因素。在单一组分的塑料中,合成树脂的组成比例几乎达 100%,如聚甲基丙烯酸甲酯(有机玻璃)。在多组分塑料中,合成树脂的组成比例为 30%～70%。常用的合成树脂种类有聚乙烯(PE)树脂、聚氯乙烯(PVC)树脂、聚苯乙烯(PS)树脂、ABS 塑料、聚醋酸乙烯(PVAC)树脂、聚丙烯(PP)树脂、聚甲基丙烯酸甲酯(PMMA)树脂、酚醛(PF)树脂、脲醛(UF)树脂、环氧树脂(EP)、不饱和聚酯(UP)、聚氨酯(PU)树脂、有机硅(SI)树脂与线型热塑性饱和聚酯树脂(PET)等。

2) 填料

填料又称填充剂,是塑料组成中的另一个重要部分,能增强塑料的某些性能,降低塑料的加工成本。如纤维素填料的加入可提高塑料的机械强度,石棉填料的加入可增加塑料的耐热性能,云母填料的加入可增强塑料的绝缘性能,石墨填料的加入可改善塑料的耐磨性能等。填料的种类很多,有机填料有木粉、纤维素等,无机填料有滑石粉、石墨粉、碳酸钙、二氧化硅、二硫化钼、云母和硫酸钙等。

填料在塑料工业中占有重要的地位。随着对填料的研究,特别是随着用于改善填料与树脂之间界面结合力的偶联剂的出现,填料在塑料组成中的作用又有了新的理念。

3) 着色剂

塑料装饰制品除了应具有优异的物理力学性能以外,外观效果是不可或缺的重要因素。塑料表面的着色技术是色料与艺术之间的结合,色料的合理选择与调色是塑料上色时必须考虑的要素。着色剂的种类按其在着色介质中或水中的溶解性分为染料和颜料两大类。

(1) 染料

染料可溶于被着色的树脂或水中,透明度好,着色力强,色调和色泽亮度好,但光泽的光稳定性及化学稳定性差,主要用于透明塑料制品。常见的染料品种有酞菁蓝、酞菁绿、联苯胺黄和甲苯胺红等。

(2) 颜料

颜料与染料相比,其突出的特点是不溶于被着色介质或水。颜料着色性的实现是通过本身的高分散性颗粒分散于被染介质表面,其折射率与基体差别大,既能吸收一部分光,又能反射另一部分光线,给人以彩色的视觉效果。由颜料着色的塑料制品一般呈半透明或不透明。在塑料制品中,常用无机颜料作为着色剂。无机颜料不仅对塑料具有着色性,又兼有填料和稳定剂的作用。如灰黑颜料对光有稳定作用,镉黄颜料则对紫外线有屏蔽作用。

4) 其他助剂

(1) 增塑剂

虽然增塑剂在塑料加工成型中的用量不多,却是不可或缺的助剂之一。增塑剂通常是对热量和化学试剂都很稳定的有机物,大多是挥发性较低的液体,少数是熔点较低的固体,在一定的范围内能与聚合物相容。增塑剂的作用是提高塑料加工时的可塑性及流动性,并改善塑料制品的柔韧性。常用的增塑剂为酯类和酮类等,主要有以下几种:① 邻苯二甲酸二丁酯(DBP)、邻苯二甲酸二辛酯(DOP),用于改善塑料的加工性能及常温状态下的柔韧性。② 脂肪族二元酸酯类的有己二酸酯、壬二酸酯、癸二酸酯等。此类增塑剂除了用于改善塑料的加工性能外,还能改善塑料制品的低温柔韧性。③ 磷酸酯类的增塑剂有磷酸三辛酯(MSDS)、磷酸三甲苯酯(TCP)等,用于提高塑料制品的阻燃效果,有一定的毒性,不宜用于制造食品级的塑料制品。④ 环氧化合物类,如环氧化大豆油、环氧蓖麻油酸酯及环氧妥尔油等。环氧化合物的特点是毒性小,对改善聚氯乙烯塑料(PVC 塑料)的低温柔韧性与热稳定性有明显作用,常与其他增塑剂并用。其他增塑剂还有樟脑、二苯甲酮等。

(2) 稳定剂

塑料制品在成型加工和使用的过程中,受热、光或氧等因素的作用时,会发生降解和氧化断链、交联等现象,从而使材料的性能发生改变。为了延长塑料制品的使用寿命,通常在其组成中加入稳定剂。如在聚氯乙烯制品中加入铅白等无机化合物或二苯基硫脲等有机化合物,以提高聚氯乙烯的耐热性和耐光性。

(3) 固化剂

固化剂又称硬化剂,主要用于热固性树脂中使线型分子的支链发生交联,使之转变为立体的网状结构,进而制得坚硬的塑料制品。如用于酚醛树脂(PF)固化的六亚甲基四胺,用于环氧树脂固化的乙二胺、三乙胺等。

(4) 偶联剂

偶联剂是为了改善填料与树脂表面的结合力而加入的外加剂。多数填料的表面亲水性大于亲油性,因而填料与树脂的混炼较为困难。如果填料与树脂之间没有足够的结合力,会影响塑料制品的机械性能。偶联剂属于表面活性剂,掺量很少,在填料与树脂的界面上起"分子桥"的作用,能显著改善填料与塑料界面的结合力。

塑料在加工及使用中还需要加入其他的助剂,如抗静电剂、润滑剂、发泡剂、阻燃剂、防霉剂等。

8.1.3 常用塑料品种

1) 聚氯乙烯

聚氯乙烯是由氯乙烯单体在引发剂的作用下聚合而成的一种热塑性塑料,呈白色或浅黄色粉末状。聚氯乙烯的生产方法有悬浮法、乳液法、溶液法和本体法四种。我国目前主要用悬浮法和乳液法工艺生产聚氯乙烯。聚氯乙烯是世界上产量最大的塑料品种之一,价格便宜,应用广泛。

聚氯乙烯塑料是以聚氯乙烯树脂为基料,根据制品的性能要求,加入各种相关的添加剂后加工而成。随着塑料中组分的不同,聚氯乙烯塑料制品也呈现出不同的性能。如增加或减少增塑剂的掺入量,可分别制得软质、半硬质和硬质的聚氯乙烯塑料制品;加入树脂改性剂可改变制品的刚性和韧性;加入阻燃剂可以改变塑料的燃烧性能。聚氯乙烯塑料具有良好的化学稳定性、电绝缘性,离开火源可以自熄而且还有较高的强度及耐磨性能等。

(1) 化学稳定性

聚氯乙烯塑料具有良好的化学稳定性,是很好的防腐蚀材料,能抵御大多数无机酸和碱性物质的腐蚀作用。聚氯乙烯树脂的溶解性与树脂的分子量有关,分子量愈大,溶解度愈小。它可溶解于环己酮等酮类溶剂及四氢呋喃中,高温下可溶胀甚至溶解。

（2）物理性能

聚氯乙烯塑料的物理性能见表8-1。

表8-1　聚氯乙烯塑料的物理性能

项目	硬质聚氯乙烯	软质聚氯乙烯
密度/(g·cm^{-3})	1.35~1.45	1.16~1.35
拉伸强度/MPa	35~56	10~25
伸长率/%	240	100~450
收缩率/%	1.0~1.5	2.0~2.3
热导率/4 187×10^{-5} W·(m·K)$^{-1}$	3~7	3~4
比热容/4.2×10^3 J·(kg·K)$^{-1}$	0.20~0.28	0.30~0.40
热膨胀系数/(10^{-5}·℃$^{-1}$)	5.0~18.5	7.0~25.0
耐热温度/℃	65~80	65~80
体积电阻率/(Ω·cm)	>10^{16}	>10^{11}~10^{15}
介电强度/(kV·mm^{-1})	25~35	20~30
吸水率/%	0.07~0.40	0.15~0.75
耐酸性	良好	良好
耐碱性	良好	良好

注:表中部分数据表述遵循原文献。

（3）稳定性

聚氯乙烯树脂是一种不太稳定的聚合物。在光和热的作用下,会释放出氯化氢气体。在氧、臭氧、氯化氢及某些活性金属离子存在时,聚氯乙烯的分解会加速。降解时,随着氯化氢气体分解数量的增加,树脂颜色逐渐由白变黄、变暗红,再变棕色,最终变成黑色。

（4）热工性能

聚氯乙烯树脂的软化点接近分解温度,在140℃时已开始分解,随着温度升高,分解也加速,至200℃全部分解。制品的长期使用温度不宜超过55℃,经过改性的聚氯乙烯制品的使用温度可达90℃。因分子链中含有氯原子,制品均有耐燃性、自熄性和无滴落性。

（5）导电性能

聚氯乙烯塑料的导电性能与聚合物中残留物的数量、配方中各种添加剂的种类和数量以及受热的情况有关。当温度升高时树脂分解,产生氯离子从而使塑料的绝缘性降低。

（6）加工性能

聚氯乙烯树脂是无定型高聚物，没有明显的熔点，在 120～160℃ 范围内具有可塑性。它的热稳定性较差，随着温度升高，树脂的分解速度加快，不断放出氯化氢气体，颜色变深，因而聚氯乙烯树脂在加工混炼时，温度不宜过高，时间不宜过长。可在配方中加入热稳定剂、紫外线吸收剂、填料、润滑剂、颜料、防霉剂、抗静电剂等适合不同要求的添加剂，以满足制品加工及材料性能的要求。聚氯乙烯塑料几乎适用所有的塑料加工要求，这也是它被加工成各种制品的原因之一。

聚氯乙烯的应用面极广，从建筑材料到儿童玩具，从工农业常用机件到日常生活用品，均可用聚氯乙烯制作。如塑料地板、百叶窗、门窗框、楼梯扶手、踢脚板、封檐板、密封条、管道、屋面采光板等。软质聚氯乙烯还可用于制作墙纸、沙发和座椅的包垫等。

2）聚乙烯

聚乙烯（PE）树脂是一种用途广泛的热塑性塑料。聚乙烯树脂的生产方法有高压法、中压法和低压法三种。利用高压法制得的聚乙烯中含有较多的短链分支，具有较低的密度、分子量和结晶度，熔点为 110～115℃，结晶度为 55%～65%，质地柔韧，电绝缘性能、耐寒性和化学稳定性较好，适于制造各种薄膜和空心制品。利用低压法制得的聚乙烯分子中只含有很少的短链分支，有较高的分子量、密度和结晶度，熔点为 125～135℃，结晶度为 85%～90%，质地坚硬，可用于制作机械壳体、仪表盘和管材等。

聚乙烯树脂外形是呈白色蜡状的半透明颗粒，性质柔韧，稍能伸长，比水轻、无毒、易燃，离火后能继续燃烧，火焰上端为黄色，下端呈蓝色，燃烧时熔融滴落，发出石蜡燃烧时的气味。

（1）化学性能

任何浓度的盐酸、氢氟酸、磷酸、醋酸、胺类、氢氧化钠、过氧化氢、氢氧化钾及其盐的溶液对聚乙烯都不起作用。聚乙烯在常温下能抵抗稀硫酸和稀硝酸的腐蚀作用，但将稀硫酸和稀硝酸溶液加热至 100℃ 时能快速腐蚀聚乙烯。

（2）物理性能

聚乙烯树脂在常温下不溶于任何一种已知的溶剂，长时间在脂肪烃、芳香烃和卤代烃中会发生溶胀，出现物理变化，去除以上物质后，即能恢复原状。仅矿物油、凡士林、某些动物脂肪以及植物油能使聚乙烯树脂的物理性质发生永久性局部变化。当温度超过 70℃ 时，聚乙烯树脂能少量溶解于甲苯、乙酸戊酯、三氯乙烯、松节油、氯代烃、四氢化萘、石油醚、矿物油和石蜡中。即使温度超过 100℃，聚乙烯树脂仍不能溶解于水、醇、乙酸、乙醚、脂肪族、甘油及植物油。

（3）机械性能

随着聚乙烯树脂的分子量增大，它的机械性能提高。低密度聚乙烯较柔软，具有韧性和弹性。高密度聚乙烯有较高的机械强度。

（4）热工性能

聚乙烯树脂无自熄性，点着并移走火源后可继续燃烧。聚乙烯制品在受热时会发生热收缩,加工的熔点温度范围为 132～135℃,着火温度为 340℃,自燃温度为 349℃。

(5) 耐老化性

聚乙烯树脂在紫外线辐射及氧气、热量、日光等的作用下,各项性能逐渐退化。为防止和减缓这种现象的发生,可以在配方中加入防紫外线、光老化及热老化的稳定剂。

(6) 导电性能

聚乙烯树脂的介电性能十分优良,电阻也高,它的电绝缘性能可与任何已知的介电材料相比,是电线、电缆、海底电缆上非常重要的包覆材料。

聚乙烯树脂可用于配制涂料,也可用作防水、防潮材料。

3) 聚丙烯

聚丙烯(PP)树脂是以丙烯为单体制得的聚合物,属热塑性塑料。由于聚丙烯的制作原料易于取得,且聚丙烯性能优良,价格便宜,因而聚丙烯树脂的用途非常广泛。国内聚丙烯树脂在 2018 年的产量已超过 2 000 万 t。

聚丙烯树脂外形呈白色蜡状颗粒,略显透明,无色、无味、无毒;相对密度为 0.89～0.91,可浮于水面,是线型高结晶性聚合物;属易燃材料,离开火源后仍可继续燃烧,燃烧时的火焰上端呈黄色,下端呈蓝色,并伴有少量黑烟。

(1) 化学性能

在常温下聚丙烯树脂几乎不溶解于溶剂,只有在芳香烃碳氢化合物、氯化碳氢化合物中聚丙烯才会发生软化、溶胀,当温度升高时软化、溶胀更明显。聚丙烯树脂的化学性能稳定,对化学药剂的侵蚀具有良好的抵抗性。在无机盐的水溶液、无机酸类、碱类溶液中,即使升高温度聚丙烯也不发生化学变化。当聚丙烯树脂与卤族元素、硝酸、硫酸及高度氧化剂接触时,会受到腐蚀作用。

(2) 物理性能及机械性能

由于聚丙烯树脂的分子结构规整度(聚乙烯分子中甲基的排列整齐程度)较高,它在室温及低温下的抗冲击性较差,抗冲击强度随聚合物中结构规整度的不同而变化。聚丙烯的分子量越大,其抗冲击强度也随之增大,但加工成型性能变差。与其他塑料相比,聚丙烯树脂有更大的抗弯曲疲劳寿命,其活动合页能承受 $7×10^7$ 次以上的折叠弯曲而无损坏。聚丙烯树脂制品对缺口效应十分敏感,所以在设计制品时,应尽量避免在制品的表面出现夹角或缺口。

聚丙烯树脂有优异的成纤性,由它制成的纤维"丙纶"是一种较好的工程用材,拉伸强度达到 21～39 MPa,弯曲强度为 42～56 MPa,抗压强度为 39～56 MPa,但其耐磨耗性不如硬质聚氯乙烯,刚性较低,耐老化性差。

(3) 热工性能

聚丙烯树脂有良好的耐热性能,熔点为 164～170℃,制品可在 100℃的沸水中消毒。在低负荷下,可在 110℃连续使用,低温使用温度可达 -20～-15℃。

(4) 导电性能

聚丙烯树脂为非结晶的高分子聚合物,有着优良的绝缘性能,可作绝缘材料。即使在潮湿环境下,聚丙烯仍有良好的绝缘性,因为它不吸水,不受空气潮湿影响。

（5）耐老化性能

聚丙烯分子链中含甲基的叔碳原子（直接与三个碳原子相连的碳原子，又称三级碳原子），在紫外线的作用下容易发生氧化并解聚、老化。为了提高聚丙烯材料的抗老化性能，需在加工过程中加入有效的稳定剂、抗氧化剂及光稳定剂。

聚丙烯的用途较广，利用聚丙烯纤维编织的网状材料可用作建筑外立面施工时的安全网罩。聚丙烯树脂表面有良好的光泽和耐热性能，可用来制作卫生洁具、整体淋浴室、塑料小五金、耐热和耐化学药剂的管道装置以及聚丙烯地毯、混纺地毯等，有时也可用于制作塑料面砖和贮水箱等。

4）聚苯乙烯

乙苯在催化剂的作用下，在 $550\sim600℃$ 时脱氢生成苯乙烯，苯乙烯单体经过聚合即可生成聚苯乙烯。

聚苯乙烯（PS）是一种透明的无定型热塑性塑料，其透光性能仅次于有机玻璃，达到 $88\%\sim98\%$。聚苯乙烯的密度小、耐水、耐化学腐蚀性好，有极好的电绝缘性能和低吸湿性，而且易于加工和染色。

聚苯乙烯的材性较脆，抗冲击性能弱，延展性和耐热性低，耐热温度一般不超过 $80℃$。长时间储存和受到光照时，聚苯乙烯的透明性降低，材料表面变浑浊。聚苯乙烯燃烧时有浓烟及异味产生。聚苯乙烯可溶于芳香烃溶剂（如苯、甲苯和二甲苯等）、四氯化碳、酮类（丙酮除外）及脂类。

聚苯乙烯树脂多用于装饰板材、隔音材料、保温隔热材料、绝缘材料、食品包装盒等。如发泡聚苯乙烯的强度高、导热性低，可用作隔热、隔音材料等。经过苯乙烯单体浸渍过的纸张、植物纤维、木材和大理石碎粒等，可黏结成具有一定装饰效果的复合材料。

5）ABS 树脂

由于 ABS 是三元共聚物，因而具有三种组分的共同性能。丙烯腈能使聚合物耐化学腐蚀且有一定的表面硬度，丁二烯使聚合物呈现橡胶状的韧性，苯乙烯使聚合物呈现热塑性塑料的加工特性。

ABS 树脂外观为象牙色的半透明（或透明）的颗粒（或粉状）。密度为 $1.05\sim1.18\ g/cm^3$，收缩率为 $0.4\%\sim0.9\%$，吸湿性 $<1\%$，熔融温度为 $217\sim237℃$，热分解温度 $>250℃$。

ABS 树脂具有耐磨、尺寸稳定、耐化学腐蚀以及易于成型和易于机械加工等特点，表面还能镀铬。ABS 树脂具有耐水、无机盐、碱类和酸类等物质的作用，不溶于大部分醇类和烃类溶剂，易溶于醛、酮、酯和某些氯代烃。ABS 树脂的耐热性较差、易燃。调整 ABS 树脂中三组分间的比例，可改善其性能，以满足各种特殊的用途。ABS 树脂一般分为通用级、中冲击型、高冲击型、耐低温冲击型、耐热型、透明型等。

ABS 树脂是一种较好的建筑材料，可制作表面有美丽花纹图案的装饰板材，也可用于制作电冰箱、洗衣机、食品箱等。ABS 树脂泡沫塑料还可以代替木材，制作既高雅又耐用的家具等。

6）聚甲基丙烯酸甲酯

聚甲基丙烯酸甲酯（PMMA）又称有机玻璃、亚克力，是由甲基丙烯酸甲酯单体加聚而成。它的密度为 $1.15\sim 1.19\ \text{g/cm}^3$，比玻璃轻，熔点为 $130\sim 140\text{℃}$，透光率超过普通玻璃，不但能透过 92% 以上的日光，而且能透过 73.5% 的紫外线，是玻璃态高度透明的固体。聚甲基丙烯酸甲酯的重量轻，不易破碎，在低温时具有较高的冲击强度，坚韧并且具有弹性，被硬物击穿后不会产生有尖角的碎片，有一定的安全性，耐水性好。但它的耐磨性差，硬度不如普通玻璃，表面易起毛、粗糙，光泽难以保持。聚甲基丙烯酸甲酯易于溶解在酮类、酯类、氯乙烷等有机溶剂中，且易燃烧，使用时应严加注意。表 8-2 是聚甲基丙烯酸甲酯树脂的物理性能指标。

表 8-2　聚甲基丙烯酸甲酯树脂的物理性能指标

名称	普通型	耐热型
密度/$(\text{g}\cdot\text{cm}^{-3})$	1.19	1.19
拉伸强度/MPa	63	71
伸长率/%	3	3
冲击强度/$(\text{kg}\cdot\text{cm}\cdot\text{cm}^{-1})$	1.6	1.6
硬度/洛氏 M	90	100
热变形温度/℃	85	100
成型收缩率/%	0.3	0.4
吸水率/%	1.49	1.49
光透过率/%	93	93

聚甲基丙烯酸甲酯树脂的加工性能优异，不仅可以切削、钻孔，而且可以用丙酮、氯仿等黏结成各种形状，还能用吹塑、注射、挤出等工艺对其进行加工，用加热的方法可使其弯曲。聚甲基丙烯酸甲酯树脂可制成各种颜色的艺术文字和图案、板材、管材、弧形天窗、灯罩、仪表板、浴缸和栏杆挡板等。经过拉伸处理的聚甲基丙烯酸甲酯树脂甚至可用作防弹玻璃和军用飞机上的座舱盖。

7) 聚氨酯

聚氨酯的全称为聚氨基甲酸酯(PU)，是由多元异氰酸酯与含有羟基的化合物或高聚物相互作用制得的一种聚合物。聚氨酯可根据需要制成热塑性塑料或热固性塑料。它被广泛用于制作硬质聚氨酯泡沫塑料、半硬质聚氨酯泡沫塑料、软质聚氨酯泡沫塑料、人造革、涂料和黏合剂等，其中以泡沫塑料用量最大。

硬质聚氨酯泡沫塑料内的空隙是封闭式孔穴结构，孔内充满气体，有良好的隔音性能，其隔热效果与干燥空气相当，是装修工程中良好的保温、隔热、隔音材料。

半硬质聚氨酯泡沫塑料的耐冲击力高，可用作保温、隔热、隔音材料。

软质聚氨酯泡沫塑料内的空隙一般是开放式孔穴结构，质轻、有弹性、绝缘、耐油，是聚氨酯泡沫塑料的主要品种。它主要用作家具的软垫材料，有良好的保温隔音性能。

装修现场所采用的聚氨酯发泡剂一般为小罐装制品，用于填充门窗框与门窗洞之间的缝隙，以满足门窗保温隔热的要求。

聚氨酯弹性无缝地面涂料可用于实验室、精密仪器车间、运动场馆等场所,也可用于人行道斑马线标志的涂饰。

8) 环氧树脂

环氧树脂(EP)是分子中含有两个或两个以上环氧基团的高分子化合物,属热固性树脂。由环氧氯丙烷和双酚 A 聚合而成的双酚 A 型环氧树脂的用途最为广泛。

固化后的环氧树脂能耐一般的酸、碱和大部分有机溶剂的侵蚀,具有优良的耐热性、硬度和韧性,强度高,化学稳定性好。环氧树脂与金属或者非金属材料之间有良好的黏结力,可制成性能优异的黏合剂(俗称万能胶)。

环氧树脂除了可用于需要黏结部位的连接以外,还可用于制作玻璃钢制品、建筑涂料、防水材料、房屋修缮等方面。

9) 聚酯树脂

聚酯树脂(PAK)是主链上含有酯键的高分子化合物的总称。它经二元醇或多元醇与二元酸或多元酸缩合而成,也可由同一分子内含有羟基和羧基的物质制得。聚酯树脂的常用产品有线型热塑性饱和聚酯、线型热固性不饱和聚酯与醇酸树脂等。

线型热塑性饱和聚酯纤维又称涤纶,有良好的绝缘性能、耐皱性、弹性和尺寸稳定性,耐各种化学试剂的侵蚀。它主要用于服装制作、地毯加工、装饰织物和防水卷材制作等方面。

线型热固性不饱和聚酯又称线型不饱和聚酯,主要是由乙二醇与顺丁烯二酸酐合成。习惯上把线型不饱和聚酯与乙烯类单体的混溶组成物称为不饱和聚酯树脂,就是常说的聚酯树脂。此类物质可用于建筑楼地面涂料和家具涂料的制作,也可作为建筑结构用材。

醇酸树脂属于聚酯树脂,由甘油和邻苯二甲酸酐合成,呈黏稠状液体或固体,主要用于家具涂料或建筑涂料的制作。

10) 聚碳酸酯

聚碳酸酯(PC)是分子链中含有碳酸酯基的高分子聚合物,属热塑性树脂。根据酯基的结构不同分为脂肪族、芳香族、脂肪族—芳香族等多种类型,以芳香族种类的聚碳酸酯运用最为广泛。

聚碳酸酯树脂为无色透明材料,密度为 $1.18\sim1.22\ \mathrm{g/cm^3}$,热变形温度为 $135℃$,耐冲击性能和加工性能好,折射率高,经过阻燃处理后可达到 B_1 级耐火等级材料的标准,常温状态下有良好的机械性能,耐候性高。然而聚碳酸酯耐化学药品的侵蚀性和耐刻划性能较差,它的制品长期暴露于紫外线中表面会发黄。

8.2 常用塑料装饰制品

8.2.1 塑料地板

塑料地板是以合成树脂为原料,掺入各种填料和助剂后加工而成的楼地面装饰材料。塑料地板的弹性好、脚感舒适、耐磨性和耐污性强、装饰效果好,其表面可做出木纹、天然石材和马赛克等材料的花纹图案,施工及维修非常方便,主要用于室内楼地面的装饰。

1)特性

塑料地板具有防滑、耐腐、阻燃等特性,发泡塑料地板还具有优良的弹性,脚感舒适,易于清洁,更换方便。塑料地板通常用高耐磨性的材料作为面层,有良好的耐磨性。它内部构成材料的材质基本都是软质材料,有一定的柔韧性,脚感舒适度较好,防噪声、防滑。塑料地板的面层可以印刷各种色彩丰富的图案,如各类仿花岗岩、大理石、天然木材的图案,可以达到以假乱真的程度,有很好的装饰效果。塑料地板质轻耐磨,重量比大理石、陶瓷地砖、花岗岩等地面材料轻得多,价格适中,施工效率高,易清洁。塑料地板也能满足环保要求。

2)塑料地板的分类和规格

塑料地板按所使用的树脂分为聚氯乙烯塑料地板、聚乙烯—醋酸乙烯(氯醋共聚树脂)塑料地板、聚乙烯塑料地板、聚丙烯塑料地板和氯化聚乙烯塑料地板等,以聚氯乙烯塑料卷材地板使用最为广泛。

塑料地板按塑料地板的功能分为普通塑料地板、弹性地板、抗静电地板、导电地板、体育场地塑胶地板等。此外,塑料地板还有现浇无缝型。现浇无缝型塑料地板也称塑料涂布地面,常用聚酯树脂、聚酰胺树脂、环氧树脂、丙烯酸树脂为主要原料,适用于对卫生条件要求较高的地下室、地下停车场、实验室、洁净车间等处的地面装饰。

塑料地板按其外形分为块状地板和卷材地板。块状地板便于运输和铺贴,由于材料内部含有大量的填料,因而块状地板的价格低廉、耐烟头灼烧、耐污染、耐磨,损坏后便于调换。卷材地板为软质(柔性)卷材,生产效率高,整体装饰效果好。按其构造不同,卷材地板又分为无基材的 PVC 卷材地板和带基材的 PVC 卷材地板。

无基材的 PVC 卷材地板又称同质聚氯乙烯卷材地板,是一种在厚度、方向上由相同成分、色彩和图案组成的聚氯乙烯卷材地板,表面可带耐磨涂层。

带基材的 PVC 卷材地板又称非同质聚氯乙烯卷材地板,是由耐磨层、加强层或稳定层组成的多层结构的聚氯乙烯卷材地板。

PVC 卷材地板的宽度有 1 800 mm 和 2 000 mm 两种,厚度有 1.5 mm 和 2 mm 两种,长度有 20 m 和 30 m 两种。PVC 块状地板的常用规格为 300 mm×300 mm×1.5 mm 或者 480 mm×480 mm×2.0 mm。

图 8-2 是无基材和带基材的 PVC 卷材地板的断面构造示意图。

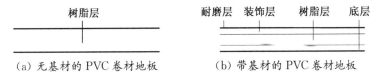

| (a)无基材的 PVC 卷材地板 | (b)带基材的 PVC 卷材地板 |

图 8-2　PVC 卷材地板的断面构造示意图

非同质聚氯乙烯卷材地板和同质聚氯乙烯卷材地板的耐磨层等级可分为 T 级、P级、M 级和 F 级。使用耐磨等级可查阅《聚氯乙烯卷材地板　第 1 部分:非同质聚氯乙烯卷材地板》(GB/T 11982.1—2015)、《聚氯乙烯卷材地板 第 2 部分:同质聚氯乙烯卷材地板》(GB/T 11982.2—2015)中的有关规定。PVC 卷材地板的产品质量有外观质量、尺寸允许偏差、理化指标和有害物质限量等规定。前三项指标可查阅《聚氯乙烯卷材地板 第 1 部分:非同质聚氯乙烯卷材地板》(GB/T 11982.1—2015)、《聚氯乙烯卷材地板 第 2 部分:同质聚氯乙烯卷材地板》(GB/T 11982.2—2015)中的有关标准。聚氯乙烯卷材地板中的有害物质主要是指聚氯乙烯单体、可溶性重金属(铅、镉)和挥发物等,限量标准可查阅《室内装饰装修材料聚氯乙烯卷材地板中有害物质限量》(GB 18586—2001)中的要求。

3) 塑料地板的选择

塑料地板的选择应综合考虑使用要求、地板的材性、装饰效果以及经济性等因素。

塑料地板有家用型、商用型和工业型之分。首先应从塑料地板铺设场所人员的密集程度来选择相应耐磨标准的塑料地板。其次再依据铺设场地的实际情况选用带基材的或者是不带基材的塑料地板。最后从美观的要求出发,选用塑料地板的颜色或花纹图案。

4) 塑料地板使用注意点

定期用塑料地板蜡对塑料地板表面进行维护保养,使用期间应避免过热的水或碱水与塑料地板接触,以免影响塑料地板与楼地面的黏结强度,或引起塑料地板的变色、翘曲等。

塑料地板的耐刻划性能较差,应避免尖锐的金属工具(如刀、剪等)在塑料地板表面划拉。塑料地板上不宜放置温度超过 60℃ 的物体,也不宜在塑料地板表面踩灭烟头,以免引起塑料地板变形和产生焦痕。

在塑料地板表面可能产生集中荷载的部位,应采取措施以免使塑料地板表面产生永久性凹陷变形,如适当改变集中荷载作用的时间和接触的面积。塑料地板应尽量避免阳光的直射。

PVC 卷材地板一般用黏合剂粘贴在平整的楼板基层上,黏合剂必须与塑料地板配套使用,以免黏合剂的品种选用不当造成塑料地板被腐蚀。常用的塑料地板黏合剂有乳胶型塑料地板黏合剂、环氧树脂黏合剂、401 型黏合剂和 4115 型建筑胶等。

5) 塑料地板的适用范围

塑料地板可用于学校、养老院、医院、办公楼、超市和工厂车间场所的楼地面。

8.2.2 防静电地板

防静电地板又称耗散静电地板,可消除地板在使用时由于各种因素产生的静电。

防静电地板的种类较多,有三防防静电活动地板、全钢防静电活动地板、复合防静电地板、铝合金防静电地板和 PVC 防静电地板等,以全钢防静电活动地板运用得最为广泛。全钢防静电活动地板是将优质钢板冲压焊接后形成内腔,内填发泡水泥,周边设置导电条,表面经导电环氧树脂喷塑和高耐磨防静电贴面处理后制成。

全钢防静电活动地板具有优质的抗静电功能,机械强度高,安装便捷,表面装饰性强,防水、防火、耐磨,维护和保洁比较方便。

全钢防静电活动地板的规格为 600 mm×600 mm×40 mm,每平方米可承受 600 kg 的重量,耐火等级为 B_1 级,吸水率小于 0.5%。

全钢防静电活动地板在安装时必须与下部支撑系统配套使用。下部支撑系统包括可调式固定支座、钢桁架横梁和固定配件。施工时先安装下部支撑系统,然后将地板放置在横梁形成的框格内,并使地板表面保持在同一水平面上。

全钢防静电活动地板的性能指标有尺寸允许偏差、对地电阻、外观质量、耐燃性能、环保性能(挥发物限量、放射性、甲醛释放量)和理化指标(承载力、耐磨性、抗冲击性能和耐污性等),具体可查阅《防静电活动地板通用规范》(GB/T 36340—2018)中的有关标准。

全钢防静电活动地板主要用于计算机机房、通信机房、监控和消防控制室等使用精密仪器的场所。

8.2.3 塑料墙纸

塑料墙纸是以纸为基材,在纸基表面涂塑,经过发泡、印花和压花等工艺处理后制成的内墙装饰材料。

1)塑料墙纸的特点

(1)装饰效果好。塑料墙纸经过发泡、印花或压花等工艺处理后,表面可仿制出墙面砖、木纹及锦缎的效果,能达到以假乱真的观感,也可印制各种人工设计的花纹图案,色彩可任意调配,有自然流畅、清淡高雅的效果。

(2)性能优越。塑料墙纸可根据需要加工成具有难燃、隔热、吸音、防霉等性能的产品,且材料表面不易结露、不怕水洗、不易受机械损伤。

(3)适合大规模生产。由于塑料的加工性能良好,因而可实现工业化的连续生产。

(4)粘贴方便。纸基的塑料墙纸可用乳胶类的黏合剂施工,透气性好,在尚未完全干燥的基面上粘贴后不起鼓、剥落。

(5)使用寿命长、易维修保养。塑料墙纸的表面可清洗,对酸、碱有较强的抵抗能力。可用洁净的湿布擦拭受到轻微污染的墙纸部位,从而达到保洁的效果。

塑料墙纸是目前国内外使用较为广泛的内墙装饰材料,也可用于室内的顶面、梁柱以及车辆、船舶、飞机等交通工具的内部装饰。

塑料墙纸的生产流程分为两个阶段:第一阶段是在底层纸上复合一层塑料;第二阶段是对复合好塑料的墙纸半成品进行表面加工,如印花、压花、发泡压花等。塑料墙纸的底纸常用 80~100 g/m² 的纸张,有一定的强度、耐热、不卷曲。在底纸上复合塑料的方法主要有四种:压延法(将塑料薄膜与底纸在压延机上直接加压复合)、涂布法(将乳液或者 PVC 糊状树脂涂饰在底纸上)、间接复合法(用复合机复合)、挤出复合法(将底纸与从平板机头挤出的薄膜相互复合)。压延法和涂布法是塑料墙纸常用的生产工艺。

2）塑料墙纸的分类

塑料墙纸可分为普通墙纸（又分印花和压花）、发泡墙纸和特种墙纸等（也称功能墙纸）。每一类墙纸（布）又分若干品种，有几十甚至上百个花色。

（1）普通塑料墙纸

普通塑料墙纸是以 80 g/m² 的原纸作为基材，涂塑 100 g/m² 左右的 PVC 糊状树脂，经相关工艺加工而成。这类墙纸的花色品种繁多、价格适中。普通塑料墙纸根据生产工艺不同分为印花墙纸和压花墙纸两类，再细化又分为单色压花墙纸、印花压花墙纸、有光印花墙纸和平光压花墙纸等品种。

（2）发泡墙纸

发泡墙纸是以 100 g/m² 的原纸作为基材，涂塑 300～400 g/m² 掺有发泡剂的 PVC 糊状树脂，在树脂上印花后再加热发泡而成的装饰材料。

控制树脂内的发泡剂掺入量和加热温度能够制成高发泡墙纸和低发泡墙纸。高发泡墙纸的发泡倍率（材料成品的体积与原材料体积之间的比值）较大，表面呈富有弹性的凹凸花纹，是一种兼装饰、吸声、隔热等功能于一体的墙纸，常用于家庭影院、语音室和会议室等场所的墙面或顶面装饰。

低发泡墙纸又可分为低发泡印花墙纸和低发泡印花压花墙纸，前者是在发泡的平面上直接印制图案，后者是用含有抑制发泡作用的油墨先行印花后再进行发泡，从而使表面形成不同色彩的立体花纹图案，也叫化学浮雕，常用于接待室、会议室等部位的墙面装饰。

发泡塑料墙纸与普通塑料墙纸相比，其表面的强度和耐水性较差。高发泡墙纸由于生产过程中需要加热，易使纸基发生老化，因而裱贴时纸基较易损坏。但由于发泡墙纸的质感强，吸声、隔热及施工性能好，对基层的平整度要求不是很高，因而在工程中的运用范围比较广泛。图 8-3 是 PVC 发泡墙纸断面构造示意图。

（a）发泡压花墙纸　　　　　　　　（b）发泡印花压花墙纸

图 8-3　PVC 发泡墙纸断面构造示意图

3）塑料墙纸的技术标准

市面上塑料墙纸的品种繁多，其中以聚氯乙烯墙纸的用量最多。该墙纸的规格按宽度不同分为窄幅、中幅和宽幅三种：窄幅的宽度为 530～600 mm，长度为 10～12 m；中幅的宽度为 760～900 mm，长度为 25～50 m；宽幅的宽度为 920～1 200 mm，长度为 46～90 m。窄幅墙纸由于尺寸较小，铺贴时产生的废料较少，同时又方便一个人施工操作，因而在工程中使用较多。

塑料墙纸的性能指标有外观质量和理化指标的要求。

聚氯乙烯墙纸的外观质量要求应符合表 8-3 中的规定，理化指标应符合表 8-4 中的规定。

表 8-3　聚氯乙烯墙纸的外观质量要求

名称	要求
色差	不应有明显差异
伤痕与皱折	不应有
气泡	不应有
套印精度	偏差≤1.5 mm
露底	不应有
漏印	不应有
污染点	不应有

表 8-4　聚氯乙烯墙纸的理化指标

项目			要求
褪色性/级			>4
耐摩擦色牢度试验/级	干摩擦	纵向	>4
		横向	
	湿摩擦	纵向	>4
		横向	
遮蔽性/级			≥4
湿润拉伸负荷/kN·m^{-1}		纵向	≥0.33
		横向	
黏合剂可拭性		横向	20 次无外观上损伤和变化
可洗性	可洗		30 次无外观上损伤和变化
	特别可洗		100 次无外观上损伤和变化
	可洗刷		40 次无外观上损伤和变化

注:表中可拭性是指墙纸的黏合剂附在墙纸的正面,在黏合剂未干时,应有可能用湿布或海绵拭去而不留下明显痕迹。表中可洗性是墙纸在粘贴后的使用期内可洗净而不损坏的性能,是对墙纸用在有污染和湿度较大的场所时的要求。

　　塑料墙纸常用于装修标准比较高的场所,如贵宾接待室、私人会所、星级酒店客房、KTV 娱乐场所、中高端家居空间等。对于有特殊性能要求的墙面还可选用某些特种墙纸。粘贴使用的黏合剂必须与塑料墙纸配套使用,避免产生质量问题。

8.2.4　铝塑复合板

　　铝塑复合板又称铝塑板、塑铝板,是以低密度聚乙烯(LDPE)为芯板,双面复合一定厚度的铝箔后经连续热压工艺制成的复合板材。

铝塑板具有重量轻、强度高、防水、隔热、隔音、耐腐蚀、耐老化、不易变形、易清洁、加工性能好、施工便捷等优点,其表面可以加工成各种色彩和图案,装饰性能优异。

铝塑板按产品用途不同分为外墙铝塑板和内墙铝塑板,按铝箔表面的涂层材质分为氟碳树脂型、聚氨树脂型、丙烯酸树脂型,按燃烧性能不同分为普通型(G)和阻燃型(FR)。

铝塑板的常用规格:长度为 2 440 mm、3 200 mm,宽度为 1 220 mm、1 250 mm,厚度为 2 mm、3 mm、4 mm。外墙用铝塑板的厚度一般为 4 mm,涂层应采用 70% 的氟碳树脂;内墙用铝塑板的厚度为 2 mm 或 3 mm。

《塑铝贴面板》(JG/T 373—2012)中规定铝塑板的标记方式是铝塑板代号+燃烧性能+规格尺寸+铝箔厚度+行业标准代码。例如,规格为 2 440 mm×1 220 mm×3 mm、铝箔厚度为 0.12 mm 的普通铝塑板的标记应为"PVA-G 2 440×1 220×3-0.12 JG/T 373—2012"。

铝塑板折边加工时可预先在需要折边的位置上画好线,然后用铣槽机沿画线位置开出深度不超过板厚 2/3 的 V 形槽口,最后再向槽口内侧方向弯折。铣槽时禁止将槽口另一面的铝箔洞穿。

表 8-5 是铝塑板的外观质量要求,表 8-6 是铝塑板的尺寸允许偏差,表 8-7 是铝塑板的理化指标。

表 8-5　铝塑板的外观质量要求

缺陷名称	允许范围	
	优等品	合格品
压痕	不允许	不明显
印痕	不允许	不明显
凹凸	不允许	不明显
波纹	不允许	不明显
疵点	最大尺寸≤3 mm,数量≤3 个/m²	最大尺寸≤3 mm,数量≤10 个/m²
划伤	不允许	总长度≤100 mm/m²
擦伤	不允许	总面积≤300 mm²/m²
划伤、擦伤总处数	不允许	≤3 处/m²
穿透涂层厚度的损伤	不允许	
色差	目测不明显,争议时色差 ΔE≤2.0	

注:表中未涉及的表面缺陷项目,由供需双方确定,装饰性的花纹、色彩除外。

表 8-6　铝塑板的尺寸允许偏差

项目	允许偏差		项目	允许偏差
长度/mm	±3		对角线差/mm	≤5
宽度/mm	±2		边直度/(mm·m⁻¹)	≤1
厚度/mm	>1	±0.15	曲度/(mm·m⁻¹)	≤5
	≤1	±0.10		

注:其他规格的尺寸允许偏差可由供需双方商定。铝箔的平均厚度偏差不应小于其名义厚度,局部厚度偏差应符合《铝及铝合金箔》(GB/T 3198—2003)中的规定。特殊规定尺寸偏差由供需双方商定。

表 8-7　铝塑板的理化指标

项目		指标
涂层厚度/μm	平均值	≥16
	最小值	≥10
涂层光泽度偏差		≤10
涂层硬度		≥HB,表面涂层应无划伤和犁沟
涂层附着力		划格法 0 级
涂层耐酸性		无变化
涂层耐油性		无变化
涂层耐碱性		无变化
涂层耐溶剂性		不露底
涂层耐污性/%		≤5
涂层耐人工老化性	色差 ΔE	≤2.0
	失光等级/级	≤2
	其他老化性能/级	0,试件不应有开胶现象
涂层耐盐雾性/级		≤1,试件不应有开胶现象
耐温差性		无开胶、鼓泡、剥落、开裂及涂层变色
耐热水性		无开胶、鼓泡、剥落、开裂及涂层变色
剥离强度/(N·mm⁻¹)		平均值≥3.5,最小值≥3.0
拉伸强度/MPa		≥13
弯曲试验/MPa		转弯半径为 250 mm 时,试件无开裂
燃烧性能		不应低于 GB 8624—2012 规定的 B₁ 级

注:剥离强度仅适用于铝箔厚度不小于 0.1 mm 的贴面板;在弯曲试验中,当需方有更高要求时,转弯半径由供需双方商定;燃烧性能仅针对阻燃型板材。GB 8624—2012 即《建筑材料及制品燃烧性能分级》。

铝塑板使用的范围十分广泛,可用于建筑物的内外墙面和室内顶面等部位。使用铝塑板制作的幕墙装饰效果与玻璃幕墙、石材幕墙相比毫不逊色,同时又能够避免玻璃幕墙特有的光学污染现象。

8.2.5　塑料管材与管件

塑料管材与传统的铸铁管、镀锌钢管和水泥管相比,具有重量轻、流体阻力小、节能、安装方便、耐腐蚀性好等优点,已逐步取代了传统的管材。塑料管材可广泛用于住宅建筑、工业建筑、市政建设、化学化工、食品加工、城市公用设施等行业。国外发达国家在住宅空间内基本采用以塑料材质为主的给排水管线系统。

塑料管材的材质不仅与高分子材料的品种有关,而且与管材的配方、加工工艺条件、填料和助剂等有关,生产厂家可根据客户的不同需求制造出不同性能的管材。表8-8是塑料管材的应用范围。

表8-8　塑料管材的应用范围

应用领域	管材品种	塑料名称	备注
住宅建筑	给水管及饮水管	HDPE(高密度聚乙烯)、ABS、无毒 UPVC(硬质氯乙烯)、PP、PS、PSU(聚砜)、PB(聚丁烯)	管径一般为 Ø10～Ø50 mm
	热水管	CPVC(氯化聚氯乙烯,≤100℃)、PB	管径一般为 Ø10～Ø50 mm,用于活动房屋
	下水管、排污管、换气管	UPVC、ABS、LDPE	管径一般为 Ø20～Ø50 mm
			管径＜Ø50 mm
	排水管	PP、ABS、HDPE	管径为 Ø20～Ø30 mm
	电线套管、雨水管、排气管	UPVC	管径为 Ø10～Ø50 mm
	地板加热管	PP、交联 PE	
	施工临时管道	—	
市政工程	自来水管、输浆管污水管、排水管	UPVC、HDPE、PVC 波纹管 HDPE、PVC 波纹管	管径为 Ø100～Ø500 mm,最大达到 Ø2 000 mm,大管径管材在经济上不合算
	下水管道	UPVC	管径一般在 Ø500 mm 以下,特殊场所用 Ø2 000 mm 板材卷制管
	道路排水管	PVC 波纹管	管径一般为 Ø100～Ø254 mm
城市公用设施系统	自来水供应系统管道	HDPE、无毒 UPVC、PB	工作压力为 1 MPa,管径为 Ø50～Ø1 200 mm
	热水供应系统管道	PB	工作压力为 0.2～0.4 MPa,管径为 Ø10～Ø40 mm
	燃气供应系统管道	HDPE、MDPE(中密度 PE)、UPVC、ABS、PB	供气输送压力多数国家采用 $4×10^5$ Pa,管径为 Ø50～Ø500 mm

应用领域	管材品种	塑料名称	备注
城市公用设施系统	电力、电话系统地下电缆套管;发电厂烟道气管道	UPVC、LDPE、SBR（丁苯橡胶）;环氧树脂玻璃钢	管径为 Ø37～Ø150 mm
农业和水利工程	灌溉管道	UPVC、ABS、LDPE	工作压力为 0.8 MPa,管径在 Ø500 mm 以内
	农村给水系统管道	HDPE	工作压力为 1.2～1.4 MPa,管径在 Ø400 mm 以内
	喷农药管	软质 PVC、LDPE、ABS	压力<0.8 MPa,管径在 Ø500 mm 以下
	井管	ABS、UPVC	
	泵站管道	UPVC、LDPE、ABS	
	机器输油管道	软质 PVC	
	电机电线套管	UPVC、LDPE	
化学工业	工艺管道	PP、UPVC、PMMA、PE、PF	—
	排放废料管道	PP	
	通风排气管道	UPVC	
食品工业	输送物料工艺管道	HDPE、PP、ABS、PF	—
	蒸汽管路	PSU	
	通风排气管道	UPVC	
采矿工业	矿渣输送、废水排放管道	超 HDPE、玻璃纤维增强 PU	管径为 Ø250～Ø900 mm,壁厚>25 mm
	井下排风、通风、排气、吸尘管道	矿用 UPVC（表面附有 LDPE 涂层）	工作压力为 1.0～1.6 MPa,管径为 Ø150～Ø200 mm
	洗煤厂工艺管道	UPVC、玻璃纤维增强 UP	—
石油、天然气工业	原油输送管道	井下用 EP-GRP（环氧树脂玻璃钢）、HDPE、CAB（醋酸丁酸纤维素）	工作压力为 0.6 MPa,管径为 Ø380～Ø760 mm
	输气管	CAB、HDPE	工作压力为 0.6～1.0 MPa,管径为 Ø114～Ø325 mm
	泥浆管	超 HDPE、PU-GRP（聚氨酯玻璃纤维增强塑料）	工作压力<0.6 MPa,管径为 Ø114～Ø325 mm

　　塑料管材按照制造管材的树脂种类不同分为聚氯乙烯管材（PVC 管材）、聚乙烯管材（PE 管材）、低密度聚乙烯管材（LDPE 管材）、高密度聚乙烯管材（HDPE 管材）、聚丙烯管材（PP 管材）、三型聚丙烯管材（PP-R 管材）、聚氨酯管材（PU 管材）、丙烯腈-丁二烯-苯乙烯共聚物管材（ABS 管材）、氯化聚氯乙烯管材（CPVC 管材）、硬聚氯乙

烯管材(UPVC 管材,又称 PVC-U 管材)、环氧树脂玻璃钢管材(EP-GRP 管材)、苯乙烯橡塑管材(SR 管材)和热固性玻璃纤维增强塑料管材(GRP 管材)等。塑料管材按照管材用途不同分为压力管和常压管。压力管有上水管、饮用水管、灌溉管道、输油管道、输气管道、医疗工艺管道和工业工艺管道等。常压管有下水管、排污管、电线套管和雨水管等。

塑料管材在使用时应注意其耐热性较差和热膨胀系数较大的特点,要科学合理地使用塑料管材。表 8-9 是塑料管材的某些性能指标要求。

表 8-9 塑料管材的某些性能指标要求

性能名称		硬质PVC	耐冲击PVC	LDPE	HDPE	ABS	PP
最高使用温度	连续使用温度/℃	50	50~60	50~60	60~70	60~80	80
	无内压力短期间隙使用温度/℃	60	60~70	60~70	70~90	80	80~100
最低使用温度/℃		—20	0	—20	—40	—30	0
热膨胀系数		5~6	5~10	16~18	11~13	11	11
悬臂梁冲击强度	(23℃)/(J·m⁻²)	53~267	533~1 067	未断	160~267	160~267	107
	(0℃)/(J·m⁻²)	21	320	未断	160	107~213	27
热弯曲试验(最小热弯曲半径/mm)	95~105 ℃	—	—	5~10	—	—	—
	140~160 ℃	—	—	—	10	—	—
	120~130 ℃	3~6	—	—	—	—	—

塑料管材中的 PVC-U(硬质聚氯乙烯)排水管材及管件是塑料在建筑工程中运用最多的一类材料,主要用作雨水、污水的排放管道。PVC-U 排水管材及管件的质量标准具体可见《建筑排水用硬聚氯乙烯(PVC-U)管材》(GB 5836.1—2018)和《建筑排水用硬聚氯乙烯(PVC-U)管件》(GB 5836.2—2018)。有噪声严格控制要求的场所应做好排水管的隔音措施。

塑料管件主要有 45°弯头、90°弯头、90°顺水三通、正四通、直角四通、45°斜四通、45°斜三通、瓶形三通、异径管和管箍。管件应完整无损,浇口及溢边平整,内外表面色泽均匀、平滑,无明显痕纹,性能指标应符合相关规定。

此外,塑料与金属复合的管材在工程中的运用也越来越多。如铝塑复合管(简称PAP),主要用于建筑给水系统、热水采暖管道系统、室外燃气管道系统等。

8.2.6 塑料装饰板

塑料装饰板是指以树脂为浸渍材料或以树脂为基材,经挤出、层压等工艺制成的具有较强装饰性能的板材。塑料装饰板的具体品种有纸基热固性树脂层压板、PC 阳光板、PVC-U 板、有机玻璃板和玻璃钢板等。

1) 纸基热固性树脂层压板

纸基热固性树脂层压板又称塑料贴面板或装饰防火板,它是将底层纸、中层纸和面层装饰纸等经过酚醛树脂或三聚氰胺树脂浸渍后,经干燥、裁剪、组坯、层压、脱模等工艺加工而成的。它具有图案丰富逼真、耐磨、耐烫、耐酸碱腐蚀、防火、易清洁等特点。

纸基热固性树脂层压板种类按板面光泽度不同分为镜面板和亚光板两类,其规格有 1 220 mm × 2 440 mm 和 1 525 mm × 3 050 mm 等,厚度有 0.7 mm、1.0 mm 等。

纸基热固性树脂层压板的理化性能指标见表 8-10。

表 8-10 纸基热固性树脂层压板的理化性能指标

项目	指标		
耐沸水	增重/%		平面类胶板≤10
			立面类胶板≤12
	增厚/%		平面类胶板≤10
			立面类胶板≤12
	表面、背面情况		无分层、鼓泡
耐干热	180℃/20 min 耐干热后表面光泽度值		有光板为≥60
	表面、背面情况		无开裂、鼓泡
耐冲击	板厚/mm	落球高度/mm	无碎裂
	≤0.8	100	
	≤1.0	200	
	≤1.2	400	
	≤1.5	800	
	>1.5	900	
表面耐磨	平面类胶板,磨 400 转		表面留有花纹
	立面类胶板,磨 100 转		
	高耐磨胶板,磨 3 000 转		
耐污染	20 h 加压与不加压		—
抗拉强度	横向		≥58.8 N/mm²
耐香烟灼烧	2 min(仅适用于平面类胶板)		无黑斑、鼓泡、裂纹,允许有轻微光褪
阻燃性	氧指数		≥37

由于纸基热固性树脂层压板可用刀具进行裁切,因而施工方便。该材料一般与基板(如胶合板、中密度纤维板等)进行覆贴使用,使用专门的加压设备对纸基热固性树脂层压板与基层板加压复合。手工覆贴层压板时,层压板与基板之间不易密实,层压

板的表面易起鼓翘曲,影响装饰效果。

塑料贴面板的表面可制成各种颜色、木材和石材的纹理,适用于室内外的门面、墙柱面、家具等处的贴面装饰,装饰效果逼真。

2) PC阳光板

PC阳光板又称聚碳酸酯中空板、玻璃卡普隆板,是由聚碳酸酯(PC)树脂加工而成的板材。

PC阳光板具有透明度高、质轻、抗冲击、隔音、隔热、难燃、抗老化等优点,是一种综合性能优异的节能环保型塑料板材。PC阳光板的重量仅为同规格玻璃的一半,透光性能与玻璃相当,透光率高达89%;表面经过抗紫外线的涂层处理后,能有效抵抗阳光中的紫外线作用,提升了板材的耐久性;有较高的强度,其抗冲击强度是普通玻璃的250~300倍、钢化玻璃的2~20倍;阳光板的耐燃等级为B_1级,离火后自熄,燃烧时不会产生有毒气体;隔音效果较好,常用于靠近楼宇的城市快速路两旁的隔音墙上,可降低机动车噪声对人们工作和生活的干扰。此外,由于PC阳光板的断面类似于中空玻璃的腔体形式,因而具有良好的节能效果和防霜露性能,能有效防止材料表面出现结露现象。

PC阳光板的相关质量指标可查阅《聚碳酸酯(PC)中空板》(JG/T 116—2012)中的有关规定。

PC阳光板的规格有6 000 mm×2 100 mm×(4~16) mm,颜色可根据实际需要选择,常见的以浅色或透明色为主,如浅蓝色、浅绿色、柠檬黄色和无色透明。

PC阳光板主要用于采光屋面、车棚顶面、轻质墙体隔断和隔音墙等部位。

3) PVC-U板

PVC-U板有平板、波形板、格子板和异型板之分。PVC-U的平板和波形板有透明和不透明之分。透明PVC-U平板和波形板可作为发光顶棚、透明屋面及高速公路隔音墙的材料,不透明PVC-U波形板可用于外墙表面装饰。PVC-U波形板的波形有纵向波和横向波两种,具有耐久性好、装饰效果明显、易于施工等特点。

PVC-U格子板是用真空成型工艺制作的具有各种立体造型的方形板或矩形板,其尺寸为500 mm×500 mm,厚2~3 mm。PVC-U格子板的性能与PVC-U波形板相似,它的造型装饰效果要优于PVC-U波形板。

PVC-U异型板是用挤出工艺生产的具有各种断面形状的PVC-U板材,有单层和中空之分,其表面可制成一定的花色图案。这类板材宽度为100~200 mm,长度为6 m,厚度为1~1.2 mm。PVC-U异型板主要用于室内墙面、卫生间吊顶及隔断的面层装饰。

PVC-U板材的耐老化性及耐燃性较好,表面的装饰性强,能隔热、防水,有足够的刚度,施工及维修方便,但它的抗冲击性较差,使用时应避免外力的撞击作用。此类板材可用于卫生间、厨房等湿度较大场所的吊顶装饰、室内隔墙的罩面板以及内墙的护墙板等。

4) 有机玻璃板

有机玻璃板是以甲基丙烯酸甲酯(单体)为主要原料,加入引发剂、增塑剂等外加剂后聚合而成的一种热塑性塑料板材。

有机玻璃板的机械强度较高,但质地较脆,属于硬而脆的材料,有缺口敏感性,在应力的作用下易开裂。有机玻璃板的强度还与应力的作用时间有关,随着应力作用时间的增加,有机玻璃板的强度下降。有机玻璃板的表面硬度较低,易划伤,使用时应防止硬物对板材的冲击和划擦。有机玻璃板的透光率高,能透过 92% 以上的光线,不易变形,绝缘性好,易加工,耐腐蚀,易溶于有机溶剂,也容易燃烧。有机玻璃板的耐寒性和耐热性不佳。可用加热的方法使有机玻璃板在软化温度范围内发生热弯,制得所需形状的弧形板。此外,可用氯仿、苯、甲苯等有机溶剂作为有机玻璃板的黏合剂。

有机玻璃板分无色透明、有色透明、有色半透明和有色不透明等品种,其常用规格有 1 000 mm×1 500 mm、1 200 mm×1 800 mm、1 200 mm×2 400 mm、2 000 mm×3 000 mm 等,厚度为 0.50～60 mm 等。

有机玻璃可用于制作照明灯具的面罩,广告牌灯箱的面板、文字和图案等。

5)玻璃钢板

玻璃钢又称玻璃纤维增强塑料(FRP),是以合成树脂为黏结材料,玻璃纤维及其织物为增强材料制作的一种复合材料。玻璃钢分为热固性玻璃纤维增强塑料和热塑性玻璃纤维增强塑料两类。

玻璃钢材料具有重量轻、强度高、耐腐蚀、耐水、耐潮湿、绝缘、透光性及装饰性好等特点。它的外形一般为波形,品种有大波板、中波板、小波板和脊板,常用的规格为 (1 800～2 000) mm×(500～700) mm×(0.8～2.0) mm。

玻璃钢板除了可用于制作轻型顶面材料,如货栈、车棚等处的顶面材料外,还可用于制作墙面和顶面装饰板、屋面天窗的采光罩、卫生洁具、整体卫生间、给排水材料等。如城市中的各种造型优美、色泽鲜艳的活动厕所就是采用玻璃钢制成的。

8.3 塑料门窗

塑料门窗因为具有独特的优点而被广泛地运用在建筑中。我国塑料门窗制造行业经过几十年的发展壮大,生产技术水平已经基本成熟,门窗的主要性能指标已经达到国际先进水平。制作塑料门窗的原材料以聚氯乙烯塑料或改性聚氯乙烯塑料为主,我们通常所说的塑料门窗主要指 PVC 塑料门窗。

8.3.1 PVC 塑料门窗的特点

1)节能性

由于 PVC 的导热系数小,所以 PVC 塑料门窗的保温、隔热性能优于钢、铝、木等材质的门窗。特别是在塑料门窗上安装中空玻璃后的节能效果更加显著。

2)化学稳定性

PVC 塑料门窗具有优良的耐腐蚀性,可广泛用于多雨、潮湿的地区和有腐蚀性介质的工业建筑中,这是其他材质的门窗无法相比的。

3）密闭性

PVC塑料门窗在制作时采用密封条等措施,使塑料门窗具有良好的气密性和水密性。PVC塑料窗的隔音性能可达30 dB,而普通窗的隔音性能只有25 dB,故塑料窗的隔音性好。

4）装饰性

PVC塑料门窗的外观平整美观,色泽鲜艳,经久不褪,装饰效果好,无须油漆。

5）经济性

PVC塑料门窗的制造日趋成熟,与其他材质的门窗相比价格适中、合理。考虑到PVC塑料门窗的日常维护、保养及节能等因素,它的综合经济效益比其他材质的门窗要好。

6）防火性

制作塑料门窗的PVC材料本身就是阻燃性能较好的自熄性塑料,而且在门窗型材的制作原料内添加了一定量的阻燃剂,更加提高了塑料门窗的防火性能。

PVC塑料门窗也存在着一些不足,如尺寸稳定性差、抗风性能较弱等。通过在塑料型材的空腔里衬入金属型材进行增强处理,或选择截面形状和尺寸合理的塑料异型材等方法,均能提高塑料门窗的抗风性能和刚度。

8.3.2　PVC塑料门窗的主要种类

1）按门窗的开启方式分类

门:平开门、推拉门、折叠门(侧悬、侧挂、中挂)、转门、卷门、自动门和固定门。

窗:平开窗、滑轴平开窗、推拉窗(上下、左右、平面)、折叠窗、悬窗(上、中、下)、立转窗和固定窗等。

2）按门窗的用途不同分类

门:内门、外门、防火门、保温门、隔声门、安全门、屏蔽门、泄压门、车库门、检修门和橱柜门等。

窗:防火窗、保温窗、隔声窗、屏蔽窗、泄压窗、传递窗、观察窗、亮窗和换气窗等。

3）按门窗构造不同分类

门:夹板门、镶板门、拼板门、实拼门、玻璃门、格栅门、百叶门和纱门等。

窗:单层窗、双层窗、带形窗、组合窗、落地窗、百叶窗和纱窗等。

8.3.3　PVC塑料门窗的组成材料

PVC塑料门窗的组成材料分为主材、辅材和五金配件。

1）主材

PVC塑料门窗主材是指门窗框和门窗扇的塑料型材名称,分为框料、扇料和拼樘料。

框料:上框料(上横)、下框料(下横)、边框料、中横框料、中竖料和拼樘料等。

扇料：上梃料、下梃料、中梃料、边梃料、横芯料(镶玻璃用)、竖芯料(镶玻璃用)、斜撑、门芯板和拼板等。

拼樘料在组合门窗中运用较多，将相邻单个的门窗在框料位置处连接组合成一个整体。

2）辅材

PVC 塑料门窗的辅材是指门窗的密封、排水和装饰方面的配件，有披水板、披水条、筒子板、贴脸板、压条和密封胶条等。

3）五金配件

塑料门窗的五金配件主要起连接框与扇、锁定门窗扇和开启门窗扇的作用。品种有地弹簧、合页、执手、撑挡、插销、拉手、滑轮和门锁等。

图 8-4 是一种塑料门窗型材的断面示意图。塑料门窗型材是一种挤出成型的产品，其中 D 为型材的厚度(在平面上直角测量型材前后可视面的距离)；W 为垂直于型材纵向轴线，沿平面方向进行测量时所测得的最大尺寸。可视面是指门窗安装就位后，当门窗扇关闭时可以看到的型材表面，图 8-4 中未填充的型材外表面部分(图中的左右两侧)即型材的可视面。

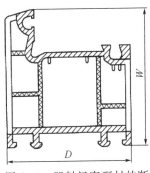

图 8-4　塑料门窗型材的断面示意图

表 8-11 是常用 PVC-U 门窗基本型材的品种及断面形状。

表 8-11　常用 PVC-U 门窗基本型材的品种及断面形状

	窗框	中梃	窗扇	玻璃压条	玻璃密封胶条	框扇密封胶条
平开窗						

	窗框	窗扇	封盖	玻璃压条	玻璃密封胶条	框扇密封毛条
推拉窗						

塑料门窗型材的性能指标有外观质量、尺寸偏差和理化指标(型材质量、150℃加热后的状态、老化性能、可焊接性、维卡软化温度、冲击强度和弯曲弹性模量等)，可参考《门、窗用未增塑聚氯乙烯(PVC-U)型材》(GB/T 8814—2017)中的要求。

8.3.4 未增塑聚氯乙烯(PVC-U)塑料窗

由于塑料门窗中以未增塑聚氯乙烯塑料窗和未增塑聚氯乙烯塑料门的运用最为广泛,因而此处主要介绍未增塑聚氯乙烯塑料门窗的相关技术指标。未增塑聚氯乙烯就是在塑料的制作原材料中未添加增塑剂,因而未增塑聚氯乙烯的型材硬度较高,故未增塑聚氯乙烯又称硬质聚氯乙烯。

1) PVC-U 塑料窗的构造

未增塑聚氯乙烯(PVC-U)塑料推拉窗由窗框型材和窗扇型材组成,图 8-5 是 85 系列 PVC-U 塑料推拉窗构造图。系列号前面的数字通常指门窗框的厚度尺寸。从图 8-5 中可以看出推拉窗的组成材料包括了窗框型材(上框、下框、边框)、窗扇型材(上梃、下梃、边梃),图中的④剖切位置中还有连接两樘推拉窗的拼樘料。窗框型材和窗扇型材的空腔内都设置了型钢增强材料。玻璃压条将玻璃固定在槽口位置,在相关部位设置了橡胶块和橡胶条密封材料。

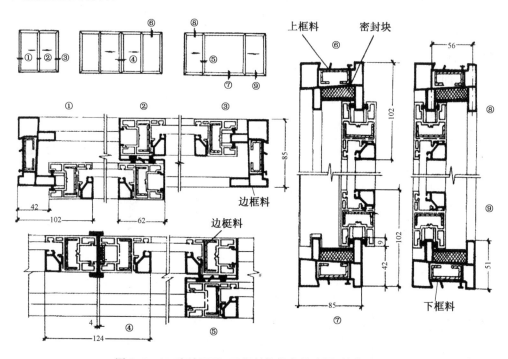

图 8-5 85 系列 PVC-U 塑料推拉窗构造图(单位:mm)

2) PVC-U 塑料窗的性能指标

PVC-U 塑料平开窗主型材可视面的最小实测壁厚不应小于 2.5 mm,推拉窗主型材可视面的最小实测壁厚不应小于 2.2 mm。此类型窗的紧固件应采用机制、自攻螺丝,玻璃的选用应符合《建筑玻璃应用技术规程》(JGJ 113—2015)的规定。

PVC-U 塑料窗的性能指标主要包括外观质量、尺寸偏差、装配要求和理化指标(力学性能、抗风压性能、气密性能、水密性能、保温性能、隔声性能、采光性能等),可参考《未增塑聚氯乙烯(PVC-U)塑料窗》(JG/T 140—2005)中的有关规定。

8.3.5　未增塑聚氯乙烯(PVC-U)塑料门

未增塑聚氯乙烯(PVC-U)塑料门的有关内容与未增塑聚氯乙烯(PVC-U)塑料窗相似。未增塑聚氯乙烯(PVC-U)塑料门也是由门框型材和门扇型材组成,不同门的组成型材断面各不相同。门的系列号也代表了门框型材的厚度尺寸。

PVC-U塑料门的性能指标主要包括外观质量、尺寸偏差、装配要求和理化指标(力学性能、抗风压性能、气密性能、水密性能、保温性能、隔声性能等),可参考《未增塑聚氯乙烯(PVC-U)塑料门》(JG/T 180—2005)中的有关规定。

第8章思考题

1. 什么是塑料? 塑料有哪些类型? 常用合成树脂有哪些?
2. 塑料的组成是什么,各有哪些作用?
3. 塑料地板的特点有哪些? 如何选择塑料地板?
4. 试画出一个5 m(宽度)×12 m(长度)儿童活动室的塑料地板铺设图(带彩色图案)。
5. 塑料墙纸的性能指标有哪些? 请画出发泡塑料墙纸的断面构造。
6. 什么是铝塑板,常用规格有哪些?
7. 塑料管材有哪些品种,主要用于建筑的哪些部位?
8. 什么是纸基热固性树脂层压板,可用于哪些装饰部位?
9. 塑料门窗的系列号是什么意思? 常见的PVC-U塑料平开窗由哪些型材组成?
10. 请正确识别书中图8-5中PVC-U塑料推拉窗的相关组成材料名称。

9 涂料类装饰工程材料

在人类文明的进程中,人们利用自然资源开发和使用了一些天然的涂料品种,如大漆(又称生漆、国漆)和桐油等。秦始皇兵马俑博物馆的彩色陶俑证明了两千多年前的中国人就已经在使用彩色涂料了,长沙马王堆出土的精致漆器也向人们展示了古人使用油漆的高超水平。尽管涂料的应用与生产有着较长的历史,但是其发展的速度较为缓慢,因为以天然高分子材料为生产原料制作的涂料性能较为单一,所以涂料的运用受到了一定的限制。

进入 20 世纪后,现代化学工业的进步为涂料的快速发展提供了物质基础,特别是胶体化学、无机化学、有机化学、流变学和表面化学等学科体系的建立和完善,为涂料的更新换代提供了完备的基础条件。醇酸树脂漆、环氧树脂漆、聚丙烯酸酯涂料和乳胶漆等性能优异涂料的出现,满足了社会各领域对涂料性能多方面的要求。涂料产业几乎融入了农业、工业、军事等所有领域,如建筑内外墙面涂料、钢结构设施的防锈涂料、工业机械产品外壳表面的烤漆、隐形飞机机身的隐形涂料、宇宙飞船返回舱表面的烧蚀涂料等等。

近年来,人们对涂料的生产工艺和性能等方面提出了越来越高的要求,涂料产品在满足基本技术性能指标的基础上,还应该符合健康环保的相关要求。

9.1 概述

涂料是指涂敷于物体表面,能与物体黏结牢固形成完整坚韧保护膜的一种材料。涂料是装饰工程中常用的一类材料,具有装饰和保护作用,有些品种的涂料还具有某些特殊性能,如防霉、防火和防水等功能。由于涂料具有施工方便、装饰性好、工期短、效率高、自重轻、维修方便等特点,因此涂料的适用范围非常广泛,可用于建筑、家具、汽车、飞机和家用电器等产品表面的涂饰。

由于早期涂料中的主要物质是天然树脂、干性或半干性油,如松香、生漆、虫胶、亚麻油、桐油、豆油等,所以早期的涂料又被称作油漆。现代石油化学工业的飞速发展为各种新型涂料的生产提供了丰富的原材料,如各种合成树脂、溶剂和助剂等。早期市面上以合成树脂、有机稀释剂为原料的涂料品种居多,后继又出现了以水为稀释剂的乳液型涂料(乳胶漆)。传统油漆的概念与现代涂料的概念有很大的区别,但人们仍然习惯将某些溶剂型涂料称为油漆,而将用于建筑物上的涂料统称为建筑涂料。为便于学习,本章节将涂料分为建筑涂料和油漆两大类别。

涂料行业的发展与高分子化合物有着紧密的联系。高分子化合物又称聚合物,是指相对分子质量很高的化合物。高分子化合物是由许多相同的结构单元通过共价键重复链接而成的。常见的高分子聚合物的种类有碳链聚合物(聚乙烯、聚丙烯、聚苯乙烯、聚氟乙烯等)、杂链聚合物(聚醚、聚酯、聚氨酯等)、元素有机聚合物(甲基、乙基、乙烯基、苯基等)。

我国从 20 世纪 60 年代开始研制建筑涂料,较早使用的是聚醋酸乙烯乳液型涂料、聚乙烯醇水玻璃涂料,这类涂料具有无毒、不燃、色彩丰富、施工方便等特点,因而被广泛用于建筑物的内墙装饰上。到了 20 世纪 80—90 年代又相继出现了各种性能优异的内外墙涂料,如苯—丙乳胶漆、乙—丙乳胶漆、乙烯—聚醋酸乙烯涂料等,为建筑涂料的广泛使用奠定了坚实的基础。目前,涂料制造业已成为一门独立的行业。

9.1.1　涂料的作用

1) 保护作用

涂料的保护作用是涂料最基本的功能要求。涂料涂饰在基体表面后能形成一层致密而完整的膜层,这层膜层可抵挡或减弱某些化学物质、紫外线、大气、微生物、温度和水等因素对基体的侵蚀作用,防止材料生锈或腐蚀,从而提高材料的使用寿命。如防火涂料在火灾发生时能在基体的表面形成热量隔离层,并在规定的时间内保护基体的性能不受温度的影响。

2) 装饰作用

涂料中含有各种着色的物质和助剂,可使涂料膜层具有各种色彩和某种质感。例如,某些艺术漆在材料表面着色的同时,能使薄膜表面形成美丽且有立体感的锤纹、皱纹、橘纹等纹理;有些涂料能使材料表面呈现荧光、珠光和金属光泽等;有些涂料则能使基层表面形成木纹和大理石的图案特征等。所以涂料具有较好的装饰作用,能够很好地装饰建筑的内外墙面、楼地面,以及各类成品木饰面和家具等。

3) 其他功能

涂料的其他功能有标识、防毒、杀菌、绝缘、防水和防污等。涂料的其他功能与涂料中的成膜物质和助剂的种类有很大关系,可根据实际需求选择相关的涂料品种。

9.1.2　涂料的组成

涂料的品种繁多,功能各异,内部成分较为复杂。涂料的组成分为主要成膜物质、次要成膜物质、溶剂(又称稀释剂)和助剂四类物质。

1) 主要成膜物质

主要成膜物质包含黏合剂、基料和固着剂,它的作用是将涂料中的其他成分黏结成一个整体,并能牢固地附着在基体的表面,形成连续均匀的坚韧保护膜。主要成膜物质是涂料中最主要的组成成分,可单独成膜,其特性对整个膜层的性能起着决定性的作用,如涂膜的耐候性、耐擦洗性和化学稳定性等。

涂膜的干燥方式(常温干燥或固化剂干燥)也是由主要成膜物质决定的。主要成膜物质应具有耐碱性、耐水性、耐候性、资源丰富、价格便宜等特点，最好能在常温状态下固化。主要成膜物质一般为有机材料，成膜前既可以是聚合物，也可以是低聚物，涂饰后都形成聚合物膜。

主要成膜物质有油脂和树脂两大类。油脂主要为植物油，是将天然植物原料压榨后得来的。植物油有干性油(亚麻仁油、桐油、苏籽油、锌油等)、半干性油(大豆油、向日葵油)和不干性油(蓖麻油、椰子油)。半干性油在使用时需要加入催干剂，不干性油一般不单独使用，往往与干性油或树脂混合使用。由于植物油料受自身缺陷和资源储量的影响，现在较少使用。树脂包括天然高分子材料和合成高分子材料。天然高分子材料有纤维素、天然橡胶、松香、虫胶、沥青和云母等。合成高分子材料则有聚乙烯醇系缩聚物、聚醋酸乙烯及其共聚物、丙烯酸酯及其共聚物、环氧树脂、聚氨酯等。在涂料的主要成膜物质中，以合成树脂的使用最为广泛。

2) 次要成膜物质

次要成膜物质主要指涂料中的颜料和填料，它能提高涂膜的机械强度和抗老化性能，使涂膜具有一定的遮盖能力和装饰性。次要成膜物质不能单独成膜，一般与主要成膜物质结合使用。次要成膜物质是无机或有机的低分子物质均匀地分散在产品体系中形成稳定的分散体系，属于涂料的辅助性成分。

(1) 颜料

颜料能使膜层具有各种色彩和较强的遮盖力，提高膜层的机械强度，减少膜层的收缩量。建筑涂料通常涂饰在水泥材料的基层上，为确保建筑涂料的膜层满足正常的使用要求，颜料应具有良好的耐碱性、耐候性和色牢度等特性。

建筑涂料中的颜料主要为无机矿物颜料，有机染料使用较少。着色颜料的作用是使膜层具有各种颜色，提高膜层的装饰性。常用着色颜料的品种见表 9-1。

表 9-1 常用着色颜料的品种

颜料	化学组成	品种
黄色颜料	无机颜料	铅铬黄[铬酸铅($PbCrO_4$)]、铁黄[$FeO(OH) \cdot nH_2O$]
	有机颜料	耐晒黄、联苯胺黄等
红色颜料	无机颜料	铁红(Fe_2O_3)、银朱(HgS)
	有机颜料	甲苯胺红、立索尔大红等
蓝色颜料	无机颜料	铁蓝、钴蓝($CoO \cdot Al_2O_3$)、群青
	有机颜料	酞菁蓝($C_{32}H_{16}CuN_8$)
黑色颜料	无机颜料	炭黑(C)、石墨(C)、铁黑(Fe_3O_4)
	有机颜料	苯胺黑等
绿色颜料	无机颜料	铬绿、锌绿等
	有机颜料	酞菁绿等

颜料	化学组成	品种
白色颜料	无机颜料	钛白粉（TiO_2）、氧化锌（ZnO）、立德粉（$ZnS \cdot BaSO_4$）
金属颜料	—	锌粉（Zn）、铝粉（Al）、铜粉（Cu）等

（2）填料

填料又称体质颜料，一般是白色粉末状的物质，在涂料中起骨架和填充的作用，能提高膜层的某些性能（如耐磨性、抗老化性和耐久性等），降低涂料的制作成本。填料虽无增加颜色的作用，但能增加膜层的厚度，减少膜层的收缩。

常用的填料种类有碱金属盐和硅酸盐等，如重晶石粉（$BaSO_4$）、碳酸钙（$CaCO_3$）、滑石粉（$3MgO \cdot 4SiO_2 \cdot H_2O$）、瓷土（$Al_2O_3 \cdot 2SiO_2 \cdot 2H_2O$）、云母粉（$K_2O \cdot 3Al_2O_3 \cdot 6SiO_2 \cdot 2H_2O$）和石英砂等。

3）溶剂

溶剂又称稀释剂，是溶剂型涂料的重要组成部分。它是一种能溶解油料、树脂又易于挥发，并能使油料或树脂干结成膜的有机物。涂料中的溶剂除水外均为可挥发性的有机物。

溶剂在涂料中是分散介质，能使成膜物质等成分均匀地分散，使涂料的黏度适合施工与贮存。溶剂在选择时应保证溶剂与成膜物质的性质相适应。溶剂在涂料的固化过程中会逐渐挥发到空气中，不会留在涂膜中，因而溶剂不是涂膜的组成成分。

溶剂对环境的危害包含自身的毒性和对大气的污染，应严格控制有毒溶剂的使用，并用挥发性有机化合物（VOC）来表示有害物质在涂料中的含量，以控制涂料中的有害物质对人体健康的影响程度。

溶剂能稀释油料或树脂，调节涂料的稠度，改善涂料的黏结性能，使涂料易于施工并在物体的表面形成连续的膜层，同时可增加涂料的渗透力，改善涂膜与基层之间的黏结力，也能降低涂料的制作成本。但溶剂的掺入量应有所控制，掺入量过多或过少都会影响涂膜的强度和耐久性。

常用的溶剂有松节油、松香水、酒精、汽油、苯、二甲苯和丙酮等。水溶性涂料和乳胶涂料则以水为溶剂。

4）助剂

助剂又称辅助材料，它能改进涂料的生产工艺，提高涂料的贮存性能，改善涂料的施工操作性和涂膜外观，如涂膜的耐碱性、干燥时间、柔韧性、抗紫外线和耐老化性等。

涂料中使用的助剂种类较多，性能各不相同。常用的助剂品种有阻燃剂、分散剂、消泡剂、增塑剂、固化剂、催干剂、抗氧化剂、防霉剂、发光剂等。

9.1.3 涂料的分类

涂料按照主要成膜物质的化学成分不同分为有机涂料、无机涂料和复合涂料，按涂膜的固化机理不同分为室温自干涂料、辐射照射固化涂料和热反应型涂料，按涂料是否有着色作用分为清漆和色漆,按分散介质不同分为溶剂型涂料、水性涂料、高固体分涂料、粉末涂料和无溶剂涂料,按施工的工序和功能不同分为腻子、底漆、中涂漆、面漆和罩光漆,按涂料成膜物质的组分不同分为单组分涂料、双组分涂料和多组分涂料。

1) 有机涂料

有机涂料的主要成膜物质是高分子树脂,按成膜物质和稀释剂的不同分为溶剂型涂料、水溶性涂料和乳胶涂料。

(1) 溶剂型涂料

溶剂型涂料是以高分子合成树脂为主要成膜物质,有机溶剂为稀释剂,加入适量的颜料、填料及辅助材料等,然后研磨而成的一种涂料。

溶剂型涂料的涂膜细腻坚韧,有一定的耐水性和耐酸碱性,使用温度较低,但它易燃、有毒、透气性差、价格较贵,施工时对基层的干燥程度有一定的要求,因而这类涂料在建筑工程中的用量一般不大。

常见的溶剂型涂料成膜物质有环氧树脂、聚氨酯树脂、氯化橡胶、过氯乙烯、苯乙烯焦油、聚乙烯醇缩甲醛和聚乙烯醇缩丁醛等。

(2) 水溶性涂料

水溶性涂料是以水溶性合成树脂为主要成膜物质,水为稀释剂,加入适量的颜料、填料及辅助材料等,然后研磨而成的一种涂料。

水溶性涂料是一种单相的溶液,它无毒、不燃、价格便宜、有一定的透气性,施工时对基层的干燥程度要求不高,但它的耐水性、耐候性和耐擦洗性较差,一般只用于内墙面的装饰。

(3) 乳胶涂料

乳胶涂料又称乳胶漆,它是将合成树脂以 $0.1\sim0.5\,\mu m$ 的极细颗粒分散于水中形成乳液,并以乳液为主要成膜物质,加入适量的颜料、填料及辅助材料,然后研磨而成的一种涂料。

乳胶涂料的造价较低、无毒,是一种环保型涂料,乳胶涂料固化后的涂膜有一定的透气性和较好的耐水、耐擦洗性,但它对施工现场的环境温度有一定的要求,一般要求环境温度在 10℃以上方能施工。乳胶涂料可用于各种内外墙面的涂饰,是目前建筑工程中所使用的主要涂料品种。

2) 无机涂料

在建筑装饰中,无机涂料的使用较早,如石灰水、大白浆和可赛银等,但是这类涂料的使用性能较差,易出现起粉、剥落等现象,目前已被硅溶胶、水玻璃等性能优异的无机涂料替代。无机涂料与有机涂料相比具有以下特点:

(1) 生产工艺简单,原材料资源广,价格便宜,对环境的污染程度低。

(2) 涂膜的黏结力较高,遮盖力强,对基层处理的要求较低,经久耐用,色彩丰富,有较好的装饰效果。

(3) 有较好的温度适应性、耐刷洗性、储存稳定性和色牢度高等,以及良好的耐热性、无毒和不燃的特性。

无机涂料是一种很有发展前途的建筑涂料。目前无机涂料的品种主要有以碱金属硅酸盐为主要成膜物质的无机涂料和以胶态二氧化硅为主要成膜物质的无机涂料。

3）复合涂料

有机或无机涂料尽管在使用时有这样或那样的优点，但它们同时都存在着不同程度的局限性，所以为了发挥各自的优势，取长补短，研究人员试图将有机涂料和无机涂料两者结合起来，这样就出现了复合涂料。复合涂料克服了无机或有机涂料的某些缺点，降低了造价，提高了涂料的使用性能，能够满足建筑物的有关要求。

复合涂料的品种有聚乙烯醇水玻璃内墙涂料、硅溶胶—丙烯酸外墙涂料等。

涂料的品种丰富，分类方法各不相同。涂料可根据《涂料产品分类和命名》(GB/T 2705—2003)的有关规定和标准进行划分，分类方法以主要成膜物质的名称为依据。如果主要成膜物质是两种或两种以上的树脂，则以在涂膜中起主要作用的树脂来确定。例如，氨基烘漆是由氨基树脂和醇酸树脂按一定比例混合的，但其中起主要作用的是氨基树脂，故在分类时将其分为氨基树脂类。

我国将涂料分为17类，每一类涂料用一个汉语拼音的字母表示，表9-2是涂料按成膜物质进行的分类。

表 9-2　涂料按成膜物质进行的分类

序号	代号	涂料类别	主要成膜物质
1	Y	油性漆类	天然植物油、鱼油、合成油
2	T	天然树脂漆类	松香及其衍生物、虫胶、乳酪素、动物胶、大漆及其衍生物
3	F	酚醛树脂漆类	酚醛树脂、改性酚醛树脂、甲苯树脂
4	L	沥青漆类	天然沥青、煤焦沥青、石油沥青
5	C	醇酸树脂漆类	醇酸树脂及改性醇酸树脂
6	A	氨基树脂漆类	脲醛树脂、三聚氰胺甲醛树脂
7	Q	硝基漆类	硝基纤维素、改性硝基纤维素
8	M	纤维素漆类	苄基纤维、乙基纤维、羟甲基纤维、乙酸纤维、乙酸丁酸纤维
9	G	过氯乙烯漆类	过氯乙烯树脂、改性过氯乙烯树脂
10	X	乙烯漆类	聚乙烯共聚树脂、聚乙酸乙烯及其共聚物、聚乙烯醇缩醛树脂
11	B	丙烯酸漆类	丙烯酸树脂
12	Z	聚酯漆类	不饱和聚酯、聚酯
13	H	环氧树脂漆类	环氧树脂、改性环氧树脂
14	S	聚氨酯漆类	聚氨酯
15	W	元素有机漆类	有机硅、有机氟树脂
16	J	橡胶漆类	天然橡胶、合成橡胶及其衍生物
17	E	其他漆类	聚酰亚胺树脂、无机高分子材料等

9.1.4 涂料的命名

1）涂料的命名原则

除了粉末涂料以外，涂料在命名时都采用"漆"作为涂料名称的后缀。如称呼某种具体的涂料品种时往往称某某漆。涂料的命名原则如下：

（1）涂料全名＝颜料或颜色名称＋成膜物质名称＋基本名称，如红醇酸磁漆、锌黄酚醛防锈漆等。

（2）特殊用途的涂料品种需要在成膜物质后面对涂料的特殊用途或性能加以说明，如红醇酸导电磁漆、白硝基外用磁漆。

2）涂料的编号原则

涂料的编号分为三个组成部分：第一部分是成膜物质，用汉语拼音表示；第二部分是基本名称，用两位阿拉伯数字表示；第三部分是序号，用来表示同类品种间组成、配比或用途的区别。第二部分和第三部分之间用短横线隔开。涂料编号的具体形式是成膜物质名称＋基本名称＋"-"（短横线）＋序号。C04-2 表示序号为 2 的醇酸树脂磁漆。

辅助材料编号的具体形式为辅助材料种类＋"-"（短横线）＋序号。F-2 表示序号为 2 的防潮剂。

表 9-3 是涂料的基本名称编号。

表 9-3　涂料的基本名称编号

代号	基本名称	代号	基本名称	代号	基本名称
00	清油	30	（浸渍）绝缘漆	62	示温漆
01	清漆	31	（覆盖）绝缘漆	63	涂布漆
02	厚漆	32	（绝缘）磁漆	64	可剥漆
03	调和漆	35	硅钢片漆	66	感光漆
04	磁漆	37	电阻漆	67	隔热涂料
05	烘漆	38	半导体漆	80	地板漆
06	底漆	41	水线漆	81	渔网漆
07	腻子	42	甲板漆	82	锅炉漆
09	大漆	44	船底漆	83	烟囱漆
12	乳胶漆	50	耐酸漆	84	黑板漆
13	其他水溶性漆	51	耐碱漆	85	调色漆
14	透明漆	52	防腐漆	86	标志漆、马路画线漆
16	锤纹漆	53	防锈漆	98	胶液
19	晶纹漆	55	耐水漆	99	其他
23	罐头漆	61	耐热漆	—	—

9.1.5 涂料的成膜理论

1) 无定形聚合物的玻璃化温度

玻璃不是晶体,属于无定形态的物质,从微观的角度观察,玻璃实际上是一种液体,存在体积和形状方面的变化,只不过玻璃形状的变化用肉眼是很难看出来的。涂料涂饰后形成的涂膜在一段时间后会逐渐变硬,最终形成坚韧的固体薄膜,而涂料薄膜的结构形态与玻璃相同。从液态的涂料到固态的涂膜,从微观的角度去看,只是流动速度发生了变化而已,但是涂膜仍然是流动的液体,而不是真正意义上的固体。

无定形聚合物与晶体或高结晶度的聚合物的物理状态随温度变化的情况是不同的。当温度升高时,晶体的比容(单位质量的体积)变化较小,温度升高到某一点后,比容突然迅速增加,晶体同时融化,此时的温度被称为熔点。无定形聚合物在温度升高时,一开始比容的变化不明显,当达到一定温度时,比容增加较为明显,但聚合物尚未熔融,质地变软呈弹性,此时的温度被称为玻璃化温度,高于此温度点的聚合物处于所谓的高弹态,低于此温度点的聚合物的状态被称为玻璃态。随着温度的进一步升高,无定形聚合物也会发生融化,但从固态到液态的转变无明显的界限,只有一个熔融的范围,用软化温度来表示这一温度范围。

2) 自由体积理论

自由体积理论是阐述聚合物成膜的重要理论体系。自由体积理论认为液体或固体物质的体积由两个部分组成:一部分是被分子占据的体积,另一部分是未被占据的自由体积,以空穴的形式分散在整个物质体系中。

涂膜的固化用玻璃化的概念进行描述,涂膜的固化从微观上来看就是涂膜的玻璃化。聚合物的分子链只有有足够的自由体积时才能进行各种运动。当聚合物冷却时,自由体积逐渐减少,到某一温度时,自由体积达到最低值,聚合物进入玻璃态,空穴的大小和分布状态基本维持固定(自由体积冻结状态),玻璃化温度就是自由体积达到某一临界值的温度。在玻璃态下,聚合物随着温度升高而发生体积膨胀是由于分子的膨胀形成的,这种膨胀与晶体的膨胀性质相似。到玻璃化转变点时,分子的热运动有了足够的能量,进一步升温后自由体积开始"解冻"并参与到整个的膨胀过程中,涂膜呈现高弹态。

3) 成膜的方式

涂料涂饰后形成膜层的过程是一个玻璃化温度不断升高的过程。液体的涂料最终形成坚韧膜层的方式有以下几种:

(1) 溶剂挥发和热熔成膜

溶剂挥发成膜就是利用溶剂降低涂料的玻璃化温度,从而使涂料的膜层达到玻璃化;热熔成膜是采取升高温度的方法增加自由体积,使聚合物达到流动的状态,也就是使聚合物熔融,流动的聚合物在基体表面成膜后经过冷却形成坚硬的膜层。

(2) 化学成膜

聚合物涂饰后,在加温或其他条件下,分子之间发生反应或发生交联,使得平均相对分子质量进一步增加进而形成膜层。

（3）乳胶成膜

乳胶是固体微粒分散在连续相水中。乳胶在涂饰后，随着水分子的蒸发，固体微粒互相接近，最终形成坚韧的、连续的薄膜。

（4）聚氨酯水分散体成膜

聚氨酯水分散体的结构类似于乳胶，但不是由乳胶聚合制备的。聚氨酯水分散体的成膜过程是聚合物粒子凝聚成膜的过程，与乳胶成膜的过程相同。

9.1.6　涂料的主要技术性能

涂料的品种十分丰富，用途各不相同。涂膜的质量是衡量涂料性能的重要指标。涂料的常用性能指标如下：

1）遮盖力

遮盖力是指涂料干结后的膜层遮盖基体表面原有状态的能力。涂料遮盖力的指标可用黑白格玻璃板进行测定。测定时将涂料涂饰在玻璃板上并养护至实验要求的时间，当涂饰的涂料膜层能够将玻璃板上的黑白格子完全遮住时，此时的涂料涂饰用量即该涂料的遮盖力，遮盖力的单位为 g/m^2。涂料的遮盖力与涂料中颜料的着色力和含量有关，涂料的涂饰量越多，则它的遮盖力性能就越低。

2）黏度

黏度反映涂料的流平性，也就是涂料涂饰后膜层是否平整光滑、不产生流挂现象。涂料的黏度与涂料中成膜物质中的黏合剂和填料的种类及含量有关。涂料的黏度值应该适中，黏度值太高，涂料的制造成本过高，且涂饰时易在膜层上留下施工的痕迹（如刷痕），膜层的固化时间变长；涂料的黏度值过低，则涂料施工时易产生流挂现象。

涂料的黏度值可用涂-4 杯或旋转黏度计进行测定。用涂-4 杯测定时，规定用量的涂料通过杯下的小孔所需要的时间即涂料的黏度值，单位为 s。用旋转黏度计测定时，将一定量的涂料倒入烧杯中，选好与涂料黏度大致匹配的某一号数的转子，并使转子上的刻划线刚好浸入涂料液面以下，开动黏度计一段时间后从刻度窗上读出的数值就是该涂料的黏度值。黏度的单位是 $Pa \cdot s$。

3）细度

涂料的细度是指涂料中固体颗粒大小的分布程度。细度的大小影响涂膜表面的平整性和光泽度。细度越大，涂膜的表面就比较粗糙；反之，涂膜的表面越光滑平整。涂料的细度可用刮板细度计测定。

4）附着力

涂料膜层与基体之间的黏结牢固程度用附着力表示。涂料的附着力用划格法测定，即在涂饰标准试件表面的膜层上，用刀片划出长宽均为 1 mm 的 100 个方格，然后用软毛刷沿格子的对角线方向前后各刷 5 次，最后检查掉下的涂料方格数目。附着力用剩余方格数占总方格数的百分比表示，单位为％。

5）耐碱性

耐碱性是绝大部分建筑涂料需要测定的性能指标。由于建筑涂料通常是涂饰在水泥基体的表面,水泥凝结硬化后呈碱性,因而建筑涂料必须具有较好的耐碱性能,以确保涂膜与水泥基层之间黏结牢固和涂膜的正常使用期。涂料中的成分与水泥中的碱性物质之间有较好的相容性,才能保证涂料和水泥基层内的各种化学成分原有的特性不受影响。

测试涂料的耐碱性能时,将制备好的试件置于氢氧化钠饱和溶液中浸泡,至试验规定的浸泡时间后取出试件,试件表面的涂料膜层不得有起泡、变色、剥落、粉化和软化等现象。

6）耐水性

涂料的耐水性是外墙涂料和湿度较大场所使用的涂料必须具备的指标。普通涂料在使用过程中受到水的作用时,涂膜与基体之间的结合程度容易受水分子的影响,在水分子的作用下涂膜与基体之间的结合力削弱,膜层容易从基体表面脱落下来,膜层内的物质之间也容易发生分离,从而使膜层出现粉化甚至剥落等质量问题。

进行涂料的耐水性试验时,将制备好的试件按长度方向的 2/3 浸入水中,在达到规定的浸泡时间后取出试件,并用滤纸擦干水,观察涂膜表面。膜层应当无变色、起泡、起皱、失光和脱落等现象。

此外,涂料还有黏结强度、抗冲击强度、抗冻性、耐刷洗性、耐磨性、耐污染性、耐老化性和耐温性等方面的性能指标规定。涂料具体的检测方法和质量判定可查阅《涂料试验方法:涂膜性能卷》。

9.2 常用建筑涂料

建筑涂料按使用部位不同分为内墙涂料、外墙涂料和地坪涂料。由于建筑涂料的使用部位不同,涂料的性能有一定的差异,有些涂料可以通用,有些涂料则不能通用。如内墙涂料不适用于外墙部位,而外墙涂料无特殊要求可用于内墙饰面。

9.2.1 内墙涂料

内墙涂料的色彩丰富,质感细腻,有良好的透气性、耐水性和耐碱性,施工方便,毒性低,对环境的污染程度小。内墙涂料有液体涂料和粉末涂料,常见的内墙涂料品种有合成树脂乳液内墙涂料、水性多彩建筑涂料、弹性建筑涂料、水溶性内墙涂料、建筑室内用腻子、合成树脂乳液砂壁状涂料、硅藻泥装饰壁材等。

1）合成树脂乳液内墙涂料

合成树脂乳液内墙涂料是以合成树脂乳液为主要成膜物质,加入颜料和各种助剂配制而成的内墙涂料。

合成树脂乳液内墙涂料具有取材方便、生产工艺简单、价格低廉、不燃、无毒、色彩丰富、施工简便、膜层光滑平整、装饰性好的特点,但耐水性、耐候性较差,不能用于建筑室外部位的涂饰,遇水后易出现起粉、脱落现象。

该材料产品分为两类:合成树脂乳液底漆和合成树脂乳液面漆。面漆按产品质量等级不同分为合格品、一等品和优等品。

合成树脂乳液内墙涂料的底漆和面漆的性能指标见表 9-4 和表 9-5 的要求。

表 9-4　合成树脂乳液内墙涂料底漆的性能指标

项目	指标
容器中状态	无硬块,搅拌后呈均匀状态
施工性	刷涂无障碍
低温稳定性(3 次循环)	不变质
涂膜外观	正常
干燥时间(表干)/h	2
耐碱性(24 h)	无异常
抗泛碱性(48 h)	无异常

表 9-5　合成树脂乳液内墙涂料面漆的性能指标

项目	指标		
	合格品	一等品	优等品
容器中状态	无硬块,搅拌后呈均匀状态		
施工性	刷涂二道无障碍		
低温稳定性(3 次循环)	不变质		
涂膜外观	正常		
干燥时间(表干)/h	2		
对比率(白色和浅色)	0.90	0.93	0.95
耐碱性(24 h)	无异常		
耐洗刷性/次	300	1 000	5 000

注:浅色是指以白色涂料为主要成分,添加适量色浆后配制而成的浅色涂料形成的涂膜所呈现的浅颜色,按《中国颜色体系》(GB/T 15608—2006)中的规定,明度值为 6~9。

合成树脂乳液内墙涂料的颜色品种有白、奶白、湖蓝、天蓝、果绿和蛋清等,可用于住宅、医院、教学楼、图书馆、办公楼等室内墙面装饰。

合成树脂乳液内墙涂料应在通风、干燥的场所贮存,防止阳光直接照射,冬季施工应采取防冻措施。它还应严格按产品包装说明的规定和要求进行涂饰。

2) 水性多彩建筑涂料

水性多彩建筑涂料是将水性着色胶体颗粒分散在水中形成乳液,再加入颜料、填料、水和助剂后制成的水包水型涂料。

水性多彩建筑涂料根据使用部位不同分为内用型和外用型两种,内用型和外用型又可分为弹性和非弹性两类;根据面层的质感不同分为光面型、含砂型、彩片型、珠光型等。

水性多彩建筑涂料表面可做成逼真的花岗岩效果,成本较低,施工方便。它有优异的防水性能、附着力强、耐候性持久,可有效防止墙体开裂,耐污染能力极强,绿色环保。

水性多彩建筑涂料是一种两相互不相溶的体系,一相为分散介质,另一相则为分散相。常用的分散介质为水相,分散相为涂料相。在分散相中有两种或两种以上的着色粒子,它们分散悬浮在含有保护胶体的水中,处于一种稳定状态,可使涂饰干燥后的涂膜形成各种色彩。

水性多彩建筑涂料的涂膜色泽淡雅,立体感强,施工方便,一次喷涂即能形成多种花色,具有较好的装饰效果。

内用型和外用型水性多彩建筑涂料的性能指标见表9-6和表9-7的要求。

表9-6 内用型水性多彩建筑涂料的性能指标

<table>
<tr><td rowspan="2">项目</td><td colspan="2">指标</td></tr>
<tr><td>弹性</td><td>非弹性</td></tr>
<tr><td>容器中的状态</td><td colspan="2">正常</td></tr>
<tr><td>热贮存稳定性</td><td colspan="2">通过</td></tr>
<tr><td>低温稳定性</td><td colspan="2">不变质</td></tr>
<tr><td>干燥时间(表干)/h</td><td colspan="2">≤4</td></tr>
<tr><td rowspan="6">复合涂层</td><td>涂膜外观</td><td colspan="2">涂膜外观正常,与商定的样品相比,
颜色花纹等无明显差异</td></tr>
<tr><td>耐碱性(24 h)</td><td colspan="2">无异常</td></tr>
<tr><td>耐水性(48 h)</td><td colspan="2">无异常</td></tr>
<tr><td>耐洗刷性/次</td><td colspan="2">≥1 000</td></tr>
<tr><td>覆盖裂缝能力(标准状态)/mm</td><td>≥0.3</td><td>—</td></tr>
</table>

表9-7 外用型水性多彩建筑涂料的性能指标

<table>
<tr><td rowspan="2">项目</td><td colspan="2">指标</td></tr>
<tr><td>弹性</td><td>非弹性</td></tr>
<tr><td>容器中的状态</td><td colspan="2">正常</td></tr>
<tr><td>热贮存稳定性</td><td colspan="2">通过</td></tr>
<tr><td>低温稳定性</td><td colspan="2">不变质</td></tr>
<tr><td>干燥时间(表干)/h</td><td colspan="2">≤4</td></tr>
<tr><td rowspan="3">复合涂层</td><td>涂膜外观</td><td colspan="2">涂膜外观正常,与样品相比,颜色花纹等无明显差异</td></tr>
<tr><td>耐碱性(24 h)</td><td colspan="2">无异常</td></tr>
<tr><td>耐水性(48 h)</td><td colspan="2">无异常</td></tr>
</table>

项目		指标	
		弹性	非弹性
复合涂层	耐洗刷性/次	≥1 000	
	覆盖裂缝能力(标准状态)/mm	≥0.5	—
	耐酸雨性(48 h)	无异常	
	耐湿冷热循环次数(5 次)	无异常	
	耐沾污性/级	≤2	
	耐人工气候老化(1 000 h)	不起泡、不剥落、无裂纹、无粉化、无明显变色和失光	

水性多彩建筑涂料可在水泥墙面、水泥纤维板、各种保温层表面、铝板、不锈钢板、GRC(玻璃纤维增强水泥)材料、FRP(玻璃纤维增强塑料)材料等基层上进行表面涂装。

水性多彩建筑涂料应在通风、干燥的场所贮存,防止阳光直接照射,并应隔离火源,远离热源。

3) 弹性建筑涂料

弹性建筑涂料是以合成树脂乳液为基料,加入颜料、填料及助剂后配制而成的建筑涂料。弹性建筑涂料属乳胶漆涂料的范畴,是一种使用特性较强的功能性涂料,能有效抵抗由于基体伸缩变化而引起的涂膜开裂。

弹性建筑涂料是能够较好地保护内外墙面外观的厚层柔性涂料(膜层厚度通常≥150 μm)。随着环境温度的变化,弹性建筑涂料会随着墙体的膨胀和收缩而变化,能够遮盖已有的和潜在的混凝土裂缝,从而保护基体部位免受风雨、酸雨和霜冻的侵蚀。

弹性建筑涂料分为内墙弹性建筑涂料和外墙弹性建筑涂料,外墙弹性建筑涂料根据功能不同又分为弹性面涂和弹性中涂。涂料根据适用地区不同分为Ⅰ型和Ⅱ型,其中Ⅰ型适用于夏热冬暖以外的区域,Ⅱ型则适用于夏热冬暖的地区。表 9-8 是弹性建筑涂料的性能要求。

表 9-8　弹性建筑涂料的性能要求

项目	技术指标				
	外墙面涂		外墙中涂		内墙
	Ⅰ型	Ⅱ型	Ⅰ型	Ⅱ型	
容器中的状态	搅拌混合后无硬块,呈均匀状态				
施工性	施工无障碍				
涂膜外观	正常				
干燥时间(表干)/h	≤2				

项目		技术指标				
		外墙面涂		外墙中涂		内墙
		Ⅰ型	Ⅱ型	Ⅰ型	Ⅱ型	
对比率(白色或浅色)		≥0.90		—		≥0.93
低温稳定性		不变质				
耐碱性(48 h)		无异常				
耐水性(96 h)		无异常				—
耐人工老化性(白色或浅色)		400 h无起粉、剥离				
		粉化≤1级,变色≤2级				
涂层耐温变性(3次循环)		无异常				
耐污性(白色或浅色)/%		≤25		—		
0℃低温柔性	Φ10 mm	—		—	无裂纹	
−10℃低温柔性	Φ10 mm	—		无裂纹		
拉伸强度/MPa	标准状态下	≥2.0				
断裂伸长率/%	标准状态下	≥150		≥150		≥80
	0℃	—	≥35	—		—
	−10℃	≥35	—	—		

注:浅色是指以白色涂料为主要成分,添加适量色浆后配制成的浅色涂料形成的涂膜所呈现的浅颜色,按《中国颜色体系》(GB/T 15608—2006)的规定,明度值为6～9。

弹性建筑涂料适用于学校、办公楼、快捷酒店、住宅等建筑,可用于内外墙面、纸面石膏板隔断和吊顶等部位的涂饰,特别适用于建筑外墙面的装饰。

弹性建筑涂料应在通风、干燥的场所贮存,防止阳光直接照射,冬季施工时应采取防冻措施,以保证施工质量。

4)水溶性内墙涂料

水溶性内墙涂料是以水溶性合成树脂为主要成膜物质,水为稀释剂,加入一定量的填料、颜料和助剂,经研磨、分散后制成的涂料。由于水溶性合成树脂可直接溶于水,与水形成单相的溶液,不含有机溶剂,对环境无污染,所以该涂料的环保性能好。

水溶性内墙涂料分为Ⅰ类和Ⅱ类:Ⅰ类用于浴室和厨房的内墙面;Ⅱ类用于室内普通墙面的涂饰。水溶性内墙涂料的具体品种有聚乙烯醇水玻璃涂料、聚乙烯醇缩甲醛涂料和改性聚乙烯醇涂料等。

水溶性内墙涂料的制作简单,施工便捷,涂膜平整,但是Ⅱ类水溶性内墙涂料的耐久性和耐擦洗性能差,易剥落起粉,只能用于普通装修工程中。表9-9是水溶性内墙涂料的性能要求。

表 9-9 水溶性内墙涂料的性能要求

性能项目	技术要求	
	Ⅰ类	Ⅱ类
容器中状态	无结块、沉淀和絮凝	
黏度/s	30～75	
细度/μm	≤100	
遮盖力/(g·m⁻²)	≤300	
白度/%	≥80	
涂膜外观	平整,色泽均匀	
附着力/%	100	
耐水性	无脱落、起泡和皱皮	
耐干擦性/级	—	≤1
耐洗刷性/次	≥300	—

注:黏度用涂-4杯测试,单位为s;白度规定只适用于白色涂料。

水溶性内墙涂料适用于内墙的简单装修,应在室内贮存,贮存周期不宜超过6个月,贮存温度不低于5℃。

5) 建筑室内用腻子

腻子是一种用于填嵌基体表面平整度和细微缝隙的厚浆状涂料。它主要用于建筑室内装饰部位,用以找平填嵌的基层表面处理材料。腻子通常以合成树脂乳液、聚合物粉末、无机胶凝材料等为黏结剂,加入填料、助剂等调配而成。

室内用腻子分为一般型、柔韧型和耐水型。一般型室内用腻子适用于一般室内装饰项目,用Y表示;柔韧型室内用腻子适用于有一定抗裂要求的装饰部位,用R表示;耐水型室内用腻子主要用于湿度较大的潮湿场所,用N表示。根据每遍批抹的厚度不同,室内用腻子分为薄型腻子(单遍批抹厚度小于2 mm)和厚型腻子(单遍批抹厚度大于或等于2 mm)。

室内用腻子的型号由名称代号和特性代号组成:名称代号为SZ,表示室内用腻子;特性代号就是腻子的型号,用Y、R和N表示。例如,一般型室内用腻子可表示为SZ Y。

室内用腻子的性能包括物理性能要求和有害物质限量的规定。表9-10是室内用腻子的物理性能指标。室内用腻子的有害物质限量应符合《建筑用墙面涂料中有害物质限量》(GB 18582—2020)中的有关规定。

表 9-10 室内用腻子的物理性能指标

项目	技术指标		
	一般型(Y)	柔韧型(R)	耐水型(N)
容器中的状态	无结块,均匀		

项目			技术指标		
			一般型(Y)	柔韧型(R)	耐水型(N)
低温贮存稳定性			3 次循环不变质		
施工性			刮涂无障碍		
干燥时间(表干)/h	单道施工厚度/mm	<2	≤2		
		≥2	≤5		
初期干燥抗裂性(3 h)			无裂纹		
打磨性			手工可打磨		
耐水性			—	4 h 无起泡、开裂及明显掉粉	48 h 无起泡、开裂及明显掉粉
黏结强度/MPa	标准状态		>0.30	>0.40	>0.50
	浸水后		—	—	>0.30
柔韧性			—	直径 100 mm,无裂纹	—

注:技术指标在报告中给出 pH 值(氢离子浓度指数)。液态组分或膏状组分需测试低温贮存稳定性。

室内用腻子应在通风干燥处贮存,防止阳光的直射,非粉状组分在冬季应采取防冻措施。腻子在施工时应即开即用,并且要在规定的时间内用完,避免长时间暴露在空气中,防止腻子出现硬化现象。

6)合成树脂乳液砂壁状涂料

合成树脂乳液砂壁状涂料是合成树脂乳液涂料大类中的一个品种,是以合成树脂乳液为黏结剂,以砂粒、石材微粒或石粉为骨料,在装饰基体表面形成具有砂岩质感的饰面涂料。

合成树脂乳液砂壁状涂料的涂层体系分为底层涂料、主涂料、面层涂料等。底层涂料是用于封闭砂浆基层,防止基层返碱,增强主涂料与基层之间附着力,并渗透到基层起加固基层作用的涂料。主涂料是在底层涂料上能够形成砂岩质感的装饰层。主涂料又分为内墙型和外墙型。面层涂料涂敷在主涂料之上,具有防护、提高装饰层效果的作用。面层涂料分为非透明型和透明型两种。

合成树脂乳液砂壁状涂料涂层体系的质量指标分为主涂层和透明涂层两个方面。非透明涂层的质量按相应的国家标准或行业标准要求。表 9-11 是主涂料及涂层体系的理化性能指标,表 9-12 是透明型面层涂料的理化性能指标。

表 9-11 主涂料及涂层体系的理化性能指标

项目		技术要求	
		内墙型	外墙型
主涂料	容器中状态	搅拌后无结块,呈均匀状态	
	施工性	施涂无障碍	

项目		技术要求	
		内墙型	外墙型
主涂料	干燥时间(表干)/h	≤4	
	初期干燥抗裂性	3 h 无裂纹	
	低温稳定性(3 次循环)	不变质	
	热贮存稳定性(15 天)	无结块、霉变、凝聚及组成物的变化	
	吸水量(2 h)/g	—	—
涂层体系	耐水性	—	96 h 无异常
	耐碱性	48 h 无异常	96 h 无异常
	涂层耐温变性(5 次循环)	—	无异常
	耐沾污性/级	—	≤2
	黏结强度/MPa 标准状态	≥0.6	
	黏结强度/MPa 冻融循环(5 次循环后)	—	—
	耐人工老化性	—	600 h 涂层不开裂、不起鼓、不剥落,粉化 0 级,变色≤1 级
	柔韧性a	直径 50 mm 无裂纹	

注:检测报告中注明涂层体系配套使用的底涂料、面涂料。有柔韧性要求时测试柔韧性。

表 9-12　透明型面层涂料的理化性能指标

项目	技术要求
容器中状态	搅拌后无结块,呈均匀状态
施工性	施涂无障碍
干燥时间(表干)/h	≤2
涂膜外观	正常
低温稳定性(3 次循环)	不变质
耐碱性	96 h 无异常
涂层耐温变性(5 次循环)	无异常
耐沾污性/%	≤15
耐水泛白性(24 h)/$\Delta \omega$	≤5.0
自洁性能(最小水接触角度)	<40°

注:自洁性能(最小水接触角度)适用于光催化剂自洁型面涂料。

　　合成树脂乳液砂壁状涂料具有优异的柔韧性,涂层不易开裂,耐候性和抗冲击性能较高。涂膜质感逼真、色彩丰富,有毛面天然石材和砂岩的装饰效果。合成树脂乳液砂壁状涂料可用于写字楼、教学场所、快捷酒店和住宅等空间的室内外墙面装饰。

7）硅藻泥装饰壁材

硅藻泥装饰壁材是以无机胶凝材料为主要黏结材料，以硅藻材料为主要功能性填料配制的干粉状内墙装饰涂料。

硅藻材料是硅藻生物遗骸或由其变质形成的多孔二氧化硅材料。硅藻泥装饰壁材的表面色彩柔和，墙面的反射光线自然舒适，不容易产生视觉疲劳，能有效保护视力。同时硅藻泥墙面的颜色持久，不易褪色，墙面能长期如新。硅藻泥装饰壁材表面的肌理丰富，装饰效果亲切自然，质感生动真实，具有很强的艺术感染力。

硅藻泥装饰壁材由纯天然无机材料构成，不含任何有害物质，材料的环保性能高。硅藻泥的内部构造形式和独特的吸附性能，可以有效去除空气中游离的甲醛、苯、氨等有害物质和各种异味，起到净化室内空气的作用。表 9-13 是硅藻泥装饰壁材有害物质限量要求。硅藻泥装饰壁材适用于别墅、公寓、酒店、家居、医院等内墙装饰。

表 9-13　硅藻泥装饰壁材有害物质限量要求

项目		限量值
挥发性有机化合物（VOC）含量/（g·kg^{-1}）		小于检出限值
苯、甲苯、乙苯、二甲苯总和/（mg·kg^{-1}）		小于检出限值
游离甲醛/（mg·kg^{-1}）		小于检出限值
可溶性重金属/（mg·kg^{-1}）	铅（Pb）	小于检出限值
	镉（Cd）	小于检出限值
	铬（Cr）	小于检出限值
	汞（Hg）	小于检出限值

注：挥发性有机物含量的检出限值为 1 g/kg；苯、甲苯、乙苯、二甲苯总和的检出限值为 50 mg/kg；游离甲醛的检测限值为 5 mg/kg；可溶性重金属的检出限值为 10 mg/kg。

随着不同季节及早晚环境空气温度的变化，硅藻泥可以吸收或释放水分，自动调节室内空气湿度，使之达到相对平衡，避免室内环境湿度过高或过低带来的不适，防止结露，减少发霉和静电现象。

将硅藻泥加热至 1 300℃时，会出现熔融状态，但不产生有害气体等物质，因而硅藻泥有良好的阻燃功效。硅藻泥内部的孔隙构造能够起到降低噪声的效果，缩短混响时间，减少室内噪声对环境的影响。同时硅藻泥的热传导性能较差，是理想的保温隔热材料，其隔热效果约为同等厚度水泥砂浆的 6 倍。

硅藻泥壁材的理化性能指标包括容器中的状态、施工性、初期抗开裂性、表干时间、耐碱性、黏结强度、耐温湿性能、调湿性能、甲醛净化性能、甲醛净化效果持久性、防霉菌性能等，具体可查阅《硅藻泥装饰壁材》（JC/T 2177—2013）中的有关规定。

常用的建筑内墙涂料除了以上所介绍的品种外，还有静电植绒涂料、仿瓷涂料等。

静电植绒涂料是在基体表面先涂抹或喷涂一层底层涂料，再用静电植绒机将合成纤维短绒头"植"在涂层上。这种涂料的表面具有丝绒布的质感，不反光、无气味、不褪色，对声波有较好的吸收作用，但它的耐潮湿性能和耐污性较差，表面不能擦洗。静电植绒涂料可用于家庭、宾馆客房、会议室、舞厅等场所的内墙装饰。

仿瓷涂料的漆膜坚硬光亮、色泽柔和、平整丰满,有陶瓷釉料的光泽感,它与基层之间有良好的附着力,耐水性和耐腐蚀性好,施工方便。这种涂料可用于厨房、卫生间、医院、餐厅等场所的墙面装饰以及某些工业设备的表面装饰和防腐。

9.2.2 外墙涂料

由于外墙涂料的色彩丰富、施工方便、价格便宜、维修简便,运用不同的施工方法还能取得各种质感的装饰面,而且现在使用的外墙涂料与以往的外墙涂料相比,耐久性、色牢度、耐水性和耐污性等性能都有了很大的提高,因此外墙涂料是建筑物外立面装饰设计中经常选用的一种装饰材料。

外墙涂料的常用种类有聚合物水泥涂料、溶剂型涂料、乳液型涂料和无机硅酸盐涂料等。聚合物水泥涂料有氯—偏乳液聚合物水泥涂料等,溶剂型涂料有过氯乙烯涂料、氯化橡胶涂料、丙烯酸酯涂料和聚氨酯丙烯酸酯涂料等,乳液型涂料有氯—偏乳液涂料、乙—顺乳胶漆、乙—丙乳胶漆、苯—丙乳液涂料、乙—丙彩砂涂料、苯—丙彩砂涂料和水乳型环氧涂料,无机硅酸盐涂料有水玻璃系涂料和硅溶胶系涂料等。

1) 合成树脂乳液外墙涂料

合成树脂乳液外墙涂料是以合成树脂乳液为主要成膜物质,加入颜料和各种助剂配制而成的薄型外墙涂料。

合成树脂乳液外墙涂料的生产工艺简单,价格低廉,不燃,无毒,色彩丰富,施工简便,耐水性和耐候性较好。

该材料产品有底漆、中涂漆和面漆之分。底漆按抗泛盐碱性和不透水性要求的高低分为Ⅰ型和Ⅱ型,面漆按产品质量等级不同分为合格品、一等品和优等品。

合成树脂乳液外墙涂料的底漆、中涂漆和面漆的性能指标见表 9-14 至表 9-16 的要求。

表 9-14　合成树脂乳液外墙涂料底漆的性能指标

项目	指标	
	Ⅰ型	Ⅱ型
容器中状态	无硬块,搅拌后呈均匀状态	
施工性	刷涂无障碍	
低温稳定性(3次循环)	不变质	
涂膜外观	正常	
干燥时间(表干)/h	≤2	
耐碱性(48 h)	无异常	
抗泛碱性(96 h)	无异常	
抗泛盐碱性	72 h 无异常	48 h 无异常

项目	指标	
	Ⅰ型	Ⅱ型
透水性/mL	≤0.3	≤0.5
与下水道涂层的适应性	正常	

表 9-15 合成树脂乳液外墙涂料中涂漆的性能指标

项目	指标
容器中状态	无硬块,搅拌后呈均匀状态
施工性	刷涂二道无障碍
低温稳定性	不变质
涂膜外观	正常
干燥时间(表干)/h	≤2
耐碱性(48 h)	无异常
耐水性(96 h)	无异常
涂层耐温变性(3 次循环)	无异常
耐洗刷性(1 000 次)	漆膜未损坏
附着力/级	≤2
与下道涂层的适应性	正常

表 9-16 合成树脂乳液外墙涂料面漆的性能指标

项目	指标		
	合格品	一等品	优等品
容器中状态	无硬块,搅拌后呈均匀状态		
施工性	刷涂二道无障碍		
低温稳定性(3 次循环)	不变质		
涂膜外观	正常		
干燥时间(表干)/h	≤2		
对比率(白色和浅色)	≥0.87	≥0.90	≥0.93
耐沾污性(白色和浅色)/%	≤20	≤15	≤15
耐洗刷性(2 000 次)	漆膜未损坏		
耐碱性(48 h)	无异常		
耐水性(96 h)	无异常		

项目	指标		
	合格品	一等品	优等品
涂层耐温变性(3 次循环)	无异常		
透水性/mL	≤1.4	≤1.0	≤0.6
耐人工气候老化性	250 h 不起泡、不剥落、无裂纹	400 h 不起泡、不剥落、无裂纹	600 h 不起泡、不剥落、无裂纹
粉化/级	≤1	≤1	≤1
变色(白色和浅色)/级	≤2	≤2	≤2
变色(其他色)/级	商定	商定	商定

注:浅色是指以白色涂料为主要成分,添加适量色浆后配制而成的浅色涂料形成的涂膜所呈现的浅颜色,按《中国颜色体系》(GB/T 15608—2006)中规定,明度值为 6~9。涂层耐温变性也可根据有关方面商定测试与底漆配套后或与底漆和中涂漆配套后的性能。

合成树脂乳液外墙涂料的颜色有白、果绿和蛋青等,常用于住宅楼、教学楼、图书馆和办公楼等建筑的外墙面装饰。

合成树脂乳液外墙涂料应在通风、干燥的地方贮存,防止阳光直接照射,冬季施工应采取防冻措施。它还应严格按产品包装说明的规定和要求进行涂饰。

2) 溶剂型外墙涂料

溶剂型外墙涂料是以合成树脂为基料、有机溶剂为稀释剂,加入颜料和各种助剂后制得的薄质涂层外墙涂料。

溶剂型外墙涂料的耐候性好,不易变色、粉化、脱落,与基体之间的黏结牢固,施工时受环境温度的影响小,施工方便,可采用涂刷、滚涂和喷涂等方法进行施工。

溶剂型外墙涂料的产品按质量等级不同分为优等品、一等品和合格品,按合成树脂的种类不同分为丙烯酸酯外墙涂料、聚氨酯系外墙涂料、氯化橡胶外墙涂料和丙烯酸酯有机硅外墙涂料等。

表 9-17 是溶剂型外墙涂料的性能指标。

表 9-17 溶剂型外墙涂料的性能指标

项目	指标		
	合格品	一等品	优等品
容器中状态	无硬块,搅拌后呈均匀状态		
施工性	刷涂二道无障碍		
低温稳定性(3 次循环)	不变质		
涂膜外观	正常		
干燥时间(表干)/h	≤2		
对比率(白色和浅色)	≥0.87	≥0.90	≥0.93

项目	指标		
	合格品	一等品	优等品
耐污性(白色和浅色)/%	≤20	≤15	≤15
耐洗刷性(2 000 次)	漆膜未损坏		
耐碱性(48 h)	无异常		
耐水性(96 h)	无异常		
涂层耐温变性(3 次循环)	无异常		
透水性/mL	≤1.4	≤1.0	≤0.6
耐人工气候老化性	250 h 不起泡、不剥落、无裂纹	400 h 不起泡、不剥落、无裂纹	600 h 不起泡、不剥落、无裂纹
粉化/级	≤1	≤1	≤1
变色(白色和浅色)/级	≤2	≤2	≤2
变色(其他色)/级	商定	商定	商定

注:浅色是指以白色涂料为主要成分,添加适量色浆后配制而成的浅色涂料形成的涂膜所呈现的浅颜色,按《中国颜色体系》(GB/T 15608—2006)中规定,明度值为 6～9。涂层耐温变性和耐人工气候老化性也可根据有关方面商定测试与底漆配套后或与底漆和中涂漆配套后的性能。

溶剂型外墙涂料的溶剂具有易燃性、易挥发性和毒性等特点,对使用环境可能会出现环保方面的问题,应注意加强对操作者的劳动防护。对不同组分的涂料应严格遵循具体涂料品种的操作要求,按比例进行调配,并注意调配的先后顺序,涂料应随调配随用,对施工残留的涂料应及时进行环保清理,不得随意抛扔。如有溶剂型外墙涂料抛洒滴漏在基体表面时,可用与之配套的溶剂进行清理。

溶剂型外墙涂料应在通风、干燥的场所贮存,防止阳光直接照射,并应隔离火源、远离热源。

3)外墙无机涂料

外墙无机涂料主要指的是以碱金属硅酸盐或硅溶胶为主要成膜物质的一类涂料,在墙体基层的表面通常形成薄质的涂层。

外墙无机涂料按主要成膜物质不同分为碱金属硅酸盐类(Ⅰ类)和硅溶胶类(Ⅱ类)。碱金属硅酸盐类涂料是以硅酸钾、硅酸钠等碱金属硅酸盐为主要成膜物质,加入颜料、填料和其他助剂制成的。碱金属硅酸盐属于水溶性盐类,不能直接用来配置涂料,必须将其改性或加入相应的固化剂后才能制得涂料。硅溶胶类涂料是以硅溶胶为主要成膜物质,加入适量的合成树脂乳液、颜料、填料和其他助剂后制作而成的。硅溶胶是直径为 $0.01～0.02~\mu m$ 的二氧化硅的水性分散液体,易渗透到水泥砂浆基层材料中。涂料中的水分子蒸发后,单体硅酸最终形成具有硅氧键的网状结构涂膜。

外墙无机涂料的型号组成为名称代号＋特性代号＋主要参数代号＋改型序号(大写的汉语拼音字母)。如 WJT S 800 的含义为耐人工老化性能不低于 800 h 的 Ⅰ 型

(S)外墙无机建筑涂料,WJT R 500 的含义为耐人工老化性能不低于 500 h 的 II 型 (R)外墙无机建筑涂料。

外墙无机涂料的性能指标要求见表 9-18。

表 9-18　外墙无机涂料的性能指标

项目			技术指标
容器中状态			搅拌后无结块,呈均匀状态
施工性			刷涂二道无障碍
涂膜外观			涂膜外观正常
对比率(白色和浅色)			≥0.95
热贮存稳定性(30 天)			无结块、凝聚、霉变现象
低温贮存稳定性(3 次)			无结块、凝聚现象
表干时间/h			≤2
耐洗刷性(次)			≥1 000
耐水性(168 h)			无起泡、裂纹、剥落,允许轻微掉粉
耐碱性(168 h)			无起泡、裂纹、剥落,允许轻微掉粉
耐温变性(10 次)			无起泡、裂纹、剥落,允许轻微掉粉
耐污性/%	I		≤20
	II		≤15
耐人工老化性(白色和浅色)	I	800 h	无起泡、裂纹、剥落,粉化≤1 级,变色≤2 级
	II	500 h	无起泡、裂纹、剥落,粉化≤1 级,变色≤2 级

注:浅色是指以白色涂料为主要成分,添加适量色浆后配制而成的浅色涂料形成的涂膜所呈现的浅颜色,按《中国颜色体系》(GB/T 15608—2006)中规定,明度值为 6～9。

外墙无机涂料的性能优异、施工简单,可采用刷涂、滚涂和喷涂的方式进行操作。它的贮存期一般为 12 个月,贮存场所应保持通风、干燥,防止日光直接照射。

4) 外墙腻子

外墙腻子是施涂于建筑外墙,用于找平、抗裂等要求的基层表面处理材料。由常用水泥、聚合物粉末、合成树脂乳液等材料为黏合剂,并加入填料、助剂等配制而成。

外墙腻子按腻子膜的柔韧性或动态抗开裂性能不同分为普通型、柔性型和弹性型。普通型腻子主要用于普通建筑外墙的涂饰,但不适用于外墙保温涂饰工程;柔性型腻子适用于普通外墙和对外墙外保温等有抗裂要求的建筑外墙涂饰;弹性型腻子适用于对抗裂要求较高的建筑外墙涂饰工程。

外墙腻子型号由名称代号和特征代号组成,名称代号为 WNZ,特征代号有 P、R、T 三种。该涂料的性能指标有容器中状态、施工性、干燥时间、打磨性、黏结强度、柔韧性、动态抗开裂性等,具体见《建筑外墙用腻子》(JG/T 157—2009)中的有关规定。

腻子一般为成品,如需现场加水稀释,应控制好稀释比例。

建筑外墙涂料的品种较多,常用的品种有聚合物水泥基涂料、氯化橡胶外墙涂料、丙烯酸酯外墙涂料和聚氨酯系外墙涂料等。

聚合物水泥基涂料是在聚合物中掺加水泥后拌制而成的,可用于内外墙面的涂饰,也可作为功能性涂料使用,如防水涂料、防火涂料和保温隔热涂料。

氯化橡胶外墙涂料由氯化橡胶、溶剂、颜料、填料和助剂等配置而成,可在水泥、混凝土和钢铁的表面进行涂饰,与基层之间有良好的黏结力,具有良好的耐碱性、耐水性、耐腐蚀性和耐候性,施工方便,有一定的防霉效果。

丙烯酸酯外墙涂料是以热塑性丙烯酸酯合成树脂为主要成膜物质,加入溶剂、颜料、填料和助剂等,经研磨而成的一种挥发型溶剂涂料。该涂料所用的溶剂有丙酮、甲乙酮、醋酸溶纤剂和醋酸丁酯等,颜料和填料有钛白粉、氧化铁红、氧化铁黑、炭黑等,助剂有分散剂、抗沉淀剂、消泡剂等。

聚氨酯系外墙涂料是以聚氨酯树脂或聚氨酯与其他树脂的复合物为主要成膜物质,加入溶剂、颜料、填料和助剂等研磨而成的。它的品种有聚氨酯—丙烯酸酯外墙涂料和聚氨酯高弹性外墙防水涂料。聚氨酯系外墙涂料的膜层弹性强,具有很好的耐水性、耐酸碱腐蚀性、耐候性和耐污性。聚氨酯厚质涂料的抗拉裂性能好,可耐5 000次以上伸缩疲劳试验。聚氨酯系外墙涂料中以聚氨酯—丙烯酸酯外墙涂料使用较多,这种涂料的固含量较高,膜层的柔软性好,有很高的光泽度,表面呈瓷状质感,与基层的黏结力强。

9.2.3 地坪涂料

地坪涂料一般涂饰在水泥砂浆、混凝土基体上,可使装饰面层美观整洁、经久耐用。这类涂料以合成树脂基地坪涂料为主,具有良好的耐碱性、耐水性、耐磨性、耐冲击性,与水泥砂浆等材料之间的黏结力强,施工方法简便。

1)地坪涂料的种类

地坪涂料按分散介质不同分为水性地坪涂料(S)、无溶剂型地坪涂料(W)和溶剂型地坪涂料(R),按涂层构造不同分为底涂(D)和面涂(M),按涂装材料的承载能力分为Ⅰ级和Ⅱ级,按防静电类型不同分为静电耗散型和导静电型。

水性地坪涂料是以水为分散介质的合成树脂基地坪涂料。无溶剂型地坪涂料是使用非挥发性的活性溶剂或不使用挥发性的非活性溶剂的合成树脂基地坪涂料。溶剂型地坪涂料是以非活性溶剂为分散介质的合成树脂基地坪涂料。

2)地坪涂料的性能要求

地坪涂料有底涂材料和面涂材料之分,底涂材料和面涂材料的性能要求分别见表9-19和表9-20。

表 9-19　地坪涂料底涂的性能指标

项目		指标		
		水性	溶剂型	无溶剂型
容器中状态		搅拌混合后均匀、无硬块		
干燥时间/h	表干	≤8	≤4	≤6
	实干	≤48	≤24	
耐碱性(48 h)		漆膜完整,不起泡,不剥离,允许轻微变色		
附着力/级		≤1		

表 9-20　地坪涂料面涂的性能指标

项目		指标		
		水性	溶剂型	无溶剂型
容器中状态		搅拌混合后均匀、无硬块		
涂膜外观		外观正常		
干燥时间/h	表干	≤8	≤4	≤6
	实干	≤48	≤24	≤48
硬度	铅笔硬度(擦伤)	H		—
	邵氏硬度(D 型)	—		商定
附着力/级		≤1		
拉伸黏结性能/MPa	标准条件	—		≥2.0
	浸水后	—		≥2.0
抗压强度/MPa		—		≥45
耐磨性(750 g/500 r)/g		≤0.060	≤0.030	
耐冲击性	Ⅰ级	500 g 钢球,高 100 cm,涂膜无裂纹、无剥落		
	Ⅱ级	1 000 g 钢球,高 100 cm,涂膜无裂纹、无剥落		
防滑性(干摩擦系数)		≥0.50		
耐水性(168 h)		不起泡,不剥落,允许轻微变色,2 h 后恢复		
耐化学性	耐油性(120 号溶剂汽油,72 h)	不起泡,不剥落,允许轻微变色		
	耐碱性[20% 氢氧化钠(NaOH),72 h]	不起泡,不剥落,允许轻微变色		
	耐酸性[10% 硫酸(H_2SO_4),48 h]	不起泡,不剥落,允许轻微变色		

注:抗压强度仅适用于无溶剂型地坪涂料,对于高承载地面如停车场、工业厂房等应用场合,抗压强度的要求由供需双方商定。

某些面涂材料还有其他性能规定,如防滑性、体积电阻、燃烧性能和耐久性等指标的要求,具体可查阅相关规定或由供需双方商定。

地坪涂料有各类组成材料,特别是某些合成树脂和溶剂品种还具有一定的毒性,对使用环境和人体健康均会造成一定的危害。国家有关部门规定了应用于室内的地坪涂料中有害物质的限量,如表 9-21 所示。

表 9-21　地坪涂料有害物质限量要求

项目		限量值		
		水性	溶剂型	无溶剂型
挥发性有机化合物(VOC)质量浓度/$(g \cdot L^{-1})$		≤120	≤500	≤60
游离甲醛质量分数/$(g \cdot kg^{-1})$		≤0.1	≤0.5	≤0.1
苯质量分数/$(g \cdot kg^{-1})$		≤0.1	≤1.0	≤0.1
甲苯、二甲苯的总和质量分数/$(g \cdot kg^{-1})$		≤5	≤200	≤10
游离甲苯二异氰酸酯(TDI)质量分数$(g \cdot kg^{-1})$		—	≤2	
可溶性重金属质量分数(mg·kg^{-1})	铅(Pb)	≤30	≤90	≤30
	镉(Cd)	≤30	≤50	≤30
	铬(Cr)	≤30	≤50	≤30
	汞(Hg)	≤10	≤10	≤10

注:挥发性有机化合物按产品规定的配比和稀释比例混合后测定。如稀释剂的使用量为某一范围时,应按照推荐的最大稀释量稀释后测定。在苯质量分数项目中,若产品规定了稀释比例或产品由双组分组成或多组分组成时,应分别测定稀释剂和各组分中的含量,再按产品规定的配比计算混合后地坪涂料中的总量。如稀释剂的使用量为某一范围时,应按照推荐的最大稀释量进行计算。在甲苯、二甲苯的总和质量分数项目中,若聚氨酯类地坪涂料规定了稀释比例或由双组分或多组分组成时,应先测定固化剂(含甲苯二异氰酸酯预聚物)中的含量,再按产品规定的配比计算混合后地坪涂料中的含量。如稀释剂的使用量为某一范围时,应按照推荐的最小稀释量进行计算。在可溶性重金属质量分数项目中,仅对有色地坪涂料进行检测。

溶剂型地坪涂料的常见品种有过氯乙烯水泥地面涂料、苯乙烯地面涂料、聚氨酯—丙烯酸酯地面涂料、丙烯酸硅地面涂料和聚氨酯地面涂料。

过氯乙烯水泥地面涂料是以过氯乙烯树脂(含氯量为 61%～65%)为主要成膜物质,以二甲苯、200 号轻溶剂油为溶剂,再加入颜料(氧化铁黄、氧化锌、氧化铁红、氧化铁黑等)、填料(滑石粉)、增塑剂(邻苯二甲酸二丁酯)和稳定剂(二盐基性亚磷酸铅)等,经过捏和、混炼、塑化、切粒、溶解、过滤等工艺制作而成的。这种涂料施工简便,干燥速度快,有较好的耐水性、耐磨性、耐化学腐蚀性,但由于挥发性溶剂易燃、有毒,因而在施工时应注意做好防毒、防火工作。

聚氨酯—丙烯酸酯地面涂料是以聚氨酯—丙烯酸酯树脂溶液为主要成膜物质,以二甲苯、醋酸丁酯等为溶剂,再加入颜料(钛白粉、氧化铁黄、氧化铁红、氧化铁黑等)、填料(滑石粉、沉淀硫酸钡、重质碳酸钙等)和各种助剂等,经过一定的加工工序制作而成的。聚氨酯—丙烯酸酯地面涂料的耐磨性、耐水性、耐酸碱腐蚀性能好,它的表面有瓷砖的光亮感,因而又称仿瓷地面涂料。

丙烯酸硅地面涂料是以丙烯酸酯系树脂和硅树脂复合的产物为主要成膜物质,再加入溶剂、颜料、填料和各种助剂等,经过一定的加工工序制作而成的。该涂料的耐候性、耐水性、耐洗刷性、耐酸碱腐蚀性和耐火性能好,渗透力较强,与水泥砂浆等材料之间的黏结牢固,具有较好的耐磨性。它的耐候性能好,可用于室外地面的涂饰,施工方便。

合成树脂厚质地面涂料是以环氧树脂、聚氨酯、不饱和聚酯等合成树脂为主要成膜物质,加入颜料、填料和各种助剂后制作而成的一类地坪涂料。该涂料通常可用刮涂方式进行涂饰,又称无缝塑料地面、塑料涂布地板或自流平涂料。该涂料的常用品种有环氧树脂地面厚质涂料、聚氨酯弹性地面涂料、不饱和聚酯地面涂料。

环氧树脂地坪涂料是以环氧树脂为主要成膜物质,以二甲苯、丙酮为稀释剂,再加入颜料(钛白粉、氧化锌、锌钡白、氧化铁黄、氧化铁红、氧化铁黑等)、填料(石英砂、滑石粉)、增塑剂(邻苯二甲酸二丁酯)和固化剂(乙二胺、二乙烯二胺、三乙烯四胺)等,经过一定的制作工艺加工而成的。它是一种双组分常温固化型涂料,甲组分有清漆和色漆两类,乙组分是固化剂。它的涂膜坚硬,有较好的耐水性、耐磨性、耐化学腐蚀性和耐久性,涂膜与水泥基层的黏结力强,但施工操作比较复杂。

聚氨酯地面涂料是将含有端异氰酸酯基预聚体和含有端羟基或胺类的固化物进行混合,以此混合物为聚氨酯地面涂料的主要成膜物质,以二甲苯或醋酸丁酯为溶剂,再加入颜料(钛白粉、硫化锌、锌钡白、氧化铁黄、氧化铁红、氧化铁黑等)、填料(石英粉)和增塑剂(邻苯二甲酸二丁酯)等,经过一定的制作工艺加工而成的。该涂料分为薄型和厚质弹性两种。薄型聚氨酯地面涂料主要用于木地板表面的涂饰;厚质弹性聚氨酯地面涂料则用于水泥地面的装饰,它能在地面上形成无缝弹性的装饰面,因而又称聚氨酯弹性地面涂料。聚氨酯弹性地面涂料是一种双组分常温固化型涂料,甲组分为聚氨酯预聚体,乙组分是颜料、填料和助剂等。它的涂膜具有很好的弹性,脚感舒适,有极好的耐水性、耐磨性、耐化学腐蚀性和耐久性,涂膜与水泥基体的黏结性能好,可用于室内外的楼地面装饰。这种涂料由于含有易燃有机溶剂,所以在施工时应采取防火措施。甲、乙组分应按规定进行称量配置。

聚合物水泥地面涂料是将水溶性合成树脂或聚合物乳液和水泥一起混合,形成有机与无机复合的水性胶凝材料,以此混合物作为聚合物水泥地面涂料的主要成膜物质,再加入颜料、填料和各种助剂后即能制成聚合物水泥地面涂料。聚合物水泥地面涂料可涂饰在水泥基层上,形成无接缝的、具有各种色彩的涂层。装饰工程中使用较多的聚合物水泥地面涂料品种主要是聚醋酸乙烯聚合物水泥地面涂料。

聚醋酸乙烯水泥地面涂料是由聚醋酸乙烯乳液、普通硅酸盐水泥、颜料、填料等配置而成的一种地面涂料。这种涂料的质地细腻,无毒,施工方便,与水泥基层之间黏结牢固,涂膜的弹性好,外形美观,有良好的耐磨性、抗冲击性能。聚醋酸乙烯水泥地面涂料的成品组成有甲组分和乙组分。甲组分是聚醋酸乙烯乳液、颜料、助剂和水等,乙组分是普通硅酸盐水泥(425号)。施工时将甲组分和乙组分按照规定的比例进行称量,再搅拌混合均匀后即可使用。

为了提高聚合物水泥地面涂料的涂膜质量,常常在涂层的表面涂饰罩面材料。罩面材料的种类有地板蜡、水乳型罩面材料(氯—偏地面罩面涂料与氯-偏乳液、苯—丙地面罩面材料与苯-丙乳液等)、溶剂型罩面材料(丙烯酸地面涂料及其清漆、聚氨酯地面涂料及其清漆等)。

9.3 特种涂料

特种涂料又称功能性涂料,这类涂料的某一方面性能特别显著,如防水性、防火性、防霉性、防腐性、隔热性和隔音性等。

特种涂料具有优异的耐碱性、耐水性,与水泥或木材等材料之间有良好的黏结力,施工方便,除了有一定的装饰性以外,还有独特的功能性。

特种涂料的品种有防火涂料、防水涂料、防霉涂料、防腐蚀涂料、防结露涂料、防辐射涂料、防虫涂料、隔热涂料和吸声涂料等,本章主要对前四种涂料进行介绍。

9.3.1 防火涂料

燃烧是指可燃物与氧化剂发生作用后的放热反应,是一种氧化还原反应。燃烧的发生必须有火源、可燃物(还原剂)和助燃物(氧化剂)三要素。阻燃是室内设计中常用的防火手段之一,在材料表面涂饰防火涂料和在材料生产过程中加入阻燃材料是常用的两种阻燃方式。

防火涂料是指涂饰在材料表面,能够提高材料耐火性能或能减缓火势蔓延传播速度,并在一定的时间内能阻止燃烧,为人们提供充足灭火时间的一类涂料,又称阻燃涂料。防火涂料在常温状态下具有一定的保护和装饰作用,在发生火灾时则具有不燃性或难燃性,能阻隔燃烧或具有自熄性。

防火涂料由主要成膜物质(基料)、次要成膜物质(填料)、溶剂(分散介质)和助剂(阻燃剂、增塑剂、稳定剂等)组成。

防火涂料主要是通过截流、疏导等方式进行防火保护。例如,设置隔离层阻隔火焰和高温对被保护对象的破坏,或者通过吸热材料将热量转移至其他部位,或者使用绝热材料阻断热量传递至被保护对象。

按照防火涂料的阻燃机理不同分为非膨胀型防火涂料和膨胀型防火涂料,按分散介质不同分为水基型防火涂料和溶剂型防火涂料,按基料组成不同分为无机防火涂料和有机防火涂料,按涂饰对象不同分为钢结构防火涂料、饰面型防火涂料和预应力混凝土防火涂料,按涂层厚度不同分为厚涂型防火涂料、薄涂型防火涂料和超薄型防火涂料。

非膨胀型防火涂料是由难燃或不燃的硅酸盐、水玻璃及阻燃剂、填料等材料组成。非膨胀型防火涂料的防火作用要素有:自身具有难燃性或不燃性;在高温的作用下分解释放不燃气体,在带走热量的同时隔绝了氧气和可燃气体,延缓或阻隔了燃烧过程;在火焰和高温的作用下,形成不燃的无机釉层,能有效地隔绝氧气和热量对被保护材料的破坏。由于非膨胀型防火涂料受到高温作用后所形成的覆盖层的导热性较高,防火效果不佳,有时候需要增加防火涂料涂膜的厚度以提高其防火效果,但是使用成本也随之增加。

非膨胀型防火涂料分为难燃型防火涂料和不燃型防火涂料两种。难燃型防火涂料有难燃性乳液涂料和含阻燃剂的防火涂料,难燃性乳液涂料中包含了大量无机填料的醋酸乙烯、氯乙烯和丙烯酸乳液,常用于有难燃要求的内外墙体面层或基层的保护涂饰。含阻燃剂的防火涂料中含有卤素,如干性油加氯化石蜡、氯化橡胶、氯化醇酸树脂、氯化乙烯树脂、偏氯乙烯树脂、醇酸树脂、含卤素的树脂(四氯化苯二甲酸酐醇酸树脂、五氯苯酚的酚醛树脂)等。阻燃剂有三氧化锑、硼酸钠、偏硼酸钠、氢氧化铝、氧化铬等。不燃型防火涂料中的成膜物质和填料等几乎均为不燃材料,主要为水性涂料,环保性好、成本较低、耐热性好。厚涂型钢结构防火涂料、预应力混凝土防火涂料和隧道防火涂料均为非膨胀型防火涂料。

膨胀型防火涂料由难燃树脂、脱水催化剂、炭化剂、发泡剂等组成。这种涂料的涂层在受到高温或火焰作用时会产生体积膨胀,形成比原来涂层厚度大几十倍的泡沫碳质层,从而有效地阻挡了外部热源对基层材料的破坏,达到阻止燃烧进一步扩大的效果。膨胀型防火涂料的阻燃效果要优于非膨胀型防火涂料。

膨胀型防火涂料中的脱水催化剂受热能分解产生具有脱水作用的酸的化合物,能够促进和改进涂层的热分解进程,促进形成不易燃的三维炭层结构,减少热分解所产生的可燃性焦油、醛、酮的量,促进产生不燃性气体的反应的发生。脱水催化剂有聚磷酸铵(APP)、磷酸铵镁、硼酸盐等。炭化剂是当涂层遇到火焰或高温作用时,在催化剂的作用下,炭化剂脱水形成炭层。与聚磷酸铵配套使用的炭化剂有季戊四醇(PER)或二季戊四醇(DPE)。发泡剂受热分解时能释放不燃气体,使涂层形成海绵状炭层。发泡剂的品种有三聚氰胺、尿素、脲醛树脂等。

防火涂料主要涂饰在木质材料和钢材的表面,能够使这些材料的防火性能达到有关的消防规定。防火涂料分为饰面型防火涂料和钢结构防火涂料两类。饰面型防火涂料用于可燃基材上,如木材及其制品,技术要求见表9-22。钢结构防火涂料的性能指标可查阅《钢结构防火涂料》(GB 14907—2018)中的有关规定。

表9-22 饰面型防火涂料的技术要求

项目		技术指标
在容器中状态		无结块,搅后呈均匀状态
细度/μm		≤90
干燥时间	表干/h	≤5
	实干/h	≤24
附着力/级		≤3
柔韧性/mm		≤3
耐冲击性/cm		≥20
耐水性/h		经24 h试验后,不起皱、不剥离,起泡在标准状态下24 h能基本恢复,允许轻微失光和变色

项目	技术指标
耐湿热性	经 48 h 试验后,涂膜无起泡、无脱落
耐燃时间/min	≥15
难燃性	试件燃烧的剩余长度平均值应≥150 mm,其中没有一个试件燃烧的剩余长度为零;每组试验通过热电偶所测得的平均烟气温度不应超过 200℃
质量损失/g	≤5.0
炭化体积/cm³	≤25

9.3.2 防水涂料

防水涂料是指能够形成完整的膜层以防止水渗漏的涂料。防水涂料形成的膜层致密无缝、防水效果较好,有良好的耐水、耐候和耐酸碱性能,施工操作简单,不受基层形状的限制,可用于复杂形状部位处的防水。

防水涂料种类较多,具体见表 9-23。

表 9-23 防水涂料的分类

类别	成型机理	品种
挥发型	溶剂挥发型	氯丁橡胶沥青防水涂料
	水分挥发型	水乳型聚氨酯防水涂料
反应型	固化剂固化型	双组分聚氨酯防水涂料
	湿气固化型	单组分聚氨酯防水涂料
反应挥发型	水分挥发为主,无机物水化反应为辅	聚合物水泥防水涂料
水化结晶渗透型	水化成膜为主型	防水宝
	渗透结晶为主型	XYPEX(赛柏斯防水涂料)

溶剂挥发型防水涂料是以高分子为主要成膜物质,溶解于有机溶剂中,再加入填料、助剂后配制而成的。随着溶剂的挥发,高分子聚合物分子链相互缠绕后结膜,从而达到防水的目的。该涂料防水性能优异、弹性好、耐低温,但对环境和人体有较大危害。

水分挥发型防水涂料主要是单组分的水乳型防水涂料。水分挥发后,乳液中的固体颗粒相互接触、变形而结成薄膜。该涂料环保性能好、施工工艺简单,可在潮湿的基层面施工,干燥速度较慢,膜层的致密度不如溶剂型涂料。

反应型防水涂料中的高分子材料一般以液态低分子量预聚物的形式存在,在其中加入固化组分后能够在空气中进行化学反应,从而形成分子量较高的聚合物而结膜。该类涂料为双组分包装,几乎不含溶剂,可一次形成较厚的膜层。反应型防水涂料有环氧树脂防水涂料和聚氨酯防水涂料两大类。

反应挥发型防水涂料以合成树脂乳液为主要成膜物质,以水泥和活性物质为填料,通过水分挥发及无机水硬性胶凝材料的水化反应而结膜。该类涂料的主要品种为聚合物水泥涂料。

水化结晶渗透型防水涂料是以无机水硬性胶凝材料为主要成膜物质的一类涂料。除了胶凝材料水化后的产物能够产生抗渗作用外,涂料中的活性物质还可以在混凝土中形成不溶于水的结晶体,填塞混凝土中的细微裂隙,提高了混凝土的防水性能。该类涂料的主要品种有水泥渗透结晶型涂料,可在潮湿的基体上涂饰。

防水涂料的主要成膜物质有合成树脂类材料、橡胶类材料、橡胶改性沥青类材料、沥青类材料、水化反应材料、渗透结晶型材料和聚合物水泥复合材料等。

常用的防水涂料的品种有聚合物水泥防水涂料、聚合物乳液防水涂料、聚氨酯防水涂料、水乳型沥青防水涂料和喷涂聚脲防水涂料。

防水涂料的常见性能指标有外观、物理力学性能(固含量、不透水性、表干时间、实干时间、断裂伸长率和低温柔度等)。聚合物水泥防水涂料、聚合物乳液建筑防水涂料、聚氨酯防水涂料、水乳型沥青防水涂料和喷涂聚脲防水涂料的性能指标具体可查阅《聚合物水泥防水涂料》(GB/T 23445—2009)、《聚合物乳液建筑防水涂料》(JC/T 864—2008)、《聚氨酯防水涂料》(GB/T 19250—2013)、《水乳型沥青防水涂料》(JC/T 408—2005)和《喷涂聚脲防水涂料》(GB/T 23446—2009)等有关标准。

9.3.3 防霉涂料

防霉涂料是指能够抑制霉菌生长的一种功能性涂料。它通过在涂料中加入适量的抑菌剂来达到防止霉菌生长的目的。

防霉涂料按照成膜物质和分散介质的不同分为溶剂型和水乳型两类,按照涂料的用途不同分为外用、内用和特种用途等。它与普通建筑涂料的根本区别在于前者在涂料的组成中加入了一定量的霉菌抑制剂。防霉涂料不仅具有良好的装饰性和防霉功能,而且涂料在成膜时不会产生对人体有害的物质。这种涂料在施工前应做好基层处理工作,先将基层表面的霉菌清除干净,再用 7%～10%的磷酸三钠水溶液涂刷,最后才能刷涂防霉涂料。

常用的防霉涂料的品种有丙烯酸乳胶外用防霉涂料、亚麻子油型外用防霉涂料、醇酸外用防霉涂料、聚醋酸乙烯防霉涂料和氯—偏共聚乳液防霉涂料。

9.3.4 防腐蚀涂料

外界环境对材料的侵蚀主要是通过空气、水汽、阳光、各种酸碱类化学物质和盐类等腐蚀性介质发生作用的。防腐蚀涂料能够将酸、碱及各类腐蚀介质与被保护材料隔离开来,使材料免于腐蚀介质的侵蚀。它的耐腐蚀性能高于一般的涂料,维护保养方便,耐久性好,能够在常温状态下固化成膜。钢材的防锈蚀、木材的防腐朽等均属于材料防腐蚀的范畴。

防腐蚀涂料简称防腐涂料,按防腐涂料的用途不同分为常规防腐涂料和重防腐涂料。常规防腐涂料是指在常规环境条件下,能够满足一般防腐要求的涂料。重防腐涂料是指在腐蚀条件较为苛刻的环境中所使用的防腐涂料。这种环境中包含浓度较高的酸、碱和盐等强腐蚀性介质。

防腐蚀涂料的品种有富锌涂料、环氧树脂防腐涂料、聚氨酯防腐涂料、氯化橡胶防腐涂料和玻璃鳞片防腐涂料等。

富锌涂料是指含有大量锌粉的涂料,主要用于钢材的防锈蚀。富锌涂料分为无机和有机两种。无机类富锌涂料以硅酸盐为基料,有机类富锌涂料常用环氧树脂为基料。这类涂料具有施工简单、耐久性好、附着力强和受环境影响小等特点。

聚氨酯防腐涂料是以聚氨酯为基料的一类涂料,它的施工适应性强,可在潮湿的环境和基材上直接施工。这类涂料按组成形式不同分为单组分和双组分。

氯化橡胶防腐涂料是以天然橡胶衍生物或合成橡胶为主要成膜物质的涂料。它具有快干、耐碱、柔韧、耐磨等特点,但耐久性较弱。这类涂料主要用于化工设备、水闸、船舶等领域的防腐。

玻璃鳞片防腐涂料是将厚度为 $3\sim4\ \mu m$ 的鳞片状薄玻璃与合成树脂等材料混合后制成的。厚度为 $1\ mm$ 的膜层有大约 $120\sim150$ 片的鳞片薄玻璃,能够有效地抵抗强腐蚀性介质的作用,从而达到保护基材的目的。

重防腐涂料中还有环氧重防腐涂料、PL 型环氧煤沥青管道重防腐涂料等品种。

防腐涂料在配置时所采用的颜料、填料等都具有较好的防腐蚀性能,如石墨粉、瓷土、硫酸钡等。防腐涂料在施工前必须将基层清洗干净并充分干燥。涂层施工时应分多道涂刷。

特种涂料还有硅酸盐隔热涂料、建筑外表面自清洁涂料、负离子功能涂料和建筑用防涂鸦抗粘贴涂料等。

9.4 油漆

油漆是油性涂料的简称,是涂料学科中的一个分支,其溶剂主要为有机溶剂。油漆可用于木制品、钢制品和塑料制品等材料表面的装饰和保护。常用的油漆品种有下列几种:

9.4.1 油脂漆

油脂漆是以具有干燥能力的油类为主要成膜物质的漆种。它装饰方便、渗透力好、价格低、毒性小,干结后的膜层柔韧性好。这类油漆的膜层干燥速度慢、膜层软、强度低,耐磨性能、耐温性能和耐化学腐蚀性差,因而在现代装饰工程中使用较少。常用的油脂漆有清油、厚漆、油性调和漆。

1）清油

清油又称熟油,俗称鱼油,为浅黄色至棕黄色透明液体。常用的清油是熟桐油,它是以桐油为主要原料,加热聚合到适当稠度,再加入催干剂后制成的。它的干燥速度快,漆膜光亮柔韧、丰满度好,但漆膜较软,不耐打磨抛光。清油一般用于调制油性漆、厚漆、底漆及腻子。目前清油在工程中的使用量较少,已被清漆取代。

2）厚漆

厚漆又称铅油,是由体质颜料和干性油调制而成的膏状物,使用时需要加适量的熟桐油和松香水调稀至可使用的稠度。厚漆的漆膜柔软,一般用作面层漆的打底材料或调制腻子的材料。

3）油性调和漆

油性调和漆是由干性油、颜料、溶剂、催干剂和其他辅助材料配置而成的。它具有弹性强,耐水性、耐久性和黏结力好,不易粉化、脱落、龟裂等特点,但漆膜较软、光泽度差、干燥速度慢(一般要 24 h)。

油脂漆由于需要消耗大量的植物油,同时油漆的质量和性能又不能满足多方面的要求,所以只适用于施工质量要求不太高的木材表面的装饰和保护。

9.4.2　天然树脂漆

天然树脂漆是在各种天然树脂中加入干性植物油,经混炼生产工艺处理后,再在混炼产物中加入催干剂、有机溶剂、颜料等制成的。与油脂类相比,天然树脂漆的成膜性能、装饰性能较好,气味和毒性小,使用方便。但这类油漆施工后易变色走样,特别是直接暴露在大气条件下时,天然油漆在短期内会发生失光、粉化、裂纹等现象。常用的天然树脂漆有虫胶漆、大漆等。

1）虫胶漆

制作虫胶的原料主要是紫胶虫遗留在树木上的分泌物(又称原胶)。将原胶收集并经热熔或溶剂溶解去除杂质后可制得虫胶片。虫胶片又称洋干切片,属生物制品,对人体无害。

虫胶片的成分有虫胶树脂、虫胶色素、虫胶蜡、糖类、蛋白质等,其中虫胶树脂的含量最高。虫胶片与表面光滑的材料之间有较好的附着力,其醇溶液或碱溶液能很好地黏附于各种物体表面,并形成一层光滑、光亮和耐久的漆膜。

虫胶漆又称紫胶。由于虫胶片中含有色素,因而虫胶漆的颜色会随着虫胶中色素含量的变化而变化。用于浅色家具表面的透明油漆时,需将虫胶片预先做脱色处理。白色的虫胶片必须贮存在清水中,以防变色。

虫胶漆的涂饰方法简单,涂层干燥处的封闭性及附着力好,漆膜无毒,它的耐热性、耐水性和耐碱性差,日光暴晒后漆膜易老化,会出现吸湿发白、剥落等现象。

调制虫胶清漆时,应先将酒精倒入陶瓷或搪瓷容器中(不宜用金属容器),然后放入虫胶片,调制时不要将调制顺序搞反,否则会降低虫胶片的溶解速度。

虫胶漆片在储存运输过程中,如果温度越大、湿度越高,则虫胶漆片的老化越快。

为防止虫胶漆片老化变质,考虑到虫胶漆片在储运时易受温度、湿度等因素的影响,应将虫胶漆片储存在低温、干燥、通风和避光的场所。虫胶清漆的保存期一般为半年。

2)大漆

大漆俗称中国漆、生漆、土漆、天然漆等。在生长着的漆树上割开树皮后会流出一种白色的黏性树液,将这种树液过滤除去杂质即可得到大漆。

大漆的主要化学成分是漆酚,颜色一般为乳白色,接触空气后逐渐变为蛋黄色、深红色,最后变成黑色。大漆应放在干燥、阴凉、隔热、无阳光照射的地方进行贮存,贮存时间以 1 年为宜。

大漆有优良的防腐、耐热、耐水、耐油、耐酸和耐磨等性能,漆膜的附着力强,光泽度好,但它抗强氧化剂的能力较弱,不耐阳光照射,颜色较深,涂膜的干燥条件要求高(温度为 $15\sim30℃$,空气中的相对湿度为 $80\%\sim85\%$)。大漆会对大部分人群产生过敏作用,使用时应注意劳动保护。大漆主要用作高档家具的涂饰。

在大漆中加入各种添加材料,如熟桐油等植物油,可制得油性大漆;将大漆加热脱水处理可制得精制漆(推光漆);用漆酚与合成树脂反应可制得各种改性大漆。

9.4.3 酚醛树脂漆

酚醛树脂漆是以酚醛树脂或改性酚醛树脂为主要成膜物质的涂料品种。

酚醛树脂漆的漆膜柔韧耐用,光泽度好,有很好的耐水性、耐酸碱腐蚀性、耐磨性等。酚醛树脂漆施工方便、价格较低,但漆膜易泛黄,膜层软且干燥速度慢,不能砂磨抛光,膜层干燥后稍有黏性。

酚醛树脂漆可用松香水或松节油作为溶剂。在酚醛树脂清漆中加入颜料后,可制得各种颜色的酚醛树脂磁漆和底漆。

9.4.4 醇酸树脂漆

醇酸树脂漆是以醇酸树脂为主要成膜物质的油漆。

醇酸树脂与其他树脂有较好的混溶性,能与其他多种油漆混合使用。它不易老化,在常温状态下干结成膜,膜层光亮、持久时间长,漆膜柔韧、耐磨,综合性能高于酚醛树脂漆。醇酸树脂漆的表面干燥速度较快,但膜层内部完全干透所需的时间较长。漆膜的保光性、耐水性、耐碱性差,漆膜有泛黄现象,漆膜较软不宜打磨抛光。

9.4.5 硝基漆

硝基漆又称喷漆、蜡克、硝基纤维素漆。它是以硝化棉、醇酸树脂、丙烯酸树脂等为主要成膜物质,加入溶剂、增塑剂和稀释剂等其他材料制成的。在硝基清漆中加入着色颜料和体质颜料,就能制得硝基磁漆、硝基底漆和腻子。

硝基漆属挥发性油漆,它的涂膜干燥速度较快,但涂膜的底层完全干透所需的时间较长。硝基漆在干燥时会产生大量的有毒溶剂,施工现场应有良好的通风条件。硝基漆的漆膜具有可塑性,即使完全干燥的漆膜仍然可以被原溶剂所溶解,所以硝基漆的漆膜修复非常方便,修复后的漆膜表面能与原漆膜完全一致。硝基漆的固含量较低,油漆施工时刷涂次数较多,刷涂时间较长,因此漆膜表面平滑细腻、光泽度较高,可用于中高档木制品的表面装饰。

硝基漆的耐光性较差,在紫外线的长时间作用下,漆膜会出现龟裂、变色。环境气温的剧烈变化会引起膜面的开裂与剥落。硝基漆的成本高,施工工艺烦琐,溶剂有毒,易挥发。

硝基漆根据其组成和用途不同分为外用清漆、内用清漆、木器清漆及各色磁漆共四类。硝基外用清漆用于室外金属和木质材料的涂饰。硝基内用清漆用于室内金属和木质材料的涂饰。硝基木器清漆主要用于室内木质材料表面的涂饰。硝基醇酸磁漆适用于室内外金属和木质材料表面的涂饰。

硝基漆在储运时应防止雨淋、日光暴晒,避免碰撞,产品应存放在阴凉通风处,防止日光直接照射,远离热源并隔绝火源。

9.4.6 丙烯酸漆

丙烯酸漆的主要成分是丙烯酸树脂。它具有较高的光泽,可制成水白色的清漆和色泽纯白的白磁漆,有较好的装饰性。在大气和紫外线的作用下,丙烯酸漆的颜色和光泽能长久地保持不变。它的防湿热、防盐雾、防霉菌的能力很强,对酸、碱、水和酒精等有良好的抵抗能力,因而它的保护性能也是很好的。

丙烯酸漆中的固含量较高,漆膜丰满、附着力强、耐热性好。与硝基漆相比,丙烯酸漆施工方便,可在气温较低时涂饰,漆膜的干燥时间短。但丙烯酸漆的漆膜较脆,耐寒性差,价格较高。丙烯酸漆涂饰时不能用虫胶漆作底漆,防止漆膜出现咬底质量通病。

9.4.7 聚酯漆

聚酯漆是以聚酯树脂为主要成膜物质的一种厚质漆,是一种多组分漆。聚酯树脂中以不饱和聚酯树脂的使用量最多,不饱和聚酯树脂漆又称钢琴漆。

不饱和聚酯树脂漆的干燥速度快,漆膜丰满厚实,有较高的光泽度和保光性,装饰性好,漆膜的硬度较高,耐磨性、耐热性、抗冻性和耐弱碱性较好。不饱和聚酯树脂漆的漆膜柔韧性较差,受力时易脆裂,漆膜损伤后修复困难,使用时应注意对漆面的保护。不饱和聚酯树脂漆的配制较为复杂,应随用随配,用多少配多少。聚酯漆适宜在平面基层上涂饰操作,垂直面、边线和凹凸线条处涂饰聚酯漆时易出现流挂现象,应加强涂饰过程的操作要求。

聚酯漆中所使用的固化剂含量较大,其主要成分为游离甲苯二异氰酸酯(TDI)。游离甲苯二异氰酸酯会变黄,从而使固化后的漆膜变黄,有时还会引起环境中已经装饰好的面层变黄。游离甲苯二异氰酸酯还会引起人体过敏,因而操作者在涂饰过程中应加自身防护。

不饱和聚酯树脂漆也不能用虫胶漆和虫胶腻子打底,否则会降低漆膜的附着力,造成油漆膜层起壳剥落。此外,聚酯漆在施工时的温度不宜太低(一般不低于15℃),否则会出现漆膜固化困难的现象。

9.4.8 聚氨酯涂料

聚氨酯的全名为聚氨基甲酸酯,聚氨酯涂料有双组分聚氨酯涂料和单组分聚氨酯涂料两类。双组分聚氨酯涂料由低分子的氨基甲酸酯聚合物和含羟基的树脂两部分组成。双组分聚氨酯涂料根据含羟基的树脂不同分为丙烯酸聚氨酯、醇酸聚氨酯、聚酯聚氨酯、聚醚聚氨酯和环氧聚氨酯等。单组分的水性聚氨酯涂料是以水性聚氨酯树脂为基料,并以水为分散介质的一类涂料。

聚氨酯涂料的应用范畴较广,有木器涂料、汽车修补涂料、防腐涂料、地坪漆、电子涂料和防水涂料等。

油性聚氨酯涂料遇水会产生二氧化碳气体,这样会使漆膜内产生气泡,从而影响漆膜的平整度。在油性聚氨酯涂料的涂饰过程中,应注意避免聚氨酯涂料与水接触,被涂饰的基材表面一定要干燥充分。如用水粉腻子打底时,一定要等到腻子完全干透后才能涂刷油漆。加入油漆中的溶剂也不能含水,同时聚氨酯清漆在保存时要注意防潮。

聚氨酯涂料的耐温性较好,可在较大的温度变化范围内使用。它的施工黏度低,施工方便,漆膜可以不用打磨抛光即可实现很强的光泽。

由于聚氨酯涂料的固体含量较高,因而它的漆膜坚韧丰满,富有弹性和很高的光泽度。聚氨酯涂料的耐磨性好,附着力强,对大管孔的木材有很好的填孔性,耐化学腐蚀性、耐水性、耐热性、抗冻性较好。水性聚氨酯涂料具有较好的环保性能。

聚氨酯涂料中所含有的甲苯二异氰酸酯是一种易挥发的无色透明的有毒物质,因而在使用聚氨酯涂料时要注意防止中毒。另外,虫胶清漆不宜作为聚氨酯涂料的底漆,因为虫胶漆中的主要成分是紫胶树脂,紫胶树脂中的游离羧基易与聚氨酯涂料中的异氰酸基发生反应生成二氧化碳气体,从而使漆膜表面不平整,降低漆膜的附着力。聚氨酯涂料的保色性差,漆膜容易泛黄。

9.4.9 氨基醇酸漆

氨基醇酸漆是由氨基树脂和醇酸树脂组成的一类涂料。氨基树脂可改善醇酸树脂的硬度、光泽度、涂膜外观及耐碱、耐水、耐油和耐磨性能。醇酸树脂则能提高漆膜的保光、保色性能,改善氨基树脂的脆性和附着力。氨基醇酸漆常用于各种钢制家具构件的表面涂饰。

氨基树脂与醇酸树脂的用量比例应适宜,以便配置后的氨基醇酸漆有良好的适用性。氨基醇酸树脂如用酸性催干剂来加速漆膜的凝结固化,则该油漆为酸固化氨基醇酸漆,这种油漆常用丁醇与二甲苯作为溶剂。氨基醇酸漆在使用前需加入固化剂,在常温状态下可放置1~2天。酸固化氨基醇酸漆常用虫胶作为底漆,也可用稀薄的醇酸清漆(漆中加入50%的稀释剂)作为底漆。酸固化氨基醇酸漆的漆膜经过打磨抛光后,外观平整光滑、漆膜丰满、光泽度好。它的固化时间比油性漆快,漆膜的附着力强,机械强度高,有一定的耐磨、抗冻、耐水和耐化学腐蚀性。

氨基醇酸漆中含有少量的游离甲醛,这种物质对人的眼鼻有刺激作用。酸性的固化剂会腐蚀金属,遇到碱性的材料可能会出现变色、发泡、固化不良等问题。

9.4.10 光固化涂料

光固化涂料又称光敏涂料,是由不饱和键的低分子量树脂(如不饱和聚酯)、光敏剂(二苯甲酮)、稀释剂(苯乙烯)和其他助剂等组成的。

光固化涂料的固化时间短,其成膜速度与紫外线的波长有关,只有当光敏树脂和光敏剂的组成与紫外线波长相适宜时,漆膜才能迅速固化。光固化涂料的固化率可达100%。它的固含量高,挥发性有害气体极少,是一种无污染涂料。这种涂料的漆膜光泽度高,表面丰满,耐酸碱、耐磨、耐热。漆膜的固化程度依赖紫外线的照射,不吸光的部分则漆膜不能固化,所以光固化涂料一般用于平面制品的涂饰。漆膜受损后不易修复,经过紫外线照射后的漆膜表面色泽稍有变化。

9.4.11 亚光漆

亚光漆是一种能够消除漆膜中原有光泽的油漆品种。这种油漆是以硝基清漆为主,加入适量的消光剂等辅助材料(如硬脂酸铝、硬脂酸铅、石蜡、蜂蜡和地板蜡等)调和而成的。

根据油漆中掺加的消光剂用量不同,亚光漆分为半亚光漆和全亚光漆。半亚光漆的光泽度为40~60,全亚光漆的光泽度小于20。按照涂饰工艺的不同,亚光木制品可分为填孔亚光和显孔亚光两种。填孔亚光木制品的表面漆膜平整光滑,木材的管孔完全填平,漆膜在正视时无光泽,侧视时亮似玻璃。显孔亚光产品的表面漆膜均匀,手感光滑,无光泽,木材的管孔不完全填满。

亚光漆的漆膜干燥速度快,具有耐热、耐水、耐酸碱和耐其他化学药品腐蚀等性能,漆膜的光泽柔和、厚薄均匀、平整光滑。亚光漆的黏度低,操作方便,不需抛光,生产周期短,效率高,成本低。

第9章思考题

1. 什么是涂料? 涂料是如何分类的?
2. 涂料的组成有哪些,各组成的作用是什么?

3. 涂料的命名原则是怎样规定的?

4. 溶剂型涂料、水溶性涂料和乳胶涂料各有哪些特性?

5. 涂料一般有哪些基本的技术性能指标要求?

6. 什么是涂料的玻璃化温度? 自由体积理论是如何解释涂料的成膜原理的?

7. 常用的外墙涂料、内墙涂料和地坪涂料的品种有哪些?

8. 何为特种涂料,它有哪些类型?

9. 防火涂料的作用机理是什么?

10. 大漆的特性是什么?

11. 硝基漆、聚酯漆和聚氨酯涂料有什么特点?

12. 用色彩构成的相关知识,设计一个尺寸为 600 mm(宽度)×600 mm(高度)的聚氨酯涂料装饰画的画面效果(彩色)。

10 黏合剂

黏合剂又称黏结剂、结合剂。凡是能形成一薄膜层,并通过这层薄膜将一物体与另一物体的表面紧密连接起来,起着传递应力的作用,同时满足一定的物理、化学性能要求的非金属物质,均可称之为黏合剂。如同焊接、铆接、螺栓连接等方法,通过黏合剂将各种物件进行连接,这种方法被称为胶接技术或黏结技术,是一种现代的连接各种材料的方法和工艺。

建筑黏合剂指的是在建筑工程中所使用的黏合剂的总称,主要适用于建筑施工、室内装修和密封以及结构件、装饰材料的胶接和修补。建筑黏合剂包括用于建筑结构构件在施工加固维修等方面的建筑结构胶,用于室内外装修的建筑装修胶以及用于防水、保温等方面的建筑密封胶,还有用于建材产品制造、黏结铺装用材以及特种工程应急、堵漏的各种黏合剂等等。

我国合成黏合剂的发展历史并不长,始于 20 世纪 70 年代末,但其发展速度却非常快。1985 年黏合剂的产量为 20 万 t,1996 年达到了 133 万 t,超过同期日本的产量。其中建筑用黏合剂的产量达 40 万 t,占国内合成黏合剂的 30% 以上。

10.1 概述

10.1.1 黏合剂的组成

黏合剂一般是由黏料、固化剂、增韧剂、稀释剂(含有机溶剂)、填料、偶联剂(增黏剂)等多种成分组成。除此以外,根据要求以及用途,还可以在其中添加阻燃剂、促进剂、发泡剂、消泡剂、着色剂、防腐剂等成分。所以对于黏合剂而言,此类成分并非全部含有,亦无须局限于这几类成分,主要根据它的性能和用途来确定其成分的组成。

最早的黏合剂大都来源于天然物质,如糊精、鱼胶、骨胶都属此类,但其制作方式原始,仅用水作溶剂并通过加热配置而成,适用范围有一定的局限性。当合成类高分子化合物出现后,黏合剂的品种更加丰富,性能有了很大的提高,能够满足各种场合对黏结的要求。

1) 黏料

黏料又称基料或者主剂,是黏合剂的基本组成成分,对黏结性能的优劣起主导作用。黏合剂一般由一种黏料支撑,所以以黏料的名称对黏合剂进行命名,但为了提高黏结性能以及环境耐久性,也可由两种或两种以上的黏料组成,配合助剂制成黏合剂。

黏料的选用是生产建筑黏合剂的关键,此类黏合剂大都以合成聚合物为黏料,包括热塑性树脂(如聚氯乙烯、聚醋酸乙烯、聚乙烯醇缩醛类等)、热固性树脂(如环氧树脂、聚氨酯树脂、酚醛树脂、有机硅树脂等)、合成橡胶(如氯丁橡胶、丁腈橡胶、聚硫橡胶等),以及这些聚合物的混合体、改性物等。

一般来讲,热塑性树脂为线型分子结构,遇热软化或熔融,冷却后又硬化,此过程可反复转变,对性能影响不大。它们大都有较好的溶解性和弹性,但耐热性较差,故多作为溶剂型胶、水基型胶或非结构用胶的生产黏料。热固性树脂在一定条件下固化后,形成三维的交联结构(网状结构),大都有较高的黏结强度和较好的耐热、耐介质性,多作为结构胶的黏料。合成橡胶的内聚强度较低、弹性好,常作为密封胶的黏料。因此,除了诸多外在因素,黏料的品种和性能优劣是影响黏合剂黏结性能的主要因素。

2) 固化剂

固化剂是建筑黏合剂中最主要的配合材料,又称交联剂(在橡胶中被称为硫化剂),可直接或通过催化剂与主体黏料进行反应以加快固化,使原来是热塑性的线型树脂或活性单体通过固化反应变成网状结构或大分子聚合物。固化结果使分子间距离、形态、热稳定性、化学稳定性等都发生显著的变化,获得更好的黏结与机械性能。

在建筑黏合剂中,不同的黏料配合不同类型的固化剂。如环氧树脂固化剂有有机胺、有机酸酐、咪唑类、高聚物类和其他改性品种等;丙烯酸酯类固化剂有由有机过氧化物与有机氮化物组成的氧化还原体系;不饱和聚酯树脂常使用有机过氧化物和金属盐;橡胶黏料则用各种硫化剂(加金属氧化物、硫黄)等;还有的则靠空气中的水分进行固化,如室温固化硅橡胶密封胶、某些聚氨酯胶及氰基丙烯酸酯胶等。总之,固化剂的种类很多,它的选用很重要,针对不同的具体情况应区分对待。

3) 增韧剂

增韧剂是区别于增塑剂的另一个新概念。它可以使黏合剂主体组分的韧性、弹性以及其他性能(如黏结强度、材料自身强度等)得到大大的改善,可以提高胶黏剂硬化后黏结层的韧性。而且此类物质自身都带有活性基团,多数增韧剂的活性基团可以与主体材料在一定的加工条件下发生化学反应,是一种化学改性的材料(增塑剂是物理掺和的改性)。在固化成胶层后,一般也不会因环境变化或时间推移而析出,反而其耐老化、耐介质、耐疲劳等性能会得到改善,所以目前绝大多数建筑黏合剂均加入了增韧剂以改进其综合性能。

建筑黏合剂所用增韧剂大致可有如下几类:热塑性树脂或高分子材料,如长链聚醚、聚酯、低分子液体聚酰胺等;应用较广的橡胶类,如液体聚硫橡胶、丁腈橡胶、丁基橡胶和氯丁橡胶等;其他长链大分子物质等。可根据黏合剂对增韧剂的性能要求进行选择与配伍。

4) 稀释剂

稀释剂也称溶剂,是用于降低建筑黏合剂体系的黏度以增加流动性、流平性,改进施工工艺性能的一类物质。有的稀释剂还因为能使胶液与被黏物质表面有更好的湿润性,进而可以提高胶液的黏结强度;有的稀释剂可改进韧性,进而调整使用期和固化速度以及其他特种功效等。有机溶剂也可作为黏合剂的稀释剂使用,如丙酮乙酸乙酯、二甲苯等。在建筑黏合剂中,有相当部分的胶种为溶剂型胶,如装修用氯丁胶、塑料胶、部分密封胶和聚氨酯胶等。溶剂的加入使黏合剂更便于施工,并可在室温下进行固化,使胶液黏度降低,易浸润被黏物表面,提高工艺性。但溶剂的加入也会造成黏合剂在固化时体积收缩较大,有时会使被黏物表面溶胀,造成黏结不牢。此外,大部分溶剂易挥发且易燃,有一定的毒性。

黏合剂溶剂的选用首先要考虑其对主体树脂的溶解性能,其次为挥发速度(只有合适的挥发速度才能配出性能良好的胶种),最后要考虑其毒性和安全性,以及来源难易与价格高低。

表 10-1 列出了常用溶剂的比挥发速度供配胶时参考。

表 10-1　常用溶剂的比挥发速度

名称	沸点/℃	比挥发速度	名称	沸点/℃	比挥发速度
二氯甲烷	40.0	2 750	甲苯	111.0	240
四氧化氮	76.8	1 280	异丙醇	82.5	205
醋酸甲酯	57.2	1 180	乙醇	78.1	203
丙酮	56.2	1 120	醋酸丁酯	126.5	100
正己烷	65.0~69.0	1 000	二甲苯	135.0~145.0	68
二氯乙烷	84.0	750	甲基溶纤剂	124.5	55
环己烷	80.8	720	丁醇	117.1	45
醋酸乙酯	77.1	615	环己酮	155.0~156.0	25
丁酮	79.6	572	三氯乙烯	86.0~88.0	快
四氢呋喃	66.0	501	二氧六环	101.0~102.0	中
苯	80.1	500	二甲基甲酰胺	153.0	慢
正庚烷	98.0	386	醋酸戊酯	130.0~150.0	慢
甲醇	64.5	370	—	—	—

此外,有的高沸点酯类也作降低黏度用,从这个角度讲这类高沸点酯类也是稀释剂。丙酮这类稀释剂不但不参加反应,而且在固化过程中被挥发掉,而高沸点酯类(如邻苯二甲酸二辛酯)虽不挥发,但亦不参加反应。不同的胶种需用不同的稀释剂,不过稀释剂有时也会使胶层耐温性降低。

根据稀释剂是否参与固化反应,可分为非活性稀释剂和活性稀释剂两大类。水基建筑胶常用廉价的水作为稀释剂使用。

5) 填料

填料是建筑黏合剂中必不可少的组成部分,它一般不参与黏合剂中的化学反应,但作用是多方面的:它改进了黏合剂的施工性能,增加了黏合剂的稠度,使之符合施工要求,并在固化时不流淌,因而不会造成缺胶;改善胶的黏结强度,填料加入合理,用量合适,可提高抗剪、抗拉、抗冲击(加入纤维状填料)、抗压、抗蠕变等多项性能;可提高胶层的抗压抗弯性能,缩小体积收缩率,增加弹性模量,提高硬度,降低固化时的热应力,提高耐温、耐介质等物理机械性能;可增加黏合剂的高绝缘、导热、导电、导磁等特种性能;加入填料还可降低生产成本,并使贮运更安全。

在填料的选用方面要注意考虑以下几点原则:填料应是无毒、不易分解、非易燃易爆的均质固体物,它与黏合剂中的主要组分不发生化学反应;粒度合适,易于分散,应与主树脂有良好的浸润性,以保证黏结强度的改善,必要时要进行粒度搭配;应该是经过干燥和清洗的,不得有水、油污、杂质等,特殊情况还应经过表面处理(如偶联剂处理);来源容易,价格低廉。

6) 偶联剂

偶联剂是热固性黏合剂中一种常用的重要助剂。这类助剂有一个共同特点,在它们的结构中含有性能不同的两种(或两种以上)活性基团:一类基团可以与被黏物体表面产生化学键结合而提高其黏结力;另一类基团则在某种条件下(如固化时)与黏合剂本身发生化学作用,增加接头界面的结合力,从而提高黏结强度和其他性能。例如,有机硅氧烷可以作为环氧树脂的偶联剂,它们的结构通式是 RSiX,式中 R 为有机基团(苯基、乙烯基、丙氨基等),X 为易水解基团。在黏合剂中,X 经水解与无机物表面有很好的亲和性(如金属、石材),R 则与黏合剂牢固结合,从而使胶与被黏物表面这两种不同性质的材料"偶联"起来,以达到提高强度的目的。此外,由于表面是化学键结合,偶联剂加入使黏结部位更耐介质、耐水、耐老化,综合性能更佳。

7) 附加剂

为提高黏合剂的综合性能,可加入一些附加剂,以提高黏合剂的稳定性、塑性、防老化性、阻燃性、防腐性等多种性能。

10.1.2 黏合剂的分类

黏合剂的分类方法各不相同,一般可按以下几种方法进行划分:

1) 按黏料性质分类

按生产黏合剂所用黏料性质的不同分类,其分类方法见表 10-2。

表 10-2 黏合剂的分类

有机类	合成类	树脂型	热固性	酚醛树脂、间苯二酚甲醛、脲醛、环氧树脂、不饱和聚酯、聚异氰酸酯、聚丙烯酸双酯、有机硅、聚酰亚胺、聚苯骈咪唑、聚氨酯
			热塑性	聚醋酸乙烯酯、聚氯乙烯—醋酸乙烯酯、聚丙烯酯、聚苯乙烯聚酰胺、醇酸树脂、纤维素、氰基丙烯酸酯、饱和聚酯
		橡胶型		再生橡胶、丁苯橡胶、丁基橡胶、氯丁橡胶、氢基橡胶、聚硫橡胶、硅橡胶
		混合型		酚醛、聚乙烯醇缩醛、酚醛—氯丁橡胶、酚醛—氢基橡胶、环氧—酚醛、环氧—聚酰胺、环氧—聚硫橡胶、环氧—氢基橡胶、环氧—尼龙

有机类	天然类	葡萄糖衍生物	淀粉、可溶淀粉、糊精、阿拉伯树胶、海藻酸钠
		氨基酸衍生物	植物蛋白、酪朊、血蛋白、骨胶、鱼胶
		天然树脂	木质素、单宁、松香、虫胶、生漆
		沥青	沥青胶
无机类	硅酸盐类		
	磷酸盐类		
	硼酸类		
	硫黄胶		
	硅溶胶（胶体二氧化硅）		

2）按外观形态分类

黏合剂按外观形态可分为溶液型、乳胶型、膏糊型、粉末型、薄膜型和固体型等。

3）按固化方式分类

黏合剂按固化方式可分为溶剂挥发型、化学反应型、热熔型和厌氧型等。

4）按固化强度特性分类

黏合剂按固化强度特性分为结构型、非结构型和次结构型三大类。

结构型黏合剂的黏结强度较高，用于结构部件的受力部位（至少与被黏物质本身的材料强度相当），但同时对耐油、耐热、耐水性有较高的要求；非结构型黏合剂有一定的黏结强度，通常用于受力较小的物件上或仅作定位用；次结构型黏合剂又称准结构黏合剂，其物理力学性能在结构型与非结构型之间。

5）按用途分类

黏结剂按用途可分为建筑构件用建筑结构胶、建筑装修装饰用建筑装修胶、密封防漏用建筑密封胶以及建筑铺装材料用特种胶。

10.2 黏合剂的主要性能和黏合机理

10.2.1 黏合剂的主要性能

黏合剂在建筑装饰工程中被广泛使用。在选用黏合剂时，应根据使用对象和使用要求，充分考虑它的各项技术性能，具体包括以下几点：

1）工艺性

黏合剂的工艺性指有关黏合剂的黏结操作方面的性能，如黏合剂的调制、涂胶晾置、固化条件等。工艺性是对黏合剂黏结操作难易程度的总评。

2）黏结强度

黏结强度是检测黏合剂黏结性能的主要指标，是指两种材料在黏合剂的黏结作用下，经过变化后达到使用要求的强度而不分离脱落的性能。黏合剂的品种不同，黏结的对象不同,其黏结强度的表现各不相同。一般而言,结构型黏合剂的黏结强度最高,次结构型黏合剂次之,非结构型黏合剂最低。

3) 稳定性

黏结试件在一定程度的介质中浸渍一段时间后的强度变化被称为黏合剂的稳定性,可用实测强度或强度保持率来表示。

4) 耐久性

黏合剂所形成的黏结层会随着时间的推移逐渐老化直至失去黏结强度,黏合剂的这种性能被称为耐久性。

5) 耐温性

耐温性是指黏合剂在规定温度范围内的性能变化情况,包括耐热性、耐寒性及耐高低温交变性等。

6) 耐候性

用黏合剂黏结的构件被暴露在室外时,黏结层抵抗雨水、阳光、风雪及温湿等自然气候的性能被称为耐候性。耐候性也是黏结件在自然条件的长期而复杂的作用下黏结层耐老化性能的一种表现。

7) 耐化学性

大多数合成树脂黏合剂及某些天然树脂型黏合剂,在化学介质的影响下会发生溶解、膨胀、老化或腐蚀等变化,黏合剂在一定程度上抵抗化学介质作用的性能被称为黏合剂的耐化学性。

8) 其他性能

有关黏合剂的性能还包括黏合剂的颜色、刺激性气味、毒性的大小、贮藏稳定性等,在选用时也应一并考虑。

10.2.2 黏合剂的黏合机理

介于两物体表面之间的物质(即黏合剂)的黏结作用,能将两个同类或不同类的物体牢固地结合起来的这种现象被称为胶结。被黏物能否被牢固地结合起来,主要取决于黏结界面的结合力,这种作用力通常分为以下三种:

1) 机械结合力

机械结合力就是黏合剂分子经扩散渗入粗糙多孔的被黏物表面的孔隙中,它产生的黏结强度与被黏物表面的状态有关。根据被黏物表面状态的不同,黏合剂与被黏物之间的机械结合力可分为孔穴型和纤维型两类。前者是黏合剂渗入被黏物孔隙固化后,在孔隙中产生机械键结合。纤维织物或是表面有纤维状结构的被黏物与黏合剂结合,可形成类似于纤维增强复合材料的表面层。如对于海绵泡沫塑料织物和纸张等多孔性材料,机械结合力占主导地位,而对于金属、玻璃等表面缺陷小的物体,这种作用力在黏合力中所占的比例甚微。

2) 物理吸附力

黏合剂与被黏物之间的物理吸附力主要指范德华力和氢键。范德华力的能量虽低,但随分子间距离增加而减少的速度却比共价键缓慢,而且作用的距离也比共价键大。范德华力最强的距离为 0.4 nm,当距离为 1 nm 时还有相当大的作用力。氢键是由电负性的原子共有质子而产生的。黏合剂与被黏材料,若一方分子中带有负电的原子,另一方带负电的原子上连有氢原子,它们之间就可能形成氢键。如环氧树脂黏合剂固化后分子中含有羟基(—OH),它可能与玻璃陶瓷、金属氧化层等的氧原子形成氢键。此外物理吸附的特点是容易发生解吸。许多研究已经证明,水对高能表面的吸附热远远超过许多有机物。如果黏合剂和被黏物之间仅仅发生了物理吸附,吸附力必然会被空气中的水汽所减弱。

3)化学键结合力

化学键结合力气的强度不仅比物理吸附力高,而且抵抗破坏性环境侵蚀的能力也强得多。在许多情况下,解决困难的黏结问题往往要靠化学键。高分子材料与金属之间形成化学键的一个典型例子是橡胶与镀黄铜的金属之间的胶接。用电子衍射法可以证明,黄铜表面会形成一层硫化亚铜,它通过硫原子与橡胶分子结合在一起。化学键结合对于胶接技术的重要意义最容易从偶联剂的广泛应用中得到证明。偶联剂分子具有能与被黏物表面发生化学反应的基团,而分子的另一些基团又能与黏合剂发生化学反应。目前最常使用的是硅烷偶联剂。无机物或金属表面经过硅烷偶联剂处理之后,与水的接触角增大,从而使胶接强度和耐水性大大提高。

10.2.3 黏合剂的选用原则和使用要点

迄今为止,如何选用适当的黏合剂尚无一个通用的原则,也不存在"万能胶"之类可供人们随意使用的黏合剂。在使用时,只要依据黏合剂本身的性质,把握好选用的一些基本原则,同时注意有关施工要点,就可以获得比较理想的黏结效果。

1)选用的基本原则

(1)应考虑被黏物的性质

被黏材料的品种很多,黏合剂的配方也千变万化,新材料和新型黏合剂又层出不穷,因此很难列出一个能包罗万象的标准选用格式,要根据实际情况进行分析。

被黏物的品种不同,则被黏物的组成、结构及表面状况都会有所区别。如金属及其合金的表面致密、极性大(表面能高)、强度高,宜选用改性酚醛树脂、改性环氧树脂、聚氨酯橡胶、丙烯酸酯类结构黏合剂。由于金属易被腐蚀,因此不能用脂肪伯胺类、脂肪仲胺类固化的环氧树脂黏合剂来黏结铜及其合金,也不能用酸性较高的黏合剂来黏结金属。对于橡胶本身或橡胶与其他材料的黏结,应选用橡胶型黏合剂或橡胶改型的韧性黏合剂。对于线膨胀系数小的被黏物,如玻璃和陶瓷等,无论自身是否与和线膨胀系数相差悬殊的被黏物(如玻璃与铝板)黏结,都应选用弹性好且能室温固化的黏合剂。对于木材、纸张、织物等多孔性被黏物,应选用水基或乳液黏合剂,如白乳胶脲醛树脂黏合剂。总之,针对不同情况,要做具体分析。

(2)应考虑黏合剂的性能

各种类型的黏合剂,配方不同,效能也不同,包括状态、黏度、适用期、固化条件、黏接工艺、黏结强度、使用温度、收缩率、线膨胀系数、耐蚀性、耐水性、耐油性、耐介质性和耐老化性等，这些都是要考虑的。

黏结强度是首先要考虑的指标，是选用黏合剂的重要依据。此外，黏合剂的耐热性也十分重要，各类黏合剂的耐热范围如下：橡胶类为 $60 \sim 80$℃，热塑性树脂类为 $60 \sim 120$℃，环氧树脂类为 $80 \sim 200$℃，酚醛树脂类为 $200 \sim 300$℃，有机硅树脂类为 $300 \sim 400$℃，无机胶类为 $600 \sim 2\,600$℃。

（3）应考虑黏结的目的与用途

黏合剂有连接、密封、固定、装配、定位、修补、填充、嵌缝、灌注、罩光、导电黏结等用途，有时还需满足某种特殊要求。在使用黏合剂时，往往是某一方面用途占主导地位，所以应视具体情况选择黏合剂。例如，用于连接，就要用黏结强度高的黏合剂；用于密封，就要选用密封黏合剂；用于填充、灌注、嵌缝等，就要选用黏度大、加入较多填料、室温固化的黏合剂；用于固定、装配、定位、修补，就要选用室温快速固化的黏合剂；用于罩光，就要选用黏度低、透明无色的黏合剂；用于无线电工业的导电黏结，要用导电胶等。对于大面积黏结或大规模生产，黏合剂的固化速度不能太快，以防施工时黏合剂已固化。对于大型设备和热感元件，不能选用高温固化的黏合剂。

（4）应考虑黏结件的受力情况

黏结件在使用过程中会受到某种外力的作用，评价黏合剂黏结强度时可分为拉伸、剪切、撕裂、剥离四种类型。黏结件的受力情况不仅要考虑受力类型，而且要考虑受力的大小、方向、频率和时间。黏合剂承受载荷的特点是抗拉、抗剪和抗压强度比较高；抗弯、抗冲击、撕裂强度比较低，剥离强度更低。不同黏合剂的强度特性也不一样，例如，氯丁黏合剂的剥离强度较高，而环氧黏合剂的胶层一经剥离就会被破坏。虽然强度性能是选择黏合剂的重要依据，但因黏合剂的受力情况往往是多方面的，所以仅凭抗剪强度数据来选择黏合剂是不合适的，必须全面综合考虑。

对于受力不大的黏结件，可选用一般通用的黏合剂。对于受力较大的黏结件，要选用结构黏合剂。对于长期受力的黏结件，应选用热固性黏合剂，以防蠕变破坏。对于受力频率低或静载荷的黏结件，可选用刚性黏合剂，如环氧黏合剂。对于受力频率高或承受冲击载荷的，要选用韧性黏合剂，如酚醛—丁腈黏合剂或改性环氧黏合剂。对于受力比较复杂的结构黏结件，要选用综合强度性能较好的、由弹性体和热固性树脂组成的黏合剂，如环氧—丁腈黏合剂。

（5）应考虑黏结件的使用环境

黏结件的使用环境通常包括温度、湿度、介质、真空度、辐射及老化等因素。对于在高温下使用的黏结件，要选用耐高温、耐热老化性好的黏合剂，如有机硅黏合剂、聚酰亚胺黏合剂、酚醛—环氧黏合剂或无机黏合剂。对于在低温下使用的黏结件，为避免由于黏合剂与被黏物线膨胀系数的差异而引起的胶层脆裂，要选用耐寒黏合剂或耐超低温黏合剂，如聚氨酯黏合剂或环氧—尼龙黏合剂。如果黏结剂在冷热交变的情况下工作，则要求黏合剂同时具有良好的高低温性能，要选用硅橡胶黏合剂、环氧—酚醛黏合剂以及聚酰亚胺黏合剂等。

湿度对黏合剂的黏结强度影响较大，若湿度过大，水分会渗入胶层界面，导致黏结强度显著下降,在这种情况下要选用耐水性和耐湿热老化性好的黏合剂,如酚醛—丁腈黏合剂。

(6)应考虑工艺上的可能性

黏合剂的品种不同,其黏结的工艺也不同,有的室温固化,有的需要加热固化,有的需要加压固化,有的需要加温、加压固化,有的要固化很长时间,有的只要几秒钟。选择黏合剂时不能只看强度高、性能好,还要考虑是否具备黏合剂所要求的工艺条件,例如,酚醛—丁腈黏合剂的综合性能较好,但需要加压 $0.3\sim0.5$ MPa 于 $150℃$ 高温固化。若不具备加压和高温的条件,则这种黏合剂就不能选用。

在自动化生产流水线作业的情况下,因为上道、下道工序很快,所以就要选用快速固化的黏合剂,如热熔胶。工艺上最简单的是室温固化、单组分的黏合剂,如室温固化环氧黏合剂、氧丁黏合剂、厌氧胶及乳白胶等。对于大型设备或异型工件,由于加热、加压都难以实现,因此就应选用室温固化黏合剂。

(7)应考虑来源的经济性和难易程度

黏合剂的价格和来源的难易也是选用黏合剂不可忽视的问题。它对于应急修补问题不大,但对于正规生产却很重要,因为它涉及能否降低生产成本。

2)使用要点

胶接强度是指单位面积所能承受的最大力,它取决于黏合剂本身的强度(内聚力)和黏合剂与被黏物之间的黏附强度。影响胶接强度的因素有黏合剂的性质、被黏物体的表面状况、黏合剂对被黏物表面的湿润性(用湿润边角 θ 表示)、黏结工艺、接头形式及环境因素等。在施工过程中,一般采取以下措施来保证黏合剂的黏结强度:

(1)被黏物的表面应保证一定的清洁度、粗糙度和温度。

(2)涂刷胶层时应匀薄,大多数黏合剂的胶接强度会随着胶层的厚度增加而降低。

(3)要有充分的晾置时间,以便于稀释剂的挥发。黏合剂的固化要完全,同时要保证黏合剂固化时对压力、温度和时间的要求。

(4)尽可能增大黏结面积,保持施工现场中空气的湿度和清洁度。

10.3 常用建筑黏合剂

10.3.1 壁纸、墙布用黏合剂

壁纸、墙布主要由纸质基材、塑料基材(主要是聚氯乙烯)和其他织物基材(天然材料如草、麻、木材等)制成,它们大都是多孔物质且均有较大的极性,能较好地进行黏结。被黏物则是混凝土、木质或石膏板等墙壁表面。另外,施工时都要进行大面积的粘贴,搭接面多为平铺对接,纸型薄,接头受力小,除黏结后本身质量外,不受其他外力作用。综合以上特点,选用黏合剂首先要保证施工的方便与长期的稳定黏结状态,黏结性能(主要指剥离强度)符合一定标准,因大面积使用,也必须考虑价格因素。在使用中又要具备固化速度适中(太快不利丁调整,影响粘贴质量,太慢则影响工期),常温固化,无毒,无味,防腐的特点。

壁纸黏合剂产品可以分为两类:壁纸胶、基膜。通常壁纸胶根据基本性质可以分为两类:一类为普通型(Ⅰ型),通常适用于一般纸基类壁纸;另一类为增强型(Ⅱ型),通常用于有高湿黏性、高强度要求的壁纸。

除此以外,根据壁纸、墙布用黏合剂的物理形态还可将其分为三类,分别为粉状胶(F),常温下呈粉末状;糊状胶(H),常温下呈糊状;液状胶(Y),常温下呈液体状。

按化学组成的不同,壁纸、墙布用黏合剂有聚乙烯醇黏合剂、聚醋酸乙烯黏合剂(白乳胶)、SG8104壁纸胶、粉末壁纸胶等。

1)聚乙烯醇黏合剂

聚乙烯醇是由聚醋酸乙烯酯经皂化而成的热塑性高分子化合物,外观呈白色或微黄色絮状粉末,具有无毒、气味芬芳、使用方便的特点。性能主要由它的分子量(44.02)和醇解度决定。分子量愈大,结晶性愈强,水溶性愈差,水溶液黏度愈大,成膜性能愈好。聚乙烯醇黏合剂可作为纸张(墙纸)、纸绳、纸盒加工、织物及各种粉刷灰浆中的黏合剂。该品种规格见表10-3。

表10-3　聚乙烯醇黏合剂的规格

规格型号	平均聚合度	醇解度(分子)/%	醋酸钠/%	挥发分/%	纯度/%
05-88	500～600	88±2.0	<1.0	<5	94
12-97	1 200～1 400	97±0.5	<1.0	<10	89
17-88	1 700～18 000	88±2.0	<1.5	<5	93
20-88	2 000～2 200	88±2.0	<1.0	<5	94
24-88	2 400～2 600	88±2.0	<1.0	<5	94
30-88	2 800～3 000	88±2.0	<1.0	<5	94

将聚乙烯醇与水按5∶100的质量比加热溶解后,过滤除去不溶物即可作为墙纸胶使用。在实际使用时,还可根据其所需黏度要求、初黏力和价格成本,添加一定量的面粉、变性淀粉及防霉剂等。由于制造时皂化程度不同,产物在性能上有差异,有的可溶于水,有的仅能微溶。作黏合剂用的聚乙烯醇应选择溶于水的,大多可用型号为17-88型,即聚合度为1 700左右,醇解度为88%左右,它们在水中的溶解性较好;也可以用价格较低的17-99型,在热水中亦可溶解。

2)聚醋酸乙烯黏合剂

聚醋酸乙烯黏合剂又称"白乳胶",是用醋酸乙烯单体,在乳化剂、引发剂的参与下,在乳液中聚合得到的一种乳液型黏合剂,呈乳白色,略带酯类芳香。该胶常温固化速度快,成膜性好,耐候性、耐霉变性能良好,不含溶剂,无毒,不燃,配制使用方便,黏结强度较高,黏结层具有较好的韧性和耐久性,不易老化。聚醋酸乙烯黏合剂的使用与运输均较为安全,被广泛用于黏结纸制品(墙纸)、水泥增强剂、防水涂料、木材用黏合剂。

将聚醋酸乙烯黏合剂作为顶棚壁纸黏结用胶,因其有较强的初黏力,在施工粘贴时不必采取辅助措施,壁纸不会下垂。将用黏结剂贴后的壁纸于水中浸泡1周后,不起泡、不脱胶,表明其耐水性很好。有时因固含量大而施工涂刷费力,可用水稍微兑稀,以方便施工,同时节约成本。

聚醋酸乙烯黏合剂的特点、用途和性能详见表10-4。

表10-4 聚醋酸乙烯黏合剂的性能

项目	项目性能
外观	乳白色黏稠状液体
固含量	45%~52%
颗粒直径	0.5~5 μm
黏度(25℃)	4 000~10 000 mPa·s
pH 值	4~6
黏结强度	壁纸和墙布被撕坏,胶层完好
稳定性	1 h无分层现象

3) SG8104 壁纸胶

SG8104 壁纸胶的特点、用途和性能见表10-5。

表10-5 SG8104 壁纸胶的特点、用途和性能

特点	用途	性能
无臭无毒的白色胶液,涂刷方便,用量省,黏结力强	适用在水泥砂浆、混凝土、水泥石棉板、石膏板、胶合板等墙面粘贴纸基型塑料壁纸	黏结强度>0/4~1.0 N/mm² 耐水耐潮性好,浸泡1周不开胶。初始黏结力强,用于顶棚粘贴,壁纸不下坠,对温度、湿度变化引起的涨缩适应性能好,不开胶

注:表中数据表述遵循原文献。

4) 粉末壁纸胶

粉末壁纸胶是一种粉末状的固体,一般都具有水中速溶,无味、无毒、不霉的优点。施工时使用方便,在现场用一定量的粉末壁纸胶兑适量的水,将其搅拌溶解后即可使用,具有优良的黏结力。该胶种可用于各类基层的墙纸及墙布的粘贴,干燥后无色,不污染墙纸。

粉末壁纸胶可分为以下三类:

(1) 淀粉及其衍生物类。该胶种依据地域不同又分为多种,如南方有木薯淀粉,北方大多是玉米淀粉或马铃薯淀粉等。近年来多用该胶种的改性物(衍生物),如醋酸改性、环氧化改性和醚化等。改性后的淀粉(变性淀粉)更易溶解于水(冷水即可),黏结力好且稠度大,因而初黏力更好,现最常用的是醚化淀粉。

(2) 纤维素及其衍生物。该胶种有甲基纤维素、乙基纤维素和羧甲基纤维素(CMC),以羧甲基纤维素用得最多,是由精棉经醚化而得,其黏结力好,可水溶,且耐久性比淀粉好,价格适中。羧甲基纤维素为白色或微黄色的粉末状,堆积密度仅为0.5 g/cm³,有较强的吸水力,作为壁纸黏合剂时,将其溶于水中(冷水、热水均可)配成

$2.0\%\sim2.5\%$的溶液。在配制时,应慢慢地将 CMC 加入正在激烈搅拌的水中,使用前再用 60 目的筛子过滤,以防有团块混入影响黏结质量。若事先将 CMC 用工业酒精(乙醇)浸润,然后再行溶解,效果会更好。切不可将水倒入纤维素中,因纤维素的吸水能力强,所以易结块。为增加初黏力,亦可在溶液中加入如乳胶等配料或加入少量填料以降低成本,改进施工性能。

(3)树脂类。目前用得较多的有聚乙烯醇类和脲醛树脂类。聚乙烯醇经过低温冷冻处理,再粉碎成很细的易溶解的粉末。脲醛树脂粉末则加工较为复杂,它是将高浓度水溶性脲醛树脂用热风旋风干燥塔经喷雾干燥后,成为很松酥的细微粉末,最后在现场溶于水使用。树脂粉末胶的黏结力比前两者均高,耐久性好、耐水性(防潮性)更好,多用于高档墙面装修,价格相对较高。

有关粉末壁纸胶的部分品种、用途和性能的介绍可见表 10-6。

表 10-6 粉末壁纸胶的部分品种、用途和性能

品种	用途	性能
BJ8504 粉末壁纸胶	适用于纸基塑料壁纸的粘贴	初始黏结力:粘贴壁纸不剥落,边角不翘起 黏结力:干燥后剥离时,黏结面未剥离 干燥速度:粘贴 10 min 内可取下 干燥时间:1 天后基本干燥 耐潮性:在室温、湿度 85% 下 3 个月不翘边、不脱落、不鼓泡
BJ8505 粉末壁纸胶	适用于纸基塑料壁纸的粘贴	初始黏结力:优于 BJ8504 干胶 干燥时间:刮腻子砂浆面 3 h 基本干,油漆及桐油面为 2 天 除了能用于水泥、抹灰、石膏板、木板等墙面,还可用于油漆及刷底油等墙面
JX-1 粉末壁纸胶	适用于水泥、石膏板、硅酸钙板(TK板)、抹灰墙面等不同基材上壁纸或墙布的黏结	外观:白色均匀粉末 剥离强度($180°$):4 N/2.5 cm 抗霉变:不霉变 pH 值:7

因壁纸胶的用量越来越大,参照英国壁纸胶标准并结合我国具体国情,中国建筑材料科学研究院制定了相关标准,其内容较为全面,切实可行,在主要性能方面甚至达到国际领先水平,有关技术指标参考表 10-7。

表 10-7 国产原纸与 BS 标准中标准纸基技术指标对比

项目	BS 标准	A 纸	B 纸	C 纸
纸浆组成	木浆	木棉混合浆	木草混合浆	—
面密度/$(g \cdot m^{-2})$	90	100	$80\sim86$	80
松密度	$1.7\sim1.9$	—	—	—
紧度/$(g \cdot m^{-2})$	$0.53\sim0.59$	$\leqslant0.7$	>0.7	>0.7
本特生粗糙度/$(mL \cdot min^{-1})$	$700\sim900$	—	—	—

项目		BS 标准	A 纸	B 纸	C 纸
透气度/[μm·(Pa·s)⁻¹]		—	2.0~6.5	—	—
科帕吸收力/(g·m⁻²)		15~20	—	—	—
表面吸收面密度/(g·m⁻²)	正面	—	10~25	—	10~15
	反面	—	10~30	—	—
水分/%		—	6	—	6
撕裂度/mN	纵向	—	≥540	>500	—
	横向	—	≥640	—	—
抗张强度/(kN·m⁻¹)	纵向	—	≥3.3	>3.0	—
	横向	—	≥1.0	>1.6	—
湿强/(kN·m⁻¹)	纵向	—	—	>0.4	—
	横向	—	—	>0.15	—

综上所述,壁纸、墙布用黏合剂有水基型胶、乳液胶和粉末壁纸胶三类,而粉末壁纸胶在多方面体现出的优异性能使它成为壁纸胶应用的发展方向。

10.3.2 塑料地板及软质材料地板用黏合剂

塑料地板及软质材料地板用于室内地面的铺装,除了具有清洁、美观的优点,还有一定的弹性、耐磨性和保暖性,在公共建筑和居家住宅中被广为应用。该类产品的品种越来越丰富,分高、中、低档产品供人们选择,因而对于可黏结塑料地板及软质材料地板的建筑黏合剂来说,其品种也很多。塑料地板及软质材料地板用黏合剂按照其主要组成来分,有以下几种:

1) 醋酸乙烯类

醋酸乙烯类黏合剂是用醋酸乙烯酯的均聚物为主要黏料,并加入其他添加剂组成的单组分胶液,又可分为乳液型和溶剂型。

醋酸乙烯类黏合剂部分品种的特点、用途和性能见表 10-8。

表 10-8 醋酸乙烯类黏合剂部分品种的特点、用途和性能

品种	特点	用途	性能
水性 10 号塑料地板胶	以聚醋酸乙烯乳液为基体材料配制而成,具有胶接强度高、无毒、无味、快干、耐老化、耐油的特性。此外,价格较经济,存放稳定,施工安全、简便等	主要用于聚氯乙烯地板、木制地板与水泥地面的黏结	钙塑板和水泥之间的抗剪强度不低于 1 MPa 钙塑板和水泥板的黏结,在 40℃、相对湿度大于 95% 的条件下 100 h,其抗剪强度不降低 黏度不少于 25Pa·s 贮存温度不低于 -3℃

品种	特点	用途	性能
聚苯烯酸（PAA）黏合剂	以醋酸乙烯接枝共聚物为基料配制而成，具有黏结强度高，施工简便，干燥快，价格低，耐热，耐寒的特点	适用于水泥地面、菱苦土地面、木板地面粘贴塑料地板	水泥石棉板和塑料之间的剥离强度：1天，0.5 MPa；7天，0.7 MPa；10天，1.0 MPa 耐热性：60℃ 耐寒性：−15℃
601 建筑装修胶	一种溶剂型建筑用胶，主要是聚醋酸乙烯酯均聚物在醇类溶剂中溶解后与其他辅料所组成，因化学结构上具有极性基团，能黏结许多类型的建材。该胶本身是长链的柔顺性分子结构，在柔软性上与塑料地板相匹配，因而可增强塑料地板粘贴后的弹性和保暖性	被广泛用于塑料地板、地板革、PVC 等软质材料的黏结。对木材、瓷砖、石材、马赛克及塑料制品等均有很好的黏结力	外观：白色黏稠状胶液 黏度（25℃）：60～80 Pa·s 固含量：(60±2)% 相对密度（20℃）：1.10～1.20 对各种建材的黏结强度（剪切强度）：木材—木材为 7.8 MPa；水泥—木材为 4.6 MPa；水泥—PVC 地板革为 PVC 被撕坏胶层不变 固化速度：1 h 基本固化，24 h 已完全固化

2）乙烯共聚物类

以乙烯—醋酸乙烯的共聚物为主要黏料，再辅之以其他组分组成的单组分胶，可分为乳液型（代号 EC₁）和溶制型（代号 EC₂）。

乙烯—醋酸乙烯乳液是比白乳胶更适合黏结塑料地板的黏合剂。由于乙烯单体加入其结构长链段，黏结强度较白乳胶稍高，但其耐水性却远高于白乳胶，只要配方合理，在水中浸泡 1 周或在沸水中煮 1 h 不会开胶。该胶特别适合在现场现配现用，可以用水泥作填料，以调节其施工性能。目前国内市场上该类产品不多，大多现配现用。以下内容可作参考配方：醋酸乙烯—己烯共聚乳液（EVA 乳液）40～50 份，增塑剂 2～6 份，填料 20～40 份，助剂 0.2～1.0 份。

3）合成橡胶类

以氯丁胶、丁苯胶等合成橡胶为主要黏料，加入其他组成相配合成为单组分胶种（代号 SL）。在生产中，多是将橡胶先行塑炼，在炼胶机上将大分子用机械挤压切成小分子（成为可溶物），而后加入各种助剂再混炼、压片、切片、溶解成为胶液，它们均具有溶剂型地板胶的共同特点。其中氯丁胶因来源广、黏结力好、阻燃等优点被应用较多。

合成橡胶类黏合剂有关品种的特点、用途和性能见表 10-9。

表 10-9　合成橡胶类黏合剂有关品种的特点、用途和性能

品种	特点	用途	性能
8123 聚氯乙烯塑料地板黏合剂	以氯丁胶为主要黏料，加入增黏剂、填料及助剂配制而成，是一种水乳型胶种，无毒，无味，不燃，施工方便，初始黏结强度高，防水性能好	适用于半硬质、硬质、软质的 PVC 塑料地板与水泥地面的粘贴，也适用于硬木拼花地板与水泥地面的粘贴	外观：灰白色，均质糊状 黏度：26 000～80 000 CP 固含量：(48+2)% pH 值：8～9 抗拉强度：≥0.5 MPa 贮存期：半年

品种	特点	用途	性能
CX-401 黏合剂	该胶为氯丁型溶剂型胶,系氯丁胶—酚醛树脂型常温硫化黏合剂,采用氯丁胶、叔丁基酚醛树脂及适量橡胶配合剂、溶剂等配制而成,具有使用简便、固化速度快等特点	适用于金属、橡胶、玻璃、木材、水泥制品、塑料和陶瓷等的黏合。常用于水泥墙面、地面黏合橡胶、塑料制品、塑料地面和软木板等	外观:淡黄色胶液 干剩余:28%～33% 黏合力强(橡胶与铝合金) 抗剥离强度:24 h 不小于 20 N/cm;48 h 不小于 25 N/cm 抗扯离强度:24 h 不小于 1.1 MPa;48 h 不小于 1.3 MPa
LDN-1 氯丁胶	以 LDJ-240 氯丁胶为主要组分,配以树脂、助剂加工而成的一种室温较快固化的单组分胶种,具有黏结强度高、耐老化、耐油、耐水等优点	普遍用于塑料地板粘贴及室内其他装修中的黏结,可按一般溶剂类胶施工	施工温度:20～30℃ 固化时间:24 h 以上 涂胶后应晾干 3～15 min 再进行黏合压实,当发现初始黏度不够时,可涂刷 2～3 次胶再进行粘贴
长城 202 胶	氯丁型胶,是配合 JQ-1 胶(三苯基甲烷三异氰酸酯的 10%～15% 的氯苯溶液)使用的双组分黏合剂,黏结强度高,固化快,胶膜柔软,有一定的耐水、耐油、耐碱能力	适用于塑料地板与水泥地面、石材地面、金属表面和木地板上的粘贴	按 202-1:202-2＝1:5(质量比)配胶使用。 涂胶量:250 g/m² 左右 涂胶后晾干 5～15 min 再进行粘贴,室温固化 1 天后可使用

4)环氧树脂类

环氧树脂黏合剂以环氧树脂为主要组分,加入固化剂、填料以及其他助剂配制成的双组分胶体(代号 ER)。环氧树脂黏合剂虽然一般用于黏结硬质材料,但也有特例。以地板为例,地板的基材均为硬质材料,而塑料地板大多由极性材料制成(如 PVC 地板),但环氧树脂对它们亦有很好的黏结力,所以该类胶也可用于塑料地板的粘贴。

环氧树脂黏合剂有关品种的特点、用途和性能见表 10-10。

表 10-10 环氧树脂黏合剂有关品种的特点、用途和性能

品种	特点	用途	性能
HN-605 胶	以环氧树脂为主体材料,用聚酰胺作固化剂,经一系列工艺加工而成,为双组分无溶剂型胶体。具有黏结强度高、耐酸碱、耐水以及其他有机溶剂的特点	适用于各种金属、塑料、橡胶和陶瓷等多种材料的黏结	固化条件:室温 剪切强度:45 号钢 室温≥20 MPa +50℃≥15 MPa -50℃≥15 MPa
XY-407 胶	由环氧树脂固化剂以及其他配料组成,为双组分无溶剂的室温固化胶。黏结强度高,耐水、耐介质、耐弱酸、耐碱、耐老化性能优异	适用于塑料、陶瓷、玻璃、金属等材料的黏结,适用于经常受潮或地下水位较高的场所	固化条件:室温 剪切强度:钢—钢黏结为 24 MPa 将 A、B 组分按质量比混合后即可涂胶,因无溶剂所以无须晾置,贴合时要压实,室温固化 3 天可投入使用

XY-507胶的使用情况同XY-407胶大致相同,属同系列产品。环氧树脂黏合剂的强度虽高,施工也方便,但因价格高,每次使用时要现场配料,因而不适合普通场所的大面积地板粘贴。

5)聚氨酯类

聚氨酯黏合剂对多种建材有很好的黏结强度,因而也可以用于塑料地板的黏结。现以长城405胶为例加以介绍。

405胶是由异氰酸酯和末端含有羟基的聚酯所组成的溶剂型胶种,可以在室温下固化,其固化后的胶膜柔软,对被粘物有很强的黏结力,并且有耐水、耐碱、耐弱酸和有机溶剂的特点,其包装为405-1和405-2双组分。

405胶有关性能如下:钢—钢黏结剪切强度为4.6 MPa;铝—铝黏结剪切强度为4.7 MPa,塑料—水泥黏结剪切强度为1.2 MPa。

该胶对纸张、木材玻璃金属、塑料、皮革等材料有良好的黏合力,还可用于有特别防水、耐酸碱要求的工程。

405-1与405-2在施工时的调胶比例为100:50质量比,分别在水泥与塑料地板两面涂胶,在室温下晾置30~40 min后再行黏合,室温固化48 h后可投入使用。因固化速度较慢,涂胶晾置时间长而不常用于大面积铺贴。

6)其他品种

另补充介绍部分其他塑料地板黏合剂,其特点、用途和性能可见表10-11。

表10-11　其他塑料地板黏合剂的特点、用途和性能

品种	特点	用途	性能
D-1塑料地板黏合剂	以合成胶乳为主体的水溶性黏合剂。初期黏度大,使用完全可靠,对水泥、木材等材料有很好的黏着力	适用于水泥地面和木板地面粘贴塑料地板	黏结强度:0.2~0.3 MPa 耐水性:(25℃)168 h不脱落 干燥时间:40~60 min
AF-02塑料地板胶	由黏合剂、增稠剂、乳化剂、交联剂、稳定剂及水配制而成。具有初始黏结强度高、防水性能好、施工方便、无毒、不燃等特点	适用于PVC石棉填充塑料地板、塑料地毡卷材与水泥地面黏结	外观:粉色黏稠液 黏结后抗拉强度:0.5~0.8 MPa 浸水后黏结强度:0.2~0.3 MPa
7990水性地板胶	该胶无毒、不燃、施工简便(单面涂胶),可潮湿面施工,有较好的抗水能力,价格低廉也是受用户欢迎的重要原因	1688型半硬质塑料地板的专用胶	水泥—塑料地板的抗剪切强度:4 h>0.25 MPa;24 h>0.4 MPa;7天>0.65 MPa;浸水100 h后仍>0.4 MPa 冷(-21℃)、热(60℃)8 h为1次循环,共10次,仍>0.6 MPa,性能较为优良
耐水塑料地板胶	一种以高分子材料、助剂、溶剂为主要组分的溶剂型胶种。具有黏结强度高、固化快、施工方便、耐水,耐高温、低温及价格低廉的特点	适用于水泥地面与塑料地板的黏结	水泥地面—塑料地板的黏结剪切强度为1.3 MPa,在水中浸泡7天后强度不下降,施工工艺与溶剂型地板胶相同。胶液过稠,可用200号汽油进行稀释。涂胶固化3天后可使用

其他塑料地板黏合剂按照塑料地板黏合剂用途的不同分为普通型和耐水型两类,前者用于一般场所,后者用于对耐水性能有一定要求的地面。

其他塑料地板黏合剂按其使用形态分成溶剂型、水基型(乳液型)和其他型三类。在使用溶剂型胶种时,要特别注意施工的安全,现场要保持通风,并严禁烟火。未用完的胶液应密封好之后妥善按要求进行保管。水基型塑料地板胶已发展出较多的品种,它们有醋酸乙烯类乳液胶、醋—丙共聚乳液胶、丙烯酸乳液胶、橡胶类乳液胶及环氧乳液胶等。从环保方面讲,水基型塑料地板胶是发展的方向,除了自身机械性能好、黏合力强、耐久性优良、施工方便,通常还具有无毒、基本无味、不燃、贮存运输和保存都很方便、安全的优点,对操作者来说无须特殊防护,适用于小空间作业现场。

我国石油化学工业的发展为建筑黏合剂提供了丰富的化工原料。新开发的热塑性弹性体有许多均可作为黏合剂主料来应用,如 SBS(苯乙烯—丁二烯—苯乙烯嵌段共聚物)、SIS(苯乙烯-异戊二烯-苯乙烯嵌段共聚物),其中因原料来源问题,目前应用最广的是 SBS。无论选用何种黏合剂作为塑料地板的粘贴剂,在选用时首先要考虑塑料地板的类型,其次要考虑基层材料种类。基层本身的环境情况也应加以考虑:基层常有潮气作用时,应选择耐水性好的橡胶类黏合剂;在水泥基层表面使用,要选用耐酸性好的黏合剂品种;与化学药品接触的地面,应采用耐化学腐蚀性好的黏合剂;人流、车辆通行密度大、负荷大的地面,宜采用黏结强度高的黏合剂。此外,阳光照射、温度变化、防火性能等因素也要一并加以考虑。

10.3.3 建筑专用黏合剂

1) 石材、面砖用建筑黏合剂

长期以来,我国大部分石材、面砖等的黏结主要采用传统的水泥砂浆,它们属湿作业,其施工过程烦琐、效率低、劳动强度大,因而施工质量受环境与操作人员素质的影响较大,还可能会出现粘贴后耐久性差,甚至脱落的现象。而建筑专用石材、面砖黏合剂则克服了这些不足。107 胶(聚乙烯醇缩甲醛胶)是我国使用最早、用量也最大的胶种。但由于 107 胶是一种初级胶,未经深化加工处理,除了残留的甲醛有害、刺激外,其性能也很不稳定,目前已被限制并逐渐淘汰使用。随着建材行业的发展,许多部门开发了更多其他优质的新胶种,已经有多种聚合乳液,如聚醋酸乙烯、丁苯、丙苯、环氧乳液和各种橡胶乳液,以及一些溶剂型胶种和热固性胶种等。这些新型胶种已经成为我国石材、面砖黏合剂的主体。

石材、面砖用黏合剂的种类也较多,用户有很大的选择余地,它们的分类情况如下所述:

(1) 按组分来分类

① 有机黏合剂类:聚乙烯醇及缩醛类、聚醋酸乙烯乳液和共聚乳液类、天然橡胶与合成橡胶的乳液类、溶剂型弹性体类(如聚氨酯和 SBS 类)、丙烯酸酯乳液类、环氧树脂类等。

② 无机黏合剂类:以水泥为主料的黏合剂类、硅酸盐类和氧镁水泥类等。

（2）按用途分类

① 基层界面处理剂：EVA 乳液、橡胶乳液和环氧乳液等。

② 建筑黏合剂类：丙烯酸乳液等各类乳液、弹性体及橡胶类、环氧树脂胶类（含水乳胶）等。

③ 勾缝材料类：水泥砂浆类、环氧树脂类、弹性体类等。

此外，石材、面砖用黏合剂按其物质形态可以分为溶剂型、乳液型和粉末状石材、面砖黏合剂。任何一种热固性树脂均可制成溶剂型石材黏合剂，乳液型专用胶是目前我国用量最大的石材、面砖、瓷砖用黏合剂品种。有关部门还开发出以水玻璃为主要组分，配以固化剂、填料和助剂等制成的石材黏合剂，此类胶种因以无机材料为主要组分配制而成，其耐温性、耐老化性好，价格也低，因而可广泛用于墙面、地面、台面、柱面等大理石、花岗石、水磨石以及各种面砖的黏结中。

部分石材、面砖用黏合剂品种的特点、用途和性能见表 10-12。

表 10-12　部分石材、面砖用黏合剂品种的特点、用途和性能

品种	特点	用途	性能
AH-03 石材黏合剂	由环氧树脂等多种高分子合成材料组成基材，配制成单组分膏状黏合剂，具有黏结强度高、耐水、耐气候、使用方便等特点	适用于大理石、花岗石、马赛克、面砖、瓷砖等与水泥层的黏结	外观：白色或粉色膏状黏稠体 黏结强度：>2 MPa 浸水强度：达 1 MPa 左右 耐久性：30 次循环无脱落
SG-8407 黏合剂	能改善水泥砂浆的黏结力，并可提高水泥砂浆的防水性	适用于在水泥砂浆、混凝土表面上粘贴瓷砖、地砖、面砖和马赛克等	黏结力：自然空气中为 1.3 MPa；30℃水中 48 h 为 0.9 MPa；50℃湿热气中 7 天为 1.3 MPa 透水性：在直径 6.5 cm 玻璃管、水层高 5 cm 时，渗透 37 ml/45 h
TAM 型通用瓷砖黏合剂	以水泥为基材，聚合物改性的粉状产品。使用时只需加水搅拌便可获得黏稠的胶浆。具有耐水、耐久性良好，操作方便，价格低廉的特点	适用于在混凝土、砂浆墙面、地面和石膏板等表面粘贴瓷砖、马赛克、天然石材和人造合成石等	外观：白色或灰色粉末 混合后寿命：>4 h 操作时间：>30 min 矫正性：瓷砖固定 5 min 后旋转 90°，不影响强度 剪切强度（室温 28 天）：>1 MPa 抗拉强度：24 h>0.036 MPa；室温 14 天>0.153 MPa
TAS 型高强度耐水瓷砖黏合剂	双组分的高强度耐水瓷砖胶，具有强度高、耐水、耐候、耐各种化学物质侵蚀等优点	适用于在混凝土、钢铁、玻璃、木材等表面粘贴各种瓷砖、墙面砖、地面砖，常用于厨房、浴室、卫生间等场所	混合后寿命：>4 h 操作时间：>3 h 剪切强度（室温 28 天）：>2 MPa

品种	特点	用途	性能
SF-1 型装饰石材黏合剂	以水玻璃为主要组分,加入填料、助剂等配制而成。耐温性、耐老化性好,价格经济	用于石材、面砖的黏结	施工温度:不低于 15℃ 且不高于 35℃ 固化时间:常温 14 天后方可使用 压缩强度:>15 MPa 黏结强度:>1.5 MPa 浸水后黏结强度:>1.0 MPa

此外,JDF-302 通用建筑胶是一种以高分子材料与水泥为基料的改性粉状产品,它外观为灰白色粉末,耐水性好,适用于水泥、混凝土、研浆墙面与地面、石膏板等表面瓷砖与面砖、锦砖和石材的黏结装修。TAG 瓷砖勾缝剂呈粉末状,有各种颜色,是瓷砖黏合剂的配套产品,适用于各色瓷砖的勾缝处理,并具有良好的耐水性,对于游泳池等有防水要求的瓷砖勾缝是一种理想材料,能保证勾缝宽度在 3 mm 以下不开裂。

2)玻璃、有机玻璃类专用黏合剂

作为建筑多用胶,玻璃胶是一种透明或不透明的膏状体,有浓烈的醋酸味,它微溶于酒精,不溶于其他溶剂,抗冲击、耐水、柔韧性好,适用于玻璃门窗、橱窗、玻璃容器等的黏结,可以用于有防水、防潮要求的场所。

部分该类品种的特点、用途和性能的介绍见表 10-13。

表 10-13　部分玻璃、有机玻璃类专用黏合剂的特点、用途和性能

品种	特点	用途	性能
AE 丙烯酸酯胶	无色、无毒的透明黏稠液体,室温下快速固化,固化后其透光率和折射系数与有机玻璃基本相同。A、B 二组分混合后室温下可使用 1 周以上。具有黏结力强、操作简便的特点	AE 胶分 AE-01 型和 AE-02 型两种:AE-01 型适用于有机玻璃、ABS 工程塑料、丙烯酸酯类共聚物制品等材料的黏结;AE-02 型适用于无机玻璃、有机玻璃和玻璃钢的黏结	外观:无色透明黏稠液体 黏度:可根据需要进行调节 固化时间:室温下 4~8 h 即可固化完全 拉伸剪切强度:有机玻璃—有机玻璃—>6.2 MPa 使用温度:同有机玻璃
聚乙烯醇缩丁醛黏合剂	以聚乙烯醇在酸性催化剂存在的条件下与丁醛反应生成。具有黏结力强、抗水、耐潮和耐腐蚀的特点	适用于各类玻璃制品,对玻璃的黏结力好,且透明、耐老化、耐冲击	剥离强度:玻璃—玻璃在干燥器中放置 2 天,为 0.5~1.2 MPa;在干燥器中放置 15 天,为 0.54~1.40 MPa

3)塑料薄膜黏合剂

塑料薄膜黏合剂的品种有 BH-415 黏合剂、641 软质聚氯乙烯黏合剂和 920 黏合剂等。

BH-415 黏合剂主要用于硬质、半硬质或软质 PVC 塑料膜片与胶合板、刨花板、纤维板等木制品的黏合,还用于 PVC 膜与印刷纸、PVC 与聚氨酯泡沫塑料的黏合。它的最低成膜温度为 2℃,贮存期一般为 6 个月。该胶初黏性能好,耐热,抗热蠕变,

有良好的耐久性。

641 软质聚氯乙烯黏合剂用于黏合聚氯乙烯薄膜、软片等材料，也可用于聚氯乙烯材料的印花和印字。

920 黏合剂属易燃品，存放时要注意避光、干燥保存，并采取防火措施，其贮存期为半年至 1 年。它主要用于黏结聚氯乙烯薄膜、泡沫塑料硬 PVC 塑料板、人造革等。

4）竹、木类专用黏合剂

脲醛树脂黏合剂是竹、木类黏合剂中使用较多的一种。它主要用于胶合板、人造板、层压板和竹、木制品的黏结，也可用于建筑装修、保温材料和制鞋业的加工黏结。

脲醛树脂黏合剂是由尿素与甲醛在催化剂（碱性或酸性催化剂）的作用下，经加热发生缩聚反应，并生成初期脲醛树脂。在使用时，再加入固化剂或助剂，进一步反应形成不溶、不熔的末期树脂的胶层。脲醛树脂黏合剂中所含丰富的极性基团与木材表面的部分极性基团接触后，即进行定向排列而相互吸引，同时因脲醛树脂黏合剂良好的润湿性与渗透能力，对木材、竹材起到牢固的黏结作用。

脲醛树脂黏合剂为水基型胶，具有无色、耐光性和耐老化性好，不污染被黏物的优点，胶液的毒性小，生产成本低，工艺简便，适用于大面积的黏结施工。但该胶固化后的胶层有较大脆性，固化过程中易产生内应力而引起龟裂，其耐水性与耐热性较酚醛树脂黏合剂低。

脲醛树脂黏合剂的主要品种有以下几种：

（1）531 脲醛树脂黏合剂：可在室温或加热条件下固化。

（2）563 脲醛树脂黏合剂：可在室温条件下经 8 h 或加热到 110℃并持续 5～7 min 固化。它具有耐水、耐热、不发霉、耐微生物侵蚀等特性。

（3）5001 脲醛树脂黏合剂：使用时须加工业氯化铵水溶液（浓度为 20％），在常温下固化或加热固化。

（4）脲醛黏合剂：根据产品黏度的不同可分为 1～6 个型号。它适用于胶合板、刨花板等板材热压成型用黏合剂。

在木材的加工中，水性聚氨酯黏合剂有很大的应用领域。该黏合剂为水基胶液，黏度易调节，施工方便。胶液基本无毒，不污染环境，对被黏对象要求较宽，如三醛胶黏结木材时，木材含水量最好为 2％～5％，而使用水性聚氨酯黏合剂，木材含水量可高达 10％。聚氨酯黏合剂的黏结强度比三醛胶、白乳胶高，可用于高档木制品的加工，也可用于木地板的拼接、室内木质材料的装修。它的不足之处是成本较高，固化速度较慢，与溶剂型胶比耐水性较差。

5）混凝土面材用黏合剂

混凝土可以用多种黏合剂进行黏结，但是性能最好的仍是环氧树脂黏合剂。因为环氧树脂黏合剂除了有很好的黏结力外，还有很好的抗碱性（混凝土为碱性），因而耐久性好。再者环氧树脂黏合剂耐介质的老化性好，而混凝土在应用时多数与水长期接触，且要有几十年的使用寿命，环氧树脂黏合剂都可满足这些要求。

一种良好的环氧树脂黏合剂黏结混凝土时的性能要求见表 10-14。

表 10-14　环氧树脂黏合剂黏结混凝土时的性能要求

项目	要求值	项目	要求值
相对密度(20℃)/(g・cm^{-3})	1.1～1.9	热膨胀系数	与混凝土相近
黏度(25℃)/mPa・s	10 000～100 000	吸水率	小于混凝土
使用期(25℃)/h	1～2	收缩率	小于混凝土
弯曲强度/MPa	≥15	耐药品性	优于混凝土
压缩强度/MPa	≥60	耐候性	高于混凝土
拉伸强度/MPa	≥12	压缩弹性模量/MPa	$(1.5～4.5)×10^3$

凡能达到以上指标者均可较好地应用于与混凝土的黏结。

10.3.4　多用途建筑黏合剂

1) 4115 建筑黏合剂

正宗的 4115 建筑黏合剂同 601 建筑黏合剂是性能基本相同的品种,其主要黏料都是聚醋酸乙烯酯的溶液,而且都是由溶剂聚合成胶液再辅以其他助剂配制而成的,只是具体合成配方和加入填料、助剂的组分上稍有差别。

4115 建筑黏合剂是常温下固化的单组分黏合剂,它的固体含量高,为 60%～70%,外观是灰色膏状的黏稠物质。该黏合剂的收缩率低,具有早强、挥发快、黏结力强、防水抗冻、无污染、施工方便的特点。4115 建筑黏合剂对多种微孔建筑材料有良好的黏结性能,可用于会议室、商店、工厂、学校、民用住宅中的天棚、壁板、地板、门窗、灯座、衣钩、挂镜板的粘贴,另常用于木材与木材、木材与玻璃纤维水泥板、木材与混凝土、纸面石膏板之间、水泥刨花板之间的黏结。

2) 6202 建筑黏合剂

6202 建筑黏合剂是常温固化的双组分无溶剂触变环氧塑黏合剂。它具有黏结力强、固化收缩小、不流淌、黏合面广等特点,可用于水泥砂浆之间、混凝土之间以及木材、铁、塑料之间的黏结。它使用方便、安全、易清洗,亦可用于建筑五金的安装、电器的安装,对于不适合打钉的水泥墙面使用 6202 建筑黏合剂更为适宜。

3) SG791 建筑黏合剂

SG791 建筑黏合剂由聚醋酸乙烯酯和建筑石膏调制而成,具有使用方便、黏结强度高的特点,适用于各种无机轻型墙板和天花板的黏结与嵌缝,如纸面石膏板、石膏空心板、加气混凝土条板、矿棉吸音板、石膏装饰板、菱苦土板等的自身黏结,以及它们与混凝土墙面、砖墙面、石棉水泥板之间的黏结。

4) 914 室温快速固化环氧黏合剂

914 室温快速固化环氧黏合剂由新型环氧树脂和新型胺类经固化而成,分 A、B 双组分,具有黏结强度高、耐热、耐水、耐油、耐冷热水冲击的性能,固化速度较快,25℃时经 3 h 即可固化,可用于金属、陶瓷、木材、塑料等材料的黏结。

914室温快速固化环氧黏合剂在使用前必须经过充分的搅拌。对双组分的黏合剂要先将各组分物质分别搅拌均匀,再按规定配比准确称量,然后将两组分物质混合并再次搅匀后才能使用。在不使用黏合剂时不得打开容器的桶盖,以防溶剂挥发影响黏合剂的黏结质量。使用时每次的取用量不宜过多,特别是双组分黏合剂的配胶量要严格掌握,一般以操作时间不超过 2~4 h 的用量为宜。

5) Y-1 压敏胶

Y-1 压敏胶是由聚异丁烯橡胶和萜烯树脂组成的压敏型黏合剂。将该黏合剂覆贴或涂布在被黏物上时,用手指的压力即可将被黏物粘在一起。当被黏物被拉开后,仍可用手指压力将压敏胶黏合在被黏物上,并可反复使用。压敏胶可用于聚氯乙烯、聚乙烯、聚丙烯、聚酯薄膜、各种金属箔等的黏结,以及金属材料与非金属材料的交叉贴。此外,在装修固定式的地毯铺设中,通常那些不便用一般黏合剂进行施工的地方,可使用双面压敏胶带进行粘贴。

在建筑装饰工程中,除以上介绍的胶种外,根据使用用途,还有各类管道安装专用建筑胶、建筑构件固定连接专用胶、建筑密封胶等等,品种繁多,本章不再做一一介绍。

总而言之,被黏材料的品种很多,黏合剂的类型也不少,黏合剂的配方更可千变万化,新材料和新型黏合剂又不断推出,因而难以设计出一个可包罗万象的黏合剂使用表格。我们只要把握好黏合剂使用的基本原则,并掌握一定的黏结技术知识,根据实际情况做具体分析,就可以选到适当的黏合剂。

最后,对于不同品种的被黏材料选用什么黏合剂,笔者列出表 10-15 以供读者参考。

表 10-15　部分黏合剂选用参考

被黏物	泡沫塑料	织物、皮革	木材、纸张	玻璃、陶瓷	橡胶制品	热塑性塑料	热固性塑料	金属材料
金属材料	7,9	2、5、7、8、9、13	1,5,7,13	1,2,3,8	9,10,8,7	2、3、7、8、12	1、2、3、5,7,8	1,2,3,4,5、6、7、8、13、14
热固性塑料	2,3,7	2,3,7,9	1,2,9	1,2,3	2,7,8,9	8,2,7	2,3,5,8	—
热塑性塑料	7,9,2	2、3、7、9、13	2,7,9	2,8,7	9,7,10,8	2、7、8、12、13	—	—
橡胶制品	9,10,7	9,7,2,10	9,10,2	2,8,9	9,10,7,8	—	—	—
玻璃、陶瓷	2,7,9	2,3,7	1,2,3	2、3、7、8、12	—	—	—	—
木材、纸张	1、5、2、9,11	2、7、9、11、13	11,2,9、13	—	—	—	—	—

被黏物	泡沫塑料	织物、皮革	木材、纸张	玻璃、陶瓷	橡胶制品	热塑性塑料	热固性塑料	金属材料
织物、皮革	5、7、9	9、10、13、7	—	—	—	—	—	—
泡沫塑料	7、9、11、2	—	—	—	—	—	—	—

注：1. 环氧—脂肪胺胶；2. 环氧—聚酰胺胶；3. 环氧——聚硫胶；4. 环氧—丁腈胶；5. 酚醛—缩醛胶；6. 酚醛—丁腈胶；7. 聚氨酯胶；8. 丙烯酸酯类胶；9. 氯丁胶；10. 丁腈胶；11. 乳白胶；12. 溶液胶；13. 热熔胶；14. 无机胶。

第 10 章思考题

1. 黏合剂的组成是什么？
2. 稀释剂与溶剂之间的区别是什么？
3. 在装饰工程中应如何正确选用黏合剂？
4. 黏合剂的使用要点有哪些？
5. 黏合剂的主要性能有哪些？

11 其他常用非金属装饰工程材料

非金属装饰工程材料的品种繁多,在装饰工程材料体系中占80%以上的份额。本章节主要介绍无法进行精准分类的其他常用非金属装饰工程材料。其他常用非金属装饰工程材料按装饰部位不同分为墙面类、顶面类和地面(屋面)类。当然这些装饰材料的使用部位也不是固定不变的,如矿棉板材料和玻璃棉材料,既可以用于墙面,也可以用于顶面。

11.1 墙面类

墙面类的非金属装饰工程材料主要用于室内墙面的装饰,常用品种有墙纸和墙布类材料、不干胶贴类材料、柔性灯箱广告喷绘布、玻璃棉制品等。

11.1.1 墙纸和墙布类材料

1) 纸基织物墙纸

纸基织物墙纸是以纸为基层材料,用黏合剂将棉毛面料黏结在纸基上的一种高档室内装饰材料。

纸基织物墙纸的表面质感丰富、色彩繁多、质地柔软,有棉毛材料温馨、柔和的观感,能调节室内环境的湿度,但耐污性较差,表面被污染后不易擦洗。图11-1是纸基织物墙纸断面构造示意图。

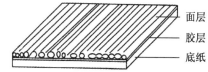

图11-1 纸基织物墙纸断面构造示意图

纸基织物墙纸的面层材料有线面、布面、真丝面料和合成纤维等,一般用于宾馆客房、接待室、播音室和卧室等场所的内墙装饰。

2) 草席墙纸

草席墙纸是以纸为基底、麻草编织物为面料的一种复合贴面材料。

草席墙纸可预先将麻草染成不同的颜色,再用不同的密度和排列方式将麻草编织,可制得各种不同颜色和图案的麻草编织艺术品。草席墙纸具有古朴的质感,阻燃性较好,吸音,不变形,但易受机械损伤,不能擦洗,对材料的保养条件要求较高。

草席墙纸可用于会议室、接待室、影剧院、酒吧和茶楼等室内的墙面装饰。它的幅宽为500~1 000 mm,长度由用户自定。

3) 金属墙纸

金属墙纸是用黏合剂将金属薄膜面层材料粘贴在基层纸上的一种内墙贴面材料。

图 11-2 是金属墙纸断面构造示意图。

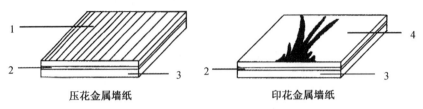

图 11-2　金属墙纸断面构造示意图
注:1—压花铝箔;2—黏结层;3—纸基;4—印刷铝箔。

　　金属墙纸的面层薄膜通常由铝箔制成。铝箔的表面可用特制的带有花纹的辊轴进行辊压,从而制得压花金属墙纸;如果在铝箔的表面按设计的花形用油墨进行印刷,则可制成印花金属墙纸。压花金属墙纸有一定的立体感;印花墙纸表面平整光滑,印花面无光泽,无印花区域有金属的光泽,在墙纸表面形成一定的光感比对,使得墙纸的装饰效果更加明显。

　　金属墙纸的表面具有金属材料的质感,使用寿命较长,不易老化和损伤,耐擦洗性能和耐污性能较好,属中高档装饰材料。金属墙纸可用于舞厅、商场、酒吧和餐厅等公共场所的内墙面和顶棚的装饰,显得华丽大气。它在使用时不能折叠,否则在金属膜层的表面会留下不可消除的折痕。

　　4) 其他墙纸

　　特种墙纸是具有某种特殊功能墙纸的总称。根据墙纸的功能不同有防水墙纸、防火墙纸、彩色砂粒墙纸、抗菌墙纸、发光特种墙纸、节能墙纸、植绒墙纸、硅藻墙纸、激光墙纸和纯纸墙纸等。

　　防水墙纸以玻璃纤维毡为基材,在聚氯乙烯(PVC)材料内配置耐水性较好的黏合剂,该材料的防水性能极佳,适用于卫生间、浴室等墙面装饰。

　　防火墙纸用 $100\sim200 \text{ g/m}^2$ 的石棉纸作基材,并在 PVC 树脂中掺入阻燃剂,使墙纸具有较强的阻燃功能,适用于对防火要求较高的内饰面或木制品表面的装饰。

　　彩色砂粒墙纸是在基材上撒布彩色砂粒(天然或人工)后喷涂黏合剂,使得砂粒粘在基材上形成粗糙的毛面。墙纸表面有沙子一般的细腻效果,手感触摸平滑,自然清新。

　　抗菌墙纸根据墙纸的构造不同分为覆膜型和添加型两种。抗菌墙纸的组成中配置了有杀菌防霉功效的外加材料,能够防止菌类的生长,对大肠杆菌和金黄色葡萄球菌的抗菌率达到 99% 以上。该墙纸适用于医院病房、养老院居室等场所的墙面装饰。

　　发光特种墙纸在墙纸内掺入荧光材料,在光线暗淡的状态下,荧光剂会发出幽幽的光线,能够清晰地显现墙纸表面的装饰图案或花纹,具有较好的装饰性。

　　节能墙纸又称热反射墙纸,是在真空状态的纸基上喷镀一层对光线有优异反射性能的铝膜后制成的。该墙纸对红外线的反射率高达 65%,从而能够节约 10%~30% 的能源。节能墙纸不会形成电磁屏蔽效应,不影响室内手机和无线网络信号的穿透。

　　植绒墙纸是以各种化纤绒毛为面层材料,通过静电植绒技术制成的墙纸。该材料具有质感强烈、触感柔和、吸声性好等优点,多用于家庭影院、播音室等场所的墙面装饰。

硅藻墙纸是将硅藻土粘贴在纸基上制成的。硅藻土是由远古时代的动植物遗骸演变而成,自身具有无数细孔,可吸附、分解空气中的异味,具有调湿、透气、防霉、除臭的功效。硅藻墙纸可以用在卧室、书房、客厅等场所。

激光墙纸由纸基、激光薄膜和透明带印花图案的聚氯乙烯膜构成。该材料对基层的平整度施工要求极高,施工时必须对花精确、不显接缝,其装饰效果与激光玻璃相差无几,也可粘贴在曲面的基层上。激光墙纸适用于室内氛围奔放热烈的迪厅、夜店等场所。

纯纸墙纸是以纸为基材,在纸面上印花、压花后制成的饰面材料。纯纸墙纸的色调和谐、立体感强、无异味、环保性好、透气性强、自然舒适,纸面适合渲染各种颜色甚至工笔画,但是对环境的维护条件要求较高,否则墙纸表面可能会出现泛黄现象。表11-1是纯纸墙纸的物理性能要求。

表 11-1　纯纸墙纸的物理性能要求

项目			要求
褪色性/级			＞4
耐摩擦色牢度/级	干摩擦	纵向	＞4
		横向	
	湿摩擦	纵向	≥4
		横向	
遮蔽性/级			≥4
伸缩性/％			≤1.6
湿润拉伸负荷/(kN·m⁻¹)	纵向		≥0.53
	横向		
黏合剂可拭性	横向		20 次无外观上的损伤和变化
可洗性	可洗		30 次无外观上的损伤和变化
	特别可洗		100 次无外观上的损伤和变化

注:可洗性按产品包装上印刷的标志符号进行相应的检测和判定。

墙纸的常用规格有 0.53 m×10 m、0.685 m×8.23 m、0.95 m×50 m、1.06 m×10 m、1.1 m×50 m 等。

5)无纺墙布

无纺墙布是以天然纤维和合成纤维经无纺成型后,表面采用水性油墨印刷,经特殊加工制成的内墙装饰材料。其中无纺布中的纤维含量应高于 16%,纤维含量低于16% 时称之为无纺纸。无纺布的外观形态和某些性能具有布料的特征。

无纺布的天然纤维有棉、麻等天然植物纤维,合成纤维有涤纶、腈纶、尼龙和氯纶等。原材料可以由单一的纤维组成,也可由天然纤维和合成纤维混合组成。

无纺墙布具有透气性好、防潮性能佳、柔韧轻盈、不助燃、易分解、无毒、无刺激性、色彩丰富、可循环再用等特点。无纺墙布的表面采用套色印刷工艺印制各种图案后,具有凹凸层次和光泽度,立体感较强,有炫彩的装饰效果。天然纤维无纺布的环保性能要优于合成纤维无纺布和混合纤维无纺布。无纺墙布可以在有一定湿度的场所使用而不霉变,而普通墙纸却不能。

由于制作工艺的差异,无纺墙布使用的是天然纤维或合成纤维,而纯纸墙纸使用的是木浆,所以无纺墙布的价格要高于纯纸墙纸。

纯天然纤维制作的无纺布在燃烧时火焰明亮,并伴有少量的黑色烟雾;人造纤维制作的无纺布在燃烧时火焰颜色较浅,在燃烧过程中会有持续的灰色烟,有刺鼻气味。

尽管墙纸或墙布的性能各不相同,但是在性能指标上的基本要求相差无几,具体有尺寸偏差、外观质量、有害物质限量、物理性能(褪色性、湿摩擦色牢度、遮蔽性、伸缩性、湿抗拉强度)等,可查阅第8.2.3节"塑料墙纸"中的有关质量指标规定。

抗菌墙纸的防霉性能应符合《壁纸》(GB/T 34844—2017)中的规定。纯纸墙纸的物理性能应符合表11-1的要求。防火墙纸的防火性能应不低于《建筑材料及制品燃烧性能分级》(GB 8624—2012)中的平板状建筑材料及制品 B_1 级的要求,有害物质限量应符合《室内装饰装修材料壁纸中有害物质限量》(GB 18585—2001)中的规定。

11.1.2 不干胶贴类材料

不干胶贴类材料是以纸张、塑料薄膜或其他材料为面料,背面涂有黏合剂,并以涂硅底纸为保护纸的一种复合材料。

所有不干胶贴类材料的背面均带有不干胶和保护底纸。此类材料经印刷(木纹图案、特定的标识图形)、模切等加工后可以制成商品的标贴,如化妆品的表面标签,也可以粘贴至人造木质板材的表面,用于制作板式家具。应用不干胶贴类材料时只需将保护纸从底纸上剥离,直接铺贴到平整的板材基面上即可,也可使用贴标机在生产线上对商品进行自动贴标。

(1)面纸材料。不干胶贴类材料的面层是标贴内容的载体,面纸材料背部涂的就是黏合剂(固体型)。面纸材料的材质一般分为铜版纸、透明聚氯乙烯、静电聚氯乙烯、涤纶树脂(PET)、激光纸、聚丙烯(PP)、聚碳酸酯(PC)、荧光纸、镀金纸、镀银纸、铝箔纸、美纹纸、珠光纸、夹心铜版纸和热敏纸等,纸的品种繁多。

(2)膜层材料。不干胶贴类材料的膜层常用透明涤纶树脂、半透明涤纶树脂、透明定向拉伸聚丙烯(OPP)、半透明定向拉伸聚丙烯(OPP)、透明聚氯乙烯、有光白聚氯乙烯、无光白聚氯乙烯、合成纸、有光金(银)聚酯、无光金(银)聚酯等材料。

(3)黏合剂。背面的不干胶有通用超黏型、通用强黏型、冷藏食品强黏型、通用再揭开型和纤维再揭开型等。黏合剂不仅能够保证底纸与面纸的适度粘连,而且能确保面纸被剥离后能与被粘贴部位有可靠的粘贴性。

(4)底纸材料。离型纸又称底纸,表面有一定的低黏性,底纸对黏合剂具有隔离作用,所以用其作为面纸的附着体,以保证面纸能够很容易从底纸上剥离下来。常用的有白、蓝、黄格拉辛(Glassine)纸或蒜皮(Onion)纸、牛皮纸、涤纶树脂、铜版纸、聚乙烯(PE)。

不干胶贴类材料分为两种:一是纸张类不干胶贴材料;二是薄膜类不干胶贴材料。纸张类不干胶贴材料主要用于液体洗涤类产品以及大众化的个人护理产品上,薄膜类不干胶贴材料主要用于中高档的日化产品、板式家具饰面和装饰工程上。

薄膜类不干胶贴材料常用 PE、PP、PVC 和其他合成树脂。薄膜材料主要有白色、亚光、透明三种。由于薄膜材料的印刷适应性不强,所以应经电晕处理或通过在其表面增加涂层来增强其印刷的适应性。为了避免一些薄膜材料在印刷和粘贴过程中变形或撕裂,部分材料还应经过方向性处理,进行单向拉伸或双向拉伸。

不干胶贴类材料适用于药品、食品、食用油、饮品、电器、文化用品的信息标贴。在装饰工程中,即时贴、窗花贴和波音软片均属于不干胶贴类材料,主要用于美术类字体和图形的裱贴、门窗玻璃表面的装饰和板式家具表面的覆贴。

不干胶贴类材料在粘贴前,应确保基层表面干净整洁,粘贴时应一次性粘贴完成。如果反复粘贴,材料表面易出现不平整现象。板式家具的基层板表面覆贴不干胶贴类材料时常使用专用设备进行裱贴,以确保板材表面粘贴后的平整性达到有关要求。

11.1.3 柔性灯箱广告喷绘布

柔性灯箱广告喷绘布是以经编双轴向基布为制作材料,表面经涂覆或层压等工艺加工后制成的喷绘布料。

柔性灯箱广告喷绘布有前置光源柔性灯箱广告喷绘布和后置光源柔性灯箱广告喷绘布两种,分别用 F 和 B 表示。柔性灯箱广告喷绘布按内在质量分为 I 类(普通型)、II(增强型)和 III 类(高强型)。在固定灯箱广告喷绘布时可将塑料广告扣绳穿过灯箱广告喷绘布边缘开好的固定孔,待灯箱广告喷绘布绷紧后将广告扣绳扎牢固定在钢骨架上即可。

柔性灯箱广告喷绘布具有耐水性、耐候性和耐腐蚀性强的特性,表面可用喷绘打印机进行喷绘处理,色彩或图案可任意选择,主要用于门面灯箱和室内宣传橱窗的面层装饰,可用内置灯光或外置灯光的方式显示灯箱广告喷绘布表面的内容。柔性灯箱广告喷绘布的生产工艺有刀刮涂层法、压延法和贴合法。

柔性灯箱广告喷绘布的主要性能指标有外观质量和理化指标,外观质量要求见表11-2,理化指标见表11-3中的规定。

表 11-2　柔性灯箱广告喷绘布的外观质量

项目	要求
表面破洞	表面不允许有破洞

项目	要求
亮度	亮面表面需光亮,亚面表面需亚暗
底面疵点	每卷产品的底面允许不超过 3 个 25 mm² 以内的疵点
缺纬、网洞	每卷产品不允许有缺纬、网洞
移位、黑丝、并丝	不允许有周期性移位、黑丝,不允许有 50 cm 及以上连续并丝
黑影	不允许 1 cm² 以上面积的黑影
经向、纬向褶皱和毛边	不允许有经向或纬向褶皱,不允许有毛边
色差	同批色差≥4 级,同卷色差≥4~5 级

注:破洞指由表面高分子材类疵点引起的裂口;底面疵点只在前置光源产品中要求;网洞指由纺织织物疵点引起的裂口;黑丝指纺织材料上的游丝、污丝;黑影指表面高分子材料上的山水纹;只在后置光源产品中要求。表中部分数据表述遵循原文献。

表 11-3 柔性灯箱广告喷绘布的理化指标

项目		Ⅲ类	Ⅱ类	Ⅰ类
宽度偏差/cm		±0.5		
单位面积质量偏差值/%		±5		
总光通量透射比/%		15~30		
断裂强力/N	经向	≥650	≥600	≥500
	纬向	≥500	≥450	≥220
撕破强力/N	经向	≥100	≥60	≥45
	纬向	≥80	≥35	≥15
剥离强力/N		≥40	≥30	≥20
表面湿润张力/(mN·m⁻¹)		≥35	≥34	
防寒性		每块试样应达到 GB/T 18426—2001 中 9.1 规定的 A 级		
耐候性(强力保持率)/%		≥80	≥70	≥60

注:前置光源不考核总光通量透射比。基材与高分子材料无法分离的产品不考核剥离强力。GB/T 18426—2001 即《橡胶或塑料涂覆织物低温弯曲试验》。

柔性灯箱广告喷绘布可用于公共场所的灯箱画面、门面展示、橱窗布置、户外宣传栏等设施。

11.1.4 玻璃棉制品

玻璃棉是将熔融的玻璃纤维化后形成的棉状材料,是一种无机类纤维。它具有成型好、重量轻、保温绝热、吸音、耐腐蚀等特点。它的常用规格有 600 mm × 1 200 mm×15 mm 等,主要用于吊顶和墙面的装饰,兼有吸音和保温的功能。玻璃棉制品分装饰用玻璃棉制品和吸声用玻璃棉制品。

在装饰用玻璃棉制品中,玻璃棉装饰板是主流产品。玻璃棉装饰板是以玻璃棉为主要原料,加入适量的黏合剂、防潮剂、防腐剂等,经过热压成型加工而成的板状材料。板材表面一般喷涂一层有机高分子合成乳液,喷涂点形状有大点和小点之分,可喷涂各种色彩,常用的板材以白色为主。玻璃棉装饰板的表面还可喷涂一层封闭的涂料薄膜,另一面则不做任何处理。将玻璃棉装饰板作为吸音材料使用时,可将未处理的一面向外放置。

吸声用玻璃棉制品按产品形状分为玻璃棉毡和玻璃棉板,产品的标记方式为产品名称+标准号+技术特征(密度、尺寸、表层饰面)。如密度为 16 kg/m³、长度为 2 400 mm、宽度为 600 mm、厚度为 50 mm 的玻璃棉毡可以标记为"玻璃棉毡　JC/T 469—2014　16K2 400×600×50"。

吸声用玻璃棉制品的表面应平整、边缘整齐,不应有妨碍使用的伤痕、污迹、破损。树脂分布基本均匀,外覆层与基材的黏结平整牢固。不带贴面制品的耐燃等级应为 A 级,带贴面制品的耐燃等级不应低于 B₁ 级。制品的含水率应不大于 1.0%,甲醛释放量应不大于 1.5 mg/L。有防水要求时,制品的吸湿率应不大于 5.0%。制品的放射性核素应满足 A 类装修材料的要求,内照射指数 $I_{Ra} \leqslant 1.0$,外照射指数 $I_r \leqslant 1.3$。

玻璃棉制品的其余质量指标要求可查阅《吸声用玻璃棉制品》(JC/T 469—2014)和《绝热用玻璃棉及其制品》(GB/T 13350—2017)中的有关规定。

11.1.5　其他

皮革和人造革具有质地柔软、吸音、保温等特点,适用于有防碰撞要求或对声学要求较高的装饰场所,如各式硬包或软包装饰面的面层材料常采用皮革和人造革。此类材料的表面光滑柔顺,具有各种色彩和图案,有很好的装饰性能,可用于餐厅、酒吧、客房和接待室等场所的内墙装饰,有高雅细腻、质地柔软的装饰效果。

非金属类的墙面装饰材料还包含各种装饰织物,这些装饰织物可用于墙面或顶棚的装饰,常用作窗帘、台布、沙发巾、床罩等。装饰织物的花形图案丰富,颜色有华丽的,也有素雅的,用户的选择范围十分广泛。装饰织物的材质有棉、缎、丝等,此外还有阻燃型和非阻燃型之分。

11.2　顶面类

11.2.1　矿物棉装饰吸音板

矿棉是由硅酸盐熔融物制得的棉花状短纤维,对人体无害。矿棉与黏合剂混合成型,经过干燥、固化等工序后可制成各种矿棉制品。矿物棉装饰吸音板是其中的制品之一。

矿物棉装饰吸音板是以矿棉、岩棉和玻璃棉等为主要材料,加入适量的黏合剂、防潮剂等,经湿法或干法工艺制作而成的装饰吸声材料。该吸音板的生产厂家大多采用湿法工艺。

矿物棉装饰吸音板具有矿棉的基本特性,质量轻,有较好的保温、隔热、吸音、防火等功能,属绿色环保型材料。该吸音板的施工简单方便,可裁、可锯、可钉、可刨、可黏结,有平贴、插贴、明装和暗装等多种固定方式。一般在吊顶施工时,只需将矿物棉装饰吸音板固定在倒"T"形龙骨上;在墙面施工时,用自攻螺钉将其固定在隔墙轻钢龙骨上即可。

矿物棉装饰吸音板的表面可制成各种图案,常见的图形有满天星、毛毛虫、枫叶、排孔、龟纹等,板面颜色有白色、绿色、浅黄色和浅蓝色等。

RH是矿物棉装饰吸音板使用的环境湿度参考指标,如在相对湿度为80%及以下使用的矿物棉装饰吸音板可表示为RH80。

矿物棉装饰吸音板的标记方式是产品名称＋国标号＋类别＋规格尺寸。如公称长度为600 mm,实际长度为593 mm,公称宽度为600 mm,实际宽度为593 mm,公称厚度为15 mm,适用的环境相对湿度为70%及以下的矿物棉装饰吸音板可标记为"矿物棉装饰吸音板　GB/T 25998　RH70 600(593)×600(593)×15"。

矿物棉装饰吸音板的正面不得有影响装饰效果的污迹、划痕、色彩不匀、图案不完整等缺陷,不得有裂纹、破损、扭曲,不得有影响使用及装饰效果的缺棱缺角。它的体积密度不大于500 kg/m³,含水率不超过3.0%。表11-4是矿物棉装饰吸音板的尺寸允许偏差。表11-5是矿物棉装饰吸音板的弯曲破坏荷载和热阻标准。

表 11-4　矿物棉装饰吸音板的尺寸允许偏差

项目	复合粘贴板及暗架板	明架跌级板	明架平板	明暗架板
长度/mm	±0.5	±1.5	±2.0	±2.0
宽度/mm				±0.5
厚度/mm	±0.5	±1.0	±1.0	
直角偏离度	≤1/1 000	≤2/1 000	≤3/1 000	

注:长度和宽度系指实际尺寸。

表 11-5　矿物棉装饰吸音板的弯曲破坏荷载和热阻标准

公称厚度/mm	弯曲破坏荷载/N	热阻/(m²·K·W⁻¹)[平均温度为(25±1)℃]
≤9	≥40	≥0.14
12	≥60	≥0.19
15	≥90	≥0.23
≥18	≥130	≥0.28

湿法生产的矿物棉装饰吸音板受潮挠度应不大于3.5 mm,干法生产的矿物棉装饰吸音板的受潮挠度应不大于1.0 mm。放射性核素限量的内照射指数 I_{Ra} 应不大于1.0,外照射指数 I_r 应不大于1.3。矿物棉装饰吸音板中不应含有石棉纤维。甲醛释

放量应不大于 1.5 mg/L。矿物棉装饰吸音板的燃烧性能等级应达到 A 级。表 11-6 是矿物棉装饰吸音板的降噪系数要求。

表 11-6 矿物棉装饰吸音板的降噪系数要求

类别		降噪系数（NRC）	
		混响室法（刚性壁）	阻抗管法（后空腔 50 mm）
湿法板	滚花	≥0.50	≥0.25
	其他	≥0.30	≥0.15
干法板		≥0.60	≥0.30

矿物棉装饰吸音板的微孔结构不仅能够有效地吸收声波，降低噪声，而且可以吸收或释放空气中的水汽，起到调节室内空气湿度的作用。矿物棉装饰吸音板的常用规格有 600 mm × 600 mm × 15 mm、600 mm×600 mm×12 mm 等。它的边角形式一般与吊顶龙骨的形式相配套。图 11-3是矿物棉装饰吸音板的常用棱边形状。矿物棉装饰吸音板主要应用于影剧院、音乐厅、图书馆、体育馆、医院和写字楼等有噪声控制要求的场所。搬运矿物棉装饰吸音板时应轻拿轻放，贮存在通风、干燥的室内场所，避免受潮、撞击和重压。

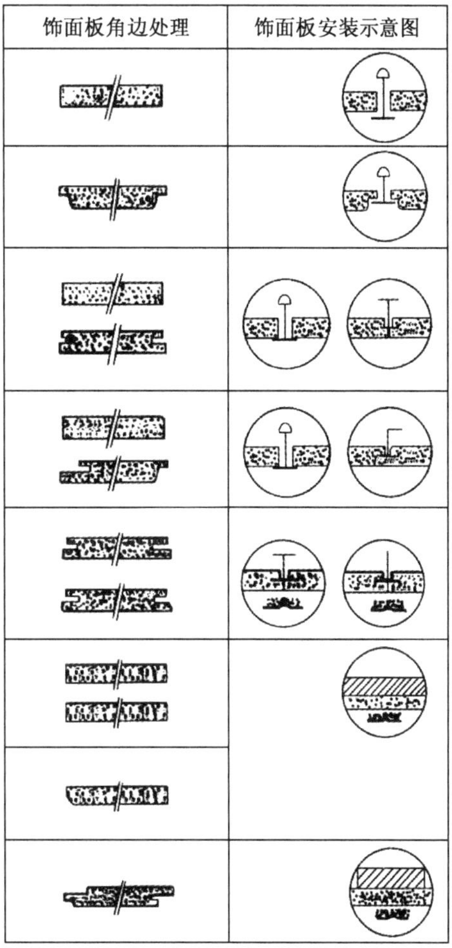

矿物棉装饰吸音板中黏合剂的成分主要是淀粉，板材在使用过程中遇水会产生变形，从而影响板面的美观，因而矿物棉装饰吸音板不宜用于湿度过大的场所；施工时应避开高温多雨季节，以防板材变形，同时要注意龙骨与板材边角的配套使用。

11.2.2 膨胀珍珠岩吸音板

膨胀珍珠岩是珍珠岩矿砂经预热和瞬时高温焙烧膨胀后制成的一种内部为蜂窝状结构的白色颗粒状材料。它是一种天然的酸性玻璃质火山熔岩，非金属矿产，有珍珠岩、松脂岩和黑曜岩三个品种，三者只是结晶水含量不同。

膨胀珍珠岩有良好的保温隔热性能、环保性能、耐久性能和防火性能，施工方便，

图 11-3 矿物棉装饰吸音板的常用棱边形状

易于维修。膨胀珍珠岩产品的抗撞击性能较好,优于其他的保温材料。

膨胀珍珠岩吸音板是以珍珠岩、松脂岩等矿石为主要原料,经过破碎、筛分、预热和急剧加热膨胀而成的白色多孔颗粒状材料。它具有膨胀珍珠岩的基本特性,有质轻、绝热、吸音、不燃、无毒的特点,其内部为蜂窝泡沫状,是一种高效能的保温材料。

膨胀珍珠岩吸音板的表面可喷涂各种涂料,板面有各种颜色,常见的颜色主要有乳白色、浅蓝色、浅绿色和米黄色。该吸音板的主要规格有 400 mm×400 mm×15 mm、500 mm×500 mm×16 mm 等。板的表面也可制成各种几何装饰图案,适用于音乐厅、会议室和演播厅等场所的顶面装饰。

11.2.3 硅酸钙板

硅酸钙板(TK 板)是以硅质、钙质材料为主体胶结材料,以无机矿物纤维或纤维素纤维等松散短纤维为增强材料,经制浆、成型,在高温高压饱和蒸汽中加速固化反应,形成硅酸钙胶凝体而制成的板材。

硅酸钙板根据使用要求的不同分为 A 类、B 类和 C 类:A 类适合室外使用,可承受日晒雨淋和霜冻的作用;B 类适用于长期受热、潮湿和非经常性霜冻的环境;C 类则适合室内使用,可以承受一定的热量和潮湿的作用。硅酸钙板根据所承受的抗折强度和抗冲击强度不同又分为 R1 级、R2 级、R3 级、R4 级和 R5 级,C1 级、C2 级、C3 级、C4 级和 C5 级。

硅酸钙板的常用规格为长×宽×厚=2 440 mm×1 220 mm×4 mm(5 mm、6 mm、8 mm、9 mm、10 mm、12 mm、14 mm、16 mm、18 mm、20 mm、22 mm、25 mm 和 30 mm)。

硅酸钙板的技术性能指标要求有外观质量、形状偏差、尺寸偏差、理化指标(表观密度、导热系数、吸水率、耐燃性能、抗冻性能和力学强度等)。

硅酸钙板在搬运时应防止碰撞、抛掷,且应竖立搬运,严禁横抬;存放时应在平整的地面上码堆放置,并按不同等级、规格分别堆放,防止雨淋,堆放高度一般不超过1.5 m;不宜靠墙直立,以防变形。

硅酸钙板不仅具有传统石膏板的功能,而且有优越的防火防潮性能、耐久性能和隔音性能,质轻高强。它属于 A 级装饰材料,主要应用于公共建筑的吊顶和隔墙。

11.2.4 无机预涂板

无机预涂板又称洁净板、抗倍特板,是以 100% 的无石棉的硅酸钙板为基材,在基材表面涂饰一层特殊的聚酯后制成的一种材料。

无机预涂板重量较轻,有较好的防火性、耐腐蚀性、抗老化性和耐水性,属防火性能为 A 级的装饰材料,外观亮丽明快,环保性能好,无毒,无放射性,可采用锯、刨、裁、切等施工方法。无机预涂板的表面涂饰防菌涂料后有优异的抗菌性能。它可广泛应用于地铁、医院、隧道、学校、体育场馆、洗衣房、办公楼等场所的内外墙面。

11.2.5 纤维增强低碱度水泥建筑平板

纤维增强低碱度水泥建筑平板又称水泥压力板、埃特板或 TK 板,是以低碱度硫铝酸盐水泥、短切中碱玻璃纤维或抗碱玻璃等为增强材料,经一定的工艺加工而成的薄型板材。

不掺石棉纤维的纤维增强低碱度水泥建筑平板的代号为 NTK。不掺石棉纤维的纤维增强低碱度水泥建筑平板的强度高,耐久性好,防潮、防水,不含有害物质,环保性能优异,防火性能显著,耐燃等级为 A 级。板材的规格尺寸为长×宽×厚=2 440 mm (1 200 mm、1 800 mm)×1 220 mm(800 mm、900 mm)×4 mm(5 mm、6 mm)。

纤维增强低碱度水泥建筑平板的外观规定如下:

(1) 板材表面应平整光滑,边缘整齐,不应有裂纹、孔洞;

(2) 板的缺角(长×宽)不能大于 30 mm×20 mm,且一张板缺角不能多于一个;

(3) 经加工的板的边缘平直度、长或宽的偏差不应大于 2 mm/m;

(4) 经加工的板的边缘垂直度的偏差不应大于 3 mm/m;

(5) 板的平整度不应超过 5 mm。

纤维增强低碱度水泥建筑平板在搬运时不得抛掷和碰撞,应按不同等级、规格分别堆放,防止雨淋,堆放高度一般不超过 1.5 m。纤维增强低碱度水泥建筑平板常用于室内非承重墙体和吊顶的罩面板材。纤维增强低碱度水泥建筑平板的尺寸允许偏差见表 11-7 中的规定,物理力学性能见表 11-8 中的要求。

表 11-7 纤维增强低碱度水泥建筑平板的尺寸允许偏差

规格	尺寸允许偏差		
	优等品	一等品	合格品
长度、宽度/mm	±2	±5	±8
厚度/mm	±0.2	±0.5	±0.6
厚度不均匀度/%	≤8	≤10	≤12

注:厚度不均匀度系指同块厚度的极差除以公称厚度。

表 11-8 纤维增强低碱度水泥建筑平板的物理力学性能

项目	TK			NTK	
	优等品	一等品	合格品	一等品	合格品
抗折强度/MPa	≥18	≥13	≥7.0	≥13.5	≥7.0
抗冲击强度/(kJ·m^{-2})	≥2.8	≥2.4	≥1.9	≥1.9	≥1.5
吸水率/%	≥25	≥28	≥32	≥30	≥32
密度/(g·cm^{-3})	≥1.8	≥1.8	≥1.6	≥1.8	≥1.6

11.2.6　钢丝网架水泥聚苯乙烯夹芯板

钢丝网架水泥聚苯乙烯夹芯板简称 GSJ 板,是由三维空间焊接钢丝网架、阻燃型聚苯乙烯泡沫塑料和水泥砂浆组成的网架夹芯板。

GSJ 板钢丝网内的腹丝形状分为 T 板(板条并接、之字条腹丝)、TZ 板(整板、之字条腹丝)和 S 板(整板、反向斜插腹丝)。标准板的规格为长×宽×厚＝2 440 mm(2 450 mm)×1 220 mm(1 200 mm)×76 mm(70 mm)。图 11-4 为 GSJ 板的断面构造示意图。

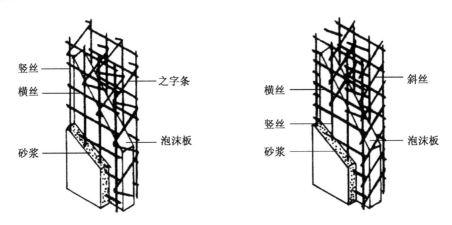

图 11-4　GSJ 板的断面构造示意图

GSJ 板内的阻燃型聚苯乙烯泡沫板的氧指数≥30,且符合《绝热用挤塑聚苯乙烯泡沫塑料(XPS)》(GB/T 10801.2—2018)中的规定。用于内墙的砂浆标号不应低于M10,用于外墙和屋面的砂浆标号不应低于 M20。

GSJ 板具有重量轻、保温隔热、防火、防潮的特点,可在楼板的任何位置分隔空间而不影响楼板结构的安全,施工快速便捷,适用性强。

GSJ 板的性能指标有外观质量、尺寸允许偏差、物理性能指标、轴向和横向承受荷载允许值、抗冲击性能、耐火极限等,具体可查阅《钢丝网架水泥聚苯乙烯夹芯板》(JC 623—1996)中的有关规定。

GSJ 板用于轻质外墙或内墙的围合和大跨度结构的轻质屋面,在砂浆基层上可做各种装饰面,如涂饰乳胶漆、铺贴墙面砖、裱贴墙纸等。

11.3　地面(屋面)类

11.3.1　地毯

地毯是指面层由柔软的纺织材料构成的铺地材料。地毯由于质地柔软、脚感舒适、图案精美、铺设方便等特点,很久以前就用于室内空间的高档装修中。

地毯按面层绒头情况不同分为绒头地毯和无绒头地毯,按制作方式不同分为手工地毯和机制地毯,按毯面材质不同有羊毛地毯、混纺地毯和化纤地毯,按外观形状不同分为块状地毯和卷状地毯,以下为几类常用的地毯品种:

1) 手工打结羊毛地毯

手工打结羊毛地毯是以羊毛纱线为原料,通过手动加工制成特殊结形,再经过编织后形成的一类地毯。该地毯的结形有8字形结、马蹄结(土耳其结)和双结。

手工打结羊毛地毯脚感舒适、质感高雅、无静电积累,有天然的阻燃性能和良好的保温隔热隔音性能。它表面的装饰图案丰富,具有鲜明的地域特色,如京式图案、美术式图案、彩花式图案和素凸式图案等。

由于手工打结羊毛地毯的造价昂贵,所以一般只适用于豪华接待室和会议室、星级酒店的大堂、私人会所和家庭客厅等场所的局部地面铺装。

手工打结羊毛地毯的技术性能指标要求有外观质量、栽绒道数和经头密度(与单位面积总质量有关)、绒头长度、规格偏差、毯形、耐光色牢度、耐摩擦色牢度、羊毛纤维含量。由于手工打结羊毛地毯的原材料是纯天然材料,因此该材料的有害物质含量无须测定,具体可查阅《手工打结羊毛地毯》(GB/T 15050—1994)中的有关要求。

2) 簇绒地毯

簇绒地毯是以人造合成纤维或天然纤维为原料,经过机器簇绒加工形成面层绒头,再与背衬材料进行复合制成的。

簇绒地毯的性能与面层纤维的种类有很大关系。在面层中掺加导电性好的纤维能极大地提高地毯的抗静电性;采用耐磨性好、阻燃的毯面纤维,则能提高地毯的耐磨性和阻燃性能。目前使用较多的是纯羊毛簇绒地毯和混纺簇绒地毯。簇绒地毯由面层、防松涂层和背衬三部分组成。图11-5是簇绒地毯的断面构造示意图。簇绒地毯的面层是由各种纤维组成的,其形式有圈绒和割绒两种。圈绒有平圈绒和高低圈绒,割绒的绒头断面有加捻和不加捻之分。加捻是指用一定的工艺对绒头进行处理而使绒头纤维粘在一起不松散的工艺。在面层纤维和初级背衬之间是防松涂层,它能固定绒头,防止次级背衬中的胶液污染面层绒头。初级背衬能固定绒头,次级背衬能提高地毯的厚实感和刚性,保证地毯外形的稳定性。

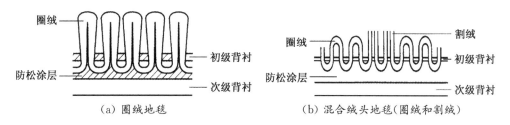

(a) 圈绒地毯　　　　　　　　　　(b) 混合绒头地毯(圈绒和割绒)

图11-5　簇绒地毯的断面构造示意图

簇绒地毯的技术性能指标有剥离强度、绒毛黏结力、耐磨性、弹性、抗静电性、抗老化性、阻燃性、防霉菌性和外观质量等。表11-9为簇绒地毯的外观质量等级标准。

表 11-9 簇绒地毯的外观质量等级标准

外观瑕疵	优等品	一等品	合格品
破损(破洞、撕裂、割伤等)	无	无	无
污渍(油污、色渍、胶渍等)	无	不明显	不明显
毯面皱折	无	无	无
修补痕迹、漏补、漏修	不明显	不明显	稍明显
脱衬(背衬黏结不良)	无	不明显	不明显
纵向、横向条痕	不明显	不明显	稍明显
色条	不明显	稍明显	稍明显
毯面不平、毯边不平直	无	不明显	稍明显
渗胶过量	无	无	不明显
脱毛、浮毛	不明显	不明显	稍明显

表 11-10 是簇绒地毯的内在质量技术要求。

表 11-10 簇绒地毯的内在质量技术要求

特性	序号	项目		单位	技术要求
基本性能	1	外观保持性:六足 12 000 次		级	≥2.0
	2	簇绒拔出力		N	割绒≥10.0、圈绒≥20.0
	3	背衬剥离强力		N	≥20.0
	4	耐光色牢度:氙弧		级	≥5、≥4(浅)
	5	耐摩擦色牢度	干	级	≥3~4
			湿		≥3
	6	耐燃性:水平法(片剂)		mm	最大损毁长度≤75;至少 7 块合格
结构规格	7	毯面纤维类型及含量	标称值	%	—
		羊毛或尼龙含量	下限允差	%	—5
	8	毯基上单位面积绒头质量、单位面积总质量	标称值	g/m²	—
			允差	%	±10
	9	毯基上绒头厚度、绒头高度、总厚度	标称值	mm	—
			允差	%	±10
	10	尺寸	幅宽 标称值	m	—
			幅宽 下限允差	%	—0.5
			卷长 标称值	m	—
			卷长 实际长度		大于标称值

注:在外观保持性方面,绒头纤维为丙纶或≥50%的涤纶混纺簇绒地毯允许低半级。割绒圈绒组合品种,分别测试、判定绒簇拔出力,割绒≥10.0 N、圈绒≥20.0 N。发泡橡胶背衬、无背衬簇绒地毯,不考核表中背衬剥离强力。在耐光色牢度方面,羊毛或≥50%的羊毛混纺簇绒地毯允许低半级。"浅"标定界限为≤1/12 的标准深度。凡是特性值未做规定的项目,由生产企业提供待定数据。表中部分数据表述遵循原文献。

簇绒地毯是地毯中用量最大的一类。它可用于会议室、办公室、接待室、宾馆客房与过道等场所的室内装饰。

3）手工枪刺胶背地毯

手工枪刺胶背地毯简称手工胶背地毯，制作方法是用手工专用枪刺工具将纱线刺入基层布料中形成绒头，然后在底衬的背面涂上胶层固定绒头。

手工胶背地毯加工简单、成本低廉、防潮、防虫蛀、阻燃、耐腐，由于地毯的厚度较薄，故弹性较差。它表面绒头的形式有圈绒、割绒和割绒圈绒组合等。

手工胶背地毯的性能指标有外观质量、尺寸偏差、绒头长度允许偏差、针步允许偏差、列数允许偏差、毯形、羊毛胶背地毯脱毛量、耐光色牢度、耐燃性、绒簇拔出力和单位面积绒头质量等。在装饰工程中使用较多的是块状手工枪刺胶背地毯，可将不同颜色的手工枪刺胶背地毯在铺设面上形成一定的花形图案，提高地面的装饰效果，而且某一处的地毯损坏后，只需将损坏的一块揭去，补上另一块相同颜色的地毯即可，使用非常方便。块状的手工枪刺胶背地毯的常用规格为 500 mm×500 mm。

手工枪刺胶背地毯可用于写字楼等办公场所的楼地面铺设，也可用于家居门垫、车辆脚垫等。该地毯在储运时不得重压，避免雨淋，防潮防火。

11.3.2　聚氯乙烯防水卷材

聚氯乙烯防水卷材是以聚氯乙烯树脂为原料制成的有机高分子防水卷材。聚氯乙烯防水卷材的防水性能优异，使用寿命长，耐老化性能好，拉伸强度高，适应环境温差变化的性能较好。卷材与基层的连接牢固，卷材之间的接缝可采用焊接方式，环保无污染。由于聚氯乙烯防水卷材具有良好的可塑性，所以在房屋边角部位用聚氯乙烯防水卷材来处理较为平顺、方便。

聚氯乙烯防水卷材根据其防水构造的不同分为均质的聚氯乙烯防水卷材、带纤维背衬的聚氯乙烯防水卷材、织物内增强的聚氯乙烯防水卷材、玻璃纤维内增强的聚氯乙烯防水卷材、玻璃纤维内增强带纤维背衬的聚氯乙烯防水卷材等品种。

均质的聚氯乙烯防水卷材是不采用内增强材料或背衬材料的聚氯乙烯防水卷材。

带纤维背衬的聚氯乙烯防水卷材是指用聚酯无纺布等织物复合在卷材表面下的聚氯乙烯防水卷材。

织物内增强的聚氯乙烯防水卷材是指用聚酯或玻璃纤维网格布在卷材中间增强的聚氯乙烯防水卷材。

玻璃纤维内增强的聚氯乙烯防水卷材是在卷材内加入短切玻璃纤维或玻璃纤维无纺布，对拉伸性能等力学性能无影响，仅提高产品尺寸稳定性的聚氯乙烯防水卷材。

玻璃纤维内增强带纤维背衬的聚氯乙烯防水卷材是在卷材中加入短切玻璃纤维或玻璃纤维无纺布，并用织物等复合在卷材下层的聚氯乙烯防水卷材。

均质的聚氯乙烯防水卷材的代号为 H，带纤维背衬的聚氯乙烯防水卷材的代号为 L,织物内增强的聚氯乙烯防水卷材的代号为 P,玻璃纤维内增强的聚氯乙烯防水卷材的代号为 G,玻璃纤维内增强带纤维背衬的聚氯乙烯防水卷材的代号为 GL。

聚氯乙烯防水卷材的长度有 15 m、20 m 和 25 m,宽度为 1.0 m 和 2.0 m,厚度为 1.2 mm、1.5 mm、1.8 mm 和 2.0 mm。

聚氯乙烯防水卷材的标记方法为产品名称+是否外露使用+类型+厚度+长度+宽度+国标号,如长度为 20 m、宽度为 2.0 m、厚度为 1.5 mm、L 类外露使用的聚氯乙烯防水卷材标记为"PVC 卷材　外露　L 1.5 mm/20 m×2.00 m GB 12952—2011"。

聚氯乙烯防水卷材的性能指标有尺寸偏差、外观质量和理化指标等。

长度和宽度应不小于标准规格的 99.5%,最小厚度应不小于 1.2 mm,厚度允许偏差见表 11-11 中的要求。

表 11-11　聚氯乙烯防水卷材厚度允许偏差

厚度/mm	允许偏差/%	最小单值/mm
1.20		1.05
1.50	−5～+10	1.35
1.80		1.65
2.00		1.85

在外观质量方面,卷材的接头不应多于一处,其中较短的一段长度不应小于 1.5 m,接头应整齐,并应加长 150 mm,卷材表面应平整,无裂纹、孔洞、黏结、气泡和疤痕。

聚氯乙烯防水卷材的理化指标有拉伸性能、热处理尺寸变化率、低温弯折性、不透水性、抗冲击性能、抗静态荷载能力、直角撕裂强度、接缝剥离强度、梯形撕裂强度、吸水率、耐化学性能、耐久性等,具体指标值可查阅《聚氯乙烯(PVC)防水卷材》(GB 12952—2011)中的规定。

采用机械固定方法施工的单层屋面卷材,抗风揭力能的模拟风压等级应不低于 4.3 kPa。

聚氯乙烯防水卷材应存放在通风、干燥的地方,贮存温度不应高于 45℃,不同类型和规格的卷材应分别堆放,平放时的堆放高度不应超过五层,立放时单层堆放,禁止与酸碱油类的有机溶剂接触。

第 11 章思考题

1. 什么是纸基织物墙纸?壁纸的性能指标有哪些?
2. 金属墙纸有哪些特点,一般用于哪些装饰场所?
3. 柔性灯箱广告喷绘布的特点有哪些,主要用于什么装饰部位?
4. 什么是矿物棉装饰吸音板?它有哪些性能指标要求?

5. 钢丝网架水泥聚苯乙烯夹芯板的组成构造是什么,可用于什么建筑部位?
6. 簇绒地毯的组成构造是什么,有哪些性能指标要求?
7. 聚氯乙烯防水卷材有哪些品种,如何标记?
8. 试设计一块尺寸为 2 400 mm(宽度)×5 000 mm(长度)的编织地毯的表面纹样图案。

12 金属类装饰工程材料

金属作为装饰工程材料有着悠久的历史。金属材料在古代时常用作入户大门上的拉手、辅首、铜钉和家具上的装饰五金配件等,甚至整个建筑都采用金属材料的也有很多,如颐和园的铜亭、泰山顶上的铜殿、昆明的金殿等。由于金属类装饰工程材料坚固耐用,有独特的质感,表面可制成各种颜色,有一定的光泽度,庄重华贵,安装方便,因此该类材料在高档装饰场所中得到了很好的运用。二十国集团领导人杭州峰会主会场顶面上的大型金属铜制斗拱构件,不仅彰显了会场的宏大气势,而且突出了具有中国特色的室内设计风格。会场入口大门上的铜质长拉手表面镂刻了精美的中式传统纹饰,展现了中国文化的风采。此外,不锈钢板或铜板包柱、墙面和顶棚镶贴的铝合金板、不锈钢管或铜管的扶手、铝合金门窗等都是金属材料在工程中的运用实例。

钢材是铁冶炼合格后,经过一系列加工形成的产品。钢材在国民经济各个领域的用途十分广泛,本书主要介绍常用建筑工程用钢制品、铝合金制品和铜制品。

12.1 常用建筑钢材

钢材具有优良的特性,材质均匀,性能可靠,有较高的强度和较好的塑性、韧性,可承受各类荷载,加工性能优良,可焊、铆,能制成各种形状的型材和零件。建筑用钢制品包括各种型钢、钢板、钢管、钢丝和钢丝绳。

12.1.1 钢的冶炼和分类

1) 钢的冶炼

铁矿石经过冶炼后得到铁,铁再进一步冶炼后制得钢。钢与铁是按其中的含碳量高低来划分的:含碳量超过 2% 的铁碳合金被称为生铁,含碳量小于 2% 的铁碳合金被称为钢,含碳量小于 0.02% 的铁碳合金则被称为熟铁。

将铁矿石送入炼铁炉内熔化,并以碳还原其中的氧化铁而制得生铁。此时生铁中由于含有较多的碳以及其他杂质,故材性脆,强度较低,实用价值不高。再将生铁放入炼钢炉中重新熔化,输入氧气,使其中所含的碳元素经过氧化后变成一氧化碳(CO),其他杂质氧化后则随钢渣排出炉外,从而使铁中的杂质含量大大减少,提升了铁的强度、韧性和塑性,完成了由生铁向钢的转化。

为改善碳素钢的某些性能,在钢铁冶炼的过程中人为地加入一种或几种其他合金元素,制成的钢材被称为合金钢。常用的合金元素有硅(Si)、锰(Mn)、铬(Cr)、镍

（Ni）、钛（Ti）、钒（V）等。其中，锰的加入能够提高钢的淬透性能，降低钢的淬火温度；钛能够提高钢材的抗氧化性能；镍能提高钢铁的淬透性能、塑性和韧性。

2）钢的分类

钢材的品种可按冶炼方法、化学成分、质量等级、用途和内部组织结构等标准进行分类。

（1）按冶炼方法分类

钢材按炉种不同分为平炉钢、转炉钢（氧气转炉钢、空气转炉钢）、电炉钢。目前炼钢炉有平炉、转炉和电炉。电炉炼制的钢材质量最好，但成本高。建筑用的钢材多为平炉和转炉炼制的。

钢材按其在炼制时的脱氧程度和浇注方式不同，分为半镇静钢、镇静钢、特殊镇静钢和沸腾钢。镇静钢在浇铸时，钢液较为平静地冷却凝固。沸腾钢的脱氧不充分，浇铸后在钢液冷却时有大量的一氧化碳气体外逸，从而引起钢液激烈沸腾，故称沸腾钢。

沸腾钢与镇静钢相比，沸腾钢中的碳和有害杂质磷、硫等的偏析（元素在钢中分布不均，富集于某些区间的现象称之为偏析）较严重，钢的致密程度较差。所以沸腾钢的冲击韧性和可焊性较差，特别是低温冲击韧性的降低更加显著。从经济上比较，沸腾钢只消耗了少量的脱氧剂，钢锭的收缩孔减少，成品率较高，所以成本较低。

（2）按化学成分分类

碳素钢分为低碳钢（含碳量<0.25%）、中碳钢（含碳量为0.25%~0.60%）和高碳钢（含碳量>0.60%）；合金钢分为低合金钢（合金元素总含量<5%）、中合金钢（合金元素总含量为5%~10%）和高合金钢（合金元素总含量>10%）。

（3）按质量等级分类

钢材按其质量等级分为普通钢（含磷量≤0.045%、含硫量≤0.050%）、优质钢（含磷量≤0.035%、含硫量≤0.040%）和高级优质钢（含磷量≤0.030%、含硫量≤0.020%）。

（4）按用途分类

钢材按其用途分为结构钢（建筑、桥梁、船舶、锅炉、轴承等）、工具钢（量具钢、刀具钢、模具钢）、特殊钢（不锈钢、耐热钢、耐磨钢、电工用钢等）。

（5）按内部组织结构分类

钢材按其内部组织结构分为铁素体、奥氏体、珠光体、马氏体、贝氏体和双相等。

3）钢铁产品牌号表示方法

钢铁产品牌号的表示方法可遵循《钢铁产品牌号表示方法》（GB/T 221—2008）或《钢铁及合金牌号统一数字代号体系》（GB/T 17616—2013）中的要求。《钢铁产品牌号表示方法》（GB/T 221—2008）中对钢铁产品牌号的表示要求如下：

（1）钢铁产品牌号通常采用大写汉语拼音字母、化学元素符号和阿拉伯数字相结合的方法表示。

（2）采用汉语拼音字母或英文字母表示产品名称、用途、特性和工艺方法时，一般从产品名称中选择有代表性的汉字的汉语拼音首位字母或英文单词的首位字母。当和另一产品所取字母重复时，改换第二个字母或第三个字母，或同时选取两个（或多个）汉字或英文单词的首位字母。采用汉语拼音字母或英文字母时，原则上只取一个，一般不超过三个。

（3）产品牌号中各组成部分的表示方法应符合相应的规定，各部分按顺序排列，如无必要可省略相应部分。字母、符号及数字之间应无间隙。

（4）产品牌号中的元素含量用质量分数表示。

如碳素结构钢的牌号由四个部分组成：第一部分——前缀符号＋强度值（单位为 MPa 或 N/mm²），前缀符号见国家规定符号；第二部分（必要时）——钢的质量，用英文字母 A、B、C、D、E、F 表示；第三部分（必要时）——脱氧方式，分别以 F、b、Z、TZ 表示沸腾钢、半镇静钢、镇静钢和特殊镇静钢；第四部分（必要时）——产品用途、特性和工艺方法表示符号，见国家规定符号。Q215A 表示屈服强度≥215 MPa、质量等级为 A 级的碳素结构钢。

优质碳素结构钢和优质碳素弹簧钢的牌号、易切削钢的牌号、合金结构钢和合金弹簧钢、碳素工具钢、合金工具钢、轨道钢和冷镦钢、不锈钢、耐热钢和焊接用钢的具体组成内容见《钢铁产品牌号表示方法》（GB/T 221—2008）中的规定。如合金结构钢 18MnMoNbER 的含义为平均含碳量≤0.22％，锰含量为 1.20％～1.60％，钼含量为 0.45％～0.65％，铌含量为 0.025％～0.050％，特级优质钢，锅炉和压力容器用钢。

12.1.2 钢材的化学成分对钢材性能的影响

钢材中的主要化学元素为铁（Fe），另外还含有少量的碳（C）、硅（Si）、锰（Mn）、硫（S）、磷（P）、氧（O）、氮（N）等，这些少量元素对钢材性能的影响很大。

钢材中的含碳量、各种合金含量和杂质元素等对钢材的性能有着很大的影响。钢材中的含碳量低，则钢材的强度低，但塑性好，延伸率和冲击韧性高，钢质较软，易于冷加工、切削和焊接；钢材中的含碳量高，则强度高（当含碳量超 1％时，强度开始下降），硬度大，性脆，不易加工，塑性和冷弯性能下降。钢的机械性能与含碳量的关系如图 12-1 所示。普通碳素钢的含碳量为 0.06％～0.062％，其中，σ_b 是钢材的抗拉强度；α_k 是冲击韧性值；HB 是硬度；Ψ 为面积缩减率；δ 为钢材的伸长率。

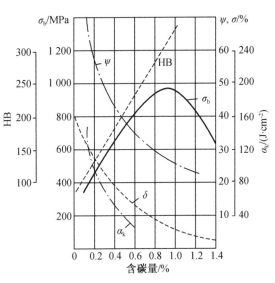

图 12-1　含碳量对热轧碳素钢性能的影响

磷和硫是钢材中的有害元素，含量过高会严重影响钢材的塑性和韧性。钢中的磷能全部溶于铁素体中。磷有强烈的固溶强化作用，使钢的强度、硬度增加，但塑性、韧性显著降低。低温时，过多的磷生成脆性较大的磷化铁（Fe_3P），且易偏析在界面上，使钢材的脆性进一步加强。因而钢铁中磷的含量过多可使钢材出现冷脆破坏。硫在钢铁中以硫化亚铁(FeS)的形态存在,FeS的可塑性较差,含硫多的钢铁脆性较大。FeS和Fe的共晶物在高温时会熔解,钢材易沿晶界发生开裂,使得钢材的强度急剧下降,也就是发生热脆性破坏。平炉钢的含硫量不大于0.055%,含磷量不大于0.045%。硅、锰元素能使钢材的强度和硬度提高,且塑性、韧性不降低。

12.1.3 钢材的力学性能

钢材的力学性能是钢材在特定的条件下承受荷载时的特性,包括拉伸性能、塑性、冲击韧性、冷弯性能和硬度等,这也是其他金属如铝、铜等材料所要求的性能。金属材料作为结构用材时,力学性能是设计的重要依据。

1) 拉伸性能

图12-2是钢材在拉力作用下的应力—应变图。在钢材拉伸的初始阶段,应力和应变之间存在着线性(正比例)关系,当荷载卸去,变形完全消失,此阶段被称为弹性阶段,图上以 OA 区间表示。当荷载达 B 点时,应力不增加,但是变形在增大,此阶段被称为屈服阶段,图上以 AB 区间表示,在此阶段内的最低应力值被称为屈服强度(σ_s)。当荷载继续提高,变形进一步增加,表现在拉伸图上,曲线又呈现上升趋势,此阶段被称为强化阶段,图上以 BC 区间表示。最后试件出现颈缩断裂破坏,图

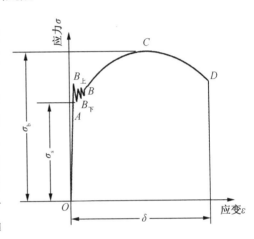

图12-2 钢材在拉力作用下的应力—应变图

上以 CD 区间表示。在拉伸试验过程中,最大应力值被称为抗拉强度(σ_b)。屈服点与抗拉强度的计算公式如下:

$$\sigma_s = \frac{P_s}{A} \tag{12-1}$$

和

$$\sigma_b = \frac{P_b}{A} \tag{12-2}$$

式中:σ_s——屈服强度(MPa);σ_b——抗拉强度(强度极限)(MPa);P_s——屈服荷载($B_下$)(N);P_b——破坏荷载(N);A——试件截面面积(mm^2)。

2) 塑性

钢材的塑性用断后伸长率(δ)表示,其计算式为

$$\delta = \frac{L_1 - L_0}{L_0} \tag{12-3}$$

式中:δ——断后伸长率;L_1——试样拉断后的标距长度(mm),具体量取方法见国家

有关标准；L_0——试样原始状态的标距长度(mm)。

钢材的断后伸长率大，则钢材的塑性好，冷加工性能好，钢材的使用也越安全。

3）冲击韧性

α_k是冲击韧性值，是指钢材抵抗冲击荷载的能力，以冲击试验试件被破坏时单位面积上所消耗的功来表示。图12-3是钢材冲击韧性试验示意图。钢材的α_k愈大，冲击韧性愈好。钢材的冲击韧性与钢材的化学成分、显微组织、冶炼方法及试验条件等有很大关系。

钢材的冷脆性是指环境温度降至一定数值时，钢材冲击韧性突然下降很多且呈脆性的状态。冷脆性是钢结构在冬季发生工程事故的主要原因。冲击吸收功随温度的降低而减少，当试验温度降低到某一温度范围时，其冲击吸收功急剧降低，使试样的断口由韧性断口过渡为脆性断口。这个温度范围被称为脆性转变温度范围。在此温度范围内，以试样断口上出现50%的面积脆性断口时的温度为脆性转变温度。脆性转变温度的高低是检测钢材质量的重要指标。脆性转变温度越低，钢材的低温冲击韧性越好。

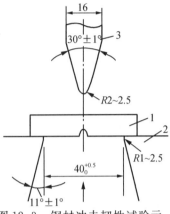

图12-3　钢材冲击韧性试验示意图(单位:mm)

注:1—试样;2—支撑面;3—重锤。R为半径。

4）冷弯性能

钢材的冷弯性能是指在静荷载作用下，钢材处于不利变形条件时的塑性特征。冷弯试验是在常温条件下，试件以一定的弯心直径(d)弯曲到规定的角度(90°或者180°)时，试件弯曲处无裂纹、无断裂或不起层为冷弯合格。试验时弯心直径(d)愈小、弯曲角度愈大，则表示钢材的冷弯性能愈好。图12-4为钢材冷弯试验示意图。

冷弯试验是通过试件弯曲处的塑性变形实现的。它和伸长率一样，表明钢材在静荷载作用下的塑性。冷弯是钢材处于不利变形条件下的塑性，而伸长率则是反映钢材

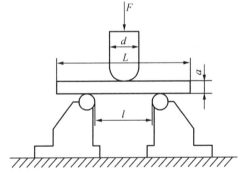

图12-4　钢材冷弯试验示意图

注:F—加在弯心上的力;L—试样长度;a—试样厚度;d—弯心直径;l—支辊间距。

在均匀变形下的塑性。冷弯试验是一种比较严格的检验，能揭示钢材内部是否存在组织不均匀、内应力和夹杂物等缺陷。在钢材的拉伸试验中，以上缺陷常因塑性变形导致应力重分布而使实验结果得不到真实反映。

冷弯试验也是对钢材焊接质量的一种严格检验，它能揭示焊件的焊缝处是否存在未熔合、微裂纹和夹杂物等。

5）硬度

钢材的硬度是其力学性能指标的重要体现。硬度是衡量钢材软硬程度的指标，通过测定材料的硬度可以间接地得到材料其他力学性能的数值。材料硬度的高低与材

料的成分、组织及结构等因素有着紧密的联系。硬度的测试比较方便,一般不损伤零件,且不受被测材料大小、脆韧等因素的限制。

洛氏硬度试验法是目前应用最为广泛的硬度试验方法。该试验法操作简单,压痕小,可在工件表面或较薄的金属上试验。该试验法采用不同的压头和载荷,可以测出从极软到极硬材料的硬度。

洛氏硬度测试的方法是用一个顶角为120°的金刚石圆锥体或直径为1.588 mm的淬火钢球为压头,在规定的荷载作用下压入被测钢材表面,然后根据压痕深度确定试件的硬度值。

12.1.4 钢材的加工性能

1) 钢材的冷加工及时效强化

钢材在常温下进行冷拉、冷拔或冷轧等,使之产生塑性变形,从而提高其屈服强度的过程被称为冷加工强化。

钢材经过冷加工后,强度能够得到增强的原因是钢材在塑性变形中晶格的缺陷增多,而缺陷使晶格严重畸变,对晶格进一步的滑移起到阻碍作用,故钢材的屈服点提高,塑性、韧性降低。钢材由于在塑性变形中产生了相应的内应力,故钢材的弹性模量降低。

工程中常利用钢材的冷加工强化原理对钢筋或低碳钢盘条进行冷拉或冷拔加工,以提高其屈服强度,从而节约钢材用量。

将经过冷拉的钢筋在常温下存放15～20天,或加热到100～200℃并保持一定时间,这个过程被称为时效处理,前者被称为自然时效,后者被称为人工时效。

冷拉以后再经时效处理的钢筋,其屈服点进一步提高,抗拉极限强度稍见增长,塑性继续降低。由于时效过程中内应力消减,故弹性模量可基本恢复。

2) 钢材的热处理

热处理是将钢材按一定的规则进行加热、保温和冷却,以改变其组织,从而获得某些性能的一种工艺。热处理的方法有退火、正火、淬火和回火。建筑钢材一般只在生产车间内进行处理并以热处理状态供应。施工现场进行钢材热处理的情况比较少见。

3) 钢材的焊接性能

钢材的焊接性能指的是材料在一定的焊接方法、焊接材料、焊接工艺参数和结构形式条件下获得所需性能的优质焊接接头的难易程度。

焊接性能包括两个部分:工艺焊接性能,即在一定的工艺条件下,材料形成焊接缺陷的可能性;使用性能,即在一定的工艺条件下,焊接接头在使用过程的可靠性,含接头的力学性能、耐高温性能、耐腐蚀性能、抗疲劳性能等。

从宏观层面来看,焊接是指通过加热、加压金属的方式,将两个或两个以上的金属材料结合在一起的加工工艺。从微观层面来看,焊接是指通过适当的物理和化学过程,使两个分离的固态物质(工件)产生原子间或分子间结合力而成为一体的连接方法。

焊接是钢结构的主要连接方式,占钢结构连接方式总量的90%以上。在装饰工程的钢结构工程施工中,焊接的作业方式大量应用于门面型钢骨架的连接、幕墙工程骨架的固定、吊顶工程钢骨架反支撑的设置、不锈钢栏杆的安装等。

钢材的可焊性是指钢材在一定的焊接工艺条件下,焊缝及热影响区的材质是否与被焊钢材的材质基本一致的特性。钢材的焊接性能反映钢材之间通过焊接的方法连接在一起后强度、韧性等因素的综合特性,也指钢材适应焊接方法和焊接工艺的能力。钢材焊接性能的好坏决定了钢材能否用于焊接结构上。

钢结构的焊接方式分为熔焊、压焊和钎焊:熔焊有焊条电弧焊、埋弧焊、钨极氩弧焊等;压焊有电阻焊和摩擦焊;钎焊有火焰钎焊和炉中钎焊。

焊条电弧焊的接头是由被焊接金属和焊缝金属二者熔合连接而成的。焊缝金属是焊接时在电弧的高温之下由焊条金属熔化而成,电弧的高温同时也使被焊接金属的边缘部分熔化,与熔融的焊条金属通过扩散作用均匀而紧密地熔合在一起,有助于金属间的牢固联结。焊条电弧焊的操作灵活,可焊材料广,对焊接部位的要求较低,但生产效率较低,劳动强度大,影响焊接质量的因素较多。焊条电弧焊常用于普通钢材之间的连接。表12-1是焊条直径与被焊工件关系表。埋弧焊适用于厚度较大工件的焊接。钨极氩弧焊主要用于铝、镁及其合金、不锈钢、高温合金、钛及钛合金和难熔金属工件的焊接。

表 12-1　焊条直径与被焊工件关系表(单位:mm)

焊件厚度	2.0	3.0	4.0~5.0	6.0~12.0	>13.0
焊条直径	2.0	3.2	3.2~4.0	4.0~5.0	4.0~6.0

焊接的特点是在较短的时间内达到很高的温度,金属熔化的体积很小,由于金属传热快,故冷却的速度很快。因为以上特点,在焊件中常产生复杂的、不均匀的反应和变化,存在剧烈的膨胀和收缩,焊件易产生变形、内应力和组织的变化。

焊接常见缺陷有以下两种:一是焊缝金属缺陷,即裂纹(主要是热裂纹)、气孔、夹杂物(夹渣、脱氧生成物和氮化物)。二是基体金属热影响区的缺陷,即裂纹(冷裂纹)、晶粒粗大和析出脆化(碳、氮等原子在焊接过程中形成碳化物或氮化物,于缺陷处析出,使晶格畸变加剧,从而引起脆化)。

焊接件加工后的主要力学指标是强度、塑性、韧性和耐疲劳性等。焊接缺陷可使焊件的塑性和冲击韧性降低。焊件的质量主要取决于焊接工艺和焊接材料是否适宜,以及钢材本身的焊接性能。

12.1.5　钢材的防腐蚀性能

钢铁在某些介质(如空气、水、酸、碱等)的作用下被破坏的现象被称为腐蚀。钢材根据其腐蚀机理不同分为化学腐蚀和电化学腐蚀。

化学腐蚀是钢材直接与周围介质进行化学反应后产生的。常见的化学腐蚀是氧化反应,在钢材的表面形成疏松且易溶解的氧化产物——四氧化三铁(Fe_3O_4)。

电化学腐蚀是在钢材表面形成电池结构而出现的腐蚀现象。钢材内含有电极电位不同的各类材料,如果此时钢材表面存在水膜,就自然形成了微电池结构,铁被氧化后产生了氢氧化铁[$Fe(OH)_3$]。

钢材腐蚀后不仅影响钢材制品的外观,而且给钢结构的使用安全性带来极大的影响,甚至会产生极端的结构破坏,因而钢材的防腐就显得十分重要。

钢材的防腐措施通常有四种:一是结构改变法。通过在钢材中加入合金元素,改变钢材原有的组织结构,使得腐蚀难以进行,如不锈钢材料。二是涂层法。在钢材表面设置防腐面层,使钢材与腐蚀介质之间隔离开来,如在钢材表面涂饰涂料、热镀、电镀等,此类方法需经常维护保养。其中热镀锌法是通过热镀工艺在钢材的表面形成一层致密的金属锌面层。锌的化学性能比较活泼,会在钢材表面形成一层由氧化锌、碳酸锌和氢氧化锌组成的致密氧化膜,氧化膜层能够很好地阻止钢材的氧化反应。三是阴极保护法。就是利用电池原理,在钢材表面附加性能活泼的其他金属材料来取代钢材的腐蚀,从而消除引起钢材化学腐蚀的电池反应。需要经常增加充当腐蚀的金属材料数量。四是介质处理法。通过对腐蚀介质的处理实现防腐的目的,主要是消除腐蚀介质的存在。介质处理法的常见方法是保持钢材表面干燥,避免水分附着在钢材上。

12.1.6 碳素结构钢性能和建筑工程用钢

1) 碳素结构钢性能

按《钢铁产品牌号表示方法》(GB/T 221—2008)中的规定,碳素结构钢牌号由代表屈服点的字母"Q"、屈服点数值、质量等级、脱氧方法等部分按顺序组成。常用的屈服点数值有 195 N/mm²、215 N/mm²、235 N/mm² 和 275 N/mm² 四种。碳素结构钢的牌号及化学成分见表 12-2。碳素结构钢的力学性能应符合表 12-3 中的要求。碳素结构钢的冷弯性能指标见表 12-4。

表 12-2 碳素结构钢的牌号及化学成分

牌号	代号	等级	厚度/mm	脱氧方法	化学成分(质量分数),不大于/%				
					C	Si	Mn	P	S
Q195	U11952	—	—	F、Z	0.12	0.30	0.50	0.035	0.040
Q215	U12152	A	—	F、Z	0.15	0.35	1.20	0.045	0.050
	U12155	B							0.045
Q235	U12352	A	—	F、Z	0.22	0.35	1.40	0.045	0.050
	U12355	B			0.20				0.045
	U12358	C		Z	0.17			0.040	0.040
	U12359	D		TZ				0.035	0.035
Q275	U12752	A	—	F、Z	0.24	0.35	1.50	0.045	0.050
	U12755	B	≤40	Z	0.21			0.045	0.045
			>40		0.22				
	U12758	C	—	Z	0.20			0.040	0.040
	U12759	D		TZ				0.035	0.035

表 12-3　碳素结构钢的力学性能

牌号	等级	屈服强度 R_{eH}/MPa						抗拉强度 R_m/MPa	断后伸长率 A,不小于/%					冲击试验（纵向）	
		厚度（或直径）/mm							厚度（或直径）/mm					温度/℃	冲击功,不小于/J
		≤16	16～40	40～60	60～100	100～150	150～200		≤40	40～60	60～100	100～150	150～200		
Q195	—	195	185	—	—	—	—	315～430	33	—	—	—	—	—	
Q215	A	215	205	195	185	175	168	335～450	31	30	29	27	26	—	
	B													+20	27
Q235	A	235	225	215	215	195	185	370～500	26	25	24	22	21	—	27
	B													+20	
	C													0	
	D													−20	
Q275	A	275	265	255	245	225	215	410～540	22	21	20	18	17	—	27
	B													+20	
	C													0	—
	D													−20	—

注:Q195 的屈服强度值仅供参考,不作为交货条件。厚度大于 100 mm 的钢材抗拉强度下限允许降低 20 MPa。宽带钢(包括剪切钢板)的抗拉强度上限不作为交货条件。厚度小于 25 mm 的 Q235 B 级钢材,如供方能保证冲击吸收功值合格,经需方同意可不进行检验。

表 12-4　碳素结构钢的冷弯性能指标

牌号	试样方向	冷弯试验 180°,$B＝2a$	
		钢材厚度或直径/mm	
		≤60	60～100
		弯心直径 d	
Q195	纵	0	—
	横	0.5a	
Q215	纵	0.5a	1.5a
	横	a	2a
Q235	纵	a	2a
	横	1.5a	2.5a
Q275	纵	1.5a	2.5a
	横	2a	3a

注:B 为试样宽度;a 为试样厚度或直径。

2）建筑工程用钢

建筑工程用钢的品种主要为碳素结构钢、优质碳素结构钢、低合金高强度结构钢、合金钢、耐候结构钢、桥梁用结构钢等。该类钢具体的产品有钢筋混凝土热轧光圆钢筋、钢筋混凝土热轧带肋钢筋、型钢等。

（1）钢筋混凝土热轧光圆钢筋

钢筋混凝土热轧光圆钢筋是经热轧成型并自然冷却,横截面通常为圆形且表面光滑的混凝土配筋用钢材,主要用于中、小预应力混凝土构件或普通钢筋混凝土构件。

钢筋混凝土热轧光圆钢筋的公称直径有 6 mm、8 mm、10 mm、12 mm、14 mm、16 mm、18 mm、20 mm 和 22 mm 等规格,其性能指标可查阅《钢筋混凝土用钢　第 1 部分:热轧光圆钢筋》(GB/T 1499.1—2017)中的规定。

（2）钢筋混凝土热轧带肋钢筋

钢筋混凝土热轧带肋钢筋的截面是圆形,且表面有两条纵肋和沿长度方向均匀分布的横肋的钢筋。这种钢筋与混凝土的黏结能力比光圆钢筋更强,能够更好地与混凝土一起承受外荷载的作用。它主要用在大型、重型、轻质薄壁和高层建筑结构上面。

钢筋混凝土热轧带肋钢筋的公称直径有 6 mm、8 mm、10 mm、12 mm、14 mm、16 mm、18 mm、20 mm、22 mm、25 mm、28 mm 和 32 mm 等规格,其性能指标可查阅《钢筋混凝土用钢　第 2 部分:热轧带肋钢筋》(GB/T 1499.2—2017)中的规定。

钢筋中还有钢筋混凝土用余热处理钢筋、预应力混凝土用螺纹钢筋、热轧带肋钢筋、高延性冷轧带肋钢筋等等。

（3）型钢

型钢是指横截面为特殊形状的一类钢材制品,普通型钢又分为碳素结构钢和低合金高强度结构钢,主要用于建筑受力结构上。型钢按生产方式不同分为热轧（锻）型钢、冷弯型钢、冷拉型钢、挤压型钢和焊接型钢,按截面形状不同分为圆钢、方钢、扁钢、六角钢、等边角钢、不等边角钢、工字钢、槽钢和异型型钢。异型型钢有窗框钢、门框钢等。

热轧圆钢和方钢常用于制造螺栓、钢筋或机械零件。热轧六角钢用于制造六角螺母、工具等。扁钢用于栏杆扶手、栅栏的制作。

热轧等边角钢、热轧不等边角钢、热轧工字钢、热轧槽钢、圆形冷弯空心型钢、方形冷弯空心型钢、矩形冷弯空心型钢等分别用 $\angle b \times d$、$\angle B \times b \times d$、$\mathrm{I}\, h$、$[\,h$、$\varnothing D \times t$、$\square B \times t$、$\square H \times B \times t$ 表示。热轧等边角钢代号中的 b 和 d 分别为角钢的边宽和边厚;热轧不等边角钢代号中的 B、b 和 d 分别为角钢的长边边宽、短边边宽和边厚;热轧工字钢代号中的 h 为工字钢截面高度;热轧槽钢代号中的 h 为槽钢截面高度;圆形冷弯空心型钢代号中的 D 和 t 分别为外圆直径和壁厚;方形冷弯空心型钢代号中的 B 和 t 分别为截面的边长和壁厚;矩形冷弯空心型钢代号中的 H、B 和 t 分别为截面的长边宽度、短边宽度和壁厚。

各类型钢的相关具体技术指标可查阅国标的有关规定。图 12-5 是常见建筑钢材的外形示意图。

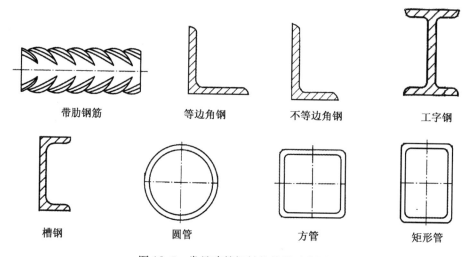

带肋钢筋　　　　等边角钢　　　　不等边角钢　　　　工字钢

槽钢　　　　圆管　　　　方管　　　　矩形管

图 12-5　常见建筑钢材的外形示意图

12.2　建筑装饰用钢材制品

建筑装饰工程中常用的钢材制品有普通不锈钢及其制品、彩色不锈钢、彩色涂层钢板和彩色压型钢板、搪瓷装饰钢板及轻钢龙骨等。

12.2.1　普通不锈钢及其制品

1) 不锈钢的一般特性

据资料统计,每年全世界有上千万吨的钢材遭到腐蚀而损坏。所以钢材制品的耐腐蚀性能是钢材使用过程中必须考虑的因素。使用不锈钢产品是预防钢材制品发生腐蚀的重要手段。

不锈钢是指在大气、水、酸、碱和盐等溶液或其他腐蚀介质中具有一定化学稳定性的钢制品。普通不锈钢有一定的强度,表面为银白色,有银色金属材料的高冷感,加工性能优异,耐蚀性、耐磨性好,无毒无害,卫生洁净。

不锈钢材料之所以有不锈性甚至是耐蚀性的原因是在钢材制品中加入了合金元素铬。随着铬含量的增加,钢材的不锈性和耐蚀性也随之增加。当铬含量增至某一数值时,不锈钢的耐蚀性趋于稳定。不锈钢中的合金元素除了铬以外,还有镍(Ni)、锰(Mn)、钛(Ti)、硅(Si)等,这些元素的品种和含量的高低都能影响不锈钢的强度、塑性、韧性和耐蚀性。

2) 不锈钢的品种和牌号

不锈钢按组织结构不同分为奥氏体型、奥氏体＋铁素体型、铁素体型、马氏体型和沉淀硬化型五类。表12-5是铁素体不锈钢的牌号和化学成分。其余类型不锈钢的牌号和化学成分可查阅国家有关标准。

表 12-5 铁素体不锈钢的牌号和化学成分

牌号	化学成分/%					
	碳(C)	硅(Si)	锰(Mn)	磷(P)	硫(S)	镍(Ni)
06Cr13Al	0.08	1.00	1.00	0.04	0.03	(0.60)
022Cr12	0.03	1.00	1.00	0.04	0.03	(0.60)
10Cr17	0.12	1.00	1.00	0.04	0.03	(0.60)
Y10Cr17	0.12	1.00	1.25	0.03	≥0.15	(0.60)
10Cr17Mo	0.12	1.00	1.00	0.04	0.03	(0.60)
008Cr27Mo	0.01	0.40	0.40	0.03	0.02	—
00Cr30Mo2	0.01	0.40	0.40	0.03	0.02	—

牌号	化学成分/%				
	铬(Cr)	钼(Mo)	铜(Cu)	氮(N)	其他元素
06Cr13Al	11.50~14.50	—	—	—	铝(Al) 0.10~0.30
022Cr12	11.00~13.50	—	—	—	
10Cr17	16.00~18.00	—	—	—	
Y10Cr17	16.00~18.00	(0.60)	—	—	
10Cr17Mo	16.00~18.00	0.75~1.25	—	—	
008Cr27Mo	25.00~27.50	0.75~1.50	—	0.015	
00Cr30Mo2	28.50~32.00	1.50~2.50	—	0.015	

注:各化学成分按质量分数测量,即各合金质量与试件总质量的百分比。

不锈钢按其面层的颜色不同分为普通不锈钢和彩色不锈钢;按其面层的光泽不同分为亚光不锈钢和镜面不锈钢;按抗腐蚀性能的不同分为普通不锈钢和耐蚀不锈钢,前者具有耐大气和水蒸气侵蚀的能力,后者除对大气和水汽有抗蚀能力外,还对某些化学侵蚀介质(如酸、碱、盐溶液)具有良好的抗蚀性;按其用途分为建筑用不锈钢、化学设备用不锈钢、核反应堆用不锈钢和机械制造用不锈钢。

建筑用不锈钢主要用于建筑外立面的各种构件的制作和室内外装饰饰面。不锈钢建筑构件有檐口处天沟(排水沟)、落水管、防盗窗格栅、花架、晒衣架、栏杆扶手、柱子或坡屋面的面层、电梯内壁板、装饰线条和各类基体的装饰面。

不锈钢有多个牌号,如 1Cr18Ni9Ti、10Cr17Mo 和 Y12Cr13 等。牌号中的第一个数字代表钢的含碳量为万分之几,牌号中的字母代表所含的合金元素,字母后面的数字代表合金含量为百分之几。低于百分之一含量的合金可以不标数字。Y 为优质钢。

3) 不锈钢的加工工艺

不锈钢材料的表面用特殊工艺处理后,可提高不锈钢的耐蚀性和美观性能。不锈钢的加工工艺主要有钝化、化学着色和电腐蚀等,不锈钢在加工之前应经过预处理工序,预处理的内容有磨光、抛光、喷砂、除油、去毛刺等。预处理是不锈钢进入表面处理工序前的重要准备阶段,是对不锈钢表面的油污、毛刺和粗糙的氧化层进行清除。

磨光是用磨光轮对不锈钢表面进行磨削加工,去除表面的毛刺、氧化皮、锈蚀、划伤、焊瘤、焊渣等。

抛光一般是用抛光轮对不锈钢表面进行打磨,降低材料表面的粗糙度,从而产生镜面效果。不锈钢抛光工艺还有化学抛光法和电化学抛光法。

喷砂是用压缩空气将石英砂高速撞击在不锈钢材料的表面,使得不锈钢表面变得粗糙。喷砂可以获得粗犷的质感,同时也去除了不锈钢表面的氧化皮和型砂。

除油就是将不锈钢表面的油污用有机溶剂、化学药剂、电解法、滚筒滚光等方法进行清除。

离心滚光和旋转光饰方法可用于清除不锈钢表面的毛刺。

由于不锈钢表面自然形成的氧化皮的完整性不强,氧化皮表面的装饰性较差。当氧化皮中出现新的氧化物时,由于体积的差异,金属表面会产生应力作用,而氧化物与基体的热膨胀系数不同,也会产生应力作用,累积的应力使得不锈钢产生应力腐蚀。氧化皮的清除一般用酸洗的工艺,就是用配置好的酸性溶液对不锈钢表面的氧化皮进行清除。此外还有机械清除法和电化学清除法。

不锈钢电镀是将原有的氧化膜层去除后,在不锈钢新基体上用电镀工艺覆加一层金属膜层的工艺。不锈钢电镀工艺提高了不锈钢的耐久性,改善了不锈钢的表面装饰性能。

不锈钢的钝化是指用人为的方式在不锈钢的表面形成致密氧化膜层的生产过程。不锈钢的所有制品无电镀或其他涂层要求时,一般要预处理后再经过钝化工艺方能使用。经钝化后的不锈钢在环境介质中的热力学稳定性提高,可以预防局部腐蚀,能使不锈钢表面有足够的清洁度。

不锈钢的钝化方法有湿法钝化和干法钝化两种,其中湿法钝化工艺分为化学钝化法和电化学钝化法,干法钝化法分为室温钝化法和热处理钝化法。不锈钢钝化的目的一是去除不锈钢表面的杂质和较薄的氧化层,提高不锈钢的耐久性;二是在不锈钢的表面形成一定厚度的致密的氧化层(也称钝化膜),以保证不锈钢的耐蚀性。

不锈钢中的铬元素性质比铁活泼,表层的铬首先与环境中的氧化合,生成一层与钢基体牢固结合的致密的氧化膜层,又称钝化膜,可使钢材得到保护而不被锈蚀。钝化膜层相对独立存在,通常是氧和金属的化合物,起着把金属与腐蚀介质完全隔开的作用,能有效防止金属与腐蚀介质直接接触,从而使金属形成稳定的钝态,最终达到防止腐蚀的目的。

4)不锈钢装饰制品

不锈钢装饰制品主要是薄钢板和钢管。表12-6是不锈钢热轧钢板和钢带的规格尺寸。表12-7和表12-8分别是装饰用焊接不锈钢管圆管以及方管、矩形管的规格尺寸。

表 12-6　不锈钢热轧钢板和钢带的规格尺寸(单位:mm)

形态	公称厚度	公称宽度
厚钢板	3.0～200.0	600～2 500
宽钢带、卷切钢板、纵剪宽钢带	2.0～13.0	600～2 500
窄钢带、卷切钢带	2.0～13.0	<600

表 12-7　装饰用焊接不锈钢管圆管的规格尺寸(单位:mm)

外径	总壁厚																		
	0.4	0.5	0.6	0.7	0.8	0.9	1.0	1.2	1.4	1.5	1.6	1.8	2.0	2.2	2.5	2.8	3.0	3.2	3.5
6	×	×	×																
8	×	×	×																
10	×	×	×	×	×	×	×	×											
12		×	×	×	×	×	×	×	×	×	×								
15			×	×	×	×	×	×	×	×	×								
16			×	×	×	×	×	×	×	×	×								
18			×	×	×	×	×	×	×	×	×								
20			×	×	×	×	×	×	×	×	×	×	○						
25					×	×	×	×	×	×	×	×	○	○	○				
30					×	×	×	×	×	×	×	×	○	○	○	○	○		
40				×	×	×	×	×	×	×	×	×	○	○	○	○	○	○	○
45				×	×	×	×	×	×	×	×	×	○	○	○	○	○	○	○
51					×	×	×	×	×	×	×	×	○	○	○	○	○	○	○
65					×	×	×	×	×	×	×	×	○	○	○	○	○	○	○
70					×	×	×	×	×	×	×	×	○	○	○	○	○	○	○
80					×	×	×	×	×	×	×	×	○	○	○	○	○	○	○
95							×	×	×	×	×	×	○	○	○	○	○	○	○
102								×	×	×	×	×	○	○	○	○	○	○	○

注:空白格表示不推荐使用;×表示采用冷轧板(带)制造;○表示采用冷轧板(带)或热轧板(带)制造。

表 12-8　装饰用焊接不锈钢管方管、矩形管的规格尺寸(单位:mm)

边长×边长 /(mm×mm)		总壁厚																
		0.4	0.5	0.6	0.7	0.8	0.9	1.0	1.2	1.4	1.5	1.6	1.8	2.0	2.2	2.5	2.8	3.0
方管	15×15	×	×	×	×	×	×	×	×									
	20×20		×	×	×	×	×	×	×	×	×	×	×	○				

続表 12-8 (续表 12-8)

边长×边长 /(mm×mm)		总壁厚																
		0.4	0.5	0.6	0.7	0.8	0.9	1.0	1.2	1.4	1.5	1.6	1.8	2.0	2.2	2.5	2.8	3.0
方管	25×25			×	×	×	×	×	×	×	×	×	×	○	○	○		
	30×30					×	×	×	×	×	×	×	×	○	○	○		
	50×50							×	×	×	×	×	×	○	○	○		
	60×60								×	×	×	×	×	○	○	○		
	70×70									×	×	×	×	○	○	○		
	80×80											×	×	○	○	○	○	
	90×90												×	○	○	○	○	○
	100×100												×	○	○	○	○	○
矩形管	20×10		×	×	×	×	×	×	×	×								
	25×15			×	×	×	×	×	×	×								
	40×20					×	×	×	×	×	×	×						
	50×30						×	×	×	×	×	×	×					
	70×30								×	×	×	×	×	○				
	80×40								×	×	×	×	×	○				
	90×30							×	×	×	×	×	×		○			
	100×40									×	×	×	×		○			
	110×50										×	×	×	○	○			
	120×40									×	×	×	×	○	○			

注:空白格表示不推荐使用;×表示采用冷轧板(带)制造;○表示采用冷轧板(带)或热轧板(带)制造。

不锈钢材料可以加工成幕墙、门窗、内外墙面、栏杆扶手等。不锈钢薄板不仅可用于柱子的外饰面,而且可用于各种墙面的艺术造型装饰、不锈钢装饰线条的制作、不锈钢踢脚线的制作、不锈钢管的制作等。

12.2.2 彩色不锈钢

彩色不锈钢是通过相关的加工工艺处理,在不锈钢的表面形成一定色彩的钢质制品。不锈钢的着色方法有化学处理法、有机物涂敷着色法、搪瓷或景泰蓝着色法、电镀着色法等。化学处理法的加工工艺比较简单,当光线照射到不锈钢表面时,在光的干涉原理作用下,不锈钢的表面产生色彩效果。其他三种工艺是在不锈钢表面增加彩色涂层,使得不锈钢的表面呈现丰富的色彩。

彩色不锈钢与普通不锈钢相比有着较强的装饰性,表面的色彩丰富,常见的颜色有蓝、灰、紫、红、青、绿、金黄、橙、茶色等。

彩色不锈钢具有耐蚀性强、机械性能好、面层色彩经久不褪、色泽会随光照角度的不同而产生色调变幻的特点,彩色面层能耐 200℃ 以上的温度,耐盐雾腐蚀性能超过一般不锈钢,耐磨和耐刻划性能较好,材料弯曲时,彩色面层不会产生剥离脱落等质量瑕疵。

彩色不锈钢可作厅堂墙板、天花板、电梯厢板、车厢板、建筑装潢、招牌等装饰之用。采用彩色不锈钢来装饰墙面,不仅坚固耐用、美观新颖,而且具有强烈的现代感。

12.2.3 彩色涂层钢板

二战期间和二战以后,各行各业对薄钢板的需求量不断增大。为提高薄钢板的防腐性能和装饰性能,在钢板表面涂饰一定颜色涂层的生产工艺不断出现。美国在 1927 年首创了涂层钢板的制造技术。我国从 20 世纪 60 年代开始对彩色涂层钢板的生产进行研究,并在上海第三钢铁厂建成了聚氯乙烯复层板生产机组。上海宝山钢铁厂在 20 世纪 80 年代兴建了国内第一条现代化的彩色涂层钢板生产线。

彩色涂层钢板简称彩钢板,是将有机涂料涂敷于薄钢板表面,经烘烤固化后制成的材料。它具有钢板和有机涂层两者的特性,装饰性较强,可长期保持新颖的色泽。它的涂层的附着力好,耐久性高,加工方便,可进行切断、弯曲、钻孔、铆接、卷边、焊接等工艺操作。图 12-6 是彩色涂层钢板的断面构造示意图。

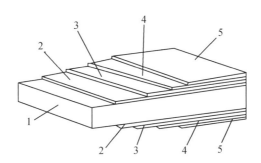

图 12-6 彩色涂层钢板的断面构造示意图

注:1—冷轧板;2—镀锌层;3—化学转化层;4—初涂层;5—精涂层。

彩色涂层钢板用有机涂层将钢材与腐蚀介质隔离开来,以达到防腐的目的。所以有机涂层既能够防止钢材被腐蚀,又起到装饰钢材面层的作用,使钢材表面具有丰富的色彩,同时还可使用压花、印花等工艺,能进一步提高钢材的美观性。

彩色涂层钢板的性能指标有尺寸、外形、重量、允许偏差、力学性能、基层板的镀层重量、正面涂层性能、反面涂层性能、表面质量等方面的要求,具体可参见《彩色涂层钢板及钢带》(GB/T 12754—2019)中的规定。表 12-9 是彩钢板的分类及代号。

表 12-9　彩钢板的分类及代号

分类	项目	代号
用途	建筑外用	JW
	建筑内用	JN
用途	家电	JD
	其他	QT
基板类型	热镀锌基板	Z
	热镀锌铁合金基板	ZF
	热镀铝锌合金基板	AZ
	热镀锌铝合金基板	ZA
	电镀锌基板	ZE
涂层表面状态	涂层板	TC
	压花板	YA
	印花板	YI
面漆种类	聚酯	PE
	硅改性聚酯	SMP
	高耐久性聚酯	HDP
	聚偏二氟乙烯	PVDF
涂层结构	正面二层、反面一层	2/1
	正面二层、反面二层	2/2
热镀锌基板表面结构	光整小锌花	MS
	光整无锌花	FS

　　彩钢板的牌号由彩涂代号＋基板特性代号＋基板类型代号三部分组成。彩涂代号用"涂"字汉语拼音的第一个字母"T"表示。在基板特性代号中,冷成型用钢的电镀基板由三个部分组成:D为冷成型用钢,C为冷轧,两位数字为序号。冷成型用钢的热镀基板由四个部分组成:第一、第二和第三部分与前者含义相同,D为热镀。结构钢由四个部分组成:S为结构钢,三位数字为规定的最小屈服强度值,G为热处理,D为热镀。

　　表 12-10 和表 12-11 分别是热镀基板、电镀基板彩钢板的力学性能。

表 12-10　热镀基板彩钢板的力学性能

牌号	屈服强度/MPa	抗拉强度/MPa	断后拉伸率,不小于/% 公称厚度/mm	
			≤0.7	>0.7
TDC51D ＋ Z、TDC51D ＋ ZF、TDC51D ＋ AZ、TDC51D＋ZA	—	270~500	20	22

牌号	屈服强度/MPa	抗拉强度/MPa	断后拉伸率,不小于/% 公称厚度/mm ≤0.7	>0.7
TDC52D＋Z、TDC52D＋ZF、TDC52D＋AZ、TDC52D+ZA	140～300	270～420	24	26
TDC53D＋Z、TDC53D＋ZF、TDC53D＋AZ、TDC53D+ZA	140～260	270～380	28	30
TDC54D＋Z、TDC54D＋AZ、TDC54D＋ZA	140～220	270～350	34	36
TDC54D＋ZF	140～220	270～350	32	34
TS250GD＋Z、TS250GD＋ZF、TS250GD＋AZ、TS250GD＋ZA	250	330	17	19
TS280GD＋Z、TS280GD＋ZF、TS280GD＋AZ、TS280GD＋ZA	280	360	16	18
TS300GD＋AZ	300	380	16	18
TS320GD＋Z、TS320GD＋ZF、TS320GD＋AZ、TS320GD＋ZA	320	390	15	17
TS350GD＋Z、TS350GD＋ZF、TS350GD＋AZ、TS50GD＋ZA	350	420	14	16
TS550GD＋Z、TS550GD＋ZF、TS550GD＋AZ、TS550GD＋ZA	550	560	—	—

注:拉伸试验试样的方向为纵向(沿轧制方向)。当屈服现象不明显时采用 $R_{p0.2}$，否则采用 R_{eH}。断后伸长率试验中的 $L_0=80$ mm,$b=20$ mm($R_{p0.2}$ 为非比例延伸率为 0.2% 的应力值;R_{eH} 为钢材的上屈服强度;L_0 为钢材的标距长度;b 为钢材的标距厚度)。

表 12-11 电镀基板彩钢板的力学性能

牌号	屈服强度/MPa	抗拉强度,不小于/MPa	断后拉伸率,不小于/% 公称厚度 d/mm $d≤0.5$	$0.5<d≤0.7$	$d>0.7$
TDC01＋ZE	140～280	270	24	26	28
TDC03＋ZE	140～240	270	30	32	34
TDC04＋ZE	140～220	270	33	35	37

注:拉伸试验的试样方向为横向(垂直轧制方向)。当屈服现象不明显时采用 $R_{p0.2}$，否则采用 R_{eL}。断后伸长率试验中的 $L_0=80$ mm,$b=20$ mm($R_{p0.2}$ 为非比例延伸率为 0.2% 的应力值;R_{eL} 为钢材的下屈服强度;L_0 为钢材的标距长度;b 为钢材的标距厚度)。公称厚度 $0.5<d≤0.7$ mm 时,屈服强度允许增加 20 MPa;公称厚度 $≤0.5$ mm 时,屈服强度允许增加 40 MPa。

彩色涂层钢板既可用于屋面板、墙体板、门窗、金属百叶窗的配件,也可用于室内的吊顶、墙面等部位的装饰。如移动式卫生间、售报亭、治安岗亭、工业厂房的壁板与屋顶等。除此之外,彩色涂层钢板还可作为彩色压型钢板和彩色涂层钢板门窗的制作原料。

12.2.4 彩色压型钢板

彩色压型钢板是以彩色涂层钢板或镀层薄钢板为基材,经辊压冷弯成型的波形板材。它所使用的冷弯机组有连续成型机组、成卷成形机组和单件成形机组。它具有成型灵活、重量轻、抗震性能好、耐久耐用、色彩鲜艳、易工业化生产以及施工方便等优点。

彩色压型钢板根据其波型截面尺寸的不同分为高波板、中波板和低波板。高波板的波高大于 75 mm,适用于屋面板;中波板的波高为 50～75 mm,适用于楼面板及中小跨度的屋面板;低波板的波高小于 50 mm,适用于墙面板。根据板材的截断面构造不同,彩色压型钢板分为搭接板、咬合板和扣合板。搭接板的纵向边为可相互搭接的压型边;咬合板的纵向边不仅可以相互搭接,而且经专用机具沿长度方向能够互相咬合;扣合板的纵向边可以相互搭接,且板与板经扣压结合。图 12-7 是常见彩色压型钢板的断面波形。

搭接板　　　　　　　咬合板　　　　　　　扣合板

图 12-7　常见彩色压型钢板的断面波形

彩色压型钢板的规格尺寸范围为长度×宽度×厚度＝(1 000～6 000) mm×(600～1 200) mm×(0.20～2.0) mm,常见色彩有蓝色、红色、橘红色、浅咖啡色、绿色等。

彩色压型钢板的基板是彩色涂层钢板,基板的性能指标要求应满足《彩色涂层钢板及钢带》(GB/T 12754—2019)中的有关规定。涂层的部分性能指标要求见表 12-12。另外,压型板成型部位的基板不应有裂纹,表面的涂层或镀层不应有肉眼可见的裂纹、剥落和擦痕等缺陷。板面应平直,无明显翘曲,表面清洁,无油污、无明显划痕、无磕伤等。切口平直,切面整齐,板边无明显翘角、凹凸与波浪形,并不得有皱褶。彩色压型钢板的尺寸允许偏差见《建筑用压型钢板》(GB/T 12755—2008)中的有关要求。

表 12-12　彩色压型钢板涂层的部分性能指标

涂料类型	涂层厚度/μm	60°光泽			铅笔硬度	盐雾试验/h
		高	中	低		
聚酯	≥20	>70	>40～≤70	≤40	≥F	≥400
硅改性聚酯						≥480
高耐久性聚酯	≥20	>70	>40～≤70	≤40	≥HB	≥600
聚偏氟乙烯						≥1 000

彩色压型钢板作为房屋的屋面、外墙的构件在使用前应经力学计算,选择符合安全要求的板材。板材的波高、波距应满足承重强度、刚度和稳定性,其板宽宜有较大的覆盖宽度并符合建筑模数的要求,屋面及墙面用压型钢板板型设计应满足防水、承载、抗风及整体连接等功能要求。彩色压型钢板施工时应将板材的长短边互相连接,横向(长边)连接可采用搭接法、扣合法和咬合法,纵向(短边)连接主要为搭接法。

屋面压型钢板宜采用咬合板或扣合板,墙面竖向板宜采用紧固件外露式的搭接板,墙面横向板宜采用紧固件隐蔽式的搭接板。

彩色压型钢板通常与保温材料组合制成彩色夹心泡沫板。彩色夹心泡沫板是将彩色涂层钢板(或彩色压型钢板)等作为面板与保温芯材通过黏结剂(或发泡)复合而成的一种板材。这种复合板材不仅继承了彩色涂层钢板经久耐用、色彩丰富、安装方便的特点,而且极大地提升了彩色压型钢板的保温隔热性能。常用的硬质保温芯板有阻燃型聚氨酯泡沫板、阻燃型聚苯乙烯泡沫板、岩棉板和玻璃棉板等。彩色压型钢板可作为施工作业现场的安全围挡、自行车棚的顶面材料等,彩色夹心泡沫板可用于集装箱制造、轻质建筑屋面和墙面等部位的围合。

12.2.5　搪瓷装饰钢板

搪瓷装饰钢板是以成型后的钢板为基材,将钾、钠、钙、铝等金属的硅酸盐加入硼砂等溶剂中后,喷涂在板材表面并经烧结后形成的装饰板材。钢板表面烧结而成的物质一般被称为搪瓷。搪瓷装饰钢板的生产工艺有干法涂搪法和湿法涂搪法:干法涂搪法是将干燥的瓷釉粉末通过高压静电涂附于基体钢板上的涂搪工艺;湿法涂搪法是将水中的瓷釉粉末涂附于基层钢板上的涂搪工艺。

搪瓷装饰钢板不仅具有钢材的刚度、强度,而且秉承了搪瓷釉层的化学稳定性和装饰性。钢板表面涂饰搪瓷釉料后不生锈,耐酸碱,防火,且受热时不易氧化,易清洁,抗菌性好,耐久性强,使用寿命长达 50 年,一次性投入的性价比高,施工可采用干挂工艺,安全快速。

搪瓷装饰钢板的外形分为平面板(PX)、圆弧板(YH)和异型板(YX)。搪瓷钢板的代号为 TCGB,其余代号为外装饰板 W,内装饰板 N,干法涂搪 G,湿法涂搪 S,单层板 D,组合板 Z。搪瓷装饰钢板的标记方法是产品名称和代号＋用途＋涂搪工艺＋组合＋板的形状＋外形尺寸＋标准号。如"TCGB WGZPX 600 × 970 × 25 JG/T 234—2008"的含义为建筑外装用、干法涂搪工艺制造、组合普型板、宽度×长度×高度＝600 mm×970 m×25 mm 的搪瓷钢板。

内装用搪瓷钢板的最小厚度不得小于 1.0 mm,外装用搪瓷钢板的最小厚度不得小于 1.4 mm。采用硅酸钙板为背衬材料

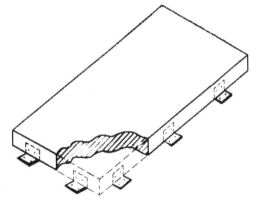

图 12-8　搪瓷钢板的外形示意图

时,硅酸钙板的板厚不宜小于 8 mm。图12-8是搪瓷钢板的外形示意图,板材的侧面处(厚度方向)为固定件。搪瓷装饰钢板的固定件应选用厚度不小于2.0 mm的冷轧钢板制作,并与基体钢板焊接后同时进行搪瓷处理。固定件也可以用不锈钢材料制作。

搪瓷装饰钢板的性能指标有尺寸偏差、表面质量、理化指标要求、防火性能等。表

12-13为搪瓷装饰钢板的理化性能。搪瓷装饰钢板的耐火极限应满足防火设计规范的要求,但最低耐火极限应达到0.5 h及以上,其余性能指标详见《建筑装饰用搪瓷钢板》(JG/T 234—2008)中的有关标准。

表 12-13　搪瓷装饰钢板的理化性能

项目		规定
耐盐水性		不生锈
耐酸性		2级及以上
耐碱性	定性	不失光
光泽度		高光≥85,亚光为60~85
密着性		网状以上
耐磨性		无明显擦伤
耐硬物冲击性		瓷面无裂纹、无掉瓷
耐软重物体撞击性能		板面无明显变形、瓷面无裂纹
抗风压性能		瓷面无裂纹、板面无明显变形、背衬不折断或开裂、挂件不松动

注:耐软重物体撞击性能指标值由需方确定,但撞击能量不宜小于300 N·m。抗风压性能指标值由需方确定,但不应低于风荷载标准值(Wk),且不应小于1.0 kPa。

搪瓷涂层的表面可采用贴花、丝网印花和喷花等工序,制成各种色彩和艺术图案,具有优异的装饰性。大尺寸的搪瓷装饰钢板可用于制作公共场所的大型艺术壁画,小规格的搪瓷装饰钢板也可用于制作适合家庭使用的装饰画。

搪瓷装饰钢板除了用于艺术品的制作外,还应用在建筑的幕墙饰面上。由于搪瓷装饰钢板优异的耐潮湿和防火性能,所以被广泛地运用于地铁车站的墙柱面、人行地下通道和车辆隧道内墙面的装饰,也可用于无菌手术室墙面的装饰。

12.2.6　轻钢龙骨

轻钢龙骨是用优质的热镀锌钢板(带)或以热镀锌钢板(带)为基材的彩色涂层钢板等作为原料,采用冷弯工艺轧制而成的薄壁型钢。

轻钢龙骨按用途分为吊顶龙骨和墙体龙骨:吊顶龙骨的代号为D;墙体龙骨的代号为Q。轻钢龙骨按断面形状分为U型、C型、L型和倒T型,其壁厚为0.5~1.5 mm。

轻钢龙骨产品的标记方式为产品名称+代号+断面形状+断面宽度+断面高度+龙骨壁厚+标准号。如"建筑用轻钢龙骨　DC50×15×1.5　GB 11981—2008"的含义是断面形状为C型、宽度为50 mm、高度为15 mm、龙骨壁厚为1.5 mm的建筑用吊顶轻钢龙骨。

轻钢龙骨具有强度大、通用性强、安装方便、防火等特点。

吊顶用轻钢龙骨根据承受荷载的大小不同分为上人吊顶轻钢龙骨和不上人吊顶轻钢龙骨。不上人吊顶轻钢龙骨常用"38"系列,上人吊顶轻钢龙骨则为"50"和"60"系列,其中"38""50""60"分别指 U 型主龙骨截断面的宽度。隔断用轻钢龙骨的型号有"50""75""100"等,其中"50""75""100"指的是 U 型横龙骨截断面的宽度。图 12-9 和图 12-10 分别是常见吊顶用和隔墙用轻钢龙骨构件,其中 A 代表龙骨的宽度,B 代表龙骨的高度,B_1 和 B_2 则为龙骨两翼的高度,t 代表龙骨的壁厚,C 和 D 分别为翼端的宽度和高度。一根轻钢龙骨的长度通常为 3.0 m。

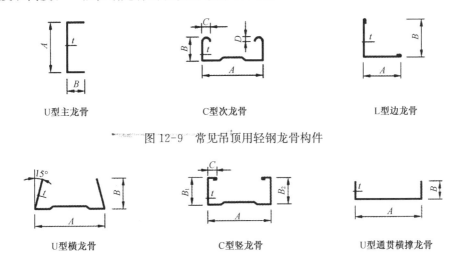

| U型主龙骨 | C型次龙骨 | L型边龙骨 |

图 12-9　常见吊顶用轻钢龙骨构件

| U型横龙骨 | C型竖龙骨 | U型通贯横撑龙骨 |

图 12-10　常见隔墙用轻钢龙骨构件

轻钢龙骨的外形要平整,棱角清晰,切口不允许有影响使用的毛刺和变形。镀锌层不许有起皮、起瘤、脱落等缺陷,无影响使用的腐蚀、损伤、麻点,每米长度内面积不大于 1 cm² 的黑斑不多于 3 处。涂层应无气泡、划伤、漏涂、颜色不均等影响使用的缺陷。

图 12-11 和图 12-12 分别是轻钢龙骨吊顶骨架安装示意图和轻钢龙骨隔墙骨架安装示意图。

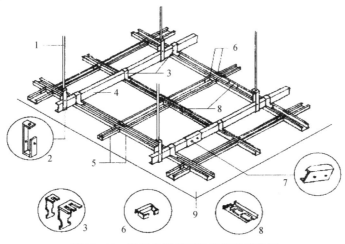

图 12-11　轻钢龙骨吊顶骨架安装示意图

注:1—吊杆;2—吊件;3—挂件;4—U 型主龙骨;5—C 型次龙骨;6—承插件;7—主龙骨加长件;8—次龙骨加长件;9—罩面板。

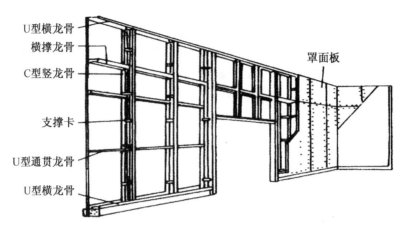

U型横龙骨
横撑龙骨
C型竖龙骨
支撑卡
U型通贯龙骨
U型横龙骨
罩面板

图 12-12　轻钢龙骨隔墙骨架安装示意图

　　轻钢龙骨的尺寸偏差有长度偏差、断面尺寸偏差、侧面和底面平直度偏差、弯曲内角半径偏差和角度偏差。表 12-14 是轻钢龙骨角度允许偏差(不包括 T 型、H 型龙骨),其余尺寸偏差要求可查阅《建筑用轻钢龙骨》(GB/T 11981—2008)中的有关规定。

表 12-14　轻钢龙骨角度允许偏差(不包括 T 型、H 型龙骨)

成型角较短边尺寸 B	允许偏差
$B \leqslant 18$ mm	$\leqslant 2°00'$
$B > 18$ mm	$< 1°30'$

　　轻钢龙骨表面应双面镀锌防锈,双面镀锌量应 $\geqslant 100$ g/m^2,双面镀锌层厚度 $\geqslant$ 14 μm。轻钢龙骨构件的力学性能指标见表 12-15 中的要求。

表 12-15　轻钢龙骨构件的力学性能

类别		项目		要求
墙体		抗冲击试验		残余变形量不大于 10.0 mm,龙骨不得有明显变形
		静载试验		残余变形量不大于 2.0 mm
吊顶	U 型、C 型、V型、L 型(不包括造型用 V型龙骨)	静载试验	次龙骨	加载挠度不大于 5.0 mm,残余变形量不大于 1.0 mm
			主龙骨	加载挠度不大于 4.0 mm,残余变形量不大于 1.0 mm
	T 型、H 型		主龙骨	加载挠度不大于 2.8 mm

　　轻钢龙骨吊顶和隔墙的罩面板常用纸面石膏板、石膏板、铝合金板、硅酸钙板、水泥压力板、岩棉板和胶合板等。

12.3 铝和铝合金

铝元素占地壳组成的 8.13%,仅次于氧元素和硅元素。铝在自然界中通常以化合物的形式存在,如铝矾土、高岭土、明矾石等。铝为银白色,属有色金属。

铝和铝合金因其优异的性能,在金属材料的应用上仅次于钢铁。铝和铝合金在建筑行业中的应用已有 100 多年的历史,建筑业是铝材的三大消耗单位(建筑业、容器包装业、交通运输业)之一,占全国铝消费量的 30% 以上。铝和铝合金主要用于建筑物的构架、门窗、吊顶、骨架、装饰面、屋面和墙面的围护结构。铝合金材料也广泛用于各种酸碱、气态和液态物品的储存容器和桥梁的跨式结构。

各种新型铝型材表面处理工艺的出现,使得铝合金材料的新品种层出不穷,如铝—塑、铝—木、铝—塑—木等复合材料,高档装饰铝板等,极大地丰富了铝合金在建筑中的运用范围。

12.3.1 铝的特性

铝是有色金属中的轻金属,密度为 $2.7 \, kg/m^3$,熔点为 660℃,导电性和导热性好,对光线、热量有较高的反射率,具有良好的塑性,易加工成板、管、线及箔($6 \sim 25 \, \mu m$)等,铸造性能和焊接性能较好。铝的强度和硬度较低,常用冷压法加工成制品。铝在低温环境中的塑性、韧性和强度不会降低,有良好的耐低温性能,常作为低温材料用于航空、航天工程及冷冻食品的储运设备等。

铝的化学性质很活泼,容易与氧气发生化学反应。在空气中铝制品表面易生成一层氧化铝薄膜,这层薄膜对下面的铝质材料起到保护作用,使其具有一定的耐腐性。但自然形成的氧化铝膜厚度极薄,一般小于 $0.1 \, \mu m$,且呈多孔状,因而其耐腐蚀性有一定的局限性。纯铝既不能与元素氯、溴、碘等接触,也不能和盐酸、浓硫酸、氢氟酸接触,否则将受到腐蚀。铝的电极电位较低,如果在使用或保管中与电极电位高的金属接触,并且有电介质存在时,就会形成微电池构造而很快受到腐蚀。因此,铝合金门窗等铝制品中的连接件应当采用不锈钢材料。

铝的冶炼是从铝矿石中提炼出三氧化二铝(Al_2O_3),再通过电解三氧化二铝的方法得到金属铝,最后通过提纯分离出杂质后制成铝锭。

12.3.2 铝合金的特性

在铝中加入铜(Cu)、镁(Mg)、硅(Si)、锰(Mn)、锌(Zn)等合金元素,可制成性能各异的铝合金。铝合金既能提高铝的强度和硬度,同时又保持了铝的轻质、耐腐蚀、易加工等优点。在建筑工程中,特别是在装饰领域,铝合金的应用范围越来越广。

铝合金的弹性模量约为钢的 1/3,而铝合金的比强度为钢的 2 倍以上。由于弹性模量较低,铝合金的刚度和承受弯曲的能力较小。表 12-16 为铝合金与碳素钢的性能比较。

表 12-16　铝合金与碳素钢的性能比较

项目	铝合金	碳素钢
密度/(g·cm^{-3})	2.7~2.9	7.8
弹性模量/MPa	(6.3~8.0)×10^4	(2.1~2.2)×10^5
屈服点 σ_s/MPa	210~500	210~600
抗拉强度 σ_b/MPa	380~550	320~800
比强度 σ_s/(P·MPa^{-1})	73~190	27~77
比强度 σ_b/(P·MPa^{-1})	140~220	41~98

铝合金以它所特有的性能被广泛地应用于建筑结构上。由铝合金制造的大型飞机总装车间的结构跨度可达 66 m,大大降低了建筑物的自重。北京大兴国际机场的异型铝合金板屋面华丽艳美、轻盈飘逸。各种铝合金装饰制品在建筑装饰领域表现出众,铝板幕墙作为轻质保温外墙围护材料,能很好地展现建筑简洁明快的装饰效果。

12.3.3　铝及铝合金的分类与牌号

1) 铝及铝合金的分类

铝及铝合金按加工方法分为变形铝合金和铸造铝合金两类:变形铝合金指可以进行热态或冷态压力加工的铝合金;铸造铝合金指用液态铝合金直接浇铸而成的各种形状复杂的材料。变形铝合金和铸造铝合金中又分为非热处理型合金和可热处理型合金。变形铝合金的非热处理型合金品种有纯铝(1000 合金)、Al-Mn 系合金(3004 合金)、Al-Si 系合金(4043 合金)、Al-Mg 系合金(5083 合金),变形铝合金的可热处理型合金品种有 Al-Cu 系合金(2024 合金)、Al-Mg-Si 系合金(6063 合金)、Al-Zn-Mg-Cu 系合金(7075 合金)和 Al-Li 系合金(8089 合金)。铸造铝合金的非热处理型合金品种有纯铝、Al-Si 系合金(ZL102 合金)、Al-Mg 系合金(ZL103 合金),铸造铝合金的可热处理型合金品种有 Al-Cu-Si 系合金(ZL107 合金)、Al-Cu-Mg-Si 系合金(ZL110 合金)、Al-Mg-Si 系合金(ZL104 合金)和 Al-Mg-Zn 系合金(ZL305 合金)。

不能热处理强化的铝合金,一般可通过冷加工过程而达到强化。它们具有适宜的强度和优良的塑性,易于焊接,并有很好的抗蚀性,被称为防锈铝合金。可以热处理强化的铝合金,其机械性能主要靠热处理来提高,而不是靠冷加工强化。热处理能够大幅度提高铝合金的强度,但不降低其塑性。用冷加工强化铝合金虽然能提高其强度,但易使其塑性降低。

铝合金中掺入的合金元素不同,铝合金的性能表现也各不相同,如机械性能、加工性能、耐蚀性能和焊接性能等。

2) 铝及铝合金的牌号

变形铝合金的牌号根据《变形铝及铝合金牌号表示方法》(GB/T 16474—2011)中的规定,分为国内牌号表示方法、国际牌号表示方法、美国和俄罗斯等国家牌号表示方法。由于牌号的规定方法较为复杂,在此主要介绍国内变形铝合金的牌号表示法。

凡化学成分与变形铝及铝合金国际牌号注册协议组织(简称国际牌号注册组织)命名的合金相同的所有合金,其牌号可直接采用国际四位字符牌号。未与国际四位数字体系牌号变形铝合金接轨的,采用四位字符牌号表示,并按要求注册化学成分。

四位字符牌号的第一位、第三位、第四位为阿拉伯数字,第二位为英文大写字母。第一位数字表示铝及铝合金的组别,如1×××为纯铝,2×××为 Al-Cu 系合金。第二位字母表示原始纯铝或铝合金的改型情况,A 为原始纯铝或原始铝合金,B～Y 为原始纯铝或原始铝合金的改型。最后两位数字无特别意义,仅用以标识同一组中不同的铝合金。如 3A21 表示组别编号为 21 的 Al-Mn 原始合金。

变形铝合金根据性能不同分为防锈铝合金、硬铝合金、超硬铝合金、锻铝合金和特殊铝合金等,代号分别用汉语拼音字母"LF""LY""LC""LD""LT"表示。

12.3.4 常用变形铝合金

1) 热处理非强化铝合金

(1) Al-Mn 合金

Al-Mn 合金具有良好的塑性,耐腐蚀性能优异,焊接性良好。该合金适用于受力不大的门窗、铝板幕墙、民用五金、化工设备。

(2) Al-Mg 合金

Al-Mg 合金有很高的塑性,抗蚀性好,疲劳强度高。虽热处理不可强化,但冷作硬化后具有较高的强度。常将 Al-Mg 合金制作成各种波形的板材,具有质轻、耐腐、美观、耐久等特点。该合金适用于建筑物的外墙和屋面,也可用于工业与民用建筑的非承重外挂板。

(3) Al-Mg-Si-Cu 合金

Al-Mg-Si-Cu 合金具有良好的塑性,可点焊、滚焊和氩弧焊。焊接后经过淬火和时效工艺,焊缝强度几乎与基体强度相当,热处理能显著提高合金材料的强度,但人工时效后的塑性和抗蚀性能降低。

2) 热处理强化铝合金

(1) Al-Cu-Mg 合金

Al-Cu-Mg 合金属硬铝合金,又称杜拉铝。它具有强度高、耐热性较好、热处理的强化效果显著等优点,但抗蚀性差。该合金用于各种半成品铝制品的加工,如薄板、管材和线材等,也可进行点焊、滚焊和切削的工艺加工。

(2) Al-Zn-Mg-Cu 合金

Al-Zn-Mg-Cu 合金是超硬铝合金,热处理强化后的强度可达 800 MPa 以上。该合金用于制造飞机构件,有应力腐蚀开裂倾向,常常需要做保护性处理;可进行点焊作业,不能用氩弧焊和气焊进行焊接;常用铆接工艺固定。

12.3.5 铝合金的表面处理

铝合金表面处理的目的有以下两点:一是提高铝合金的耐磨、耐蚀、耐光、耐候性能。因为铝材表面的自然氧化膜薄且软,在较强的腐蚀介质下,不能对铝材起到有效的保护作用。二是在氧化膜的表面进行着色处理,提高铝合金表面的装饰效果。

铝合金的表面处理工艺有阳极氧化、电泳、静电粉末喷涂、转印等。

1) 阳极氧化

阳极氧化是将铝材作为阳极后置入硫酸等电解质中,人为地在铝材表面增设氧化膜的生产工艺。阳极氧化工艺能够提升铝材的耐磨性、耐腐蚀性等防护方面的性能。常用的阳极氧化方法有电解着色氧化、染色氧化、硬质阳极氧化和微弧氧化。

阳极氧化法的原理实质上是水的电解。将铝材作为阳极置于电解质溶液中,阴极为化学稳定性高的材料,如铅、不锈钢等。当电流通过时,在阴极上产生氢气,在阳极上产生氧,该原生氧和铝阳极形成三价离子结合,最终形成氧化铝膜层。

阳极氧化的工艺流程是装挂→脱脂→水洗→碱蚀→水洗→中和→水洗→阳极氧化→水洗→电解着色→水洗→封孔→水洗→烘干→卸料→检验包装。其中脱脂、碱蚀、水洗、中和、阳极氧化、电解着色、封孔等是主要工序。

脱脂的目的是消除铝合金表面的工艺润滑油对氧化、着色处理工序的不利影响。除油方法有表面活性剂除油、有机溶剂除油、碱溶液除油等。

碱蚀是除油工序的补充处理,其作用是进一步清除铝合金表面附着的油污、自然氧化膜及轻微伤痕,使纯净的金属体裸露出来。

水洗是用水将铝材表面的化学药剂清洗干净,防止将前道工序中粘在铝材表面的化学物质带入下一道工序,避免铝材表面受到污染。

中和也叫出光或光化,是用酸性溶液除去残留在铝材表面的污物或残留碱液,以获得光亮的金属表面。

阳极氧化是在硫酸电解液中,将铝材作为阳极,经过电解后在铝材的表面形成一定厚度的致密氧化膜层。

电解着色是在含有金属盐的电解液中,通过交流电解使氧化膜具有一定色彩的过程。

染色是在含有染料或染色盐的溶液中,通过化学作用使氧化膜染上颜色的过程。染料有无机染料和有机染料。

封孔是在含有封孔剂的溶液中,对氧化膜的微小孔隙进行封闭并使其钝化的工序。

阳极氧化膜在电子显微镜下观察分为内外两层。内层薄而致密,成分为无水氧化铝(Al_2O_3),被称为活性层。外层呈多孔状,由非晶型 Al_2O_3 及少量带结晶水的 γ 型氧化铝($\gamma\text{-}Al_2O_3 \cdot H_2O$)组成,它的硬度比活性层低,厚度却大得多。这是因为硫酸电解液中的氢离子(H^+)、硫酸根离子(SO_4^{2-})和硫酸氢根离子(HSO_4^-)等会浸入膜层而使其局部溶解,从而形成大量的小孔,使直流电得以通过,氧化膜层继续向纵深发展,在氧化膜沿深度增长的同时,形成一种定向的针孔结构。

《铝合金建筑型材 第 2 部分:阳极氧化型材》(GB/T 5237.2—2017)中规定,按铝合金建筑型材阳极氧化膜的厚度不同分为 AA10、AA15、AA20、AA25 四个厚度等级,分别表示氧化膜平均厚度不小于 10 μm、15 μm、20 μm 和 25 μm。

经中和水洗后的铝合金,或经阳极氧化后的铝合金,再进行表面着色处理,可以在保证铝合金使用性能完好的基础上增加其装饰性。建筑装饰工程中常用的铝合金型材色彩有银白色、墨绿色、茶褐色、紫红色、金黄色和浅青铜色等。

铝合金的表面着色方法有自然着色法、电解着色法和化学着色法等。

自然着色是铝材在特定的电解液和电解条件下进行阳极氧化的同时实现着色的工艺。自然着色法按着色原因又分为合金着色法和溶液着色法。自然着色的原理是建立在阳极氧化处理之上,选择某种电解液成分,在某种电解工艺参数确定的情况下,可使氧化膜着上某种颜色。

合金着色法是通过控制合金成分、热加工和热处理条件而使氧化膜着色的。不同的铝合金由于合金成分及含量不同,在不同电解液成分下阳极氧化所生成的膜层也将呈现不同的颜色。

溶液着色法则是通过控制电解液成分及阳极氧化条件而使氧化膜着色的。

实际上,目前应用的自然着色法均是上述两种方法的综合,既要控制合金成分,又要控制电解液的成分和阳极氧化条件。

电解着色法是对常规硫酸溶液中生成的氧化膜做进一步电解,使电解液中所含金属盐的金属阳离子沉积到氧化膜孔底从而使膜层着色的工艺。

电解着色法的实质就是电镀。采用多种金属盐和不同电解液就可产生不同的色调,如青铜色(包括黑色)多在镍盐、钴盐、镍钴混合盐和锡盐的电解液中获得,而棕(褐)色则是用铜盐电解液制得。

铝合金经阳极氧化、着色后的膜层为多孔状,具有很强的吸附能力,容易吸附有害物质而被污染或出现早期腐蚀,既影响外观又影响使用。因此,在使用前应采取一定的方法,将多孔膜层加以封闭,使之失去吸附能力,从而提高氧化膜的防污染性和耐蚀性,这些处理过程被称为封孔处理。常见的封孔工艺有水合封孔、金属盐溶液封孔和有机涂层封孔。

水合封孔包括沸水封孔和常压或高压蒸汽封孔。它的原理是高温下水与氧化膜发生水合反应,生成带结晶水的氧化铝($Al_2O_3 \cdot H_2O$),能够堵塞氧化膜的孔隙,从而达到封孔的目的。

金属盐溶液封孔是利用在金属盐溶液中发生氧化膜水化反应的同时存在着盐类水解,生成氢氧化物后在膜孔中沉淀析出而使膜孔封闭,故也叫沉淀封孔。

有机涂层封孔是在铝合金表面涂敷封孔涂料,既有效地提高了膜层的耐蚀性、防污染性,又可利用涂料外观的装饰性。应用较广的有机涂层封孔工艺是电泳法和浸渍法。

2)电泳

电泳是将铝材置于电解液中,与另一电极在直流电的作用下形成电解回路。电解液为导电的水溶性或水乳化的涂料,溶液中的阳离子在电场的作用下向阴极移动,而阴离子向阳极移动。带电的树脂离子与颜料粒子一起被吸附到铝型材表面并形成涂层。

电泳工艺具有生产效率高、涂层均匀紧密、与铝材之间的吸附力强、原材料利用率高、加工环境好等特点。

3)静电粉末喷涂

静电粉末喷涂是在喷枪与铝材之间形成高压电晕放电电场,粉末粒子从喷枪口喷出时经过放电场区,吸附了大量的电子,成为带负电的粒子,被吸附到带正电的铝型材上。粉末附着的膜层达到一定厚度时便不再吸附粉末,然后再经过加温烘烤固化即在铝材表面形成均匀的膜层。

4）转印

转印是将静电粉末喷涂后的铝材在真空状态下,利用热转印的方法使得铝材表面形成各种图案或文字的生产工艺。其中以木纹图案转印居多。

转印膜层具有抗腐蚀、抗冲击、耐老化、耐磨、防火、耐候性强等特点。木纹转印配方时常选用高低羟值的两种聚酯。

12.3.6　铝及铝合金挤压

挤压筒内的铝锭被施加外力作用后,从特定的模具孔中获得所需截面形状和尺寸的铝材的加工法被称为挤压成型法。挤压成型是铝及铝合金生产过程中的重要加工手段。国内的挤压材产量占全部铝材总量的一半以上。

挤压工艺能够改善铝合金的内部组织,提高其塑性,可生产各种断面的型材和管材,加工成本较低,生产工艺灵活,流程简短,产品精度高。

铝及铝型材的挤压工艺按挤压方向分为正向挤压、反向挤压和侧向挤压,按挤压温度分为冷挤压、温挤压和热挤压,按制品形状或数目分为棒材挤压、管材挤压、实心材挤压、空心材挤压、变断面型材挤压、单制品挤压和多制品挤压。图 12-13 为铝及铝合金管材的正挤压法示意图。

挤压筒壁与铝材的接触摩擦程度、铝合金本身的性能、挤压方法、挤压模具等因素都会影响型材的挤压效果。

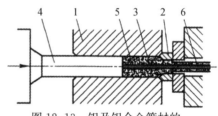

图 12-13　铝及铝合金管材的正挤压法示意图

注:1—挤压筒;2—模具;3—穿针孔;4—挤压轴;5—铝锭;6—管材。

12.4　铝合金门窗

尽管铝合金门窗的造价比普通钢门窗高,但由于在门窗使用期内的维修费用低、节能性好、装饰性好等特性,铝合金门窗在世界各国建筑中的应用日益广泛。我国的铝合金门窗生产始于 20 世纪 70 年代末期,但是发展十分迅速,生产厂家遍布全国各地,能够生产各类建筑上使用的门窗品种。

铝合金门窗是将特定断面的铝合金型材经表面处理后,再通过下料、打孔、铣槽、攻丝等工序制成门窗构件,最后将构件、密封件和五金件等组合装配而成的。

铝合金门窗按开启方式不同分为推拉门窗、平开门窗、悬转窗(上悬、中悬、下悬)、立转窗、固定窗、旋转门、折叠门、卷帘门等,按门窗构造不同分为镶板门、夹板门、双层门、百叶窗和双层窗等。

12.4.1 铝合金门窗的特点

铝合金门窗的质量轻,每 1 m² 平均用铝量为 8~12 kg,其重量比钢门窗轻 50% 左右。铝合金门窗的加工精度高,不易变形,有良好的气密性、水密性、隔音性和隔热性,非常适合对防尘、隔音、保温、隔热有特殊要求的建筑。铝合金门窗耐腐蚀、使用寿命长,维护方便、强度高、坚固耐用、启闭轻便灵活、无噪声。

铝合金门窗框料型材的表面既可保持铝材的本色,也可根据需要制成各种柔和的颜色或花纹,还可以在表面涂一些聚丙烯酸树脂装饰膜,使表面光亮,便于和建筑物外观设计相协调。铝合金门窗的造型新颖大方,线条明快,色调柔和,增加了建筑物立面的美观。

铝合金门窗的加工、制作、装配都可以在工厂进行大批量的工业化生产,有利于实现产品设计标准化、产品系列化、零配件通用化以及产品的商品化。

12.4.2 铝合金门窗的组成材料

1) 铝型材

铝合金门窗工程上所使用的铝合金型材的牌号、化学成分、力学性能和尺寸允许偏差等应符合《铝合金建筑型材　第 1 部分:基材》(GB/T 5237.1—2017)中的规定。

铝合金门窗的主型材是指用于制作门窗框、扇和组合门窗的拼接型材。主型材的壁厚应经计算或试验确定,除压条、扣板等需要弹性装配的型材外,门用主型材主要受力部位基材截面最小实测厚度不应小于 2.0 mm,窗用主型材主要受力部位基材截面最小实测厚度不应小于 1.4 mm。

铝型材表面处理应符合《铝合金建筑型材　第 2 部分:阳极氧化型材》(GB/T 5237.2—2017)、《铝合金建筑型材　第 3 部分:电泳涂漆型材》(GB/T 5237.3—2017)、《铝合金建筑型材　第 4 部分:喷粉型材》(GB/T 5237.4—2017)和《铝合金建筑型材　第 5 部分:喷漆型材》(GB/T 5237.5—2017)中的规定。阳极氧化型材的膜厚应符合 AA15 级要求,氧化膜平均膜厚不应小于 15 μm,局部膜厚不应小于 12 μm。电泳涂漆型材的阳极氧化复合膜的表面漆膜采用透明漆并应符合 B 级要求,复合膜局部膜厚不应小于 16 μm,表面漆膜所采用的有色漆应符合 S 级要求,复合膜局部膜厚不应小于 21 μm。粉末喷涂型材装饰面上涂层最小局部厚度应大于 40 μm。氟碳漆喷涂型材的二涂层氟碳漆膜,其装饰面的平均漆膜厚度不应小于 30 μm;三涂层氟碳漆膜,其装饰面的平均漆膜厚度不应小于 40 μm。

隔热型门窗上应使用铝合金隔热型材,铝合金隔热型材除应符合现行行业标准《建筑用隔热铝合金型材》(JG 175—2011)、《建筑铝合金型材用聚酰胺隔热条》(JG/T 174—2014)中的规定外,还应考虑穿条工艺的复合铝型材的隔热材料应使用聚酰胺 66 加 25% 的玻璃纤维,不得使用聚氯乙烯(PVC)材料;浇注工艺的复合铝型材的隔热材料应使用高密度聚氨基甲酸乙酯材料。铝合金隔热型材又称断桥铝合金,就是将铝合金型材从中间断开后用聚酰胺 66 加 25% 的玻璃纤维的复合材料或者用高密度聚氨基甲酸乙酯材料进行浇铸连接制成的。铝合金隔热型材改善了普通铝型材的热传导性能,提高了型材的保温隔热性,主要用于有保温隔热要求的铝合金门窗上。普通铝合金门窗可以不选用此类型材。

2）玻璃

门窗工程上的玻璃可采用浮法玻璃、彩色玻璃、镀膜玻璃、钢化玻璃、夹层玻璃、夹丝玻璃和中空玻璃等。

中空玻璃除了应符合《中空玻璃》(GB/T 11944—2012)中的有关规定外,还应符合以下规定:中空玻璃的单片玻璃厚度相差不宜大于 3 mm;当中空玻璃应使用加入干燥剂的玻璃间隔框,亦可使用塑料密封胶制成的含有干燥剂的波浪形铝带胶条;当中空玻璃的产地与使用地的海拔高度相差超过 800 m 时,宜加装金属毛细管,毛细管应在安装地调整压差后密封。

真空磁控溅射法(离线法)生产的低辐射玻璃(Low-E 玻璃)在合成中空玻璃时,应去除玻璃边部与密封胶黏结部位的镀膜,Low-E 玻璃膜层应位于中空气体层内。热喷涂法(在线法)生产的 Low-E 玻璃可单片使用,Low-E 玻璃膜层宜面向室内。

夹层玻璃应符合《建筑用安全玻璃 第 3 部分:夹层玻璃》(GB 15763.3—2009)中的要求,且夹层玻璃的单片玻璃厚度相差不宜大于 3 mm。

3）密封材料

铝合金门窗的密封胶条应符合《建筑门窗用密封胶条》(JG/T 187—2006)中的要求,密封胶条宜使用硫化橡胶类材料或热塑性弹性体类材料。

铝合金门窗的密封毛条应符合《建筑门窗密封毛条》(JC/T 635—2011)中的要求,毛条的毛束应经过硅化处理,宜使用加片型密封毛条。

铝合金门窗的玻璃与窗框之间的密封胶应符合《建筑窗用弹性密封胶》(JC/T 485—2007)中的规定。窗框与洞口之间的密封胶应符合《硅酮和改性硅酮建筑密封胶》(GB/T 14683—2017)和《丙烯酸酯建筑密封胶》(JC/T 484—2006)中的规定。密封材料与所接触的材料之间应当相容。

4）五金件、紧固件

铝合金门窗工程上的五金件和紧固件主要有合页、滑轮、滑撑、螺钉和螺栓等。五金件应满足门窗功能、耐久性和承载力要求,并符合国家相关标准的规定。紧固件宜采用不锈钢紧固件。受力构件之间的连接不得采用铝合金抽芯铆钉。五金件和紧固件宜采用奥氏体不锈钢材料。黑色金属材料应根据使用要求选用热镀锌、电镀锌、防锈漆等防腐措施。

5）其他材料

门窗框与洞口间采用聚氨酯泡沫填缝胶,纱门或纱窗上宜使用目数不低于 18 目的纱帘。

12.4.3 铝合金门窗的命名和标记

铝合金门窗有外墙用门窗和内墙用门窗。不同类别的门窗对性能的要求不尽相同,具体见《铝合金门窗》(GB/T 8478—2020)中的规定。

铝合金门窗的命名方式是门窗用途＋功能＋系列＋品种＋产品简称。铝合金门窗的系列号以门窗框厚度的构造尺寸为依据,门窗框厚度的构造尺寸小于某一基本系列或辅助系列时,按小于该系列值的前一级标示其产品系列,如门窗框厚度的构造尺寸为 72 mm 时,产品系列为 70 系列。

铝合金门窗的标记方式为产品简称+命名代号+尺寸规格、物理性能符号与等级或指标值(抗风压性能 P_3、水密性 ΔP、气密性能 q_1/q_2、空气隔声性能 R_wC_{tr}/R_wC、保温性能 K、遮阳性能 SC 和采光性能 T_r)+标准代号。外墙用普通型 50 系列铝合金平开窗,产品的规格型号为 115145,抗风压性能为 5 级,水密性能为 3 级,气密性能为 7 级,可标记为"WPT50PLC-115145($P_3$5-ΔP3-$q_1$7)GB/T 8478—2008";内墙用隔声型 80 系列铝合金提升推拉门,产品的规格型号为 175205,隔声性能为 4 级,可标记为"NGS80STLM-175205(R_w+C4)GB/T 8478—2008"。

12.4.4 铝合金门窗的型材

铝合金门窗的组成构造与型材的截面形状有紧密关系。图 12-14 为 80 系列隔热铝合金推拉窗的组成型材截面图。图 12-15 为 80 系列铝合金隔热推拉窗的立面图与剖面图。

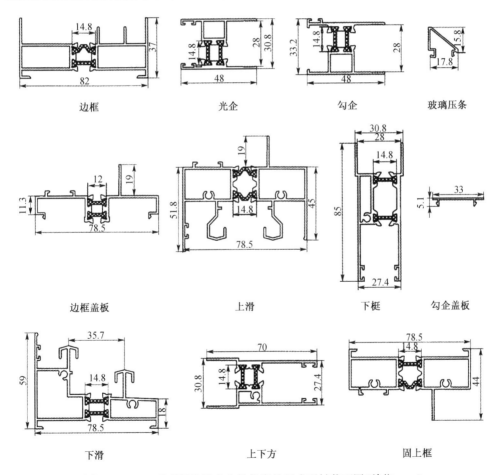

图 12-14 80 系列隔热铝合金推拉窗的组成型材截面图(单位:mm)

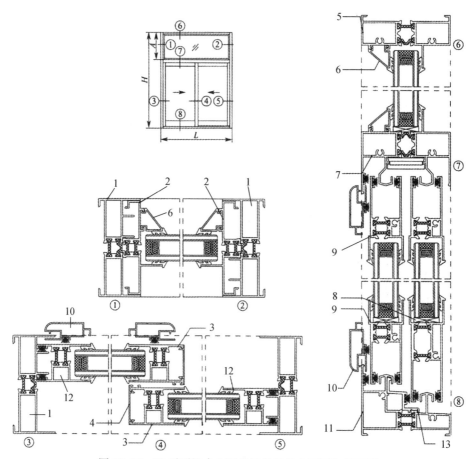

图 12-15　80 系列铝合金隔热推拉窗的立面图与剖面图

注：1—边框；2—边框盖板；3—勾企；4—勾企盖板；5—固上框；6—玻璃压条；7—上滑；8—垫块；9—上下方；10—纱窗框；11—下滑；12—光企；13—下滑盖板。H—窗框高度；A—上亮高度；L—窗框宽度。

12.4.5　铝合金门窗的性能指标

1）尺寸要求

单樘门窗的宽、高尺寸规格应根据门窗洞口的设计尺寸和安装构造尺寸要求，以及门窗洞口装饰面材料的厚度、附框和安装缝隙尺寸确定，并优先设计采用基本门窗。

铝合金推拉门窗、铝合金平开门窗、铝合金保温型门窗等不同门窗的立面组合形式和型材之间的连接构造方式各不相同，相互之间的型材截面形式和连接构造方式相差很大，本书限于篇幅只介绍 80（HJ 808）系列铝合金推拉窗的立面组合方式和型材之间的连接构造方式，其余铝合金门窗的立面组合方式和型材之间的连接方式可查阅《铝合金门窗》(02J603-1)图集中的有关内容。

图 12-16 为 55 系列隔热铝合金平开门的型材截面图。图 12-17 为 55 系列隔热铝合金平开门的立面图与剖面图。以上门窗型材及立面和剖面的连接构造均由山东华建铝业集团有限公司提供。

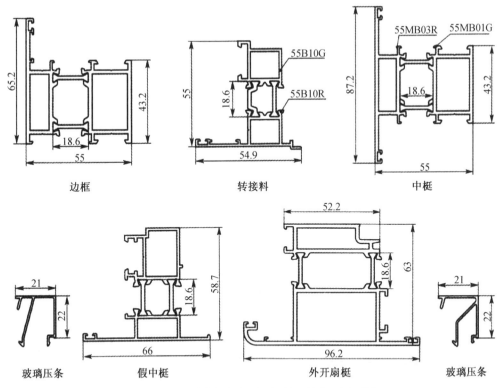

边框 转接料 中框

玻璃压条 假中框 外开扇框 玻璃压条

图 12-16 55 系列隔热铝合金平开门的型材截面图(单位:mm)

组合门窗由两樘及以上的单樘门窗采用拼樘框连接组合而成,其宽、高构造尺寸应符合《建筑门窗洞口尺寸系列》(GB/T 5824—2021)中所规定的洞口宽、高标志尺寸。

门窗尺寸及形状允许偏差和框扇组装尺寸偏差应符合表 12-17 中的规定。

表 12-17 门窗及装配尺寸偏差(单位:mm)

项目	尺寸范围	允许偏差	
		门	窗
门窗宽度、高度构造内侧尺寸	<2 000	±1.5	
	[2 000,3 500)	±2.0	
	≥3 500	±2.5	
门窗宽度、高度构造内侧尺寸 对边尺寸之差	<2 000	≤2.0	
	[2 000,3 500)	≤3.0	
	≥3 500	≤4.0	
门窗框与扇搭接宽度	—	±2.0	±1.0
框、扇杆件接缝高低差	相同截面型材	≤0.3	
	不同截面型材	≤0.5	
框、扇杆件装配间隙	—	≤0.3	

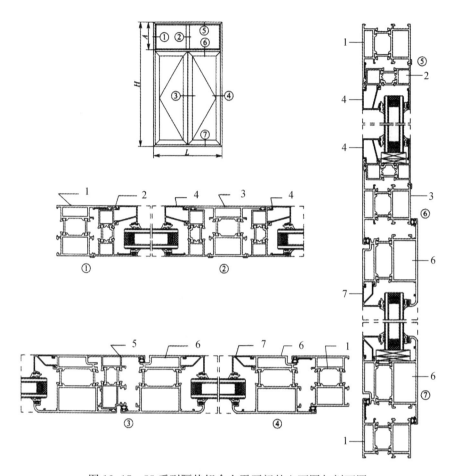

图 12-17　55 系列隔热铝合金平开门的立面图与剖面图

注:1—边框;2—转接料;3—中梃;4—玻璃压条;5—假中梃;6—外开扇梃;7—玻璃压条。H—窗框高度;A—上亮高度;L—窗框宽度。

门窗框扇玻璃的镶嵌构造尺寸应符合《建筑玻璃应用技术规程》(JGJ 113—2015)中所规定的玻璃最小安装尺寸要求。隐框窗扇梃与硅酮结构密封胶的黏结宽度、厚度应符合设计要求。每个开启窗扇下梃处宜设置两个承受玻璃重力的铝合金或不锈钢托条,其厚度应不小于 2 mm,长度应不小于 50 mm。

2)装配质量

门窗框扇杆件连接牢固,装配间隙应进行有效的密封,紧固件就位平正,并进行密封处理。门窗附件安装牢固,开启扇五金配件运转灵活、无卡滞,紧固件就位平正,并进行密封处理。

人可接触到的门窗表面应平整,具有使用安全性。门窗附件具有更换和维修的方便性。长期承受荷载和门窗反复启闭作用的五金配件应便于更换易损零件。

3)抗风压性能

外门窗的抗风压性能分级及其指标值 P_3 应符合表 12-18 中的规定。

表 12-18　外门窗抗风压性能等级(单位:kPa)

分级	1	2	3	4	5	6	7	8	9
分级指标值 P_3	$1.0 \leqslant P_3 < 1.5$	$1.5 \leqslant P_3 < 2.0$	$2.0 \leqslant P_3 < 2.5$	$2.5 \leqslant P_3 < 3.0$	$3.0 \leqslant P_3 < 3.5$	$3.5 \leqslant P_3 < 4.0$	$4.0 \leqslant P_3 < 4.5$	$4.5 \leqslant P_3 < 5.0$	$P_3 \geqslant 5.0$

注:第9级应在分级后同时注明具体检测压力差值。

外门窗在各性能分级指标风压的作用下,主要受力杆件相对(面法线)挠度应符合表 12-19 中的规定,同时风压作用后门窗不应出现使用功能障碍和损坏。

表 12-19　门窗主要受力杆件相对(面法线)挠度要求(单位:mm)

支承玻璃种类	单层玻璃、夹层玻璃	中空玻璃
相对挠度	$L/100$	$L/150$
相对挠度最大值	20	

注:L 为主要受力杆件的支承跨距。

4) 水密性能

外门窗的水密性能分级及其指标值应符合表 12-20 中的规定。

表 12-20　外门窗水密性能分级(单位:Pa)

分级	1	2	3	4	5	6
分级指标值 ΔP	$100 \leqslant \Delta P < 150$	$150 \leqslant \Delta P < 250$	$250 \leqslant \Delta P < 350$	$350 \leqslant \Delta P < 500$	$500 \leqslant \Delta P < 700$	$\Delta P \geqslant 700$

注:第6级应在分级后同时注明具体检测压力差值。

外门窗试件在各性能分级指标值的作用下,不应发生水从试件室外侧持续或反复渗入试件室内侧、发生喷溅或流出试件界面的严重渗漏现象。

5) 气密性能

门窗的气密性能分级及其指标绝对值应符合表 12-21 中的要求。

表 12-21　门窗气密性能分级

分级	1	2	3	4	5	6	7	8
单位开启缝长空气渗透量的分级指标值 q_1/[$m^3 \cdot (m \cdot h)^{-1}$]	$4.0 \geqslant q_1 > 3.5$	$3.5 \geqslant q_1 > 3.0$	$3.0 \geqslant q_1 > 2.5$	$2.5 \geqslant q_1 > 2.0$	$2.0 \geqslant q_1 > 1.5$	$1.5 \geqslant q_1 > 1.0$	$1.0 \geqslant q_1 > 0.5$	$q_1 \leqslant 0.5$
单位面积空气渗透量的分级指标值 q_2/[$m^3 \cdot (m^2 \cdot h)^{-1}$]	$12 \geqslant q_2 > 10.5$	$10.5 \geqslant q_2 > 9.0$	$9.0 \geqslant q_2 > 7.5$	$7.5 \geqslant q_2 > 6.0$	$6.0 \geqslant q_2 > 4.5$	$4.5 \geqslant q_2 > 3.0$	$3.0 \geqslant q_2 > 1.5$	$q_2 \leqslant 1.5$

门窗在标准状态下,压力差为 10 Pa 时的单位开启缝长空气渗透量 q_1 和单位面积空气渗透量 q_2 不应超过表 12-21 中各分级相应的指标值。

6）空气声隔声性能

外门窗以"计权隔声量和交通噪声频谱修正量之和（R_w+C_{tr}）"作为分级指标，内门窗以"计权隔声量和粉红噪声频谱修正量之和（R_w+C）"作为分级指标。门窗的空气声隔声性能分级及其指标值应符合表 12-22 中的规定。

表 12-22　门窗的空气声隔声性能分级（单位：dB）

分级	外门窗的分级指标值	内门窗的分级指标值
1	$20 \leqslant R_w+C_{tr} < 25$	$20 \leqslant R_w+C < 25$
2	$25 \leqslant R_w+C_{tr} < 30$	$25 \leqslant R_w+C < 30$
3	$30 \leqslant R_w+C_{tr} < 35$	$30 \leqslant R_w+C < 35$
4	$35 \leqslant R_w+C_{tr} < 40$	$35 \leqslant R_w+C < 40$
5	$40 \leqslant R_w+C_{tr} < 45$	$40 \leqslant R_w+C < 45$
6	$R_w+C_{tr} \geqslant 45$	$R_w+C \geqslant 45$

注：用于对建筑内机器、设备噪声源隔声的建筑内门窗，对中低频噪声宜用外门窗的指标值进行分级；对中高频噪声仍可采用内门窗的指标值进行分级。

7）保温性能

铝合金门窗的保温性能以门窗的导热系数 K 值表示，其保温性能分级及其指标值应符合表 12-23 中的要求。

表 12-23　门窗保温性能分级［单位：$W \cdot (m \cdot K)^{-1}$］

分级	1	2	3	4	5
分级指标值	$K \geqslant 5.0$	$5.0 > K \geqslant 4.0$	$4.0 > K \geqslant 3.5$	$3.5 > K \geqslant 3.0$	$3.0 > K \geqslant 2.5$
分级	6	7	8	9	10
分级指标值	$2.5 > K \geqslant 2.0$	$2.0 > K \geqslant 1.6$	$1.6 > K \geqslant 1.3$	$1.3 > K \geqslant 1.1$	$K < 1.1$

8）遮阳性能

铝合金门窗的遮阳性能是指门窗在夏季阻隔太阳辐射的能力，用遮阳系数 SC 表示。遮阳系数是指在给定条件下，太阳辐射透过外门窗传入室内的热量与相同条件下透过相同面积的 3 mm 厚透明玻璃传入室内的太阳辐射的热量之比。

铝合金门窗的遮阳性能应符合表 12-24 中的规定。

表 12-24　门窗遮阳性能分级

分级	1	2	3	4	5	6	7
SC	$0.8 \geqslant SC > 0.7$	$0.7 \geqslant SC > 0.6$	$0.6 \geqslant SC > 0.5$	$0.5 \geqslant SC > 0.4$	$0.4 \geqslant SC > 0.3$	$0.3 \geqslant SC > 0.2$	$SC \leqslant 0.2$

9）启闭性能

启闭力是检测门窗开关是否灵活流畅的指标。门窗应在不超过 50 N 的启闭力作用下灵活地开启和关闭。带有自动关闭装置的门和提升推拉门，以及折叠推拉窗和无提升力平衡装置的提拉窗等门窗,其启闭力由供需双方商定。

门的反复启闭次数不应少于 10 万次,窗的反复启闭次数不应少于 1 万次。带闭门器的平开门,地弹簧门以及折叠推拉、推拉下悬、提升推拉、提拉等门、窗的反复启闭次数由供需双方商定。门窗在反复启闭性能试验后应启闭无异常、使用无障碍。

10) 耐撞击性能(玻璃面积占门扇面积不超过 50% 的平开旋转类门)

30 kg 沙袋从 170 mm 高度落下,撞击闭锁状态的门扇把手处 1 次,未出现明显变形,启闭无异常,使用无障碍,除钢化玻璃外不允许有玻璃脱落现象。

11) 抗垂直载荷和抗扭曲性能

门扇在开启状态下施加 500 N 垂直方向静载 15 min,卸载 3 min 后残余下垂量小于 3 mm,启闭无异常,使用无障碍。

门扇在开启状态下施加 500 N 水平方向静载 5 min,卸载 3 min 后残余下垂量小于 3 mm,启闭无异常,使用无障碍。

12.4.6 铝合金门窗的使用范围和使用注意点

随着断桥隔热工艺的出现和非金属附框的使用,铝合金门窗被广泛地用于建筑的内外围护墙体上,能满足室内保温隔热、隔音和通风采光等多方面的需要。

推拉门窗和平开门窗是最常用的门窗形式。此外还有铝合金折叠门和铝合金旋转门。

铝合金折叠门是一种多门扇组合的上吊挂下导向的较大型铝合金门,适用于礼堂、餐厅、会堂、舞厅和仓库等门洞口宽又不需要频繁启闭的建筑,也可作为大厅的活动隔扇,以使大厅的功能更趋完善。

铝合金旋转门由固定扇、活动扇和圆顶组成,具有外观华丽、造型别致、密封性好等特点,是高级宾馆、医院、俱乐部、银行等场所的豪华型用门。铝合金旋转门的结构严谨、旋转轻快,门扇在任何位置均具有良好的防风性,是节能保温型用门。该旋转门只作为人流出入用门,不适用于货物的进出口和消防疏散用门。该旋转门的最大高度可达 4 m,旋转直径为 3 m。

铝合金卷帘门是一种卷帘的门。它具有不占地面积、外观美丽、启闭方便、坚固耐用等特点,适用于工矿企业、仓库、宾馆、商店、影剧院、码头、车站等建筑门面,是需要频繁启闭门扇的高大门洞处的必备设施。铝合金卷帘门按传动方式分为电动、手动、遥控电动、电动及手动四种形式,按性能分为普通型、防火型和抗风型等。

铝合金自动感应门的传感系统采用微波感应方式,当人或其他活动目标进入传感器的感应范围时,门扇将自动开启;离开感应范围后,门扇则自动关闭;如果在感应范围内静止不动 3 s 以上,门扇将自动关闭。该门的特点是门扇运行时有快、慢两种速度自动变换,使启动、运行、停止等动作达到最佳协调状态。同时,可确保门扇之间的柔性合缝,即使门意外夹人或门体被异物卡阻时,自动电源具有自动停机功能,安全可靠。铝合金自动感应门主要适用于机场、计算机房、高级净化车间、医院手术室以及办公楼的主入口大门。

铝合金门窗的设计和使用应符合《铝合金门窗工程技术规范》(JGJ 214—2010)中的有关要求。

12.5　其他铝合金装饰制品

随着建筑工业水平的不断提升,铝合金不仅在建筑门窗领域得到了快速发展,在装饰板材、铝箔等方面也有广泛的运用。铝合金装饰板主要用于建筑外墙(幕墙)、内墙、柱子、吊顶和楼梯踏步等部位。铝箔则用于各类制品的表面处理。

12.5.1　铝合金吊顶或墙面材料

1) 铝合金花纹板

铝合金花纹板是变形铝合金原料经花纹轧辊轧制而成的一种板材。板材表面的花纹立体感强,美观大方,不易磨损,防滑性好,防腐蚀性强,便于冲洗。板材可通过辊轧处理获得各种花色。花纹板的表面平整、尺寸精确、便于安装。

铝合金花纹板的常用图案有方格型花纹(1 号)、扁豆型花纹(2 号)、五条型花纹(3号)、三条型 1 花纹(4 号)、指针花纹(5 号)、菱形花纹(6 号)、四条型花纹(7 号)、三条型 2 花纹(8 号)和星月型花纹(9 号)。板面表层的花纹主要起防滑和装饰作用。板材表面经过一定的工艺处理后还可得到不同的颜色。

铝合金花纹板的标记方法是花纹代号＋铝合金牌号＋状态＋规格＋国标号。如用 2A12 铝合金制造的、淬火自然时效状态、厚度×宽度×长度＝1.5 mm×1 000 mm×2 000 mm 的 1 号花纹板应标记为"1 号花纹板　2A12—T4 1.5×1 000×2 000　GB/T 3618—2006"。

铝合金花纹板的性能指标有外观质量、尺寸允许偏差、力学性能和显微组织等,具体可查阅《铝及铝合金花纹板》(GB/T 3618—2006)中的有关规定。

铝合金花纹板主要用于现代建筑的墙面、楼梯踏步、车辆的底板等处。

2) 铝合金压型板

铝合金压型板是将纯铝或防锈铝在压型机上压制形成的、有一定立体图案的板材。图 12-18 是铝合金压型板断面示意图。

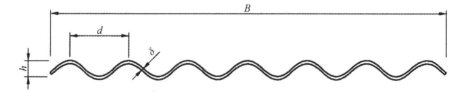

图 12-18　铝合金压型板断面示意图

注:B—宽度;d—波距;h—波高;δ—厚度。

铝合金压型板的横截面是一种波纹形状,表面有银白等多种颜色,有较好的装饰效果。铝合金压型板的耐候性较佳,在自然状态中可使用 20 年无须更换,可作为建筑的墙面和屋面等部位的围护材料,也可用于工程施工现场的临时围护。

铝合金压型板的标记方法是产品名称+国标号+牌号+状态+型号及长度+颜色(或色号)+膜层代号。如 3105 牌号、H46 状态、型号为 YX10001、长度为 6 000 mm、色号为 2345、膜层代号为 LRA 的聚酯漆辊涂压型板标记为"压型板 GB/T 6891-3105H46-YX10001×6000 色 2345LRA15"。

铝合金压型板的技术性能指标有尺寸偏差、膜层性能、外观质量和力学性能等规定。

(1)尺寸偏差

压型板的横截面尺寸标示如图 12-18 所示,应符合供需双方签订的图样规定,厚度偏差应符合《一般工业用铝及铝合金板、带材 第 3 部分:尺寸偏差》(GB/T 38830.3—2012)中的规定,其他尺寸偏差要求见表 12-25 中的规定。

表 12-25 铝合金压型板的其他尺寸允许偏差(单位:mm)

项目		允许偏差
纵向弯曲度	压型板与直尺(长度为 1 000 mm,沿纵向置于压型板表面)之间的最大间距	≤5
	纵向端部(距压型板端头 250 mm 范围内)的翘曲高度	≤5
侧边弯曲度	任意 1 m 长度上的侧边弯曲度	≤4
	任意 10 m 长度上的侧边弯曲度	≤20
波高	≤70	±1.5
	>70	±2.0
波距		±2.0
长度		−5.0~+20.0
宽度		−5.0~+15.0
对角线长度		≤20

(2)膜层性能

涂层压型板的膜层性能指标有膜厚、光泽度、色差、硬度、附着性、涂层柔韧性、耐冲击性、耐高压水煮性、耐磨性、耐砂浆性、耐溶剂性、耐洗涤剂性、耐盐雾腐蚀性、耐湿热性和耐候性等,具体数值可查阅《铝及铝合金压型板》(GB/T 6891—2018)中的有关标准。

(3)外观质量

铝合金压型板的表面应清洁,不准有裂纹、腐蚀、起皮和穿孔等缺陷;边部应整齐,不准有裂边;涂层不准有流痕、气泡、夹杂物、凹陷、暗斑、针孔、划伤等缺陷以及任何达到基体金属的损伤。也可按供需双方商定的样板确定外观要求。

(4)力学性能

压型板的力学性能应符合《一般工业用铝及铝合金板、带材 第 2 部分:力学性能》(GB/T 3880.2—2012)中的规定。

压型板在储运时需要用软质材料垫隔,不得损伤板材,并存放在通风干燥的室内环境中。

3) 铝合金 T 型龙骨

铝合金 T 型龙骨是以铝合金板材为主要原料,经冷轧成各种轻薄型材后组合安装而成的一种吊顶金属骨架。由于铝合金龙骨的截面形状通常为倒置的"T"字形,所以通常称之为铝合金 T 型龙骨。铝合金 T 型龙骨的吊顶面板一般采用轻质板材。轻质隔墙中使用铝合金龙骨的情况较少,一般以轻钢龙骨居多。

铝合金 T 型龙骨具有刚度大、自重轻、通用性好、耐火性能好、装饰美观、安装简易等优点,被广泛用于各种民用建筑的吊顶上。铝合金 T 型龙骨属于轻质骨架体系,主要承受基层材料或面层材料的自重,如需承受上人等荷载的作用,则应另行设计或选择铝合金专用龙骨。

主龙骨加载后的挠度应不大于 2.8 mm,维氏硬度应不小于 58 HV。铝合金 T 型龙骨的膜层外观及厚度标准见表 12-26 中的要求。

表 12-26　铝合金 T 型龙骨膜层外观及厚度要求

膜层种类	外观质量	膜层厚度/μm
阳极氧化膜	不应有氧化膜疏松、脱落、铝合金过分腐蚀、电灼伤	≥10
电泳涂漆膜	不应有流痕、裂纹、鼓泡、皱褶、起皮、夹杂物、漆膜脱落、发黏	≥16
粉末喷涂膜	不应有流痕、裂纹、鼓泡、皱褶、起皮	≥40
液体喷涂膜	不应有流痕、裂纹、鼓泡、皱褶、起皮、夹杂物、漆膜脱落、发黏	≥30

铝合金 T 型龙骨按用途和截面形状不同分为 T 型主龙骨、T 型次龙骨和边龙骨。图 12-19 是常用铝合金各型龙骨断面示意图。铝合金 T 型龙骨按承载能力不同分为轻型、中型、重型:轻型龙骨可承受密度不大于 6 kg/m^2 的板材荷载;中型龙骨可承受密度大于 6 kg/m^2 且不大于 14 kg/m^2 的板材荷载;重型龙骨可承受密度大于 14 kg/m^2 且不大于 22 kg/m^2 的板材荷载。

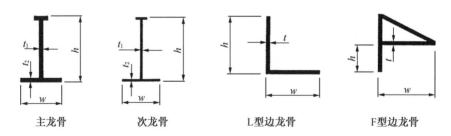

主龙骨　　　　次龙骨　　　　L型边龙骨　　　　F型边龙骨

图 12-19　常用铝合金各型龙骨断面示意图

注:w—宽度;h—高度;t、t_1、t_2—厚度。

铝合金 T 型龙骨的尺寸允许偏差见表 12-27 中的要求。

表 12-27　铝合金 T 型龙骨的尺寸允许偏差(单位:mm)

项目	允许偏差
宽度 w	±0.3
高度 h	±0.6
厚度 t、t_1、t_2	±0.13
主龙骨的卡孔间距 d	±0.3
次龙骨的卡孔间距 e	±0.3

铝合金 T 型龙骨的膜层性能见表 12-28 中的要求。

表 12-28　铝合金 T 型龙骨的膜层性能要求

项目		膜层性能要求
色差		≤1 级
铅笔硬度		≥H
耐腐蚀性	耐酸性	无变化
	耐碱性	无变化
	耐盐性	无变化
耐沸水性		无变化

注:铅笔硬度仅适用于表面做电泳涂漆膜、粉末喷涂膜或液体喷涂膜处理的铝合金龙骨。

铝合金 T 型龙骨的外观应平整无毛刺,棱角分明,切口处不应有变形,不影响使用的压痕、碰伤等缺陷。

搬运铝合金 T 型龙骨时应避免撞击,存放时应水平放置。

4)其他铝材

装饰工程中的其他常用铝材有铝方通和铝挂片等。铝方通又称 U 型方通或 U 型槽。铝方通和铝挂片是近几年在装饰工程上运用较多的一类铝质材料。该产品主要用于公共空间的顶面装饰,铝方通还可用于墙面装饰。图 12-20 是铝方通、铝挂片与专用轻钢龙骨的连接示意图。

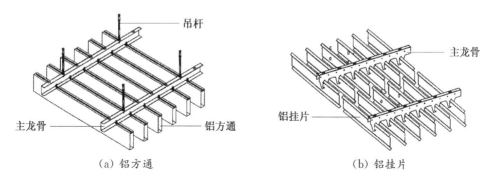

(a)铝方通　　　　　　　　(b)铝挂片

图 12-20　铝方通、铝挂片与专用轻钢龙骨的连接示意图

铝方通的常用规格：型材的底宽为 20～400 mm、高度为 20～600 mm、壁厚为
0.4～3.5 mm、长度为 6 m。铝挂片的表面可采用喷粉、覆膜、滚涂、拉丝等工艺进行处
理，有各种颜色和纹理。特殊尺寸的铝方通和铝挂片可根据具体情况定制。

铝方通和铝挂片的固定采用装配式构造，可与专用轻钢龙骨进行卡扣式连接，施
工简单方便。

此外，公共空间的吊顶中还有铝圆管和铝格栅等形式的铝质材料。

5）建筑装饰用铝单板

建筑装饰用铝单板简称铝单板，是将加工成型后的基板经过铬化工艺处理后，用
氟碳喷涂或阳极氧化膜等技术对板材的面层进行加工制成的铝质板材。

铝合金平板首先经过裁剪、折边、弯弧、焊接、打磨等工序加工后，得到所需形状和
尺寸的基板。再经过铬化工艺处理后，进一步提升铝材的防腐性能。铬化工艺就是用
铬酸盐溶液与金属作用的一种加工方式。

铝单板的构造组成见图 12-21，由面板、角码
和加筋肋组成，加筋肋与面板之间用专用螺栓连
接。加筋肋能够提高板材抵抗水平荷载作用时
的抗变形性能。铝单板的常用尺寸为 600 mm×
600 mm，最大尺寸为 1 220 mm×2 440 mm，厚度
为 1.5 mm、2.0 mm、2.5 mm 和 3.0 mm 等。

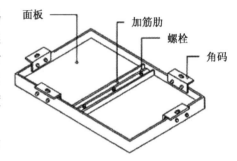

图 12-21　铝单板构造组成

铝单板的面层通常有氟碳涂层、聚酯涂
层、丙烯酸涂层、陶瓷涂层和阳极氧化膜层等，
分别以 FC、PET、AC、CC 和 AF 为代号表示。
铝单板的表层成膜工艺有辊涂（GT）、液体喷涂（YPT）、粉末喷涂（FPT）和阳极氧化
（YH）。室外和室内使用的铝单板代号分别为 W 和 N。

铝单板面层的氟碳涂料主要是聚偏二氟乙烯树脂（PVDF），PVDF 占树脂原料的
质量比不应低于 70%。铝单板的涂层按要求不同分为二涂、三涂或四涂。氟碳涂层
具有优异的耐腐蚀性、耐候性、热稳定性，能抗酸雨、盐雾等物质的侵蚀，能抵御强烈紫
外线的照射，长期保持不褪色、不粉化，使用寿命长。

铝单板的标记方法是产品名称＋使用环境＋膜材料＋成膜工艺＋基材厚度＋
铝材牌号＋国标号。如表面氟碳辊涂，厚度为 3.0 mm，铝材牌号为 3003 的室外建
筑装饰用铝单板可标记为"建筑装饰用铝单板 W FC GT 3.0 3003 GB/T 23443—
2009"。

铝单板的技术质量指标有以下几种：

（1）外观质量

铝单板的边部应整齐，无毛刺、裂边，焊缝应牢固，不允许有开焊、虚焊现象；外观
应整洁，图案清晰，色泽一致，无明显划伤；表面不得有明显压痕、印痕和凹凸等残迹；
无明显色差，色差值不大于 2.0，同时应符合表 12-29 中的规定。

表 12-29　铝单板面层的质量要求

分类	要求
辊涂	不得有漏涂、波纹、鼓泡或穿透涂层的损伤
液体喷涂	涂层应无流痕、裂纹、气泡、夹杂物或其他表面缺陷
粉末喷涂	涂层应平滑、均匀,不允许有皱纹、流痕、鼓泡、裂纹、发黏
陶瓷	表面无裂纹,颗粒和缩孔≤2 个/m^2
阳极氧化	不允许有电灼伤、氧化膜脱落及开裂等影响使用的缺陷

(2) 尺寸允许偏差

铝单板的尺寸允许偏差应符合表 12-30 中的规定。

表 12-30　铝单板的尺寸允许偏差

项目	基本尺寸	允许偏差	
		室外用	室内用
基材厚度/mm	符合 GB/T 3880.3—2012 的要求		
边长/mm	边长≤2 000	±2.0	−1.5～0.0
	边长>2 000	±2.5	−2.0～0.0
对角线/mm	长度≤2 000	≤2.5	≤2.0
	长度>2 000	≤3.0	≤2.5
对边尺寸/mm	长度≤2 000	≤2.5	≤1.5
	长度>2 000	≤3.0	≤2.5
面板平整度/mm	—	≤2	
折边角度/°	—	±1	
折边高度/mm	—	≤1	

注:以上规定适用于外形为矩形的铝单板;外形为其他形状时,由供需双方商定。GB/T 3880.3—2012 即《一般工业用铝及铝合金板、带材　第 3 部分:尺寸偏差》。

(3) 膜厚

铝单板的膜厚应符合表 12-31 中的要求。

表 12-31　铝单板的膜厚要求(单位:μm)

表面种类			膜厚要求
辊涂	氟碳	二涂	平均膜厚≥25,最小局部膜厚≥23
		三涂	平均膜厚≥32,最小局部膜厚≥30
	聚酯、丙烯酸		平均膜厚≥16,最小局部膜厚≥14

表面种类			膜厚要求
液体喷涂	氟碳	二涂	平均膜厚≥30,最小局部膜厚≥25
		三涂	平均膜厚≥40,最小局部膜厚≥34
		四涂	平均膜厚≥65,最小局部膜厚≥55
	聚酯、丙烯酸		平均膜厚≥25,最小局部膜厚≥20
粉末喷涂	氟碳		最小局部膜厚≥30
	聚酯		最小局部膜厚≥40
陶瓷			25~40
阳极氧化	室内用	AA5	平均膜厚≥5,最小局部膜厚≥4
		AA10	平均膜厚≥10,最小局部膜厚≥8
	室外用	AA15	平均膜厚≥15,最小局部膜厚≥12
		AA20	平均膜厚≥20,最小局部膜厚≥16
		AA25	平均膜厚≥25,最小局部膜厚≥20

注:AA为阳极氧化膜厚度级别代号。

(4) 其他性能

膜性能要求包括光泽度偏差、附着力、铅笔硬度、耐化学腐蚀性、封孔质量(只用于阳极氧化膜)和耐磨性等指标。

耐冲击性。经50 kg·cm冲击后,正反面铝材应无裂纹,涂层应无脱落,氟碳、聚酯和丙烯酸涂层应无开裂,陶瓷涂层允许有轻微开裂,阳极氧化膜不做要求。

耐候性。主要指耐盐雾性试验、耐人工候加速老化试验和耐湿热性试验结果应符合有关规定。

建筑装饰用铝单板的其他性能指标可查阅《建筑装饰用铝单板》(GB/T 23443—2009)中的有关要求。

铝单板的重量轻,刚度高,耐久性和耐腐蚀性好,可制成各种形状的板材,色彩丰富,装饰性好,易于清洁维护,安装施工方便,材料环保性高。

室外用铝单板基材的公称厚度不宜小于2.0 mm,室内用铝单板基材的公称厚度(不包括涂层)由供需双方商定。

建筑装饰用铝单板适用于幕墙、内外墙、柱子和大规格吊顶的面层材料,可用于机场候机厅、车站、剧院、体育场馆、医院、写字楼等建筑的内外装饰。

施工时,首先按设计要求在建筑基体上设置钢质或铝质骨架,然后通过角码上的固定孔用连接螺栓将铝单板固定在骨架上,铝单板之间的缝隙按设计要求进行填缝处理。

12.5.2 其他铝及铝合金装饰制品

1) 铝箔

铝箔是指用纯铝或铝合金加工成的 6.3~200 μm 的薄片制品。铝箔除了具有铝的一般性能外,还具有良好的防潮、隔热性能。在建筑工程中,铝箔被广泛地用作多功能保温隔热材料和防潮材料的饰面层。

作为隔热材料,铝箔同依托层一起制成铝箔复合绝热材料,依托层可用玻璃纤维布、石棉纸、纸张、塑料等材料制成,并用水玻璃、沥青、热塑性树脂等作为黏合剂制成卷状或板状的材料。用于室内装修时,可选用有色调和图案的板材,如铝箔泡沫塑料板、铝箔波形板、微孔铝箔波形板等,不仅有很好的装饰作用,而且有隔热、保温和吸音的功能。

2) 铝粉

铝粉是在纯铝箔中加入少量润滑剂,捣击压碎成极细的鳞状粉末后经抛光制成。

铝粉质轻,漂浮力强,遮盖力强,对光和热的反射性能均很高。经适当处理后,铝粉也可变成不浮型铝粉,主要用于油漆、油墨工业。

建筑中常用它制备各种装饰涂料和金属防锈涂料,也用作土方工程中的发热剂和加气混凝土中的发气剂。

3) 铝合金百叶窗帘

铝合金百叶窗帘是以铝镁合金制作的小叶片,通过梯形尼龙绳串联而成。铝合金百叶窗帘的组成有帘片、串绳、轨道、窗帘架等。拉动尼龙绳可调节帘片的角度(帘片可同时翻转 180°),以满足室内光线明暗和通风量大小的不同需要。窗帘开闭灵活、使用方便,不易生锈,造型美观,适用于高层建筑、宾馆、饭店、工厂、医院、学校、办公楼、图书馆等各种民用建筑。常见的窗帘轨道从外形分,有方形、圆形等多种;从结构角度分,有工字式、封闭式、双槽式、电动式等。

铝合金百叶窗帘也可与双层玻璃组合使用,置于中空玻璃隔断内,可调节光线或遮挡视线。

4) 搪瓷铝合金制品

在窑炉中装入加有磨细颜料的玻璃,高温(超过 427℃)熔融后,在铝合金表面能制得色泽漂亮、坚固耐用的装饰制品,具有极强的耐酸、碱能力,并不受气候影响。由于瓷釉可以薄层施加,因而它在铝合金表面上的黏附力比在其他金属上更好,能抵抗相当大的冲击不碎裂。并且瓷釉能制成各种颜色与光泽度,不易褪色,是一种高档的装饰材料。

12.6 铜和铜合金

考古学的研究表明,人类最先从自然界中提炼出来的金属是铜。人们用它来制作铜镜、铜针、铜壶和各种铜兵器,这一时期被称为青铜器时代。古希腊、古罗马以及古代中国的许多宫殿建筑和宗教建筑都较多地采用了金、铜等金属材料作为建筑装饰和雕塑用材。许多优秀的铜制建筑既是建筑史上的不朽之作,也是人类文明发展的历史见证。

12.6.1 铜的特性、冶炼与牌号命名

1) 铜的特性及冶炼

铜在地壳中的储藏量不大,约占 0.01%,并且在自然界中很少以游离态存在,多以化合物的形式存在。

铜是一种容易精炼的金属材料。铜合金最初是用于制造武器的,也可以用作生活用品,如宗教祭具、货币和装饰品等。铜也是一种古老的建筑材料,被广泛用作建筑装饰及各种设施的零部件。炼铜的矿物原料有黄铜矿($CuFeS_2$)、辉铜矿(Cu_2S)、斑铜矿(Cu_5FeS_4)、赤铜矿(Cu_2O)和孔雀石$[CuCO_3 \cdot Cu(OH)_2]$等。

纯铜的颜色为玫瑰色或淡红色,纯铜表面氧化后形成氧化铜薄膜,氧化膜颜色呈紫红色,所以又称之为紫铜。铜的熔融液态密度为 8.92 g/cm³,熔点为 1 083℃,具有较高的导电性、导热性、耐蚀性及良好的延展性、易加工性,可压延成薄片和线材,是良好的止水材料和导电材料。纯铜强度低,不宜直接用作结构材料。

铜材具有较好的塑性,可加工成各种型材、板材、管材和线材。常用的塑性加工方法有锻造、轧制和挤压等工艺。

为了提高铜材的力学性能,改善材料在生产过程中所产生的某些缺陷,往往要对铜产品进行热处理。热处理的方式有退火和时效两种。退火和时效就是控制好材料的退火温度、退火时间、加热速度和冷却方式等要素,从而改善材料内部原子层面上的组织结构,提升材料的力学性能,克服材料的某些缺陷。

由于铜及铜合金的难熔性及易变形性,焊缝处的裂纹、气孔和焊接接头的性能变化使得铜及铜合金的焊接性能不佳。一般采用控制焊缝和母材中氧的含量、对焊缝金属进行适当合金化和变质处理、合理选用焊接方法和严格遵守焊接规范要求等焊接措施,以确保铜材焊缝的质量。

铜的冶炼方法有火法冶炼和湿法冶炼两大类:火法冶炼是指在高温下对矿物原料进行还原、氧化熔炼等,再通过熔化作业制取金属和合金的过程。湿法冶炼是采用液态溶剂(无机水溶液或有机溶剂)进行矿物浸出、分离等工艺提取出金属和化合物的过程。目前世界上铜的冶炼以火法冶炼为主。

火法冶炼铜的主要工序有铜精矿的造硫熔炼、铜锍吹炼成粗铜、粗铜火法精炼、阳极铜电解精炼等。铜的电解精炼是以火法精炼产出的精铜为阳极,以硫酸铜和硫酸的水溶液作电解液。在直流电的作用下,阳极铜会发生电化学溶解,纯铜在阴极处沉积,杂质融入电解泥和电解液中,将铜与杂质分离开来,从而达到提取纯铜的目的。

2) 铜及铜合金牌号命名

铜及铜合金根据其原料的来源和掺加的合金情况不同分为高铜合金与再生铜及铜合金。高铜合金又分加工高铜合金和铸造高铜合金两类;加工高铜合金是指以铜为基体金属,在铜中加入一种或几种微量元素以获得某些预定特性的合金;铸造高铜合

金是指以铜为基体金属用于铸造目的的铜合金。高铜合金的铜含量一般在94％以上。再生铜及铜合金是直接利用含铜废料生产出的铜及铜合金产品。

铜及铜合金的牌号命名表示如下：

（1）铜和高铜合金的命名方法

铜和高铜合金的命名方法是T＋顺序号或T＋第一主添加元素化学符号＋各添加元素含量（数字之间以"—"分隔）。例如，银含量为0.06％～0.12％的银铜，可以表示为TAg 0.1。无氧铜以TU＋顺序号或TU＋添加元素的化学符号＋各添加元素含量命名，磷脱氧铜以TP＋顺序号命名，高铜合金以T＋第一主添加元素化学符号＋各添加元素含量（数字间以"—"分隔）命名。

普通黄铜以H＋铜含量命名。青铜以Q＋第一主添加元素化学符号＋各添加元素含量（数字之间以"—"分隔）命名。普通白铜以B＋镍含量命名。

（2）其他铜合金牌号命名

铸造铜及铜合金牌号命名：在加工铜及铜合金牌号命名方法的基础上，在牌号的最前端标注"铸造"汉语拼音的第一个大写字母"Z"。

再生铜及铜合金牌号命名：在加工铜及铜合金牌号命名方法的基础上，在牌号的最前端标注"再生"英文单词"Recycling"的第一个大写字母"R"。

铜及铜合金的代号由"铜"的汉语拼音的第一个大写字母"T"或英文第一个大写字母"C"和五位阿拉伯数字组成。

加工铜及铜合金的代号数字范围是10 000～79 999，铸造铜及铜合金的代号数字范围为80 000～99 999。在同一分类中，按铜含量由高到低排序；铜含量相同时，按第一主添加元素含量由高到低排序。

12.6.2 铜合金的种类与应用

纯铜由于强度不高，不宜制作结构用材料，且纯铜的价格贵，工程中更广泛使用的是铜合金，即在铜中掺入了锌、锡等元素制成的铜合金。铜合金既保持了铜的良好塑性和高抗蚀性，又改善了纯铜的强度、硬度等机械性能。

常用的铜合金有黄铜（铜锌合金）、青铜（铜锡合金）等。

1）黄铜

铜与锌的合金称之为黄铜。锌是影响黄铜机械性能的主要因素，随着含锌量的不同，不仅铜的色泽随之变淡，而且铜的机械性能也随之改变。含锌量为30％的黄铜的塑性最好，含锌量为40％的黄铜的强度最高。一般黄铜的含锌量在30％以内。

黄铜可进行挤压、冲压、弯曲等冷加工成型，但因此而产生的残余内应力必须进行退火处理，否则在湿空气、氮气、海水等因素的作用下易发生蚀裂，称之为黄铜的自裂。黄铜不易偏析，韧性较大，但切削加工性差，为了进一步改善黄铜的机械性能、耐蚀性或某些工艺性能，在铜锌合金中再加入其他合金元素，即成为特殊黄铜。

加入铅可改善黄铜的切削加工性，加入锡、铅、锰、硅等均可提高黄铜的强度、硬度和耐蚀性，加入镍金属可改善其力学性能、耐热性和耐腐性，多用于制作弹簧，或用作首饰、餐具,也用于建筑、化工、机械等。常加入的合金有铅、锡、铝、锰、硅、镍等,并分别称之为铅黄铜、锡黄铜、铝黄铜、锰黄铜、硅黄铜、镍黄铜等。

普通黄铜的牌号、化学成分、机械性能及用途见表 12-32。

表 12-32 普通黄铜的牌号、化学成分、机械性能和用途

类别	牌号	化学成分/%		机械性能			用途
		Cu	其他合金	抗拉强度 σ_b/MPa	伸长率 δ/%	布氏硬度	
普通黄铜	H90	88.9~91.0	余量 Zn	260~480	4~45	53~180	供排水管、艺术品
	H68	67.0~70.0	余量 Zn	320~680	8~55	0~150	复杂的冷冲压件
	H62	60.5~63.5	余量 Zn	330~600	13~49	56~164	铆钉、销钉、螺母

2) 青铜

以铜和锡作为主要成分的合金称之为锡青铜。青铜具有良好的强度、硬度、耐蚀性和铸造性,锡对青铜的机械性能有显著影响。若含锡量超过 10%,材料的塑性急剧下降,材性变脆。因此,常用青铜中锡的含量控制在 10% 以下后,铜合金的铸造性好,机械性能也好,可用于制造大炮,故也称炮铜。

由于锡的价格较高,现在已出现了多种无锡的青铜合金,如硅青铜、铝青铜等,可作为锡青铜的代用品。无锡青铜具有高的强度、优良的耐磨性及良好的耐腐性,适用于装饰及各种零部件。

12.6.3 建筑用铜制品

在古建筑中,铜材是一种高端的装饰材料,用于宫殿、寺院、纪念性建筑以及店面铜字招牌的装饰。在现代建筑中,铜仍属于高档装饰材料,可用于宾馆、饭店、机关等建筑中楼梯的扶手、栏杆、防滑条等装饰部位。有时还用铜装饰柱子,铜柱的装饰效果光彩夺目、美观雅致、光亮耐久、华丽高雅。除此之外,铜材还可以用于外墙板、执手、把手、门锁、纱窗。在卫生器具、五金配件等方面,铜材也有着广泛的用途。

1) 给水用铜管

铜的活性较低,电化学稳定性仅次于金、铂、银。铜材的表面在使用过程中会形成一层黑色且致密的氧化层,能够提高铜材的耐腐蚀性和耐候性,适合暗埋敷设。

铜在 $-183℃ \sim 253℃$ 的温度范围内塑性不变,可以承受极冷和极热温度范围的介质作用而不发生任何性能的变化。铜质管材能够抑制细菌的生长繁殖,可保持铜管内水质的卫生。

铜管具有良好的韧性、易弯曲性,不易开裂和折断,抗冻性和抗冲击性能好,有很好的耐腐蚀性,不污染水质,是供水、供热、供气和防火喷淋系统的首选材料。

铜管是拉制成型的薄壁硬态管材,一般管径小于或等于 25 mm。制备铜管的合金主要是加磷脱氧铜,铜合金中加入磷能起到脱氧、改善焊接性能、增加液态金属流动性等作用。

薄壁铜材一般采用卡套式连接、钎料承插式连接、内置焊料环连接。管道在安装时应熟悉铜管各类配件的种类和用途，合理配置。管材在运输和存放过程中应小心轻放，免受重压、弯曲和油脂污染的影响。

管网系统中的铜管与所有管件之间的连接必须采用相同材质的金属管件，避免产生电化学腐蚀现象。当不同材质的金属管道与配件连接时应加装绝缘垫片。

2）铜板

由于铜材的耐久性和可塑性较好，所以铜板在建筑中可用于屋面板材或构件。屋面上的铜板在阳光的作用下熠熠生辉，给建筑增添了华丽高雅的装饰效果。

屋面铜板具有很好的可塑性，能够适用于任何形状的屋顶形式。铜板的自重较轻，可大幅度减轻建筑的自重荷载。铜板具有良好的耐腐蚀性，与建筑使用寿命等长。屋面铜板的拆装简单易行，使得屋面铜板的维修过程方便简单。二十国集团领导人杭州峰会主会场的顶面铜构件和铜门，将整个会场装扮得尊贵大气，彰显了中国的经济实力和实现强国梦的雄心壮志。

铜合金的另一应用是铜粉，俗称金粉，是一种由铜合金制成的金黄色颜料。铜粉的主要成分为铜及少量的锌、铝、锡等金属，常用于调制装饰涂料，代替"贴金"。

第 12 章思考题

1. 钢的分类有哪些？
2. 钢铁产品的牌号如何表示？
3. 钢材中的含碳量高低对钢材的力学性能有何影响？
4. 碳素钢中硫和磷的含量对钢材的性能有哪些影响？
5. 钢材的拉伸试验可分为哪几个力学特性阶段？
6. 什么是钢材的冷脆性？脆性转变温度是什么含义？
7. 什么是钢材的冷加工强化？为什么钢材经过冷加工强化后能够提高其强度？
8. 钢材是如何实现焊接的？影响钢材焊接性能的因素有哪些？
9. 钢材的防腐措施有哪些？
10. 常用的钢材装饰制品有哪些？
11. 不锈钢的耐锈蚀机理是什么？
12. 常见的吊顶用轻钢龙骨和隔断用轻钢龙骨的构件有哪些？
13. 搪瓷装饰钢板的性能指标有哪些要求？
14. 变形铝合金和铸造铝合金有什么区别？
15. 铝合金表面用阳极氧化工艺处理的原理是什么？
16. 铝型材表面的阳极氧化膜层为什么要进行封孔处理？
17. 轻钢龙骨在纸面石膏板吊顶中的龙骨型材和配件有哪些？
18. 用轻钢龙骨纸面石膏板材料设计一个尺寸为 4 000 mm(宽度)×6 000 mm(长度)的会议室吊顶。
19. 铝合金型材的表面处理方式有哪些？
20. 铝合金门窗的性能指标有哪些？
21. 铝单板可用于建筑的哪些装饰部位？
22. 黄铜与青铜的区别是什么？铜材一般可用于哪些建筑部位？

13　常用装饰工程材料试验节选

13.1　天然石材试验方法

13.1.1　外观质量

1）试验设备

精度为 0.5 mm 的钢直尺。

2）测定方法

（1）棱角缺陷

将板材平放在地面上，距板材 1.5 m 处明显可见的缺陷视为有缺陷；距板材 1.5 m 处不明显但在 1 m 处可见的缺陷视为无明显的缺陷；距板材 1 m 处看不见的缺陷视为无缺陷。

用直尺紧贴在有缺陷的棱角处，使其与板材表面平行，再用钢直尺测量长度和宽度。

（2）剁斧坑窝（花岗岩板材）

用直尺贴靠在有坑窝的剁面上，再用钢直尺量出坑窝的最大长度、宽度和深度。

（3）色斑、色线、裂纹和划痕（花岗岩板材）

将板材平放在地面上，距板材 1.5 m 处目测，板材上如有明显可见的色斑、色线、裂纹和划痕，则视为有缺陷。

用钢直尺测量色斑的最大长度和宽度；用钢直尺测量色线和裂纹的直线长度，裂纹顺延方向应距板边 60 mm 以上。

（4）色调与花纹

将预先确定好的板材作为样板，把样板与被检测板同时平放在地面上，距板材 1.5 m 处目测。

（5）黏结与修补

将黏结与修补好的板材平放在地面上，距板材 1.5 m 处，经平视或侧视检查。

（6）砂眼、划痕（大理石板材）

将板材平放在地面上，距板材 1.5 m 处目测。

13.1.2　尺寸偏差

1）试验设备

精度为 0.5 mm 的钢直尺、精度为 0.1 mm 的游标卡尺。

2）测定方法

（1）长度和宽度

在长度和宽度方向分别测出三条线，如图 13-1 所示。用测量的最大长度值和宽度值与最小长度值和宽度值之差表示长度和宽度方向的偏差值，读数精确至 0.2 mm。

（2）厚度

用游标卡尺测出四条边中点处在厚度方向的数值，如图 13-2 所示。用厚度的最大值与最小值的差值表示板材的厚度偏差值，读数精确至 0.2 mm。

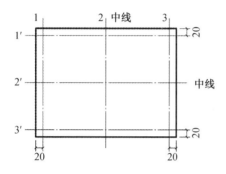

图 13-1　长度和宽度的测量位置（单位：mm）

注：1、2、3 为宽度测量线；1′、2′、3′为长度测量线。

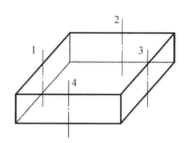

图 13-2　厚度的测量位置

注：1、2、3、4 为厚度测量点。

（3）平面度

将平面度偏差为 0.1 mm 的 1 000 mm 钢直尺分别自然贴放在距板边 10 mm 处和被检平面的两条对角线上，用塞尺测量尺面与板面的间隙。当被检面的边长或对角线长度大于 1 000 mm 时，用钢直尺沿边长和对角线分段检测，重叠位置不应小于钢直尺长度的 1/3，以最大间隙的测量值表示板材的平面度偏差，测量值精确到 0.1 mm。

（4）角度

利用内角垂直度偏差为 0.13 mm、内角边长为 500 mm×400 mm 的 90°钢角尺，将钢角尺的短边紧靠板边的短边，长边紧靠板材的长边，用塞尺测量板材长边与钢角尺长边之间的最大间隙。测量板材的四个角，以最大间隙的测量值表示板材的角度偏差，测量值精确到 0.1 mm。

13.1.3　光泽度

1）试验设备

光电光泽计。

2）试验方法

（1）仪器校正：先打开光源预热，将仪器开口置于高光泽标准板中央，并将仪器的读数调整到标准黑玻璃的定标值，再测定低光泽工作标准板，如读数与定标值相差一个单位之内，则仪器已准备好。

（2）用镜头纸或无毛的布擦干净试样表面，按图 13-3 的位置及光泽计操作说明来测试每块板材的光泽度。

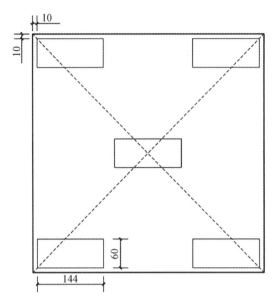

图 13-3　光泽度测定位置(单位:mm)

3）结果计算

计算五个点的算术平均值(取小数点后一位有效数)作为板材的光泽度值。

13.1.4　耐磨性

1）试验设备

耐磨试验机、标准砂、感量为 20 mg 的天平、精度为 0.10 mm 的游标卡尺。

2）试验方法

(1) 将试样置于(105±2)℃的干燥箱内干燥 24 h 后,放入干燥器中冷却至室温。称量质量,精确至 0.01 g。

(2) 将试样安装在耐磨试验机上,单个卡具的重量为 1 250 g,对其进行旋转研磨试验 1 000 转即完成一次试验。

(3) 将试样取下,用刷子刷去粉末,称量被磨削后的质量,精确至 0.01 g。

(4) 用游标卡尺测量试样受磨面互相垂直的两个直径,精确至 0.1 cm。再用两个直径的平均值计算受磨面积。

3）结果计算

耐磨性按式(13-1)计算:

$$B = \frac{M_1 - M_2}{A} \qquad (13-1)$$

式中:B——材料的磨损率(g/cm²);M_1——试验前试样质量(g);M_2——试验后试样质量(g);A——试样的受磨面积(cm²)。

以每组试样耐磨性的算术平均值作为该条件下的试样耐磨性。

13.1.5 放射性

1）试验设备

低本底多道 γ 能谱仪。

2）试验方法

（1）取样

随机抽取样品两份，每份不少于 3 kg。其中一份密封保存，另一份作为检验样品。

（2）制样

将检验样品破碎，磨细至粒径不大于 0.16 mm，再将其放入与标准品几何形态一致的样品盒中，称重（精确至 1 g）、密封、等测。

（3）测量

当检验样品中的天然放射性衰变链基本达到平衡后，在与标准样品测量条件相同的情况下，采用低本底多道 γ 能谱仪对其进行镭-226、钍-232 和钾-40 比活度测量。

3）结果计算

某种核素的放射性比活度是指物质中的某种核素放射性活度除以该物质的质量而得的商，按式（13-2）计算：

$$C = \frac{A}{M} \tag{13-2}$$

式中：C——放射性比活度（Bq/kg）；A——核素放射性活度（Bq）；M——物质的质量（kg）。

4）类别判定

本标准根据装修材料的放射性水平大小将其划分为以下三类：

（1）A 类装修材料

装修材料中的天然放射性核素镭-226、钍-232、钾-40 的放射性比活度同时满足内照指数 $I_{Ra} \leqslant 1.0$ 和外照指数 $I_r \leqslant 1.3$ 要求的为 A 类装修材料。A 类装修材料的产销与使用范围不受限制。

（2）B 类装修材料

不满足 A 类装修材料要求但同时满足内照指数 $I_{Ra} \leqslant 1.3$ 和外照指数 $I_r \leqslant 1.9$ 要求的为 B 类装修材料。B 类装修材料不可用于 I 类民用建筑的内饰面，但可用于 I 类民用建筑的外饰面以及其他一切建筑物的内、外饰面。

（3）C 类装修材料

不满足 A 类、B 类装修材料要求但满足外照指数 $I_r \leqslant 2.8$ 要求的为 C 类装修材料。C 类装修材料只可用于建筑物的外饰面以及室外其他用途。

外照指数 $I_r > 2.8$ 的花岗石只可用于碑石、海堤、桥墩等人类活动较少的地方。

13.2 人造石材试验方法

13.2.1 外观质量

(1) 色泽：色泽均匀一致,不得有明显色差。

(2) 板边：板材四边平整,表面不得有缺棱掉角现象。

(3) 花纹图案：图案清晰,花纹明显,对花色图案有特殊要求的由供需双方商定。

(4) 表面：光滑平整,无波纹、方料痕、刮痕、裂纹,不允许有气泡、杂质。

(5) 拼接：拼接不得有缝隙。

13.2.2 密度和吸水率

1) 试验设备

平底带盖容器、精度为 1 s 的计时器、天平、比重秤、(105±2)℃的鼓风干燥箱、精度为 0.5 mm 的游标卡尺、干燥器。

2) 试验方法

(1) 用天平测量试样的干燥质量,将试样放置在平底容器内的两个支撑棒或其他支撑装置上,减少试样底面与支撑装置或容器底部的接触面积。

(2) 将纯净水慢慢地倒入容器内直到将试样全部浸泡其中,保持试样上表面和水表面的高度差为 20 mm。在试验开始后的(1±0.25) h、(8±0.5) h、(24±1) h,分别取出试样,用拧干的湿毛巾擦去试样表面的水,然后迅速称重。继续将试样浸泡在纯净水中,每隔 (24±1) h 称重一次,直到三次称重所得的质量变化在 0.1% 范围内,则最后一次称重为饱水质量。

(3) 称完每个试样后,立即使用比重秤称量试样在纯净水中的质量。

3) 结果计算

(1) 密度按式(13-3)进行计算,结果精确至 0.01 g/cm³：

$$\rho = \frac{M_0 \times \rho_0}{M_t - M_a} \tag{13-3}$$

式中：ρ——密度(g/cm³)；M_0——干燥试样在空气中的质量(g)；M_t——水饱和试样在空气中的质量(g)；M_a——水饱和试样浸泡在纯净水中所称得的质量(g)；ρ_0——测量温度下纯净水的密度(g/cm³)。

(2) 吸水率按式(13-4)进行计算,结果精确至 0.01：

$$C = \frac{100 \times (M_i - M_0)}{M_0} \tag{13-4}$$

式中：C——试样浸泡 t_i 时间后的吸水率(%)；M_i——试样浸泡 t_i 时间后在空气中的质量(g)；M_0——干燥试样在空气中的质量(g)。

13.2.3 耐污染性

参照第 13.3.3 节"耐污染性(釉面砖)"的试验方法进行测试。

13.2.4 抗压强度

1) 试验设备

表面研磨设备、精磨设备、试验机、精度为 1 s 的计时器、鼓风干燥箱、称重器、精度不低于 0.05 mm 的游标卡尺、干燥器。

2) 试验方法

(1) 测量

测量试样受力面尺寸,立方体试样测量受力横截面边长(l),圆柱体试样测量直径(d)。上下各测两次,取测量结果平均值,精确到 0.1 mm,计算试样横截面积(A)。

(2) 置样

首先把试样受力面和试验机上下压头表面擦拭干净,然后将试样放置在试验机工作台的中心,调整试验机上下压头表面与试样受力面均匀接触。

(3) 加载

连续以(1±0.5) MPa/s 的速率匀速对试样施加负荷,直至完全被破坏。记录试样被破坏时的负荷,精度不低于 1 kN。

3) 结果计算

试样的抗压强度通过试样被破坏时的负荷和试验前横截面积的比值来表示,按公式(13-5)进行计算,精确到 1 MPa:

$$R = \frac{F}{A} \tag{13-5}$$

式中:R——试样的抗压强度(MPa);F——试样被破坏时的载荷(N);A——试样被破坏前的横截面积(mm^2)。

13.3 釉面砖试验方法

13.3.1 尺寸和外观质量

1) 长度和宽度测定

(1) 试验设备

游标卡尺或其他适合测量长度的仪器。

(2) 试验方法

在离砖角点 5 mm 处测量砖的每条边,测量值精确到 0.1 mm。

（3）结果计算

正方形砖的平均尺寸是四条边测量值的平均值。试样的平均尺寸是 40 次测量值的平均值。

长方形砖的尺寸以对边 2 次测量值的平均值作为相应的平均尺寸,试样长度和宽度的平均尺寸分别为 20 次测量值的平均值。

2）厚度测定

（1）试验设备

测头直径为 5～10 mm 的螺旋测微器或其他合适的仪器。

（2）试验方法

对于表面平整的砖,在砖面上画两条对角线,测量四条线段每段上最厚的点,每块试样测量四个点,测量值精确到 0.1 mm。

对于表面不平整的砖,在垂直于一边的砖面上画四条直线,四条直线距砖边的距离分别为边长的 0.125 倍、0.375 倍、0.625 倍和 0.875 倍,在每条直线上的最厚处测量厚度。

（3）结果计算

每块砖以 4 次测量值的平均值作为单块砖的平均厚度,试样的平均厚度是 40 次测量值的平均值。

3）边直度测定

（1）试验设备

边直度测量仪、分度表、标准板。

（2）设备方法

选择尺寸合适的仪器,当砖放在仪器的支承销上时,使定位销离被测边每一角点的距离为 5 mm,如图 13-4 所示。

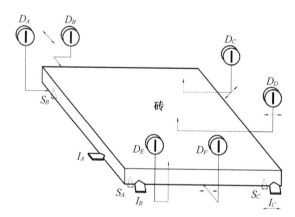

图 13-4　测量边直度、直角度和平整度的仪器

注:S_A、S_B、S_C 为支承销;I_A、I_B、I_C 为定位销;D_A、D_B、D_C、D_D、D_F 为分度表。

将合适的标准板准确地置于仪器的测量位置上,并调整分度表的读数。

取出标准板,将砖的正面恰当地放在仪器的定位销上,记录边中央处的分度表读数。

如果是正方形砖,转动砖的位置得到四次测量值。每块砖都重复上述步骤。如果是长方形砖,分别使用合适尺寸的仪器来测量其长边和宽边的边直度,测量值精确到 0.1 mm。

4)直角度测定

(1)试验设备

直角度测量仪、分度表、标准板。

(2)试验方法

选择尺寸合适的仪器,当砖放在仪器的支承销(S_A、S_B、S_C)上时,使定位销(I_A、I_B、I_C)离被测边每一角点的距离为 5 mm。分度表(D_A)的测杆也应在离被测边的一个角点 5 mm 处,如图 13-4 所示。

将合适的标准板准确地置于仪器的测量位置上,调整分度表的读数至合适的初始值。

取出标准板,将砖的正面恰当地放在仪器的定位销上,记录离角点 5 mm 处的分度表读数。如果是正方形砖,转动砖的位置得到四次测量值。每块砖都重复上述步骤。如果是长方形砖,分别使用合适尺寸的仪器来测量其长边和宽边的直角度,测量值精确到 0.1 mm。

5)平整度测定

(1)试验设备

平整度测量仪、金属或玻璃标准板。

(2)测定方法

选择尺寸合适的仪器,将相应的标准板准确地放在三个定位支承销(S_A、S_B、S_C)上,每个支承销到砖边的距离为 10 mm,外部的两个分度表(D_E、D_C)到砖边的距离也为 10 mm。

调节三个分度表(D_D、D_E、D_C)的读数至合适的初始值,如图 13-4 所示。

取出标准板,将砖的釉面或合适的正面朝下置于仪器上,记录三个分度表的读数。如果是正方形砖,转动试样,每块试样得到四个测量值。每块砖重复上述步骤。如果是长方形砖,分别使用合适尺寸的仪器来测量。记录每块砖最大的中心弯曲度(D_D)、边弯曲度(D_E)和翘曲度(D_C),测量值精确到 0.1 mm。

(3)结果计算

中心弯曲度以与对角线长度的百分比表示。

6)边长差和对角线长度差测定

将砖的正面朝上,用最小刻度不大于 0.5 mm 的钢直尺、游标卡尺或其他合适的量具分别量取两条对边长度和两条对角线长度,计算两条对边长度差和两条对角线长度差。

13.3.2 吸水率(沸煮法)

1)试验设备及试剂

(110±5)℃范围干燥箱、加热装置、天平、去离子水、干燥器、麂皮、吊环、玻璃烧杯、真空容器。

2）试验方法

（1）砖的干燥

将砖放在（110±5）℃的干燥箱中干燥至恒重，即每隔24 h的两次连续质量之差小于0.1%；将砖放在有硅胶或其他干燥剂的干燥器内冷却至室温，不能使用酸性干燥剂，每块砖按表13-1的测量精度称量和记录。

（2）水的饱和

将砖竖直放在盛有去离子水的加热装置中，使砖互不接触。砖的上部和下部应保持有5 cm深度的水。在整个试验中都应保持高于砖5 cm的水面。将水加热至沸腾并保持煮沸2 h，然后切断热源，使砖完全浸泡在水中冷却至室温，并保持（4±0.25）h。也可用常温下的水或制冷器将样品冷却至室温。将一块浸湿过的麂皮用手拧干，并将麂皮放在平台上轻轻地依次擦干每块砖的表面，对于凹凸或有浮雕的表面应用麂皮轻快地擦去表面水分，然后称重，并记录每块试样的称量结果。这一过程应保持与干燥状态下相同的精度，见表13-1。

表13-1 砖的质量和测量精度（单位：g）

砖的质量	测量精度
$50 < m \leqslant 100$	0.02
$100 < m \leqslant 500$	0.05
$500 < m \leqslant 1\ 000$	0.25
$1\ 000 < m \leqslant 3\ 000$	0.50
$m > 3\ 000$	1.00

（3）悬挂称重

试样在真空下吸水后，称量试样悬挂在水中的质量，精确至0.01 g。称量时，将试样挂在天平一臂的吊环上。在实际称量前，将安装好并浸入水中的吊环放在天平上，使天平处于平衡位置。吊环在水中的深度与放试样称量时相同。

3）结果计算

在下面的计算中，假设1 cm³的水重1 g，此假设室温下的误差在0.3%以内。

计算每一块砖的吸水率，用干砖的质量分数表示，按式（13-6）计算：

$$E_{b} = \frac{M_{2b} - M_{1}}{M_{1}} \times 100\% \tag{13-6}$$

式中：E_{b}——用沸煮法测定的吸水率（%），E_{b}代表水仅注入容易进入的气孔；M_{1}——干砖的质量（g）；M_{2b}——砖在沸水中吸水饱和的质量（g）。

13.3.3 耐污染性

1）试验设备及试剂

玻璃盖板、润湿剂（如家用清洁剂）、溶剂（如乙醇）、水平检测台（含照明光源）、脱脂棉、软质布块、硬质尼龙毛刷、干燥箱。

2）试验方法

（1）试样准备

每种污染剂需 5 块试样——使用完好的整砖或切割后的砖,试验砖的表面应足够大,以确保可进行不同的污染试验。若砖面太小,可以增加试样的数量。首先彻底清洗砖面,然后在(110±5)℃的干燥箱中将其干燥至恒重,即连续两次称重的质量之差小于 0.1 g,最后将试样在干燥器中冷却至室温。

当对磨损后的有釉砖做试验时,应按照《陶瓷砖试验方法　第 7 部分:有釉砖表面耐磨性的测定》(GB/T 3810.7—2016)中的规定进行试验,转数为 600 转。

（2）污染剂的使用

在被试验的砖面上分别滴 3～4 滴易产生痕迹的膏状污染剂,滴 3～4 滴可能产生氧化反应的污染剂,将一个直径约为 30 mm 的中凸透明玻璃盖在试验区域的污染剂上,以确保试验区域接近圆形,并保持 24 h。对于表面经过防污处理的砖,应采用合适的方法去除砖表面的防污剂。

（3）清除污染剂

清洗程序 A:用流动的热水清洗砖面 5 min,然后用湿布擦净砖面。

清洗程序 B:用普通的不含磨料的海绵或布在弱清洗剂中人工擦洗砖面,然后用流动的水冲洗,再用湿布擦净。

清洗程序 C:用机械方法在强清洗剂中清洗砖面,例如,可用下述装置进行清洗:

① 用硬鬃毛制成直径为 8 cm 的旋转刷,刷子的旋转速度大约为 500 r/min。

② 盛清洗剂的罐带有一个合适的喂料器与刷子相连。将砖面与旋转刷子相接触,然后从喂料器加入清洗剂进行清洗,清洗时间为 2 min。

③ 清洗结束后用流动的水冲洗并用湿布擦净砖面。

清洗程序 D:试样在合适的溶剂中浸泡 24 h,然后在流动水下冲洗砖面,并用湿布擦净砖面。若使用任何一种溶剂能将污染物除去,则认为完成清洗步骤。

把各组试样按清洗程序 A、清洗程序 B、清洗程序 C、清洗程序 D 进行清洗。试样每次清洗后都在(110±5)℃的干燥箱中烘干,然后观察者用眼睛观察砖面的变化,眼睛距离砖面 25～30 cm,光线为大约 300 lx 的日光或人造光源,但要避免阳光的直接照射。如果使用膏状污染剂则只报告色彩可见的情况。如果砖面未见变化,即污染剂能被去掉,根据图 13-5 记录可清洗级别。如果污染剂不能被去掉,则进行下一个清洗程序。

3）等级判定

记录每块试样与每种污染剂作用所产生的结果(经双方同意,有釉砖可在无磨损或磨损以后进行)。第⑤级对应于最易将规定的污染剂从砖面上清除,第①级对应于任何一种清除程序在不破坏砖面的情况下都无法清除砖面上的污染剂。

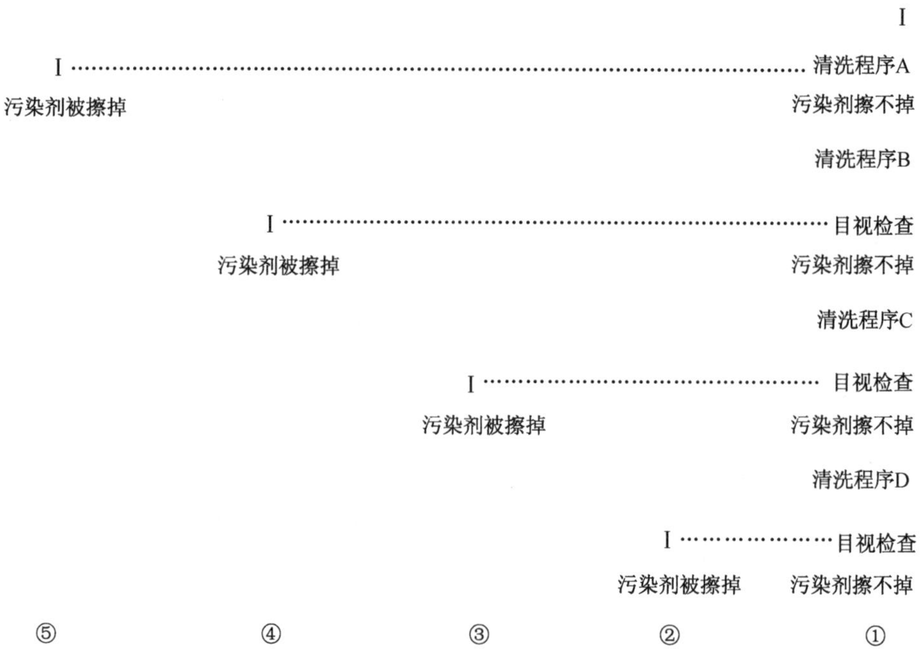

I ·· 清洗程序A

污染剂被擦掉   污染剂擦不掉

清洗程序B

I ·· 目视检查

污染剂被擦掉   污染剂擦不掉

清洗程序C

I ·· 目视检查

污染剂被擦掉   污染剂擦不掉

清洗程序D

I ·············· 目视检查

污染剂被擦掉   污染剂擦不掉

⑤   ④   ③   ②   ①

图 13-5 耐污染性试验结果的分级

13.3.4 热稳定性

1）试验设备

低温水槽、干燥箱。

2）试验方法

（1）试样初检

首先用肉眼（平常戴眼镜的可戴上眼镜）在距砖面 25～30 cm、光源照度约 300 lx 的光照条件下观察试样表面。所有试样在试验前应没有缺陷，可用亚甲基蓝溶液对待测试样进行测定前的检验。

（2）浸没试验

将吸水率不大于 10％的陶瓷砖垂直浸没在（15±5）℃的水中，并使它们互不接触。

（3）非浸没试验

对于吸水率大于 10％的有釉砖，使其釉面朝下与（15±5）℃的低温水槽上的铝粒接触。

（4）冷热循环

对于上述两项步骤，在低温下保持 15 min 后，立即将试样移至（145±5）℃的干燥箱内重新达到此温度后保持 20 min，再立即将试样移回低温环境中。

重复进行 10 次上述过程。

3）结果判定

用肉眼（平常戴眼镜的可戴上眼镜）在距试样 25～30 cm、光源照度约 300 lx 的条件下观察试样的可见缺陷。为帮助检查,可将合适的染色溶液(如含有少量湿润剂的1‰亚甲基蓝溶液)刷在试样的釉面上,1 min后用湿布抹去染色液体。

13.3.5 耐磨性

1)试验设备

耐磨试验机、内置6 000～6 500 K荧光灯的目视评价用装置、天平。

2)试验方法

首先校准设备,将试样釉面朝上夹紧在金属夹具上,从夹具上方的加料孔中加入研磨介质,盖上盖子防止研磨介质损失,试样的预调转数为100转、150转、600转、750转、1 500转、2 100转、6 000转和12 000转。达到预调转数后,取下试样,在流动的水下冲洗,并在(110±5)℃的干燥箱内烘干。如果试样被铁锈污染,可用体积分数为10%的盐酸擦洗,然后立即用流动的水冲洗、干燥。将试样放入观察箱中,取一块已磨试样,周围放置三块同型号未磨试样,在300 lx照度下,距离2 m,高1.65 m,用眼睛(平时戴眼镜的可戴眼镜)观察、对比未研磨和经过研磨后的砖釉面的差别。注意不同的转数研磨后砖釉面的差别,至少需要三种观察意见。

在观察箱内目视比较(图13-6),当可见磨损在较高一级转数和低一级转数下比较靠近时,重复试验检查结果,如果结果不同,取两个级别中较低一级作为结果进行分级。

对于已通过12 000转数级的陶瓷砖,紧接着对其做耐污染试验,参照《陶瓷砖试验方法 第14部分:耐污染性的测定》(GB/T 3810.14—2016)中的规定。试验完毕,钢球用流动的水冲洗,再用含甲醇的酒精清洗,然后彻底干燥,以防生锈。如果有协议要求做釉面磨耗试验,则应在试验前先称三块试样的干质量,而后在6 000转数下研磨。对于已通过

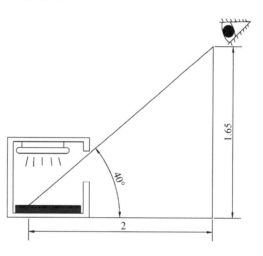

图13-6 目视评价用装置(单位:m)

1 500转、2 100转和6 000转的陶瓷砖,根据《陶瓷砖试验方法 第14部分:耐污染性的测定》(GB/T 3810.14—2016)中的规定对其做耐污染性试验。其他有关的性能测试可根据协议在试验过程中实施,如颜色和光泽的变化,但协议中所规定的条款不能作为砖的分级依据。

3)等级判定

试样根据表13-2进行分级,共分五级。陶瓷砖也要根据《陶瓷砖试验方法 第14部分:耐污染性的测定》(GB/T 3810.14—2016)做磨损釉面的耐污染试验,但对此标准进行如下修正:

表 13-2　有釉陶瓷砖耐磨性分级

可见磨损的研磨转数/转	分级
100	0
150	1
600	2
750、1 500	3
2 100、6 000、12 000	4
>12 000	5

注:通过 12 000 转试验后应根据《陶瓷砖试验方法　第 14 部分:耐污染性的测定》(GB/T 3810.14—2016)做耐污染性试验。

(1) 只用一块磨损砖(大于 12 000 转),仔细区别,确保污染的分级准确(如在做耐污染试验前,切下部分磨损的砖)。

(2) 如果没有按《陶瓷砖试验方法　第 14 部分:耐污染性的测定》(GB/T 3810.14—2016)中规定的 A、B 和 C 步骤进行清洗,则应按 D 步骤进行清洗。

如果试样在 12 000 转数下未见磨损痕迹,但按《陶瓷砖试验方法　第 14 部分:耐污染性的测定》(GB/T 3810.14—2016)中所列出的任何一种方法(A、B、C 或 D),污染剂都不能被擦掉,则将耐磨性定为 4 级。

13.3.6　抗龟裂性

1) 试验设备

蒸压釜。

2) 试验方法

(1) 首先用肉眼(平常戴眼镜的可戴上眼镜),在 300 lx 光照条件下距试样 25～30 cm 处观察釉面的可见缺陷。所有试样在试验前都不应有釉裂,可用亚甲基蓝溶液做釉裂检验。除了刚出窑的砖作为质量保证的常规检验外,其他试验用砖应在(500±15)℃的温度下重烧,但升温速率不得大于 150℃/h,保温时间不少于 2 h。

(2) 将试样放在蒸压釜内,试样之间应有空隙。使蒸压釜中的压力逐渐升高,1 h 内达到(500±20) kPa、(159±1)℃,并保持 2 h,然后关闭汽源。对于直接加热式蒸压釜则停止加热使压力尽可能快地降低到试验室的大气压,在蒸压釜中冷却试样 0.5 h。再将试样移到试验室的大气中,单独放在平台上,继续冷却 0.5 h。

(3) 在试样釉面上涂刷适宜的染色液,如含有少量润湿剂的 1% 亚甲基蓝溶液,1 min 后用湿布擦去染色液。

(4) 检查试样的釉裂情况,注意区分釉裂与划痕及可忽略的裂纹。

13.4 木质人造板试验方法

13.4.1 尺寸规格

1）试验设备

测微仪、钢卷尺、机械角尺、直尺或金属线、钢板尺、楔块、塞尺或卡尺。

2）测定方法

（1）厚度测定

在距板边24 mm和50 mm之间测量厚度，测量点位于每个角及每条边的中间，即总共八个点，如图13-7所示，精确至厚度的1%但不小于0.1 mm。对于测量厚度，应缓慢地将仪器测量表面接触板面。如供需双方有争议时，允许从板的中间锯开，然后按上述方法测量，也可用测头直径为15.0～20.0 mm的测微仪进行测量。

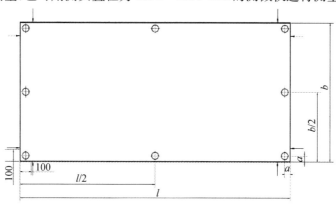

图13-7　一张板的厚度测量点⊕、长度和宽度测量（单位：mm）

注：l—长度；b—宽度；a—距离板边进行测试的参考距离，一般为24～50 mm。

（2）长度和宽度测定

沿着距板边100 mm且平行于板边的两条直线测量每张板的长度和宽度，如图13-7所示，精确到0.1%但不小于1 mm。

（3）垂直度的测定

把角尺的一条边靠着板的一条边，以此测量板的垂直度，如图13-8所示。

在距板角（1 000±1）mm处，通过规定的一种测量仪器测量板边和角尺另一臂边间的间距δ_1，如图13-8所示。

其他每个角的垂直度测定遵循相同的方法。

对工厂生产过程进行控制，如相关有效数据能被证实的话，垂直度也可用板的两条角线长度的差进行测定，用钢卷尺进行测量。

（4）边缘直度测定

把直尺对着一条板边，或在板的两个角处放置金属线并且拉直。用规定的测量仪器测量直尺（或拉直金属线）与板边之间的最大偏差，结果应精确到0.5 mm，对其他每条边遵循相同的方法。

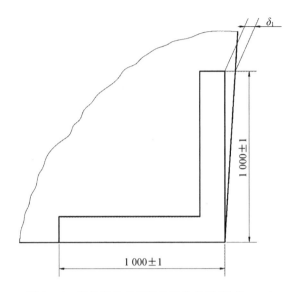

图 13-8　测量板垂直度的角尺的使用(单位:mm)

(5) 平整度测定

在无任何外力作用下把板放置在水平表面上,测量被测试板的整个表面与拉直金属线之间的间距,找出金属线与板的最大变形点的表面间距,用钢板尺测量,精确到0.5 mm。

3) 结果表示

(1) 厚度:对于每张测试的板,计算各测量值的算术平均值来表示厚度,精确到0.1 mm。

(2) 长度和宽度:对于每张测试的板,计算各测量值的算术平均值来分别表示长度和宽度,精确到 1 mm。

(3) 垂直度:结果是角尺边和板边的偏差的最大测量值,用每米板边长度上的毫米数表示,精确到 0.5 mm/m。

(4) 边缘直度:结果是测量偏差的较大值除以该边的长度,用毫米每米(mm/m)表示。板的宽度和长度分别表示。

(5) 平整度:记录仪器所测得的测量值,精确到 0.5 mm,不管弓形是在宽度还是长度方向测量。

13.4.2　含水率

1) 试验设备

感量为 0.01 g 的天平、(103±2) ℃ 干燥箱、干燥器。

2) 试验方法

(1) 测定含水率时,试件在锯割后应立即进行称量,精确至 0.01 g。如果不能立即称量,应避免试件含水率在锯割至称量期间发生变化。

（2）试件在（103±2）℃条件下干燥至质量恒定，干燥后的试件应立即置于干燥器内冷却，防止从空气中吸收水分。冷却至室温后称量，精确至 0.01 g。前后相隔 6 h 两次称量所得的试件质量差小于试件质量的 0.1%，即视为质量恒定。

3）结果计算

试件的含水率按式（13-7）计算，精确至 0.1%：

$$H = \frac{M_0 - M_i}{M_i} \times 100 \tag{13-7}$$

式中：H——试件的含水率，以百分率表示（%）；M_0——试件干燥前的质量（g）；M_i——试件干燥后的质量（g）。

13.4.3 握钉力

1）试验设备

载荷量程为 0～2 500 N 的万能力学试验机、专用金属夹具、分度值为 0.1 mm 的游标卡尺、台钻。

2）试验方法

（1）测试板面握钉力时，在试件表面的中心点，先用直径为（2.7±0.1）mm 的钻头钻导孔，导孔深度为 19 mm。螺钉采用 GB 845—ST 4.2×38-C-H 的或 GB 846—ST 4.2×38-C-H 的自攻螺钉，螺钉长 38 mm，外径为 4.2 mm。拧入螺钉，拧入深度为（15±0.5）mm，拧进的螺纹为全螺纹。导孔及拧入的螺钉必须保持与板面垂直。

（2）试件板边握钉力在试件相邻两侧面的中心点处测定，导孔及螺纹拧入深度同步骤（1）。试件厚度小于 15 mm 时不测定板边握钉力。

（3）如果螺钉的拧入深度超过 15 mm，试件作废，应重取试件进行试验。

（4）拧好螺钉后，应立即进行拔钉试验。金属专用夹具和试件接触的表面应与试验机拉伸中心线垂直，螺钉应与试验机拉伸中心线对重。拔钉时应均匀加载荷，从加载荷开始在（60±30）s 内达到最大载荷，记下最大载荷值，精确至 10 N。

（5）螺钉不得重复使用。

3）结果计算

（1）每个试件的板面握钉力都是最大拔钉力，每个试件的板边握钉力是 2 个螺钉最大拔钉力的算术平均值，精确至 10 N。

（2）一张板的板面握钉力是同一张板内全部试件板面握钉力的算术平均值，精确至 10 N；一张板的板边握钉力是同一张板内全部试件板边握钉力的算术平均值，精确至 10 N。

13.4.4 耐污染性

1）试验设备及试剂

玻璃盖板、润湿剂（如家用清洁剂）、溶剂（如乙醇）、水平检测台（含照明光源）、脱脂棉、软质布块、硬质尼龙毛刷。

2）试验方法

（1）从试验中切割任意尺寸的试件，置于常温环境中。

（2）用脱脂棉将试件表面擦净，把少量污染物分别置于水平放置的两个试件表面，在其中一块试件表面的污染物上覆盖玻璃盖板。

（3）接触时间达到 16 h 后，先用干净的软布擦掉污染物，再用水清洗，然后用含有润湿剂的水清洗，最后用乙醇清洗表面，并用脱脂棉擦干。

（4）把清洗完毕的试件在常温下放置 24 h，然后将试件放置在检查台上，从距离 400 mm 的地方用正常视力观察试件表面。

3）等级判定

试验材料对试件表面的影响如下：

5 级：无明显变化。

4 级：光泽和/或颜色有轻微变化。

3 级：光泽和/或颜色有中等变化。

2 级：光泽和/或颜色有明显变化。

1 级：表面变形和/或鼓泡。

13.4.5　色牢度

1）试验设备及试剂

氙弧灯、评级灯箱、硬质薄铝片遮盖物、蓝色羊毛标样［符合《纺织品　色牢度试验：蓝色羊毛标样(1～7)级的品质控制》(GB/T 730—2008)］、灰色样卡［符合《纺织品　色牢度试验：评定变色用灰色样卡》(GB/T 250—2008)］、乙醇、脱脂纱布。

2）试验方法

（1）用脱脂纱布蘸少许乙醇将试件表面擦干净、晾干。将试件和一组蓝色羊毛标样用遮盖物遮去一半，按规定条件在氙弧灯下暴晒。氙弧灯离试件表面和蓝色羊毛标样表面的距离必须保持相等。

（2）试验终止

① 试件表面达到标准规定的暴晒量，即产品标准所规定的蓝色羊毛标样等级的暴晒和未暴晒部分间的色差达到灰色样卡 4 级，暴晒终止。

② 试件符合商定或产品标准所规定的色牢度指标。

3）结果判定

将试件和蓝色羊毛标样一同取出，移开遮盖物，在评级灯箱内用灰色样卡或蓝色羊毛布来评定试件的相应变色等级。

用正常视力在距离约 50 cm 处任意角度下观察试件表面颜色的变化。为避免由于光致变色性而对耐光色牢度发生错评，应在评定耐光色牢度前将试件放在暗处，在室温下平衡 24 h 后进行判定。

试验结果用规定的蓝色羊毛标样等级下的试验结果大于、等于或小于灰度样卡 4 级表示。

13.4.6　漆膜硬度

1) 试验设备及试剂

漆膜硬度试验仪器、机械削笔刀、不同硬度的铅笔、软布或脱脂棉、惰性溶剂。

2) 试验方法

(1) 用特殊的机械削笔刀将每支铅笔的一端削去5～6 mm的木头。小心操作,以留下原样的、未划伤的、光滑的圆柱形铅笔笔芯。

(2) 垂直握住铅笔,与砂纸保持90°。在砂纸上前后移动铅笔,把铅笔芯尖端磨平(成直角)。持续移动铅笔直至获得一个平整光滑的圆形横切面,且边缘没有碎屑和缺口。每次使用铅笔前都要重复这个步骤。

(3) 将试件放在水平的、稳固的台面上,油漆面朝上。将铅笔捅入试验仪中并用夹子将其固定,使仪器保持水平、铅笔的尖端放在漆膜表面。

(4) 当铅笔的尖端刚接触到漆膜后立即推动试件,以0.5～1 mm/s的速度朝离开操作者的方向推动至少7 mm的距离。

(5) 用软布或脱脂棉和惰性溶剂擦净漆膜表面。在自然光线下,用正常视力(或矫正到正常视力)观察试件的漆膜变化。如果未出现划痕,在未进行试验的区域重复试验,更换较高硬度的铅笔直到出现至少3 mm长的划痕为止。如果已出现超过3 mm的划痕,则降低铅笔的硬度重复试验,直到超过3 mm的划痕不再出现为止。

3) 结果评定

以没有使涂层出现3 mm及以上划痕的最硬的铅笔的硬度表示漆膜的铅笔硬度。

13.5　建筑涂料试验方法

13.5.1　耐碱性

1) 取样

按《色漆、清漆和色漆与清漆用原材料　取样》(GB/T 3186—2006)中的规定,取待测产品(或多涂层体系中的每种产品)的代表性样品。

按《建筑涂料涂层试板的制备》(JG/T 23—2001)中的规定检查和制备试验样品。

2) 试验方法

取三块制备好的试验样板,用石蜡和松香混合物(质量比为1∶1)将试验样板的四周边缘和背面封闭,封边宽度为2～4 mm。在玻璃或搪瓷容器中加入氢氧化钙饱和水溶液,将试验样板长度的2/3浸入试验溶液中,加盖密封直至产品标准规定的时间。

3) 结果评定

浸泡结束后,取出试验样板用水冲洗干净,甩掉板面上的水珠,再用滤纸吸干。吸干后,立即观察涂层表面是否出现变色、起泡、剥落、粉化、软化等现象。

以至少两块试验样板涂层现象一致作为试验结果。

对试验样板边缘约 5 mm 和液面以下约 10 mm 内的涂层区域不做评定。

当出现变色、起泡、剥落、粉化等涂层病态现象时可按照《色漆和清漆 涂层老化的评级方法》(GB/T 1766—2008)进行评定。

13.5.2 耐洗刷性

1）取样

按《色漆、清漆和色漆与清漆用原材料 取样》(GB/T 3186—2006)中的规定,取待测产品的代表性样品。

2）试验方法

（1）将试验样板的涂漆面向上,水平固定在耐洗刷试验仪的试验台板上。

（2）将预处理过的刷子置于试验样板的涂漆面上,使刷子保持自然下垂,滴加约 2 mL 的洗刷介质于样板的试验区域,立即启动仪器,往复洗刷涂层,同时以每秒滴加约 0.04 mL 的速度滴加洗刷介质,使洗刷面保持润湿。

（3）洗刷至规定次数或洗刷至样板长度的中间 100 mm 区域露出底材后,取下试验样板,用自来水冲洗干净。

（4）在散射日光下检查试验样板被洗刷过的中间长度 100 mm 区域的涂层,观察其是否破损露出底材。

3）结果评定

（1）洗刷到规定的次数,两块试验样板中至少有一块试验样板的涂层不破损至露出底材,则评定为"通过"。

（2）洗刷到涂层刚好破损至露出底材,以两块试验样板中洗刷次数多的结果为准。

13.5.3 遮盖力

1）试验设备

感量为 0.01 g 的天平、玻璃板、漆刷、木板、黑白格玻璃板(100 mm×250 mm)。

2）试验方法

（1）使用天平称盛有涂料杯子和漆刷的总重量,用漆刷将涂料均匀地涂刷于黑白格玻璃板上,然后将玻璃板放在暗箱内。

（2）距磨砂玻璃片 15～20 cm,有黑白格的一端与平面呈 30°～40°的夹角,在日光灯下观察,如果能够观察到玻璃板上的黑白格,则需继续在黑白格上涂刷涂料,直到刚好看不到黑白格为止。这时对盛有剩余涂料的杯子和漆刷进行称重,求出黑白格玻璃板上的涂料用量。涂刷时应刷涂均匀,不得将涂料涂刷在板的边缘。

3）遮盖力按式(13-8)计算:

$$X = \frac{W_1 - W_2}{S} \times 10^4 = 50(W_1 - W_2) \tag{13-8}$$

式中:X——遮盖力(g/m²);W_1——未涂刷前盛有涂料的杯子和漆刷的总重量(g);W_2——涂刷后盛有剩余涂料的杯子和漆刷的总重量(g);S——黑白格玻璃板上涂料涂刷的面积(cm²)。

试验测定两次,取两次试验值的算术平均值作为试验的最终数值,但两次试验之差应不大于平均值的5%,否则应重新试验。

13.5.4 黏度

1)试验设备

温度计,秒表,水平仪,永久磁铁,承受杯,涂-1、涂-4 黏度计。

2)试验方法

(1)涂-1 黏度计法(适用于测定流出时间不低于 20 s 的涂料产品)

① 测定前后均需用纱布蘸溶剂将黏度计擦拭干净,并对黏度计进行干燥或用冷风将其吹干。应对光检查,以保证黏度计漏嘴等保持洁净。

② 将试样搅拌均匀,必要时可用孔径为 246 μm 的金属筛过滤。除另有规定外,应将试样温度调整至(23±1)℃或(25±1)℃。

③ 将黏度计置于水浴套内,插入塞棒。将试样倒入黏度计内,调节水平螺钉使液面与刻线刚好重合,盖上盖子并插入温度计,静置片刻以使试样中的气泡逸出。在黏度计漏嘴下放置一个 50 mL 的量杯。

④ 除另有规定外,当试样温度达到(23±1)℃或(25±1)℃时,迅速提起塞棒,同时启动秒表。当杯内的试样量达到 50 mL 刻度线时,立即停止秒表。试样流入杯内 50 mL 所需时间即为试样的流出时间(s)。

⑤ 按步骤③和步骤④重复测试,两次测定值之差不应大于平均值的3%,取两次测定值的平均值为测定结果。

(2)涂-4 黏度计法(适用于测定流出时间在 150 s 以下的涂料产品)

① 按规定清洁、干燥黏度计,并处置试样。

② 使用水平仪调解水平螺钉,使黏度计处于水平位置。在黏度计漏嘴下放置 150 mL 的搪瓷杯。

③ 用手指堵住漏嘴,将(23±1)℃或(25±1)℃的试样倒满黏度计,用玻璃棒或玻璃板将气泡和多余试样刮入凹槽。然后迅速移开手指,同时启动秒表,待试样流束刚中断时立即停止秒表,秒表读数即为试样的流出时间(s)。

④ 按步骤③重复测试,两次测定值之差不应大于平均值的3%,取两次测定值的平均值为测试结果。

3)结果计算

(1)用下列公式可将试样的流出时间(s)换算成运动黏度值(mm²/s):

涂-1 黏度计:$t=0.053v+1.0$

涂-4 黏度计:$t<23$ s 时,$t=0.154v+11$

　　　　　　23 s$\leqslant t<150$ s 时,$t=0.223v+6.0$

式中:t——流出时间(s);v——运动黏度(mm^2/s)。

(2)校正涂-1、涂-4黏度计时,应首先求得每个黏度计的修正系数。其定义为在相同条件下,被校黏度计的标准流出时间与测试的流出时间的比值即为黏度计的修正系数,按式(13-9)计算:

$$K = \frac{T_1}{T_2} \tag{13-9}$$

式中:K——黏度计修正系数;T_1——标准流出时间(s);T_2——测定的流出时间(s)。

在某一温度的±0.2℃条件下[如(23±0.2)℃或(25±0.2)℃],使用各种已知运动黏度的标准油,按涂-1或涂-4黏度计法所规定的步骤测出被校黏度计的流出时间。根据标准油的运动黏度求出标准流出时间。由此求得的一系列标准流出时间与被校正黏度计测得的一系列流出时间之比的算术平均值即为被校黏度计的修正系数。

13.5.5 耐污染性

1)试验设备

冲洗装置、反射率仪、感量不大于 0.1 g 的电子天平、电热鼓风干燥箱、线棒涂布器、符合《纺织品 色牢度试验:评定变色用灰色样卡》(GB/T 250—2008)中所规定的基本灰卡、平底托盘、软毛刷、无石棉纤维水泥平板底材。

2)试验方法

(1)取养护后的涂层试板,在上、中、下三个位置测试涂层试板的初始反射系数,取其平均值,记为 A。用软毛刷将污染源悬浮液按先横向、后竖向均匀涂刷在涂层试板的表面,污染源悬浮液的涂刷量为每块试件(0.7±0.1)g。涂刷好的试板按标准状态法或烘箱快速法进行试验,仲裁检验时应采用标准状态法。

(2)标准状态法。将试板在标准试验条件下放置 2 h 后,置于冲洗装置的试板架上,将已注满 15 L 水的冲洗装置阀门打开至最大来冲洗涂层试板。冲洗时应不断移动涂层试板,使水流能均匀冲洗各个部位,冲洗 1 min 后关闭阀门,将涂层试板在标准试验条件下放置至第二天,此为一个循环,整个循环约 24 h。按此步骤完成五次循环后,在涂层板的上、中、下三个位置测试反射系数,取其平均值,记为 B。每次冲洗涂层试板前应将水箱中的水添加至 15 L。

(3)烘箱快速法。将试板先放入(60±2)℃的烘箱中 30 min 后取出,在标准试验条件下放置 2 h,置于冲洗装置的试板架上,将已注满 15 L 水的冲洗装置阀门打开至最大来冲洗涂层试板。冲洗时应不断移动涂层试板,使水流能均匀冲洗各个部位,冲洗 1 min 后关闭阀门,将涂层试板在标准试验条件下放置至第二天,此为一个循环,整个循环约 24 h。

按上述步骤继续进行试验至二次循环后,在涂层试板的上、中、下三个位置测试反射系数,取其平均值,记为 B。每次冲洗涂层试板前均应将水箱中的水添加至 15 L。

3）结果计算

外墙涂料涂层的耐污性按式(13-10)计算：

$$X_{外} = \frac{|A-B|}{A} \times 100\%$$ (13-10)

式中：$X_{外}$——外墙涂料涂层的反射系数下降率(%)；A——涂层初始平均反射系数；B——涂层经玷污试验后的平均反射系数。

结果取三块试板的算术平均值,保留两位有效数值,三块试板的平行测定相对误差应不大于15%。

13.5.6 细度

1）试验设备

细度板、刮刀。

2）试验方法

(1) 进行初步测试以确定最适宜的细度板规格和与试样近似的研磨细度。

(2) 将洗净并干燥的细度板放在平坦、水平、不会滑动的平面上。

(3) 将足够量的样品倒入沟槽的深端,并使样品略有溢出,注意在倾倒样品时勿使样品夹带空气。

(4) 用两手的大拇指和食指捏住刮刀,将刮刀的刀刃放在细度板凹槽最深的一端,与细度板表面相接处,并使刮刀的长边平行于细度板的宽边,而且要将刮刀垂直压于细度板的表面,使刮刀和凹槽的长边成直角。在1~2 s内使刮刀以均匀的速度刮过细度板的整个表面到超过凹槽深度为零的位置。如果是印刷油墨或类似的黏性液体,为了避免结果偏低,要求刮刀刮过整个凹槽的时间应不少于5 s。在刮刀上要施加足够的向下压力,以确保凹槽中充满试样,多余的试样则被刮下。

(5) 刮完试样后,在涂料仍是湿态的情况下,在尽可能短的时间内以如下方法从侧面观察细度板,观察时,视线与凹槽的长边成直角,且和细度板表面所成的角度不大于30°且不小于20°,同时要求在易于看出凹槽样品状况的光线下进行观察。如果样品的流动性造成在涂刮后不能得到平整的图案,可以加入最低量的合适的稀释剂或漆基溶液并进行人工搅拌,然后再进行重读试验。在报告中应注明各种稀释情况。有时,稀释试样可能发生絮凝而影响研磨细度。

(6) 观察试样首先出现密集微粒点之处,特别是横跨凹槽3 mm宽的条带内包含有5~10个颗粒的位置。对于在密集微粒点出现的上面可能出现的分散的点可以不予理会。确定条带上限的位置,按下列精度要求读数：对量程100 μm 的细度板为5 μm,对量程50 μm 的细度板为2 μm,对量程25 μm 的细度板为1 μm。

(7) 每次读数之后立即用合适的溶剂清洗细度板和刮刀。

3）结果表示

计算三次测定的平均值,并以与初始读数相同的精度记录结果。

13.5.7 附着力(刻划法)

1) 试验设备

刀片、钢尺。

2) 试验方法

按照规定的要求制备样板后,用刀片和钢尺在样板的纵横方向上划出间距为1 mm 的 11 条划痕,纵横相交的划痕形成 100 个正方形。切割时,刀片面必须与底板垂直,刀刃与底板成 10°～20°的夹角,刻划时用力均匀,所有的切口应穿透至底板的表面。在同一块试板的不同部位做三次试验。刻划后用软毛刷轻轻沿着正方形的两条对角线方向来回各刷五次,然后用放大镜观察涂膜的脱离情况,记录脱落的方格数。

3) 结果计算

附着力按式(13-11)进行计算:

$$\alpha = \frac{100 - \alpha_1}{100} \times 100\% \qquad (13-11)$$

式中:α——附着力(%);α_1——脱落方格数。

以两个位置上的结果平均数作为附着力值。

参考文献

第 1 章参考文献

何平. 装饰材料[M]. 南京：东南大学出版社，2002.

伍作鹏，吴强. 建筑内部装修防火知识问答[M]. 北京：中国建筑工业出版社，1997.

中华人民共和国住房和城乡建设部，中华人民共和国国家质量监督检验检疫总局. 建筑内部装修设计防火规范：GB 50222—2017[S]. 北京：中国计划出版社，2018.

第 2 章参考文献

陈宝璠. 建筑装饰材料[M]. 北京：中国建材工业出版社，2009.

何平. 装饰材料[M]. 南京：东南大学出版社，2002.

湖南大学，天津大学，同济大学，等. 土木工程材料[M]. 北京：中国建筑工业出版社，2002.

马保国，刘军. 建筑功能材料[M]. 武汉：武汉理工大学出版社，2004.

马大猷. 噪声控制学[M]. 北京：科学出版社，1987.

王学谦. 建筑防火安全技术[M]. 北京：化学工业出版社，2006.

徐晓楠，周政懋. 防火涂料[M]. 北京：化学工业出版社，2004.

张伟. 建筑内部装修防火细节详解[M]. 南京：江苏凤凰科学技术出版社，2015.

中华人民共和国住房和城乡建设部，中华人民共和国国家质量监督检验检疫总局. 建筑内部装修设计防火规范：GB 50222—2017[S]. 北京：中国计划出版社，2018.

钟祥璋. 建筑吸声材料与隔声材料[M]. 2 版. 北京：化学工业出版社，2012.

第 3 章参考文献

国家市场监督管理总局，国家标准化管理委员会. 天然石材试验方法　第 1 部分：干燥、水饱和、冻融循环后压缩强度试验：GB/T 9966.1—2020[S]. 北京：中国标准出版社，2021.

国家市场监督管理总局，国家标准化管理委员会. 天然石材试验方法　第 2 部分：干燥、水饱和、冻融循环后弯曲强度试验：GB/T 9966.2—2020[S]. 北京：中国标准出版社，2021.

国家市场监督管理总局，国家标准化管理委员会. 天然石材试验方法　第 3 部分：吸水率、体积密度、真密度、真气孔率试验：GB/T 9966.3—2020[S]. 北京：中国标准出版社，2021.

国家市场监督管理总局，国家标准化管理委员会. 天然石材试验方法　第 4 部分：耐磨性试验：GB/T 9966.4—2020[S]. 北京：中国标准出版社，2021.

国家市场监督管理总局，国家标准化管理委员会. 天然石材试验方法　第 5 部分：硬度试验：GB/T 9966.5—2020[S]. 北京：中国标准出版社，2021.

国家市场监督管理总局，国家标准化管理委员会. 天然石材试验方法　第 6 部分：耐酸性试验：GB/T 9966.6—2020[S]. 北京：中国标准出版社，2021.

国家市场监督管理总局，国家标准化管理委员会. 天然石材试验方法　第 7 部分：石材挂件组合单元挂装强度试验：GB/T 9966.7—2020[S]. 北京：中国标准出版社，2021.

何平. 装饰材料[M]. 南京：东南大学出版社，2002.

侯建华. 建筑装饰石材[M]. 2 版. 北京：化学工业出版社，2011.

胡云林，蔡行来，白利江. 人造石与复合板[M]. 郑州：黄河水利出版社，2010.

李湘祁，林辉. 饰面石材加工基础[M]. 北京：中国建材工业出版社，2016.

中国建筑装饰协会. 室内装饰装修工程人造石材应用技术规程:T/CBDA 8—2017[S]. 北京:中国标准出版社,2017.

中华人民共和国工业和信息化部. 人造石:JC/T 908—2013[S]. 北京:中国建材工业出版社,2013.

中华人民共和国工业和信息化部. 石材马赛克:JC/T 2121—2012[S]. 北京:中国建材工业出版社,2013.

中华人民共和国工业和信息化部. 天然石材墙地砖:JC/T 2386—2016[S]. 北京:中国建材工业出版社,2017.

中华人民共和国国家发展和改革委员会. 建筑装饰用天然石材防护剂:JC/T 973—2005[S]. 北京:中国标准出版社,2005.

中华人民共和国国家发展和改革委员会. 天然石材装饰工程技术规程:JCG/T 60001—2007[S]. 北京:中国建材工业出版社,2007.

中华人民共和国国家质量监督检验检疫总局,中国国家标准化管理委员会. 天然饰面石材试验方法 第8部分:用均匀静态压差检测石材挂装系统结构强度试验:GB/T 9966.8—2008[S]. 北京:中国标准出版社,2009.

中华人民共和国国家质量监督检验检疫总局,中国国家标准化管理委员会. 石材用建筑密封胶:GB/T 23261—2009[S]. 北京:中国标准出版社,2009.

中华人民共和国国家质量监督检验检疫总局,中国国家标准化管理委员会. 天然大理石建筑板材:GB/T 19766—2016[S]. 北京:中国标准出版社,2017.

中华人民共和国国家质量监督检验检疫总局,中国国家标准化管理委员会. 天然花岗石建筑板材:GB/T 18601—2009[S]. 北京:中国标准出版社,2010.

中华人民共和国国家质量监督检验检疫总局,中国国家标准化管理委员会. 天然砂岩建筑板材:GB/T 23452—2009[S]. 北京:中国标准出版社,2010.

中华人民共和国国家质量监督检验检疫总局,中国国家标准化管理委员会. 天然石材术语:GB/T 13890—2008[S]. 北京:中国标准出版社,2008.

中华人民共和国国家质量监督检验检疫总局,中国国家标准化管理委员会. 天然石材统一编号:GB/T 17670—2008[S]. 北京:中国标准出版社,2009.

中华人民共和国住房和城乡建设部. 建筑装饰用人造石英石板:JG/T 463—2014[S]. 北京:中国标准出版社,2015.

周俊,王焰新. 裂纹玻璃晶化法制备建筑装饰用微晶玻璃[M]. 武汉:中国地质大学出版社,2009.

周俊兴. 装饰石材应用指南[M]. 北京:中国建材工业出版社,2015.

第4章参考文献

何平. 装饰材料[M]. 南京:东南大学出版社,2002.

石珍. 建筑装饰材料图鉴大全[M]. 上海:上海科学技术出版社,2012.

王勇. 室内装饰材料与应用[M]. 3版. 北京:中国电力出版社,2018.

闻荣土. 建筑装饰装修材料与应用[M]. 2版. 北京:机械工业出版社,2015.

中华人民共和国国家质量监督检验检疫总局,中国国家标准化管理委员会. 广场用陶瓷砖:GB/T 23458—2009[S]. 北京:中国标准出版社,2010.

中华人民共和国国家质量监督检验检疫总局,中国国家标准化管理委员会. 陶瓷砖:GB/T 4100—2015[S]. 北京:中国标准出版社,2015.

中华人民共和国国家质量监督检验检疫总局,中国国家标准化管理委员会. 陶瓷砖试验方法 第2部分:尺寸和表面质量的检验:GB/T 3810.2—2016[S]. 北京:中国标准出版社,2016.

中华人民共和国国家质量监督检验检疫总局,中国国家标准化管理委员会.陶瓷砖试验方法　第3
　　部分:吸水率、显气孔率、表观相对密度和容重的测定:GB/T 3810.3—2016[S].北京:中国标准
　　出版社,2016.

中华人民共和国住房和城乡建设部.室内外陶瓷墙地砖通用技术要求:JG/T 484—2015[S].北京:
　　中国标准出版社,2016.

第5章参考文献

何平.装饰材料[M].南京:东南大学出版社,2002.

建筑材料工业技术监督研究中心,中国质检出版社第五编辑室.建筑玻璃与安全玻璃标准汇编[M].
　　3版.北京:中国标准出版社,2011.

马眷荣,等.建筑玻璃[M].2版.北京:化学工业出版社,2006.

田英良,孙诗兵.新编玻璃工艺学[M].北京:中国轻工业出版社,2009.

赵金柱.玻璃深加工技术与设备[M].北京:化学工业出版社,2012.

赵彦钊,殷海荣.玻璃工艺学[M].北京:化学工业出版社,2010.

中华人民共和国住房和城乡建设部.建筑玻璃应用技术规程:JGJ 113—2015[S].北京:中国建筑工
　　业出版社,2015.

第6章参考文献

何平.装饰材料[M].南京:东南大学出版社,2002.

申爱琴.水泥与水泥混凝土[M].北京:人民交通出版社,2000.

沈威.水泥工艺学[M].武汉:武汉理工大学出版社,2007.

向才旺.建筑石膏及其制品[M].北京:中国建材工业出版社,1998.

徐峰,刘林军.聚合物水泥基建材与应用[M].北京:中国建筑工业出版社,2010.

中华人民共和国工业和信息化部.聚合物水泥防水砂浆:JC/T 984—2011[S].北京:中国建材工业
　　出版社,2012.

中华人民共和国工业和信息化部.装饰石膏板:JC/T 799—2016[S].北京:中国建材工业出版
　　社,2017.

中华人民共和国国家发展和改革委员会.嵌装式装饰石膏板:JC/T 800—2007[S].北京:中国建材
　　工业出版社,2008.

中华人民共和国国家发展和改革委员会.装饰纸面石膏板:JC/T 997—2006[S].北京:中国建材工
　　业出版社,2006.

中华人民共和国国家质量监督检验检疫总局,中国国家标准化管理委员会.纸面石膏板:
　　GB/T 9775—2008[S].北京:中国标准出版社,2009.

中华人民共和国住房和城乡建设部,中华人民共和国国家质量监督检验检疫总局.建筑内部装修设
　　计防火规范:GB 50222—2017[S].北京:中国计划出版社,2018.

第7章参考文献

高建民,王喜明.木材干燥学[M].2版.北京:科学出版社,2018.

顾炼百.木材加工工艺学[M].北京:中国林业出版社,2003.

国家林业局.软木类地板:LY/T 1657—2015[S].北京:中国标准出版社,2016.

国家林业局.竹材人造板术语:LY/T 1660—2006[S].北京:中国标准出版社,2006.

何平.装饰材料[M].南京:东南大学出版社,2002.

蒋泽汉,董效民. 木质建筑材料及其装饰施工技术[M]. 成都:四川科学技术出版社,1998.

李坚. 木材科学[M]. 3版. 北京:科学出版社,2014.

王传贵,蔡家斌. 木质地板生产工艺学[M]. 北京:中国林业出版社,2014.

王清文,王伟宏,等. 木塑复合材料与制品[M]. 北京:化学工业出版社,2007.

翁少斌. 中国三层实木复合地板300问[M]. 北京:中国建材工业出版社,2015.

张晓坤. 胶合板生产技术[M]. 2版. 北京:中国林业出版社,2014.

张一帆. 木质材料表面装饰技术[M]. 北京:化学工业出版社,2006.

中华人民共和国国家质量监督检验检疫总局,中国国家标准化管理委员会. 成型胶合板:GB/T 22350—2017[S]. 北京:中国标准出版社,2018.

中华人民共和国国家质量监督检验检疫总局,中国国家标准化管理委员会. 户外用防腐实木地板:GB/T 31757—2015[S]. 北京:中国标准出版社,2015.

中华人民共和国国家质量监督检验检疫总局,中国国家标准化管理委员会. 浸渍纸层压木质地板:GB/T 18102—2007[S]. 北京:中国标准出版社,2008.

中华人民共和国国家质量监督检验检疫总局,中国国家标准化管理委员会. 栎木实木地板:GB/T 34743—2017[S]. 北京:中国标准出版社,2018.

中华人民共和国国家质量监督检验检疫总局,中国国家标准化管理委员会. 难燃胶合板:GB/T 18101—2013[S]. 北京:中国标准出版社,2014.

中华人民共和国国家质量监督检验检疫总局,中国国家标准化管理委员会. 难燃中密度纤维板:GB/T 18958—2013[S]. 北京:中国标准出版社,2014.

中华人民共和国国家质量监督检验检疫总局,中国国家标准化管理委员会. 刨花板:GB/T 4897—2015[S]. 北京:中国标准出版社,2016.

中华人民共和国国家质量监督检验检疫总局,中国国家标准化管理委员会. 普通胶合板:GB/T 9846—2015[S]. 北京:中国标准出版社,2015.

中华人民共和国国家质量监督检验检疫总局,中国国家标准化管理委员会. 实木复合地板:GB/T 18103—2013[S]. 北京:中国标准出版社,2014.

中华人民共和国国家质量监督检验检疫总局,中国国家标准化管理委员会. 舞台用木质地板:GB/T 28997—2012[S]. 北京:中国标准出版社,2013.

中华人民共和国国家质量监督检验检疫总局,中国国家标准化管理委员会. 细木工板:GB/T 5849—2016[S]. 北京:中国标准出版社,2017.

中华人民共和国国家质量监督检验检疫总局,中国国家标准化管理委员会. 中密度纤维板:GB/T 11718—2009[S]. 北京:中国标准出版社,2010.

中华人民共和国国家质量监督检验检疫总局,中国国家标准化管理委员会. 竹集成材地板:GB/T 20240—2017[S]. 北京:中国标准出版社,2018.

中华人民共和国国家质量监督检验检疫总局,中国国家标准化管理委员会. 装饰单板贴面人造板:GB/T 15104—2006[S]. 北京:中国标准出版社,2006.

中华人民共和国国家质量监督检验检疫总局. 竹编胶合板:GB/T 13123—2003[S]. 北京:中国标准出版社,2003.

周晓燕. 胶合板制造学[M]. 北京:中国林业出版社,2012.

第8章参考文献

陈海涛. 塑料板材与加工[M]. 北京:化学工业出版社,2013.

国家市场监督管理总局,中国国家标准化管理委员会. 防静电活动地板通用规范:GB/T 36340—

2018[S].北京:中国标准出版社,2019.

何平.装饰材料[M].南京:东南大学出版社,2002.

李志英,杨静.新世纪塑钢门窗实用图集[M].北京:中国建材工业出版社,1999.

刘柏贤,刘隼.建筑塑料[M].北京:化学工业出版社,2000.

杨鸣波,黄锐.塑料成型工艺学[M].3版.北京:中国轻工业出版社,2014.

张克惠.塑料材料学[M].西安:西北工业大学出版社,2000.

中国标准出版社,中国建筑金属结构协会塑料门窗委员会.塑料门窗及相关标准汇编[M].2版.北京:中国标准出版社,2006.

中国建筑装饰装修材料协会.墙纸:T/CADBM 6—2018[S].北京:中国标准出版社,2018.

中华人民共和国国家质量监督检验检疫总局,中国国家标准化管理委员会.壁纸:GB/T 34844—2017[S].北京:中国标准出版社,2018.

中华人民共和国国家质量监督检验检疫总局,中国国家标准化管理委员会.聚氯乙烯卷材地板 第1部分:非同质聚氯乙烯卷材地板:GB/T 11982.1—2015[S].北京:中国标准出版社,2016.

中华人民共和国国家质量监督检验检疫总局,中国国家标准化管理委员会.聚氯乙烯卷材地板 第2部分:同质聚氯乙烯卷材地板:GB/T 11982.2—2015[S].北京:中国标准出版社,2016.

第9章参考文献

何平.装饰材料[M].南京:东南大学出版社,2002.

贺行洋,秦景燕,等.防水涂料[M].北京:化学工业出版社,2012.

洪啸吟,冯汉保,申亮.涂料化学[M].3版.北京:科学出版社,2019.

刘新.防腐蚀涂料涂装技术[M].北京:化学工业出版社,2016.

全国涂料和颜料标准化技术委员会,中国石油和化学工业联合会,中国标准出版社.涂料产品及试验方法:建筑涂料卷:2016[M].北京:中国标准出版社,2016.

全国涂料和颜料标准化技术委员会,中国石油和化学工业联合会,中国质检出版社.涂料试验方法:通用卷[M].北京:中国质检出版社,2012.

全国涂料和颜料标准化技术委员会,中国石油和化学工业联合会,中国质检出版社第二编辑室.涂料试验方法:涂膜性能卷[M].北京:中国质检出版社,2011.

沈春林.聚合物水泥防水涂料[M].北京:化学工业出版社,2003.

王金平.钢结构防火涂料[M].北京:化学工业出版社,2017.

徐峰,薛黎明,程晓峰.地坪涂料与自流平地坪[M].2版.北京:化学工业出版社,2017.

中华人民共和国工业和信息化部.硅藻泥装饰壁材:JC/T 2177—2013[S].北京:中国建材工业出版社,2013.

中华人民共和国工业和信息化部.溶剂型聚氨酯涂料(双组分):HG/T 2454—2014[S].北京:化学工业出版社,2015.

中华人民共和国工业和信息化部.水性多彩建筑涂料:HG/T 4343—2012[S].北京:化学工业出版社,2013.

中华人民共和国国家质量监督检验检疫总局,中国国家标准化管理委员会.溶剂型丙烯酸树脂涂料:GB/T 25264—2010[S].北京:中国标准出版社,2011.

中华人民共和国国家质量监督检验检疫总局,中国国家标准化管理委员会.室内装饰装修材料溶剂型木器涂料中有害物质限量:GB 18581—2009[S].北京:中国标准出版社,2010.

中华人民共和国国家质量监督检验检疫总局,中国国家标准化管理委员会.室内装饰装修用溶剂型醇酸木器涂料:GB/T 23995—2009[S].北京:中国标准出版社,2010.

中华人民共和国国家质量监督检验检疫总局,中国国家标准化管理委员会. 室内装饰装修用溶剂型金属板涂料:GB/T 23996—2009[S]. 北京:中国标准出版社,2010.

中华人民共和国国家质量监督检验检疫总局,中国国家标准化管理委员会. 室内装饰装修用溶剂型聚氨酯木器涂料:GB/T 23997—2009[S]. 北京:中国标准出版社,2010.

中华人民共和国国家质量监督检验检疫总局,中国国家标准化管理委员会. 室内装饰装修用溶剂型硝基木器涂料:GB/T 23998—2009[S]. 北京:中国标准出版社,2010.

中华人民共和国国家质量监督检验检疫总局. 溶剂型外墙涂料:GB/T 9757—2001[S]. 北京:中国标准出版社,2002.

中华人民共和国建设部. 建筑用钢结构防腐涂料:JG/T 224—2007[S]. 北京:中国标准出版社,2008.

中华人民共和国住房和城乡建设部. 合成树脂乳液砂壁状建筑涂料:JG/T 24—2018[S]. 北京:中国标准出版社,2018.

中华人民共和国住房和城乡建设部. 建筑钢结构防腐蚀技术规程:JGJ/T 251—2011[S]. 北京:中国建筑工业出版社,2012.

周强,金祝年. 涂料化学[M]. 北京:化学工业出版社,2007.

第 10 章参考文献

程时远,李盛彪,黄世强. 胶黏剂[M]. 2 版. 北京:化学工业出版社,2008.

何平. 装饰材料[M]. 南京:东南大学出版社,2002.

石珍. 建筑装饰材料图鉴大全[M]. 上海:上海科学技术出版社,2012.

中华人民共和国工业和信息化部. 壁纸胶粘剂:JC/T 548—2016[S]. 北京:中国建材工业出版社,2017.

中华人民共和国工业和信息化部. 非结构承载用石材胶粘剂:JC/T 989—2016[S]. 北京:中国建材工业出版社,2017.

中华人民共和国国家质量监督检验检疫总局,中国国家标准化管理委员会. 室内装饰装修材料胶粘剂中有害物质限量:GB 18583—2008[S]. 北京:中国标准出版社,2009.

第 11 章参考文献

国家建筑材料工业局. 钢丝网架水泥聚苯乙烯夹芯板:JC 623—1996[S]. 北京:中国建材工业出版社,1996.

何平. 装饰材料[M]. 南京:东南大学出版社,2002.

中国标准出版社,全国地毯标准化技术委员会. 中国地毯标准汇编(国家标准卷)[M]. 北京:中国标准出版社,2019.

中国建筑装饰装修材料协会. 墙纸:T/CADBM 6—2018[S]. 北京:中国标准出版社,2018.

中华人民共和国工业和信息化部. 柔性灯箱广告喷绘布:FZ/T 64050—2014[S]. 北京:中国标准出版社,2015.

中华人民共和国工业和信息化部. 水性多彩建筑涂料:HG/T 4343—2012[S]. 北京:化工出版社,2013.

中华人民共和国工业和信息化部. 吸声用玻璃棉制品:JC/T 469—2014[S]. 北京:中国建材工业出版社,2015.

中华人民共和国工业和信息化部. 纤维增强硅酸钙板 第 1 部分:无石棉硅酸钙板:JC/T 564.1—2018[S]. 北京:中国建材工业出版社,2018.

中华人民共和国国家发展和改革委员会.纤维增强低碱度水泥建筑平板:JC/T 626—2008[S].北京:中国建材工业出版社,2009.

中华人民共和国国家质量监督检验检疫总局,中国国家标准化管理委员会.壁纸:GB/T 34844—2017[S].北京:中国标准出版社,2018.

中华人民共和国国家质量监督检验检疫总局,中国国家标准化管理委员会.簇绒地毯:GB/T 11746—2008[S].北京:中国标准出版社,2009.

中华人民共和国国家质量监督检验检疫总局,中国国家标准化管理委员会.聚氯乙烯(PVC)防水卷材:GB 12952—2011[S].北京:中国标准出版社,2012.

中华人民共和国国家质量监督检验检疫总局,中国国家标准化管理委员会.绝热用玻璃棉及其制品:GB/T 13350—2017[S].北京:中国标准出版社,2018.

中华人民共和国国家质量监督检验检疫总局,中国国家标准化管理委员会.矿物棉装饰吸声板:GB/T 25998—2010[S].北京:中国标准出版社,2011.

第 12 章参考文献

陈天玉.不锈钢表面处理技术[M].2版.北京:化学工业出版社,2016.

国家市场监督管理总局,中国国家标准化管理委员会.铝及铝合金压型板:GB/T 6891—2018[S].北京:中国标准出版社,2019.

国家市场监督管理总局,中国国家标准化管理委员会.搪瓷用热轧钢板和钢带:GB/T 25832—2019[S].北京:中国标准出版社,2020.

何平.装饰材料[M].南京:东南大学出版社,2002.

李鸿波,李绮屏,韩志勇.彩色涂层钢板生产工艺与装备技术[M].北京:冶金工业出版社,2006.

刘静安,阎维刚,谢水生.铝合金型材生产技术[M].北京:冶金工业出版社,2012.

刘新佳.建筑钢材速查手册[M].2版.北京:化学工业出版社,2015.

苗立贤,杜安,李世杰.钢材热镀锌技术问答[M].北京:化学工业出版社,2013.

孙志敏,曹新胜,陈炜.铝及铝合金加工技术[M].北京:冶金工业出版社,2013.

阎玉芹,李新达.铝合金门窗[M].北京:化学工业出版社,2015.

杨丁,杨崛.铝合金阳极氧化及表面处理[M].北京:化学工业出版社,2019.

曾正明.实用钢材手册[M].北京:金盾出版社,2015.

张毅,陈小红,田保红,等.铜及铜合金冶炼、加工与应用[M].北京:化学工业出版社,2017.

赵晴,王帅星.铝合金选用与设计[M].北京:化学工业出版社,2017.

中国标准出版社第五编辑室.铜及铜合金管材产品生产许可相关标准汇编[M].北京:中国标准出版社,2009.

中国建筑装饰协会.搪瓷钢板工程技术规程:T/CBDA 29—2019[S].北京:中国建筑工业出版社,2019.

中华人民共和国工业和信息化部.铝合金 T 型龙骨:JC/T 2220—2014[S].北京:中国建材工业出版社,2014.

中华人民共和国工业和信息化部.铝幕墙板 第 2 部分:有机聚合物喷涂铝单板:YS/T 429.2—2012[S].北京:中国标准出版社,2013.

中华人民共和国工业和信息化部.天花吊顶用铝及铝合金板、带材:YS/T 690—2009[S].北京:中国标准出版社,2010.

中华人民共和国国家质量监督检验检疫总局,中国国家标准化管理委员会.彩色涂层钢板及钢带:GB/T 12754—2006[S].北京:中国标准出版社,2006.

中华人民共和国国家质量监督检验检疫总局,中国国家标准化管理委员会.钢门窗:GB/T 20909—
　　2017[S].北京:中国标准出版社,2018.

中华人民共和国国家质量监督检验检疫总局,中国国家标准化管理委员会.建筑用轻钢龙骨:
　　GB/T 11981—2008[S].北京:中国标准出版社,2008.

中华人民共和国国家质量监督检验检疫总局,中国国家标准化管理委员会.建筑用压型钢板:
　　GB/T 12755—2008[S].北京:中国标准出版社,2009.

中华人民共和国国家质量监督检验检疫总局,中国国家标准化管理委员会.建筑装饰用铝单板:
　　GB/T 23443—2009[S].北京:中国标准出版社,2010.

中华人民共和国国家质量监督检验检疫总局,中国国家标准化管理委员会.铝合金建筑型材　第1
　　部分:基材:GB/T 5237.1—2017[S].北京:中国标准出版社,2018.

中华人民共和国国家质量监督检验检疫总局,中国国家标准化管理委员会.铝合金建筑型材　第2
　　部分:阳极氧化型材:GB/T 5237.2—2017[S].北京:中国标准出版社,2018.

中华人民共和国国家质量监督检验检疫总局,中国国家标准化管理委员会.铝合金门窗:
　　GB/T 8478—2008[S].北京:中国标准出版社,2009.

中华人民共和国国家质量监督检验检疫总局,中国国家标准化管理委员会.铝及铝合金花纹板:
　　GB/T 3618—2006[S].北京:中国标准出版社,2006.

中华人民共和国国家质量监督检验检疫总局,中国国家标准化管理委员会.铜及铜合金牌号和代号
　　表示方法:GB/T 29091—2012[S].北京:中国标准出版社,2013.

中华人民共和国建设部.彩色涂层钢板门窗型材:JG/T 115—1999[S].北京:中国标准出版
　　社,2000.

中华人民共和国建设部.开平、推拉彩色涂层钢板门窗:JG/T 3041—1997[S].北京:中国标准出版
　　社,1997.

中华人民共和国住房和城乡建设部.建筑幕墙用氟碳铝单板制品:JG/T 331—2011[S].北京:中国
　　标准出版社,2012.

中华人民共和国住房和城乡建设部.建筑装饰用搪瓷钢板:JG/T 234—2008[S].北京:中国标准出
　　版社,2008.

中华人民共和国住房和城乡建设部.铝合金门窗工程技术规范:JGJ 214—2010[S].北京:中国建筑
　　工业出版社,2011.

第13章参考文献

国家标准总局,中华人民共和国化学工业部.涂料遮盖力的测定法:GB/T 1726—79[S].北京:中国
　　标准出版社,1980.

国家技术监督局.涂料黏度测定法:GB/T 1723—1993[S].北京:中国标准出版社,1993.

国家市场监督管理总局,中国国家标准化管理委员会.色漆、清漆和印刷油墨　研磨细度的测定:
　　GB/T 1724—2019[S].北京:中国标准出版社,2020.

中华人民共和国国家质量监督检验检疫总局.建筑材料放射性核素限量:GB 6566—2001[S].北京:
　　中国标准出版社,2002.

中华人民共和国国家质量监督检验检疫总局.天然饰面石材试验方法:GB/T 9966.1—9966.8[S].
　　北京:中国标准出版社,2002.

中华人民共和国国家质量监督检验检疫总局,中国国家标准化管理委员会.陶瓷砖试验方法　第2
　　部分:尺寸和表面质量的检验:GB/T 3810.2—2016[S].北京:中国标准出版社,2017.

中华人民共和国国家质量监督检验检疫总局,中国国家标准化管理委员会.陶瓷砖试验方法　第3

部分:吸水率　显气孔率　表现相对密度和容重的测定:GB/T 3810.3—2016[S].北京:中国标准出版社,2017.

中华人民共和国国家质量监督检验检疫总局,中国国家标准化管理委员会.陶瓷砖试验方法　第7部分:有釉砖表面耐磨性的测定:GB/T 3810.7—2016[S].北京:中国标准出版社,2017.

中华人民共和国国家质量监督检验检疫总局,中国国家标准化管理委员会.陶瓷砖试验方法　第9部分:抗热震性的测定:GB/T 3810.9—2016[S].北京:中国标准出版社,2017.

中华人民共和国国家质量监督检验检疫总局,中国国家标准化管理委员会.陶瓷砖试验方法　第11部分:有釉砖抗釉裂性的测定:GB/T 3810.11—2016[S].北京:中国标准出版社,2017.

中华人民共和国国家质量监督检验检疫总局,中国国家标准化管理委员会.陶瓷砖试验方法　第14部分:耐污染性的测定:GB/T 3810.14—2016[S].北京:中国标准出版社,2017.

中华人民共和国国家质量监督检验检疫总局,中国国家标准化管理委员会.合成石材试验方法　第1部分:密度和吸水率的测定:GB/T 35160.1—2017[S].北京:中国标准出版社,2018.

中华人民共和国国家质量监督检验检疫总局,中国国家标准化管理委员会.合成石材试验方法　第3部分:压缩强度的测定:GB/T 35160.3—2017[S].北京:中国标准出版社,2018.

中华人民共和国国家质量监督检验检疫总局,中国国家标准化管理委员会.建筑饰面材料镜向光泽度测定方法:GB/T 13891—2008[S].北京:中国标准出版社,2009.

中华人民共和国国家质量监督检验检疫总局,中国国家标准化管理委员会.建筑涂料　涂层耐碱性的测定:GB/T 9265—2009[S].北京:中国标准出版社,2010.

中华人民共和国国家质量监督检验检疫总局,中国国家标准化管理委员会.建筑涂料　涂层耐洗刷性的测定:GB/T 9266—2009[S].北京:中国标准出版社,2010.

中华人民共和国国家质量监督检验检疫总局,中国国家标准化管理委员会.建筑涂料涂层耐沾污性试验方法:GB/T 9780—2013[S].北京:中国标准出版社,2014.

中华人民共和国国家质量监督检验检疫总局,中国国家标准化管理委员会.人造板的尺寸测定:GB/T 19367—2009[S].北京:中国标准出版社,2009.

中华人民共和国国家质量监督检验检疫总局,中国国家标准化管理委员会.人造板及饰面人造板理化性能试验方法:GB/T 17657—2013[S].北京:中国标准出版社,2014.

中华人民共和国国家质量监督检验检疫总局,中国国家标准化管理委员会.室内用石材家具通用技术条件:GB/T 33282—2016[S].北京:中国标准出版社,2017.

中华人民共和国国家质量监督检验检疫总局,中国国家标准化管理委员会.陶瓷釉料性能测试方法　第1部分:高温流动性测试　熔流法:GB/T 23460.1—2009[S].北京:中国标准出版社,2010.

中华人民共和国国家质量监督检验检疫总局,中国国家标准化管理委员会.天然大理石建筑板材:GB/T 19766—2016[S].北京:中国标准出版社,2017.

图片来源

第 2 章图片来源

图 2-1 源自:金格瑞,鲍恩,乌尔曼.陶瓷导论[M].清华大学新型陶瓷与精细工艺国家重点实验室,译.北京:高等教育出版社,2010:82.

图 2-2 源自:何平.装饰材料[M].南京:东南大学出版社,2002:10.

第 3 章图片来源

图 3-1、图 3-2 源自:中华人民共和国国家质量监督检验检疫总局,中国国家标准化管理委员会.天然大理石建筑板材:GB/T 19766—2016[S].北京:中国标准出版社,2017:3,7.

图 3-3 源自:侯建华.建筑装饰石材[M].2 版.北京:化学工业出版社,2011:20.

第 4 章图片来源

图 4-1 至图 4-6 源自:何平.装饰材料[M].南京:东南大学出版社,2002:50-51,64,66,70-71.

第 5 章图片来源

图 5-1 源自:田英良,孙诗兵.新编玻璃工艺学[M].北京:中国轻工业出版社,2009:343.

图 5-2 源自:赵彦钊,殷海荣.玻璃工艺学[M].北京:化学工业出版社,2010:307.

图 5-3、图 5-4 源自:笔者绘制.

图 5-5 源自:赵彦钊,殷海荣.玻璃工艺学[M].北京:化学工业出版社,2010:338.

图 5-6 源自:符芳.建筑装饰材料[M].南京:东南大学出版社,1994:157.

图 5-7 源自:马眷荣,等.建筑玻璃[M].2 版.北京:化学工业出版社,2006:45.

图 5-8 源自:笔者根据有关资料整理绘制.

图 5-9 源自:符芳.建筑装饰材料[M].南京:东南大学出版社,1994:163.

图 5-10、图 5-11 源自:赵彦钊,殷海荣.玻璃工艺学[M].北京:化学工业出版社,2010:380,382.

图 5-12 源自:笔者绘制.

图 5-13 源自:国家建筑材料工业局.建筑用 U 形玻璃:JC/T 867—2000[S].北京:中国建材工业出版社,2001:1.

第 6 章图片来源

图 6-1 源自:笔者根据相关网站资料整理绘制.

图 6-2 源自:何平.装饰材料[M].南京:东南大学出版社,2002:103.

图 6-3 源自:中华人民共和国国家发展和改革委员会.嵌装式装饰石膏板:JC/T 800—2007[S].北京:中国建材工业出版社,2008:2.

图 6-4 源自:笔者根据有关资料整理绘制.

图 6-5、图 6-6 源自:符芳.建筑装饰材料[M].南京:东南大学出版社,1994:62,91.

第 7 章图片来源

图 7-1 源自:李坚.木材科学[M].3 版.北京:科学出版社,2014:26.

图 7-2 至图 7-4 源自：蒋泽汉，董效民. 木质建筑材料及其装饰施工技术[M]. 成都：四川科学技术出版社，1998：3，11.

图 7-5 源自：笔者绘制.

图 7-6 源自：张一帆. 木质材料表面装饰技术[M]. 北京：化学工业出版社，2006：25.

图 7-7 源自：蒋泽汉，董效民. 木质建筑材料及其装饰施工技术[M]. 成都：四川科学技术出版社，1998：21.

图 7-8、图 7-9 源自：梅长彤. 刨花板制造学[M]. 北京：中国林业出版社，2012：135，138.

图 7-10、图 7-11 源自：蒋泽汉，董效民. 木质建筑材料及其装饰施工技术[M]. 成都：四川科学技术出版社，1999：23-24.

图 7-12 源自：笔者绘制.

图 7-13 源自：中华人民共和国国家质量监督检验检疫总局. 实木地板　技术条件 GB/T 15036.1—2001[S]. 北京：中国标准出版社，2002：3.

图 7-14 源自：王传贵，蔡家斌. 木质地板生产工艺学[M]. 北京：中国林业出版社，2014：40.

图 7-15、图 7-16 源自：笔者绘制.

图 7-17 源自：蒋泽汉，董效民. 木质建筑材料及其装饰施工技术[M]. 成都：四川科学技术出版社，1999：27.

第 8 章图片来源

图 8-1 源自：刘柏贤，刘隼. 建筑塑料[M]. 北京：化学工业出版社，2000：3.

图 8-2 源自：笔者绘制.

图 8-3 源自：刘柏贤，刘隼. 建筑塑料[M]. 北京：化学工业出版社，2000：241.

图 8-4 源自：中华人民共和国国家质量监督检验检疫总局，中国国家标准化管理委员会. 门、窗用未增塑聚氯乙烯（PVC-U）型材：GB/T 8814—2017[S]. 北京：中国标准出版社，2018：2.

图 8-5 源自：李志英，杨静. 新世纪塑钢门窗实用图集[S]. 北京：中国建材工业出版社，1999：74.

第 11 章图片来源

图 11-1、图 11-2 源自：顾国芳，祝永年，顾群. 新型装修材料及其应用[M]. 2 版. 北京：中国建筑工业出版社，1996：130.

图 11-3 源自：何平. 装饰材料[M]. 南京：东南大学出版社，2002：212.

图 11-4 源自：国家建筑材料工业局. 钢丝网架水泥聚苯乙烯夹芯板：JC 623—1996[S]. 北京：中国建材工业出版社，1996：2.

图 11-5 源自：中华人民共和国国家质量监督检验检疫总局，中国国家标准化管理委员会. 纺织铺地物　词汇：GB/T 26847—2011[S]. 北京：中国标准出版社，2011：6-11.

第 12 章图片来源

图 12-1 源自：宋岩丽. 建筑与装饰材料[M]. 3 版. 北京：中国建筑工业出版社，2010：142.

图 12-2 源自：笔者根据有关资料整理绘制.

图 12-3、图 12-4 源自：刘天佑. 钢材质量检验[M]. 2 版. 北京：冶金工业出版社，2007：136，151.

图 12-5、图 12-6 源自：笔者根据有关资料整理绘制.

图 12-7 源自：中华人民共和国国家质量监督检验检疫总局，中国国家标准化管理委员会. 建筑用压型钢板：GB/T 12755—2008[S]. 北京：中国标准出版社，2009：3.

图 12-8 源自：中华人民共和国住房和城乡建设部.建筑装饰用搪瓷钢板：JG/T 234—2008[S].北京：中国标准出版社,2008：4.

图 12-9、图 12-10 源自：中华人民共和国国家质量监督检验检疫总局,中国国家标准化管理委员会.建筑用轻钢龙骨：GB/T 11981—2008[S].北京：中国标准出版社,2008：5-7.

图 12-11 源自：中国建筑装饰协会工程委员会.实用建筑装饰施工手册[M].北京：中国建筑工业出版社,1999：8.

图 12-12 源自：张英杰.建筑装饰施工技术[M].北京：中国轻工业出版社,2018：80.

图 12-13 源自：刘静安,阎维刚,谢水生.铝合金型材生产技术[M].北京：冶金工业出版社,2012：5.

图 12-14 至图 12-17 源自：阎玉芹,李新达.铝合金门窗[M].北京：化学工业出版社,2015：40-41,44,48-50.

图 12-18 源自：国家市场监督管理总局,中国国家标准化管理委员会.铝及铝合金压型板：GB/T 6891—2018[S].北京：中国标准出版社,2019：3.

图 12-19 源自：中华人民共和国工业和信息化部.铝合金 T 型龙骨：JC/T 2220—2014[S].北京：中国建材工业出版社,2014：4.

图 12-20、图 12-21 源自：笔者根据有关资料整理绘制.

第 13 章图片来源

图 13-1、图 13-2 源自：笔者根据中华人民共和国国家质量监督检验检疫总局,中国国家标准化管理委员会.天然大理石建筑板材：GB/T 19766—2016[S].北京：中国标准出版社,2017 绘制.

图 13-3 源自：中华人民共和国国家质量监督检验检疫总局,中国国家标准化管理委员会.建筑饰面材料镜向光泽度测定方法：GB/T 13891—2008[S].北京：中国标准出版社,2009：6.

图 13-4 源自：中华人民共和国国家质量监督检验检疫总局,中国国家标准化管理委员会.陶瓷砖试验方法　第 2 部分：尺寸和表面质量的检验：GB/T 3810.2—2016[S].北京：中国标准出版社,2017：6.

图 13-5 源自：笔者根据中华人民共和国国家质量监督检验检疫总局,中国国家标准化管理委员会.陶瓷砖试验方法　第 14 部分：耐污染性的测定：GB/T 3810.14—2016[S].北京：中国标准出版社,2017 绘制.

图 13-6 源自：笔者根据中华人民共和国国家质量监督检验检疫总局,中国国家标准化管理委员会.陶瓷砖试验方法　第 7 部分：有釉砖表面耐磨性的测定：GB/T 3810.7—2016[S].北京：中国标准出版社,2017 绘制.

图 13-7、图 13-8 源自：笔者根据中华人民共和国国家质量监督检验检疫总局,中国国家标准化管理委员会.人造板的尺寸测定：GB/T 19367—2009[S].北京：中国标准出版社,2009 绘制.

表格来源

第 2 章表格来源

表 2-1 源自:笔者根据有关资料整理绘制.

表 2-2 源自:焦涛,白梅. 建筑装饰材料[M]. 2 版. 北京:北京大学出版社,2013:10.

表 2-3 源自:中华人民共和国住房和城乡建设部,中华人民共和国国家质量监督检验检疫总局. 建筑内部装修设计防火规范:GB 50222—2017[S]. 北京:中国计划出版社,2018:26-27.

表 2-4 源自:笔者根据有关资料整理绘制.

表 2-5 源自:钟祥璋. 建筑吸声材料与隔声材料[M]. 2 版. 北京:化学工业出版社,2012:39-40.

第 3 章表格来源

表 3-1 源自:符芳. 建筑装饰材料[M]. 南京:东南大学出版社,1994:7.

表 3-2 源自:杨博,孙荣芳. 建筑装饰工程材料[M]. 合肥:安徽科学技术出版社,1996:89.

表 3-3 源自:符芳. 建筑装饰材料[M]. 南京:东南大学出版社,1994:9.

表 3-4 源自:中华人民共和国国家质量监督检验检疫总局,中国国家标准化管理委员会. 天然石材统一编号:GB/T 17670—2008[S]. 北京:中国标准出版社,2009:2-30.

表 3-5 至表 3-12 源自:中华人民共和国国家质量监督检验检疫总局,中国国家标准化管理委员会. 天然大理石建筑板材:GB/T 19766—2016[S]. 北京:中国标准出版社,2017:2-5.

表 3-13 源自:符芳. 建筑装饰材料[M]. 南京:东南大学出版社,1994:13.

表 3-14 源自:中华人民共和国国家质量监督检验检疫总局,中国国家标准化管理委员会. 天然石材统一编号:GB/T 17670—2008[S]. 北京:中国标准出版社,2009:2-30.

表 3-15 至表 3-22 源自:中华人民共和国国家质量监督检验检疫总局,中国国家标准化管理委员会. 天然花岗石建筑板材:GB/T 18601—2009[S]. 北京:中国标准出版社,2010:2-5.

表 3-23 源自:胡云林,蔡行来,白利江. 人造石与复合板[M]. 郑州:黄河水利出版社,2010:11.

表 3-24 源自:中华人民共和国住房和城乡建设部. 建筑装饰用人造石英石板:JG/T 463—2014[S]. 北京:中国标准出版社,2015:3.

表 3-25 源自:胡云林,蔡行来,白利江. 人造石与复合板[M]. 郑州:黄河水利出版社,2010:115.

表 3-26 源自:中华人民共和国工业和信息化部. 人造石:JC/T 908—2013[S]. 北京:中国建材工业出版社,2013:8.

表 3-27 源自:胡云林,蔡行来,白利江. 人造石与复合板[M]. 郑州:黄河水利出版社,2010:115.

第 4 章表格来源

表 4-1 至表 4-4 源自:何平. 装饰材料[M]. 南京:东南大学出版社,2002:44,46-47,51.

表 4-5 源自:中华人民共和国国家质量监督检验检疫总局,中国国家标准化管理委员会. 陶瓷砖:GB/T 4100—2015[S]. 北京:中国标准出版社,2015:10.

表 4-6 源自:何平. 装饰材料[M]. 南京:东南大学出版社,2002:52.

表 4-7 源自:中华人民共和国国家质量监督检验检疫总局,中国国家标准化管理委员会. 陶瓷砖:GB/T 4100—2015[S]. 北京:中国标准出版社,2015:3.

表 4-8 源自:何平. 装饰材料[M]. 南京:东南大学出版社,2002:54.

表 4-9 至表 4-13 源自:中华人民共和国国家质量监督检验检疫总局,中国国家标准化管理委员会.

陶瓷砖:GB/T 4100—2015[S].北京:中国标准出版社,2015:2-3.

表4-14至表4-16源自:何平.装饰材料[M].南京:东南大学出版社,2002:57-58,62.

表4-17至表4-21源自:中华人民共和国住房和城乡建设部.室内外陶瓷墙地砖通用技术要求:JG/T 484—2015[S].北京:中国标准出版社,2016:2-5.

表4-22源自:何平.装饰材料[M].南京:东南大学出版社,2002:65.

表4-23至表4-26源自:中华人民共和国工业和信息化部.陶瓷马赛克:JC/T 456—2015[S].北京:中国建材工业出版社,2016:2-4.

表4-27源自:何平.装饰材料[M].南京:东南大学出版社,2002:69.

第5章表格来源

表5-1源自:马眷荣,等.建筑玻璃[M].2版.北京:化学工业出版社,2006:6.

表5-2源自:章迎尔.建筑装饰材料[M].上海:同济大学出版社,2009:104.

表5-3至表5-7源自:中华人民共和国国家质量监督检验检疫总局,中国国家标准化管理委员会.平板玻璃:GB 11614—2009[S].北京:中国标准出版社,2010:2-4.

表5-8至表5-12源自:中华人民共和国国家质量监督检验检疫总局,中国国家标准化管理委员会.建筑用安全玻璃 第2部分:钢化玻璃:GB 15763.2—2005[S].北京:中国标准出版社,2006:2,4-5.

表5-13、表5-14源自:国家建筑材料工业局.夹丝玻璃:JC 433—91[S].北京:中国建材工业出版社,1992:1-2.

表5-15至表5-17源自:中华人民共和国国家质量监督检验检疫总局,中国国家标准化管理委员会.建筑用安全玻璃 第3部分:夹层玻璃:GB 15763.3—2009[S].北京:中国标准出版社,2010:5-6.

表5-18源自:马眷荣,等.建筑玻璃[M].2版.北京:化学工业出版社,2006:32.

表5-19、表5-20源自:中华人民共和国国家质量监督检验检疫总局.镀膜玻璃 第1部分:阳光控制镀膜玻璃:GB/T 18915.1—2002[S].北京:中国标准出版社,2003:2-3.

表5-21源自:马眷荣,等.建筑玻璃[M].2版.北京:化学工业出版社,2006:41.

表5-22、表5-23源自:中华人民共和国国家质量监督检验检疫总局,中国国家标准化管理委员会.中空玻璃:GB/T 11944—2012[S].北京:中国标准出版社,2013:2.

表5-24、表5-25源自:中华人民共和国国家发展和改革委员会.空心玻璃砖:JC/T 1007—2006[S].北京:中国建材工业出版社,2006:2-3.

表5-26至表5-29源自:国家建筑材料工业局.玻璃锦砖:JC/T 875—2001[S].北京:中国建材工业出版社,2001:1-2.

表5-30、表5-31源自:国家建筑材料工业局.镀银玻璃镜:JC/T 871—2000[S].北京:中国建材工业出版社,2001:3.

第6章表格来源

表6-1至表6-3源自:中华人民共和国国家质量监督检验检疫总局,中国国家标准化管理委员会.纸面石膏板:GB/T 9775—2008[S].北京:中国标准出版社,2009:3-4.

表6-4、表6-5源自:中华人民共和国工业和信息化部.装饰石膏板:JC/T 799—2016[S].北京:中国建材工业出版社,2017:2-3.

表6-6、表6-7源自:中华人民共和国国家发展和改革委员会.嵌装式装饰石膏板:JC/T 800—2007

[S].北京:中国建材工业出版社,2008:2.

第 7 章表格来源

表 7-1 源自:符芳.建筑装饰材料[M].南京:东南大学出版社,1994:185.

表 7-2 源自:蒋泽汉,董效民.木质建筑材料及其装饰施工技术[M].成都:四川科学技术出版社, 1998:19.

表 7-3 源自:符芳.建筑装饰材料[M].南京:东南大学出版社,1994:195.

表 7-4、表 7-5 源自:李坚.木材科学[M].3 版.北京:科学出版社,2014:336-337.

表 7-6 至表 7-13 源自:中华人民共和国国家质量监督检验检疫总局,中国国家标准化管理委员会. 普通胶合板:GB/T 9846—2015[S].北京:中国标准出版社,2015:2-10.

表 7-14 至表 7-18 源自:中华人民共和国国家质量监督检验检疫总局,中国国家标准化管理委员 会.装饰单板贴面人造板:GB/T 15104—2006[S].北京:中国标准出版社,2006:3-6.

表 7-19 至表 7-22 源自:中华人民共和国国家质量监督检验检疫总局,中国国家标准化管理委员 会.中密度纤维板:GB/T 11718—2009[S].北京:中国标准出版社,2010:3-4,8.

表 7-23、表 7-24 源自:中华人民共和国国家质量监督检验检疫总局,中国国家标准化管理委员会. 刨花板:GB/T 4897—2015[S].北京:中国标准出版社,2016:4.

表 7-25 至表 7-31 源自:中华人民共和国国家质量监督检验检疫总局,中国国家标准化管理委员 会.细木工板:GB/T 5849—2016[S].北京:中国标准出版社,2017:4-10.

表 7-32 至表 7-35 源自:中华人民共和国国家质量监督检验检疫总局.实木地板 技术条件:GB/T 15036.1—2001[S].北京:中国标准出版社,2002:3-5.

表 7-36 至表 7-38 源自:中华人民共和国国家质量监督检验检疫总局,中国国家标准化管理委员 会.实木复合地板:GB/T 18103—2013[S].北京:中国标准出版社,2014:4-6.

表 7-39 至表 7-41 源自:中华人民共和国国家质量监督检验检疫总局,中国国家标准化管理委员 会.浸渍纸层压木质地板:GB/T 18102—2007[S].北京:中国标准出版社,2008:3-5.

表 7-42 源自:笔者根据有关资料整理绘制.

表 7-43、表 7-44 源自:蒋泽汉,董效民.木质建筑材料及其装饰施工技术[M].成都:四川科学技术 出版社,1998:32.

第 8 章表格来源

表 8-1、表 8-2 源自:刘柏贤,刘隼.建筑塑料[M].北京:化学工业出版社,2000:13,32.

表 8-3、表 8-4 源自:中国建筑装饰装修材料协会.墙纸:T/CADBM 6—2018[S].北京:中国标准出 版社,2018:3,5.

表 8-5 至表 8-7 源自:中华人民共和国住房和城乡建设部.塑铝贴面板:JG/T 373—2012[S].北京: 中国标准出版社,2012:3-4.

表 8-8、表 8-9 源自:刘柏贤,刘隼.建筑塑料[M].北京:化学工业出版社,2000:102-104,106.

表 8-10 源自:何平.装饰材料[M].南京:东南大学出版社,2002:154.

表 8-11 源自:笔者根据有关资料整理绘制.

第 9 章表格来源

表 9-1 源自:符芳.建筑装饰材料[M].南京:东南大学出版社,1994:230.

表 9-2 源自:洪啸吟,冯汉保,申亮.涂料化学[M].3 版.北京:科学出版社,2019:5.

表 9-3 源自：中华人民共和国国家质量监督检验检疫总局.涂料产品分类和命名：GB/T 2705—2003[S].北京：中国标准出版社，2004：6-7.

表 9-4、表 9-5 源自：中华人民共和国国家质量监督检验检疫总局，中国国家标准化管理委员会.合成树脂乳液内墙涂料：GB/T 9756—2009[S].北京：中国标准出版社，2010：2.

表 9-6、表 9-7 源自：中华人民共和国工业和信息化部.水性多彩建筑涂料：HG/T 4343—2012[S].北京：化学工业出版社，2013：2.

表 9-8 源自：中华人民共和国住房和城乡建设部.弹性建筑涂料：JG/T 172—2014[S].北京：中国标准出版社，2015：2-3.

表 9-9 源自：国家建筑材料工业局.水溶性内墙涂料：JC/T 423—91[S].北京：中国标准出版社，1992：1.

表 9-10 源自：中华人民共和国住房和城乡建设部.建筑室内用腻子：JG/T 298—2010[S].北京：中国标准出版社，2011：2-3.

表 9-11、表 9-12 源自：中华人民共和国住房和城乡建设部.合成树脂乳液砂壁状建筑涂料：JG/T 24—2018[S].北京：中国标准出版社，2018：2-3.

表 9-13 源自：中华人民共和国工业和信息化部.硅藻泥装饰壁材：JC/T 2177—2013[S].北京：中国建材工业出版社，2013：2-3.

表 9-14 至表 9-16 源自：中华人民共和国国家质量监督检验检疫总局，中国国家标准化管理委员会.合成树脂乳液外墙涂料：GB/T 9755—2014[S].北京：中国标准出版社，2014：2-3.

表 9-17 源自：中华人民共和国国家质量监督检验检疫总局.溶剂型外墙涂料：GB/T 9757—2001[S].北京：中国标准出版社，2002：2.

表 9-18 源自：中华人民共和国建设部.外墙无机建筑涂料：JG/T 26—2002[S].北京：中国标准出版社，2002：2.

表 9-19 至表 9-21 源自：中华人民共和国国家质量监督检验检疫总局，中国国家标准化管理委员会.地坪涂装材料：GB/T 22374—2008[S].北京：中国标准出版社，2019：3-4.

表 9-22 源自：中华人民共和国国家质量监督检验检疫总局，中国国家标准化管理委员会.饰面型防火涂料：GB 12441—2018[S].北京：中国标准出版社，2018：2.

表 9-23 源自：贺行洋，秦景燕，等.防水涂料[M].北京：化学工业出版社，2012：11.

第 10 章表格来源

表 10-1、表 10-2 源自：何平.装饰材料[M].南京：东南大学出版社，2002：190-191.

表 10-3、表 10-4 源自：中华人民共和国工业和信息化部.水溶性聚乙烯醇建筑胶粘剂：JC/T 438—2019[S].北京：中国建材工业出版社，2019：2-3.

表 10-5、表 10-6 源自：何平.装饰材料[M].南京：东南大学出版社，2002：197-198.

表 10-7 源自：笔者根据中华人民共和国工业和信息化部.壁纸胶粘剂：JC/T 548—2016[S].北京：中国建材工业出版社，2017 绘制.

表 10-8 至表 10-15 源自：何平.装饰材料[M].南京：东南大学出版社，2002：199-201，204-206，208.

第 11 章表格来源

表 11-1 源自：中国建筑装饰装修材料协会.墙纸：T/CADBM 6—2018[S].北京：中国标准出版社，2018：4.

表 11-2、表 11-3 源自：中华人民共和国工业和信息化部.柔性灯箱广告喷绘布：FZ/T 64050—2014[S].北京：中国标准出版社，2015：2.

表 11-4 至表 11-6 源自:中华人民共和国国家质量监督检验检疫总局,中国国家标准化管理委员会. 矿物棉装饰吸声板:GB/T 25998—2010[S]. 北京:中国标准出版社,2011:3-4.

表 11-7、表 11-8 源自:中华人民共和国国家发展和改革委员会. 纤维增强低碱度水泥建筑平板:JC/T 626—2008[S]. 北京:中国建材工业出版社,2009:2-3.

表 11-9、表 11-10 源自:中华人民共和国国家质量监督检验检疫总局,中国国家标准化管理委员会. 簇绒地毯:GB/T 11746—2008[S]. 北京:中国标准出版社,2009:2-3.

表 11-11 源自:中华人民共和国国家质量监督检验检疫总局,中国国家标准化管理委员会. 聚氯乙烯(PVC)防水卷材:GB 12952—2011[S]. 北京:中国标准出版社,2012:3.

第 12 章表格来源

表 12-1 源自:笔者根据有关资料整理绘制.

表 12-2 源自:曾正明. 实用钢材手册[M]. 北京:金盾出版社,2015:42.

表 12-3、表 12-4 源自:刘新佳. 建筑钢材速查手册[M]. 2 版. 北京:化学工业出版社,2015:100-101.

表 12-5 至表 12-8 源自:曾正明. 实用钢材手册[M]. 北京:金盾出版社,2015:120,204,436-439.

表 12-9 至表 12-12 源自:中华人民共和国国家质量监督检验检疫总局,中国国家标准化管理委员会. 彩色涂层钢板及钢带:GB/T 12754—2006[S]. 北京:中国标准出版社,2006:3,5-7,13-14.

表 12-13 源自:中华人民共和国住房和城乡建设部. 建筑装饰用搪瓷钢板:JG/T 234—2008[S]. 北京:中国标准出版社,2018:9.

表 12-14、表 12-15 源自:中华人民共和国国家质量监督检验检疫总局,中国国家标准化管理委员会. 建筑用轻钢龙骨:GB/T 11981—2008[S]. 北京:中国标准出版社,2018:8-9.

表 12-16 源自:赵斌. 建筑装饰材料[M]. 天津:天津科学技术出版社,1997:191.

表 12-17 至表 12-24 源自:中华人民共和国国家质量监督检验检疫总局,中国国家标准化管理委员会. 铝合金门窗:GB/T 8478—2008[S]. 北京:中国标准出版社,2009:6-9.

表 12-25 源自:国家市场监督管理总局,中国国家标准化管理委员会. 铝及铝合金压型板:GB/T 6891—2018[S]. 北京:中国标准出版社,2019:3.

表 12-26 至表 12-28 源自:中华人民共和国工业和信息化部. 铝合金 T 型龙骨:JC/T 2220—2014[S]. 北京:中国建材工业出版社,2014:5-6.

表 12-29 至表 12-31 源自:中华人民共和国国家质量监督检验检疫总局,中国国家标准化管理委员会. 建筑装饰用铝单板:GB/T 23443—2009[S]. 北京:中国标准出版社,2010:4-5.

表 12-32 源自:何平. 装饰材料[M]. 南京:东南大学出版社,2002:246.

第 13 章表格来源

表 13-1 源自:中华人民共和国国家质量监督检验检疫总局,中国国家标准化管理委员会. 陶瓷砖试验方法 第 3 部分:吸水率、显气孔率、表观相对密度和容重的测定:GB/T 3810.3—2016[S]. 北京:中国标准出版社,2016:2.

表 13-2 源自:中华人民共和国国家质量监督检验检疫总局,中国国家标准化管理委员会. 陶瓷砖试验方法 第 7 部分:有釉砖表面耐磨性的测定:GB/T 3810.7—2016[S]. 北京:中国标准出版社,2017:4.